都市印迹2

——中建西北院UA都市与建筑设计研究中心作品档案

（2015—2024）

赵元超 / 主编

天津大学出版社
TIANJIN UNIVERSITY PRESS

图书在版编目（CIP）数据

都市印迹. 2, 中建西北院都市与建筑设计研究中心作品档案：2015—2024 / 赵元超主编. -- 天津：天津大学出版社, 2024.10. -- ISBN 978-7-5618-7856-9

Ⅰ. TU206

中国国家版本馆CIP数据核字第2024GY3120号

DUSHI YINJI 2——ZHONGJIAN XIBEIYUAN DUSHI YU JIANZHU SHEJI YANJIU ZHONGXIN ZUOPIN DANG'AN

图书策划　金　磊　苗　淼
编辑团队　韩振平工作室
策划编辑　韩振平　刘　焱
责任编辑　刘　焱
装帧设计　刘仕悦　朱有恒

出版发行　天津大学出版社
地　　址　天津市卫津路92号天津大学内（邮编：300072）
电　　话　发行部：022－27403647
网　　址　www.tjupress.com.cn
印　　刷　北京华联印刷有限公司
经　　销　全国各地新华书店
开　　本　889mm×1194mm　1/16
印　　张　27.5
字　　数　805千
版　　次　2024年10月第1版
印　　次　2024年10月第1次
定　　价　198.00元

U+A

卷首语

赵元超

在时间的长河中，建筑不仅是凝固的音乐、历史的容器，它还见证了人类文明的发展足迹。

15年前，怀着对建筑的无限热爱和对未来满满的期待，我创立了都市中心。那时，我并未料想到这个小团队会发展到如今这般规模——一个拥有60位专业成员，在建筑界获得显著成就的集体。

2014年问世的《都市印迹——中建西北院都市与建筑设计研究中心作品档案（2009—2014）》是我们团队对城市环境与人类生活研究的结晶，也是我们辛勤工作的成果展现。十年荏苒，今日我们以《都市印迹2——中建西北院都市与建筑设计研究中心作品档案（2015—2024）》续写城市发展的新篇章，记录我们在设计理念和实践上的成长与进步。

我们的作品不只是建筑学理论与实践的应用，其中还融合了我们对社会、环境和人类居住模式的深入思考。都市中心的设计团队宛如一棵正在成长的大树，我们的每一个项目都是独一无二且生机勃勃的果实。从最初仅有6人的小组发展至今天的60人团队，团队的成长之路并不平坦。我们经历了市场的起伏、技术的变革、理念的碰撞与融合。在这一过程中，我们面临过迷茫和挫败，但更多的是对城市美好未来的憧憬。每一次挑战都令我们更加坚韧，每一次成功都增强了我们的自信心。

《都市印迹2——中建西北院都市与建筑设计研究中心作品档案（2015—2024）》是我们这些年来不懈追求和勇于创新的见证。我们的项目遍布全国多个城市，涵盖了商业综合体、居住区、文化场馆、教育建筑等多种类型。每一件作品都是我们深刻理解建筑功能、形式和文化内涵的体现。我们深信，建筑不仅创建了空间，更创造了体验、塑造了记忆、引领了潮流。在我们的设计理念中，始终流淌着对人的尊重、对自然的敬畏以及对社会的责任感。

2016年10月，陕西省历史博物馆张锦秋院士作品展

2024年6月 于六盘山长征精神研学基地

每一位都市中心的成员，都是本作品集的创作者和编著者。他们的专业才能和创新思维，是我们在激烈的竞争中脱颖而出的关键。团队的多元化和包容性，为我们的设计开启了无限的可能，推动我们的作品不断突破局限，超越期望。在此，我要向团队中的每一位成员表示深深的感谢，你们的辛勤与协作铸就了团队的辉煌。

我们深知，如果没有客户的信任与支持，我们的设计只会停留在纸面上。每一个落地的工程，都是我们与客户深入沟通、共同努力的结果。我们珍视每一次合作机会，感激每一位客户对我们设计理念的认可和对都市中心的支持。

展望未来，我们将持续秉持创新和卓越的精神，不断探索建筑艺术与科技、环境、人文的完美结合。我们致力于推动可持续发展的设计理念，让设计作品为世界增添美好与和谐。

《都市印迹2——中建西北院都市与建筑设计研究中心作品档案（2015—2024）》不仅仅是对过去的回顾，它同样代表着我们对未来的期许与展望。我们希望通过作品档案，与更多的行业同人、学者和建筑爱好者分享我们的经验和思考。

愿我们的作品能激发人们对生活的热爱以及对未来的憧憬。

谨以此序，祝愿《都市印迹》系列能启迪心灵，触动思想，传递美的力量。

赵元超

2024年元旦

目录

项目实践

研究探索

工作拾遗

生活花絮

项目实践

从黄土飘扬的“金延安”到水天一色的长安系列项目，从西安城墙脚下的小房子到北京长安街旁的国家礼品馆，都市中心脚踏实地，稳步成长。设计项目在一砖一瓦之间积累，设计理念日渐完善。在瞬息万变的时代洪流中，都市中心用实力守住了自己的阵地。在风起云涌的行业形势里，都市中心坚守初心，始终如一。

长安云：云横千里，水天一色

——西安城市展示中心

李媛

2020年3月，都市与建筑设计研究中心（简称“都市中心”）参与了港务区城市设计及重点单体建筑设计的国际竞赛。经过紧锣密鼓的竞赛准备工作，都市中心从8家国际知名设计团队中脱颖而出，荣获桂冠。这给予了我们很大的信心，同时鼓舞了士气，但我们深知这种工期紧张、规模大、形体复杂的非线性项目面临着一系列需要攻克的技术难关。能否在全运会开幕前完成整个片区的规划设计以及重点单体的外观设计，成为巨大的挑战。我们随即组建团队，开展深化设计，并与国内一流的幕墙顾问阿尔法建筑设计咨询有限公司以及清华建筑设计研究院朱育帆老师景观设计团队进行合作，共同推进设计。

该项目于2021年8月30日完成主体形象及周边景观设计。其中四大长安系列重点单体——长安谷、长安书院、长安乐、长安云，分别位于奥体中心的东、西、南、北。四大单体于灞河两岸隔河相望，与周边环境协调统一，构建行云流水般流畅自然的岸线美景。

一、项目概况

长安云（西安城市展示中心）是集科技馆、规划馆、文教、办公等功能于一体的复合型展览建筑，总建筑面积为17万平方米。长安云作为港务区城市设计中的重点单体之一，位于奥体中心北侧。方案造型流畅，犹如飘浮在水岸上空的一朵星云，同时取意于“科技云”“云端”，故谓之“长安云”。

二、台塬地景与悬浮云端

我们以地脉视角，对骊山景观进行映射，底层基台与大地景观交融，以山水地貌的概念重塑场地氛围。借助一系列错落有致的平台，融入多样的活动体验，塑造台塬地貌的城市新体验。台塬之上悬

奥体中轴鸟瞰

工作模型效果1

工作模型效果2

工作模型效果3

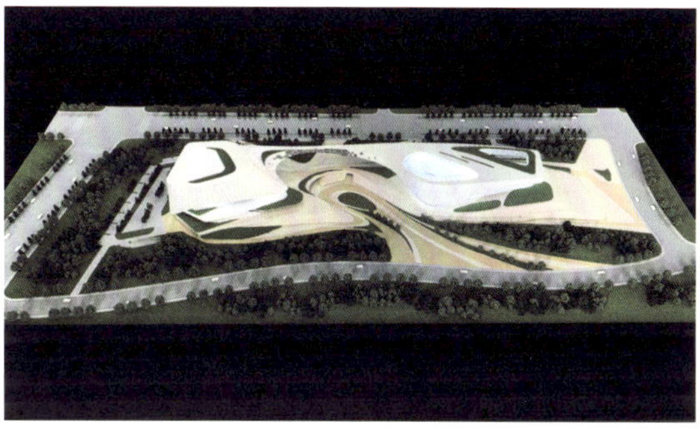

工作模型效果4

浮着飘逸的云展厅，将展览置于趣味横生的三维空间容器。建筑悬挑部分将与城市开放空间相结合，形成一个无边界的城市展示主题公园。

三、廊桥交融与两馆共生

科技馆与规划馆南北两馆合一，由空中廊桥紧密相连。设计者精心策划科学博览、科学启蒙、科技体验、城市规划展览等功能，形成复合功能的城市展示中心。

“云横千里，水天一色”，我们在设计伊始便希望将建筑打造成流线形的内部空间，拒绝“内外两张皮”，充分发挥建筑形体优势，形成常规空间难以创造的特殊空间体验。南馆形成气势恢宏的庭院空间，借由连桥穿越空间层次，引发空间游走的想象力，使观众在观展途中不知不觉地到达云屋面，凭栏远眺，天朗气清，惠风和畅，长安盛景尽收眼底。冬日眺山观水，灞柳飞雪赋予城市浪漫的文化气质。极具未来感的建筑形态以及空间体验为城市注入新的活力。

四、景观立意如行云流水

长安云的景观设计是我们的设计团队与清华建筑设计研究院朱育帆老师团队合作完成的。朱老师团队对城市文化底蕴有着深刻的理解，能精准解读景观气质，赋予独属于长安云的景观设计。设计方案紧紧与场地锚固，与建筑、幕墙、环境完美融合。我们克服了北京—西安距离远的困难。高频次的出差和线上会议，以及施工方的高配合度，保证了最终较好地呈现设计效果。两个设计团队也在合作中互学互补。

长安云景观面积约13.41公顷（包括建筑屋顶及平台区域）。建筑设计大幅悬挑，形态舒展、自然，概念取“云”之“轻”，景观设计则取长安八水之“水”形，合为“行云流水”。景观以水为概念，根据长安八水的不同情境，对应设置泉源石壁、水芳岩秀、石溪叠喧、珠泉涌碧、云水迭连、坐石临流、澄泉绕石、云顶观澜等八处景观，有叠瀑、涓流、镜水面以及水纹铺地等形式，动静结合。景观布局以流动线条呼应建筑形态。功能方面，景观结合建筑南侧二层平台，以分层的方式形成巨大落差，塑造南向城市阳台，供游人休憩。建筑东侧主入口设置两处主水景，与建筑幕墙融为一体。屋顶平台充分利用建筑高度，设“云顶观澜”景点，以“台上台”遮盖楼梯间，进而设置咖啡吧，成为游人在休憩的同时，观望主场馆、灞河以及沿岸各景点的最佳打卡地。总而言之，长安云景观设计源自建筑，但又独立于建筑，用自然种植、

建成实景1

自由语言以及文化嵌入的方式，烘托了建筑主体，补充了场地功能，以“行云流水”般的流畅形式为游人打开了走向自然、亲近自然之门。

五、幕墙体系

建筑幕墙体系由基座石材幕墙及“悬浮体量”的金属幕墙和玻璃幕墙体系组成。幕墙外表皮由一层熠熠生辉的阳极氧化铝板覆盖。不规则的曲面飘带造型，使整体建筑呈现出“云”的轻盈感，同时也增加了幕墙设计难度和材料加工难度。如何既能满足形态效果的需求，又能优化形体及分板，简化曲面板形体以降低造价和施工难度，也成为此项目幕墙设计工作的难点。

本设计中的阿尔法建筑设计咨询有限公司的幕墙顾问，是业内顶尖的幕墙顾问，他们与努维尔、MAD设计事务所等极富流线型建成设计经验的设计师们合作过，他们在设计中给予了我们很大的帮助。尤其是首次接触形态如此自由的建筑，如何将表皮与空间、表皮与结构联系起来，如何协同各专业工作，阿尔法的设计团队都给了非常有效的指导和建议。具体做法简述如下。

1.表皮金属幕墙分板研究

根据设计需要，先确定分板线形态，梳理分板尺寸，确保其在可加工范围内。

（1）构造组成：面板+外层龙骨+防水层+保温层+内层龙骨+内板。

（2）面板：25毫米阳极氧化铝蜂窝板（包括加强筋、异型板等）。

（3）外层龙骨：铝合金型材，阳极氧化AA20。

（4）防水层：1.5毫米TPO防水卷材+2毫米钝化铝板。

（5）保温层：150毫米厚保温玻璃丝棉。

（6）内层龙骨：热镀锌钢龙骨。

（7）内板：0.9毫米镀锌穿孔压型钢底板。

面板在工厂内加工成型，精度较高，四点定位，受挂接横龙骨精度影响，每块面板单独定位，与相邻面板无共用定位点，板面阶差和分缝尺寸精度较难控制。

中庭空间连桥

接待大厅效果

建成实景2

建成实景3

灞河对岸远眺

幕墙效果细部

建成实景4

灞河沿线实景

为解决曲面形态与线性龙骨之间交接的问题，采用端部折面来贴合龙骨与面板。

通过有理化整合优化形体，尽可能使得分板为平板、圆台弧板及翘曲板。针对圆台板，当半径等于6米时，1毫米的铝板可实现自重成形，3毫米的铝板需要辊弯后才能实现复合蜂窝结构。当半径大于12米时，3毫米的铝板可实现自重成形。

2.表皮金属幕墙分板研究

为了抵抗侧向荷载，本次模型中增加了面内斜撑龙骨。方案两侧楼板吊杆位置增加剪刀撑，抵抗侧向力。龙骨在设计图纸中截面按照颜色区分，相同颜色为同种截面杆件。

3.大跨度玻璃采光顶

屋面采用大跨度玻璃采光顶为室内提供自然采光。玻璃采光顶水平尺寸为32米×47米。兼顾安全性与美观轻盈性是本项目的设计重点和亮点。

“春风得意马蹄疾，一日看尽长安花。”长安云也将成为新长安夺目的城市印记。

后记

长安云目前已基本完成外观设计，项目凝聚了设计团队中很多成员的心血和智慧，也记录了都市中心在非线性项目中探索的历程。收获颇丰，却也有很多遗憾和经验教训，这将激励我们吸取经验，更有信心地去完成下一个难度更大的作品。一个好作品的呈现，一方面需要建筑师拥有非常丰富的设计经验，以便在设计中对可能出现的问题、误差进行预判，并整合各专业推敲好细节，现场指导施工；另一方面需要甲方、施工方均有求善求美的态度，共同配合完成项目。当然，设计人员要学会取舍，追求细节，却不囿于细节的怪圈误了大关系的处理，关键阶段处理好关键问题，方可顺利推进项目。

在赵总、王总的带领下，我从一个新手逐渐成长为入门级建筑师。非常幸运，我能在这一年的时间内参与这个项目从投标到实施的全过程。我掌握了关于后期配合的基本概念，也学会了和结构、暖通和幕墙等专业分工合作完成项目。过程中，我学习把握建筑师在其中的协调作用，同样也意识到还有很多基本功需要磨炼，包括各项规范以及各专业相关知识。我很珍惜都市中心这个优秀的平台，它给青年建筑师提供了优质的成长土壤。在和同事们的合作中，我学习到了非常多优秀的品质。“路漫漫其修远兮，吾将上下而求索。”我将不忘初心，继续前行。

长安乐

——关于数字化设计的一些认知

高令奇　户遥

一、设计背景

在2020年4月西安国际港务区概念规划及重点建筑方案设计国际设计竞赛中，中建西北院团队在竞赛中脱颖而出，长安乐（西安文化交流中心）被确定为实施方案，计划于2021年8月呈现外部效果。长安乐是筑梦新长安系列的重点建筑之一，也是“十四运”（第十四届全运会）重点配套设施项目。同期实施的项目还有长安云、长安书院、长安谷等，这些项目与奥体中心共同打造了大西安新的城市基调。

数字化设计是建筑界很早就有的概念，经过快速发展，已有很多成熟的理论、技术和建筑作品。但是，数字化设计的实践机会，对于绝大多数建筑师而言是可遇而不可求的。长安系列项目恰好提供了这样一个契机，让都市中心团队深入实践数字化设计，逐渐跨过这道门槛。长安乐是基于数字化设计建造完成的大型复杂公共建筑，这对于设计团队绝对是一次难忘且非常有意义的设计经历。本项目不仅具有大国建造的超级速度，还具有复杂的外帆幕墙设计。

都市中心年轻的设计团队在赵老师的带领下，奋力拼搏，不断克服重重困难与挑战，使该项目得以如期高质量呈现，并取得了良好的城市影响。通过本次项目实践，设计团队获得了很多深刻的认识，故本文省略了抒情式叙述，结合项目实践回顾并总结长安乐项目的设计征程。

二、设计概况

长安乐坐落于灞河东岸，建筑用地面积为36.3万平方米，总建筑规模为14.3万平方米，分别由五大功

建成实景

项目施工进行中

能建筑组成：2 049座大剧院、1 500座音乐厅、511座多功能厅、650座电影院，以及约2万平方米的央视传媒港。本案打造了西安前所未有的公共文化场所，它将与奥体共同构成全市新的文化地标。

该设计以西安半坡出土的乐器“埙”为原型，因此建筑取名为“长安乐”。建筑如从大地上书写的行书，苍劲豪迈。建筑形式明快沉稳，蜿蜒奔放，有万马奔腾之势。建筑与景观结合，如水畔含苞待放的花朵，以期重现昔日广运潭千帆竞发的繁荣景象。

建筑与地铁站一体化设计，通过一条艺术内街，串接商业、餐厅、画廊、艺术展厅、艺术教育培训、影视中心等一系列功能。不同功能结合造型有机排列，在建筑屋面形成层层跌落的城市露台，或自然形成室外露天剧场，犹如灞河旁白鹿塬台塬地貌。漫步其中，如置身空中花园，观景远眺，秦岭骊山尽收眼底。

通过数字化设计建构与精准的施工建造，长安乐外部效果得以高品质呈现。其造型独具匠心，远眺似花似帆，在灞水边千帆竞发；近观表情细腻，细节丰富，技艺相融，也使建筑本身成为城市里一个视觉亮点。

三、关于设计的基本流程及管理：新的思维——从二维到三维的数字建构

长安系列项目设计之初，年轻的团队便在赵老师的带领下，四处取经学习，然后摸着石头过河，不断迎接挑战。

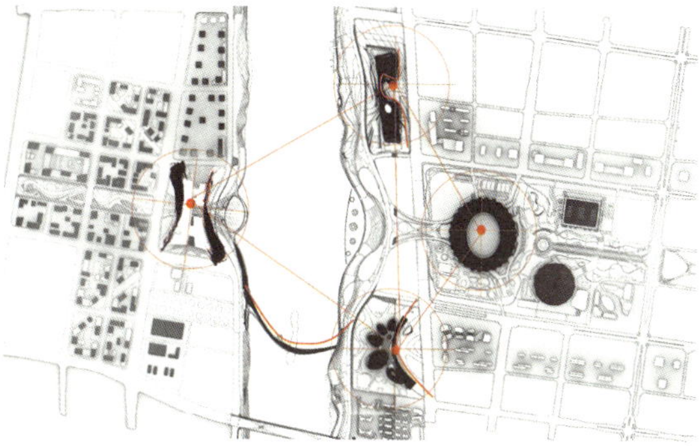

灞河两岸空间分析

首层平面功能

以往的建筑设计，建筑形体方正，二维图纸可以清楚描述所有细节。一般设计过程是二维施工图主导整体设计，容错率较高。要求较高的团队会辅助三维模型验证效果。对于长安乐这种空间组织复杂的建筑，传统二维平台已无法满足高标准的设计精度要求。所以，本项目幕墙乃至总体效果的精确把控，从开始设计到建造落地，几乎全部借助三维数字模型主导才能配合幕墙施工单位落实方案，而传统二维施工图只能表达基本的图纸补充说明和出图流程。

为了迎接全新的设计挑战，首先，长安乐设计团队制定了一套数字化操作流程，应用了模型管理系统。整个设计团队分为施工图组（二维协同）、方案设计组（三维数字模型）、BIM组（全专业综合）。

其中BIM组的主要作用是用Revit软件协调整合机电模型，机电利用Revit建模，最终各专业协调完毕汇集到Revit中心模型。由于各种原因，在本次设计中，设计团队并未完整进行BIM设计，基本仍是通过rhion体系把控主要的土建和幕墙设计。

施工图组的主要工作内容是CAD协同设计，负责平面功能、各专业提资、规范消防、报审文件、出图等，流程相对成熟、稳定。施工图绘制采用协同系统画图，在大平面参照各个系统。不同设计人员可以针对各个系统进行图纸深化、专业互相参照，并及时更新图纸。

方案设计组的职能不再仅仅是事后的建模验证效果，而是方案模型先导设计，以数字化模型把控总体，综合建筑、结构、空间、幕墙、材料、细部和美学等方面的内容，形成清晰的逻辑体系以及精确的土

幕墙细部

长安乐的基本模型深度约在LOD2.5，和幕墙对接的重点部位深度可达到LOD3。后来，长安书院项目幕墙重点部位深度可达到LOD4（详图节点，指导施工），并取得一定的效果。

二维体系和三维体系需要不断协调配合，而长安乐的工期相当紧张。在此情况下，各专业间随时互相提资，考验团队的配合和责任心。其中清晰的设计逻辑和高效控制是关键，决策机制是核心。以设计过程中建筑专业的施工图和方案设计两组之间为例，设计期间会不断产生不一致的意见，其本质并非二维设计体系和三维设计体系的矛盾，更多的是对项目的差异认知和理解，关键是要及时决策。大的问题需要通过高层参与的会议决定，而大量细微烦琐的细节问题，需要在两组间不断往复配合之后确定，因没有确定的标准，极易形成争论。

通过类似长安乐这样的复杂建筑项目实践，方案设计工作不再是对施工图的建模验证。而数字模型也不仅是立面造型的表皮设计，它起着先导作用。当然，施工图的作用同样至关重要，它不断支撑和优化着方案设计，从二维到三维的转变必定代表着新的思维导向。两者间怎样调和、把控、决策，仍考验着团队的组织能力。

建模型和结构表皮，以便随时对接建筑、结构和幕墙设计，从而精确地控制设计效果，保证项目完整实施。

关于数字模型，最重要的是清晰的模型管理体系，主要设置好轴网、结构、土建、幕墙等4大系统；团队成员间采用worksession（参照系统），在同一个坐标原点整合，随时把控核查交接部分。在软件平台方面，方案设计及深化阶段均采用Rhino及Grasshopper 等完成精确的数字模型，然后传递给建筑、结构和幕墙等专业，再利用相关软件进行深化计算。

在Rhino具体建模过程中，平面决定的工作内容有2D柱位、核心筒、交通构件、内部空间分隔、消防相关（分区、疏散等）、家具布置等；需要3D模型决定的工作内容有幕墙控制线、导出CAD的平面剖线、看线、投影线（三道线）；需要平面与3D模型重点协同的工作内容是结构板边线、异形结构、复杂空间、复杂交接节点等。

Rhino体系的模型深度，也有一套参考标准，从方案设计到施工图设计，分别对应LOD1（概念方案）、LOD2（扩初设计）、LOD3（施工图深度）。

四、关于数字模型的优化控制：大道至简

通过构建长安乐数字模型，我们设定了一套基本完整的几何逻辑系统，对建筑从形体和细部空间进行全面控制。具体到实操层面，首要是不断优化方案模型，保证项目在美学和设计概念的前提下，具有精确性和落地性，同时也不断提高建筑的表现力。

简言之，再复杂的建筑，也需要有清晰的内在逻辑，长安乐项目经过一些逻辑性控制，从投标之初的张扬无序、优化，到施工阶段的优雅理性，虽然少了最初的犀利之感，但在保持原有概念的基础上，依然典雅洒脱。

首先对所有的自由形体进行控制：原则是通过尽可能简单规整的多边形空间网格来定位形体控制点，从而用最少的控制点定义NURBS曲面（非均匀有理样条）。通过这一步形成了长安乐的“5+1”结构体系，同时完美契合了功能空间，从而贯穿设计始终。

其次是对所有帆面进行控制。长安乐最复杂之处便是5个帆幕墙均为双曲面，在保证美学和功能的前提下对其进行有理化，结果虽然复杂，但曲面精准可控。所有帆面可通过标准化单元排列拟合，巧妙地利

灞河对岸远眺

用单元间的缝隙消化曲面变化，这极大地减少了后期施工落地的工作难度。

最后是对板边线进行控制。将基准曲面在不同标高平面进行剖切，得到每层的板边线和幕墙基准线，再通过算法优化为弧线的组合，并生成坐标进行定位。

最终所有的结构与幕墙体系都将基于“5+1”体系和对板边线进行准确的控制和定位。

五、关于幕墙设计：从立面设计到幕墙设计的转变

长安乐项目幕墙面积约为95 000平方米，其中5片风帆幕墙设计是本项目最大的特色和难点。帆幕墙由极具施工难度的双曲风帆幕墙、异形框架玻璃幕墙、异形框架铝板幕墙等组成。外部建成后，其造型似花似帆，在水畔唯美典雅，构成新长安最美的天际线。良好的效果呈现得益于帆幕墙的精准控制。从设计到施工过程，我们克服了很多困难。下面以帆幕墙专题设计为例详述其设计体系。

1.帆幕墙 · 单元体系

帆幕墙总面积约为36 000万平方米，最高处约为50米。每个帆面为复杂的双曲面。进行有理化优化之后，曲线弧度仍多达2 000多种，且幕墙自身和主体交接处的节点，更是数不胜数。通过不断地进行设计研究以及4个月的样板验证，最终确定了乐符单元。单根乐符经过曲率适应性计算，最大长度确定为1 150毫米，经过每50毫米递减，形成10种基础单元。共80 000多根乐符单元进行参数化组合，完美拟合出帆面，同时根据不同功能要求和采光需求进行间距渐变调节，形成最终外幕墙立面。

2.帆幕墙 · 钢结构体系

乐符单元单块重27千克，最大的剧场帆重约22万吨，最终由建筑主体承重。其中3个帆的钢结构需通过桁架系统与主体拉接。拉接系统的拉杆设计，充分与建筑造型结合，充满韵律与动感，成为建筑的设计

幕墙单元推敲

幕墙渐变效果

施工中室内效果

沿灞河夜景效果

施工中幕墙室内效果

幕墙单元施工中

奥体中心公共建筑群鸟瞰

亮点。钢结构构件与立面单元模数统一排列，并控制其管径，使其即便隐藏于表皮之内，也具有理性的结构美感。

3.帆幕墙·滑轨节点及万向爪件

长安乐项目是超大复合建筑，每个单体在100米左右，最大单体约24 000块乐符单元，为将误差控制在5毫米以内，创新性地使用了滑轨节点及特制的不锈钢爪件。不锈钢爪件自身可实现±30毫米的调节量。再通过螺栓与滑轨的配合可以实现±15毫米，±10°的调节量，最终可实现乐符单元三维调节，从而保证了帆面的安装精度。

4.帆幕墙·超大幕墙单元

本项目乐符板块种类繁多，沿建筑曲面无序渐变分布给定位和安装带来了巨大的挑战。借鉴装配式幕墙安装经验，大胆采用单元式幕墙，通过超大单元板块，在地面进行组装，也将传统的空中定位改为地面定位，极大地降低了现场板块定位难度，提高了放线定位的效率。最终近80 000根乐符单元集成为226块超大单元进行组装和吊装，单元平均大小为6米×17米，项目最大单元板块面积达140平方米，重15吨。采用大板块地面组装与整体吊装的安装方式，成功地解决了钢结构误差调节、乐符板块现场定位困难和工期紧张等难题。

5.数字信息模型：由设计到下单施工无缝衔接

幕墙方案设计模型完成后，及时提交给幕墙顾问及幕墙施工单位配合深化，最终创建LOD400级整体BIM模型，并通过模型提取加工参数，将包含幕墙钢结构在内的模型信息直接传递给相关生产厂家进行生产。精确的三维数字信息模型是实现从设计环节到施工环节无缝衔接的关键！

6.精准定位：克服钢结构变形

复杂的幕墙外立面对空间测量定位要求极高，项目采用“BIM+全站仪”组合技术，利用BIM技术生成定位坐标并通过全站仪实施精准放线，将模型中的“帆”通过坐标进行定位，现场安装时通过智能全站仪打出每块“帆”的定位点，并用角钢做支撑定位辅助安装。另外，因受外部环境影响，施工期间钢结构出现较大变形。为解决该问题，项目及设计团队精准施策，采用三维激光扫描与逆向建模技术，根据三维扫描数据重新生成牛腿模型和加工参数，成功地解决了钢结构安装和加工误差难题。

长安乐项目将理性的设计方法与现代数字信息技术手段相结合。设计团队克服数不清的困难与挑战，实现了一系列技术突破和大量与众不同的创新要素。而数字化技术也让非标准定制不再遥不可及，让建筑设计有了无限的可能和想象空间。在建筑学领域，数字技术的使用正在逐步改变建筑设计方法和过程，改变我们以往对空间、物质、材料和形式的认知，形成对建筑学科传统观念的挑战！

长安乐项目如期顺利完成了最关键的帆幕墙设计施工建造，建筑效果得以高品质呈现：远望似花似帆，在灞水边千帆竞发；近观形体丰富细腻，表面充满材料的细节和质感，与其他建筑共同构成新长安最美天际线。

通过本项目的实践，我们也有了更深刻的设计体会：幕墙设计应是一套完整的系统设计，而非简单的立面造型设计。理论上再完美的设计，在实际施工中仍会遇到很多棘手的问题。现在幕墙设计已成为建筑领域的一个专业体系，上海等地区已有专门针对建筑师的幕墙培训体系，而要完成从立面设计到幕墙体系设计的转变，建筑师们需要不断地学习、实践，止于至善。

六、关于品质营造：从方案设计到精细化施工建造

品控是一线发达城市建筑圈很早就有的名词，是指对一个建筑完成度的把控。信息化时代，当下建筑师具有了广阔的视野和海量信息之后，建筑师对作品的完成度要求越来越高，精彩的作品也越来越多。但对于西部很多建筑师来说，“品控”一词还略显陌生，仍在不断摸索中。

长安乐项目设计团队虽然初步有了对幕墙的品控意识，但做得远远不够，若没有国内顶尖的幕墙顾问和幕墙施工单位配合辅助，整个设计过程将举步维艰。在做长安书院项目时，我们有意识地弥补之前的不足，对于幕墙的把控能力也有了明显的提升，外部完成度基本达到预期设计效果，但仍有很多不足之处。

首先是设计层面，协调不同设计团队的关系极为重要。很多时候，不同团队之间的配合度有限，即便顺利完成项目，但对于品质营造尚有一段距离。其次是施工建造层面，现场会有很多意想不到的突发问题，足以让美妙的设计构思不复存在。定期驻场或巡场是保证落地的关键。

长安乐项目获得另一个设计经验是，建筑团队虽然起了主导作用，但正因有了各专业团队高水平配合，才能事半功倍，完美呈现了项目的落地效果。若长安乐项目仅靠建筑师自己去不断探索，幕墙配合团队的经验及实力有所欠缺，最终呈现出的效果也许会有所欠缺。

长安乐项目因一流的景观设计让建筑精神焕发，更上一层楼！一流的幕墙顾问比建筑师还执着于细节，关键是对结构、材料、施工、建筑学、美学等专业内容皆了然于胸。一流的幕墙施工单位竟然如此强大，可以迅速地把我们LOD2方案模型深化到LOD4级别，然后及时下单，进入生产施工环节。当然，一流的结构设计团队也是不可或缺的。与一流团队合作使我们获益匪浅：敢于挑战，争创一流！

七、设计小结：止于至善

数字技术作为一种新的手段，让建筑创作获得了更多的可能性。长安乐项目是采用数字技术设计的大型复杂公共建筑。整个设计及建造过程充分发挥了数字信息时代的特点。但怎样取得技术和艺术的平衡，仍将是永恒的命题。面对日新月异的技术革新，唯有通过不断学习，紧跟时代的发展脚步。

最后，致敬我们建筑师团队。长安乐项目设计伊始，初次应对巨大的挑战，年轻的建筑师团队显得很渺小，但在赵老师的带领下，我们勇敢地迎接挑战，在设计期间也不断地完成自我超越！收获的不仅仅是完成了一项精彩的作品，我们的团队协作能力也有了很大程度的提高。我们有信心以后能做得更好，止于至善！

沿灞河建筑天际线

主入口景观

长安书院

李家翔

长安书院项目是西安市“十四运”配套工程，也是长安组歌的最后一块拼图。项目启动时间最迟，然而其复杂程度、外观效果、呈现时间节点仍要与奥体中心及其周边配套同步。因此可以说从设计伊始，它就是一项几乎不可能完成的任务。

一、工程概况

1.项目背景

该项目位于奥体中轴景观带上，与“十四运”的主场馆——奥体中心隔河相望。项目建设将进一步完善城市功能，提升新城周边城市形象，是西安迎全运、加快国家中心城市建设步伐的重要举措。

项目紧紧围绕打造“书香之城”这一目标，着力完善和提升文化基础设施建设，让读书成为每一个市民主动自觉的生活方式，让浓郁的书香充盈到城市的每一个角落。本项目旨在打造西安城市文化新地标，加快文化产业助推、追赶、超越，助力建设丝路文化高地和世界文化之都。

2.项目区位

项目位于西安市浐灞生态区，灞河景观带西岸。灞河东岸以西安奥体中心、长安云——西安城市展示中心、长安乐——西安文化交流中心为核心的城市公共文化组团已初具规模。奥体中心西侧广场向灞河畔延伸。广场尽端为城市公共节点——水秀广场。长安书院建成后将成为水秀活动的背景和重要的城市媒体展示界面。

基地西临广运潭大道，东靠灞河西路，南起灞浦三路，北抵灞浦四路，总用地面积约7 706.67平方米。用地北侧为已经建成的高层住宅——上庄灞柳小区，南侧为西安市第五污水处理厂，当前文化配套设施匮乏。

3.功能构成

长安书院项目总建筑面积约15.70万平方米，设计的建筑主要由图书馆、美术馆、艺术交流中心构成。

图书馆定位为“国际一流、国内领先”的西安市级公共图书馆，建筑面积约6.9万平方米，馆藏图

长安系列建筑群

远眺奥体片区中轴

功能平面

书600万册，读者座椅6 000个。美术馆定位为国家Ⅰ类规模的西安市级美术馆，建筑面积约3.63万平方米，设展厅12个。艺术交流中心依附于图书馆、美术馆，建筑面积约0.68万平方米，设8个交流厅和1个500座的书院讲堂。它将是公共文化和艺术交流、传递、普及的重要媒介，是市民喜闻乐见的新时代“书院”。

二、制约因素

1.周边城市关系失衡

借筹备全运会的契机，灞河东岸围绕奥体中心组团，长安云、长安乐、长安谷等一系列公共文化建筑正如火如荼地建设，这里正逐步发展为西安新时代的城市会客厅。与之形成鲜明对比的是灞河西岸的未开发用地，书院用地北侧为百米高层住宅林立的上庄灞柳安置小区，南侧为西安市第五污水处理厂，相距不足1千米的灞河两岸呈现出东西两岸严重失衡的城市风貌和发展态势。因此，长安书院项目担负着带活灞河西岸，扩大城市公共文化设施辐射范围的重要使命。

2.形式限制因素复杂

无论是图书馆还是美术馆，其文化建筑的属性，要求建筑整体气质端庄、沉稳、优雅；而项目用地毗邻灞河，适度灵动的建筑形体方能与蜿蜒流转的水岸相映。立足当下、放眼未来，西安市新图书馆、美术馆势必是集现代化、智能化、智慧化于一身的建筑；而地处古都长安，在建筑风貌中恰如其分地表现西安地域文化、中国建筑特质显得尤为重要。美术馆以展厅为主要空间载体，藏品对展厅空间的声、光环境要求，决定了建筑外部形态大多相对封闭；而就基地周边环境而言，东临灞水、西靠城市绿带，景观向美术馆空间环境内的渗透性亦不言而喻。

端庄感与灵动性，现代感与地域性，功能的封闭与视线的开敞，长安书院建筑如何在多重矛盾中谋求平衡，是项目设计面临的难题。

3.建筑功能需求多元

绝大多数文化建筑仅容纳单一功能，而长安书院项目要在相对单一的建筑体量内同时容纳图书馆、美术馆、艺术交流中心等多重功能。不同功能的空间特质、组织方式、使用需求各不相同。例如美术馆以展厅为空间核心，其他功能作为服务空间，并通过公共空间串联展厅序列；而图书馆则侧重阅读空间，公共空间或阅览单元的设计均紧扣营造舒适阅读体验的主旨。图书馆以服务本地及周边市民为主，兼顾游客参观；而美术馆的受众以市民与游客并重，尤其逢节假日，参观人数远高于平时。因此，建筑设计需要既相互联系又相对独立，既能满足各自的功能和使用需求，又能取得统一。

大多数图书馆、美术馆类的文化建筑，受制于公共机构的运营时间，服务也多类似“朝九晚五的上班族”。每至闭馆，建筑即变成死气沉沉的混凝

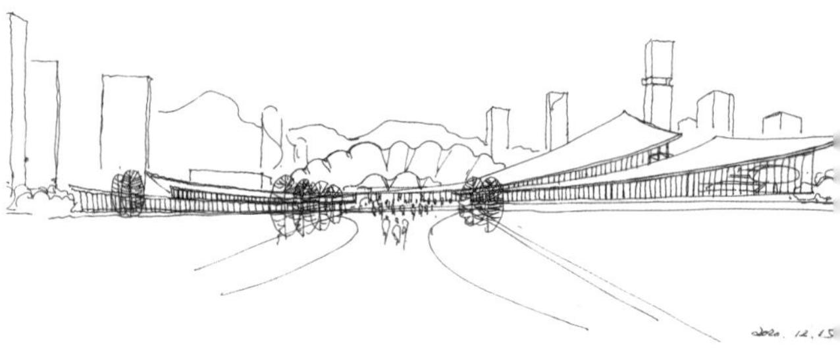

大师设计草图

土盒子，而市民的需求，则需要建筑成为全天候的活力场所。这也是现代大型公共建筑被市民诟病的重要原因。

三、设计要点

1.总体设计与尺度推敲

应对复杂的周边关系，设计人员首先立足城市维度，优化城市路网、控制周边建筑格局——对原有西侧棋盘式路网局部打开，形成喇叭口，保证在中轴绿化尽端，让市民及游客可饱览长安书院建筑全貌。

长安书院位于中心轴线上，与奥体中心分列于灞河两岸，建筑的尺度须与奥体中心、长安云和长安乐建筑取得均衡。因此本项目设计首先确定了南北长约300米、东西宽约180米的建筑尺度，与其他三大标志性建筑共同形成“四足鼎立”之势。

建筑的总平面布局设计采用双曲线构图，使建筑形成容纳与包含的姿态，大致形成以灞河中部为圆心，将花、云、乐、书院统一起来的圆形结构。同时，双曲线的内凹处也在东西两侧自然形成建筑

屋檐细部

单元式阳极氧化铝板屋面

建成夜景

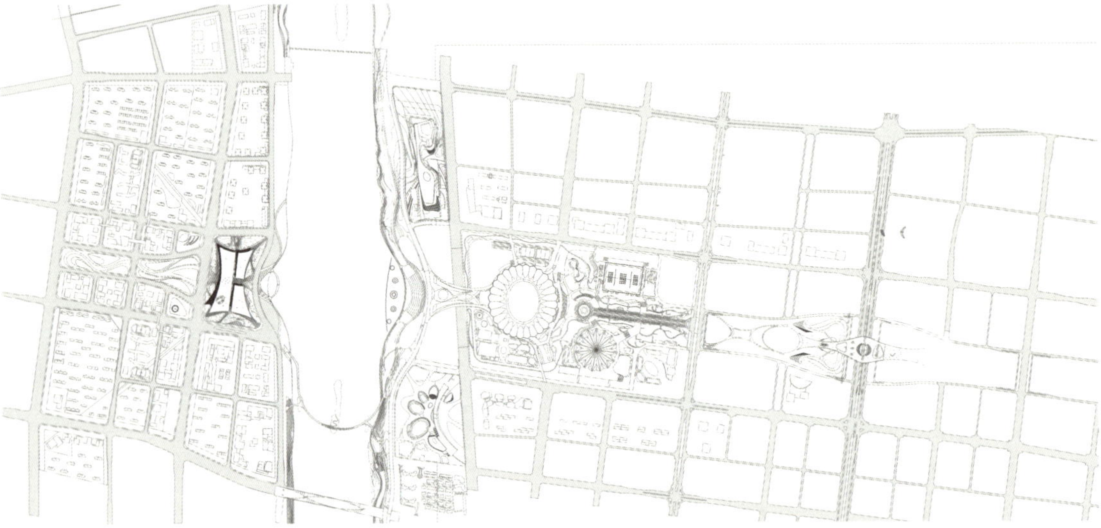

奥体片区总平面

的主入口空间。

纵览整条奥运中轴线，奥体中心以雄踞的姿态占据着主导地位，因此长安书院的设计则采取谦逊的态度和互补的策略。长安书院建筑形体中间低并向两侧舒展上扬，与奥体建筑中心形态相称，二者一阴一阳、和谐共生。

为妥善处理建筑与基地北侧的已建安置住宅、灞河水岸，以及中轴其他重点建筑的高度关系，设计团队采用模型软件体验、效果图虚拟、现场放气球模拟等多重方法进行设计和验证。借助效果图的场景虚拟，选取40~70米的相对适宜建筑高度区间，保证建筑宏观尺度与环境大致协调。通过在项目现场放气球进行高度模拟的试验，最终确定了建筑的最高点控制在55米之内、其余角部逐次递减的建筑形体。

2.文化内涵与建筑形式

作为新时期的文化地标，长安书院的设计寓传统于现代。建筑形体抽象中国传统建筑屋面之“反宇向阳”，将一片连续而完整的翘曲屋面轻柔地平展于灞河岸边。屋檐的起翘变化，赋予建筑灵动性，如《诗经·小雅》中所述“如鸟斯革，如翚斯飞。”舒展的屋面又如一本翻开的书，紧扣“长安书院”项目的设计主题，也为灞河水岸平添些许文化内涵。

建筑空间设计强调内部空间与外部环境相互交融。图书馆以“文化峡谷，源远流长”为题，以一条蜿蜒的知识峡谷贯穿建筑，将中轴绿化与滨河景观相连通，使环境景观自然地渗透入室内。所有阅览空间均紧密地与峡谷状的中庭结合，为读者提供最佳的阅览体验。

3.功能混合与设施共享

伴随着时代的发展、人们生活方式的转变，城市公共文化设施的服务层次和方式也悄然发生变化。传统的单一功能难以满足市民全天候的活动需求，因此“文化综合体”的概念应运而生。长安书院的设计力求建筑功能的多样与混合，除图书馆、美术馆两大主体功能，设计在建筑中植入“十”字内街，其中涵盖书院讲堂、美术培训、精品书店、文化集市等一系列公共性和服务性功能，使建筑具有全天候的活力。

“十”字内街在建筑的首层与负一层形成大小不一的院落，这些院落与两馆结合，以讲堂水院、雕塑庭院、听书院落为主题，打造“新长安书院街”，提供全民艺术与文化体验。

四、设计展望

目前，长安书院项目主体已完工，幕墙安装完成，泛光点亮，灞河水畔的书院已现雏形。然而其内部空间、功能布局、建筑细部仍待进一步推敲和完善，期望通过我们的倾力设计，在两年之后能为西安市民呈现一座喜闻乐见的公共文化建筑，为新长安再添一抹亮丽的风景。

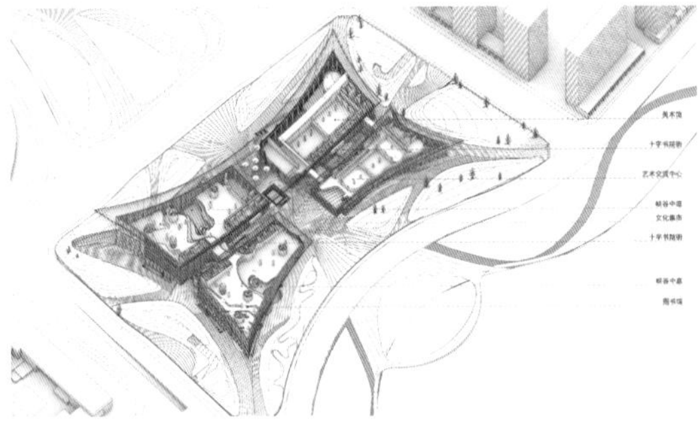

体块功能分区

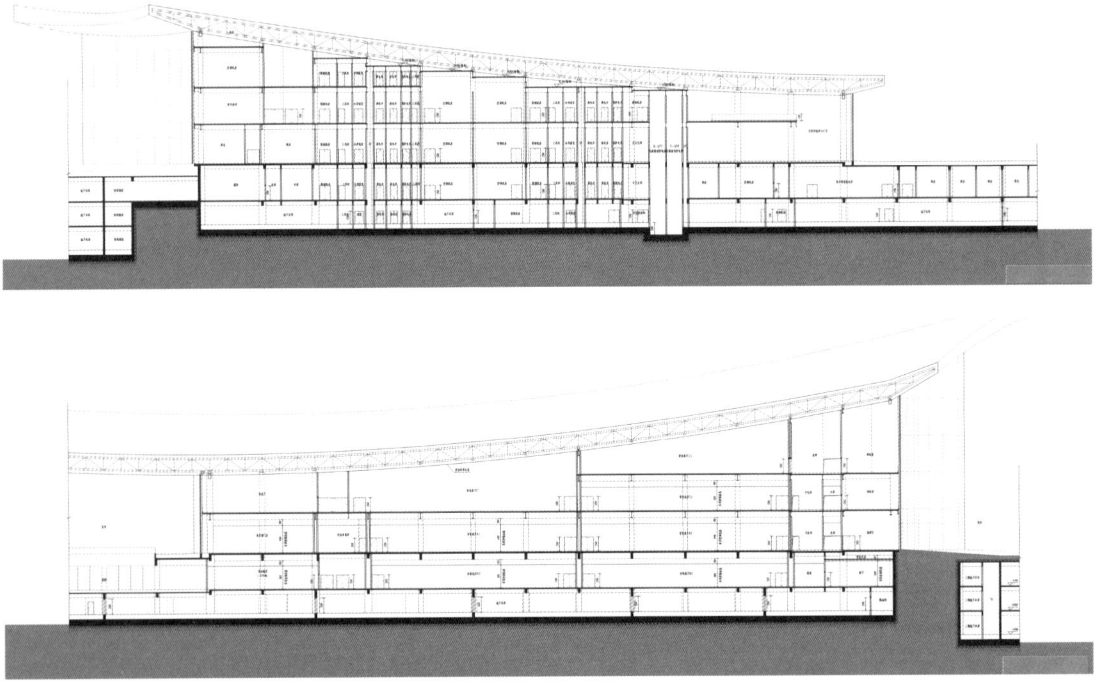

美术馆剖面

城市的建筑
——国际港务区中轴生态公园“长安谷”项目创作实践

高萌

建筑生长于城市、服务于城市。特殊的城市事件、独特的城市空间同时也会成就独具特色的建筑。“城市的建筑”正是“长安谷”这一组建筑建造过程的完整诠释。

一、生于城市

“长安谷”项目始于一场跟随国家级大型体育赛事而来的大规模城市新区建设活动。2019年西安国际港务区在承接第十四届全国运动会之后，计划在主场馆东侧建设一条大型城市绿带。这条城市绿带在西安城市整体绿网中具有重要的衔接作用，是奥体中心向东的延伸，是沿灞河滨河生态景观带与港务大道城市绿带之间的连接体，也是“灞河—骊山”山水相接的重要景观视觉通廊。城市绿带需要在2021年9月第十四届全运会召开时向全市、全国人民开放服务。

这个项目不是一个单纯的建筑组群设计，而是对一个2.7千米长的中央公园区域内的景观、交通、建筑的整体规划，以及对周边建设项目的整体梳理，最终实现城市空间、建筑单体、景观体系互相融合的效果。中央城市绿带的两侧规划为大面积

奥体中轴线

长安谷中轴公园建成实景

的城市商业服务用地，分布着国际港务区的重点项目——十大企业总部，每个地块都有一至两栋160米高的超高层建筑。集中的超高层建筑群及商业服务设施共同形成了一片新兴的城市中心区。这些重点项目同样需要在2021年9月实现整体外观呈现。面对这样一个需要快速同步建设而非自然生长的区域性建设项目，站在城市角度的整体性规划就显得尤为重要。而中轴公园项目也是这片区域中建筑与城市空间之间的联系纽带，它不仅是一个单纯的城市公园，还需要对周边建筑起到空间联接、流线组织的作用。周边地块的建筑单体之前都有各自的设计方案，其中不乏国内外知名设计事务所倾力打造的城

市地标级建筑。

在确立了整个区域以中轴公园为核心的规划思路之后，周边的超高层建筑布局原则也就更为明晰了。设计之初，我们就将中轴公园与周边城市地块统一制作了实体模型，对城市公共空间、建筑体块、天际线进行了模拟，对核心区的空间布局及周边塔楼的布局提出了一系列的调整建议。将公园核心区四块商业用地内原先布置的高层建筑结合公园景观调整为地景建筑。周边建筑的体块及空间布置在各具特色的同时，需要在中轴线两侧基本对称布置，面向中轴公园打开公共空间。对城市空间不断分析优化的同时，中轴公园的设计概念已经形成，整个区域以中轴公园为桥

公园地景建筑

梁，形成一条横贯东西、跨越城市道路、模糊地块接线的区域共享空间。

二、服务城市

中轴生态公园与其他城市公园的区别在于具有很强的功能性。它需要承载城市公共交通枢纽的功能，实现地铁三号线、地铁十四号线两条地铁线在空中站厅和地下站厅两个空间层面的转换。公园的核心区利用正在运行的空中地铁三号线轨道与城市车行道之间的空间拉通了一条东西贯通的空中步道。最宽处宽度为120米，形成了一个空中市民互动广场，在城市交通最繁忙的区域营造出一个公共活动空间，同时还规划了几条南北向的跨路桥与空中广场相连接，广场直接通向地铁三号线的空中候车厅。在地下空间的整体规划中，将周边建筑统一考虑，以中轴生态公园的地下空间为纽带，设置了多条跨路地下人行通道，将城市空间进行跨地块连接，并通向地铁十四号线的地下站厅，在内部实现空中与地下的联通，为未来城市公共空间的多维度发展奠定基础。经过规划、建筑、景观的整体调整之后，公园的商业建筑边界已经消隐，建筑与公园融为一体，人行天桥在各个地块之间穿梭，跨越了用地的界线，桥上的构筑物依然是整个区域的视觉焦点。至此，中轴公园的建筑单体的设计概念、整体规划思路已经形成。一切设计自然形成，没有过多的修饰，一切设计从使用功能角度出发，一切设计为了城市，一切设计服务于城市。

三、点亮城市

如果将每一个获得普利策奖的建筑作品集中建设在一起，那一定是一场城市灾难。中轴生态公

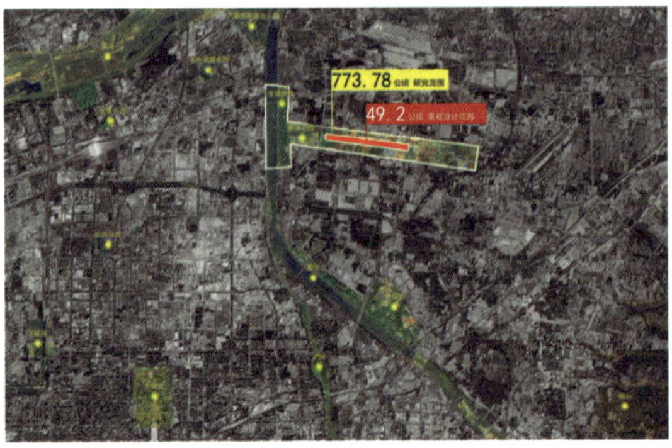

夜景规划分析

中轴公园总平面

浐、灞河水系景观带

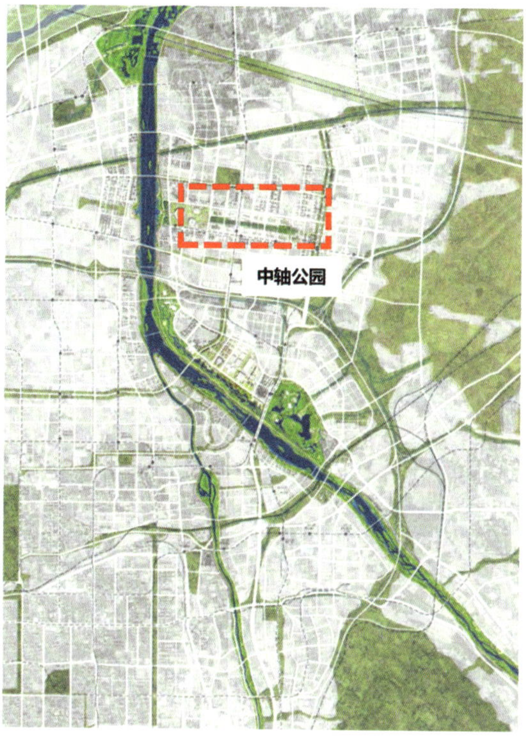

中轴公园区位

下沉庭院实景

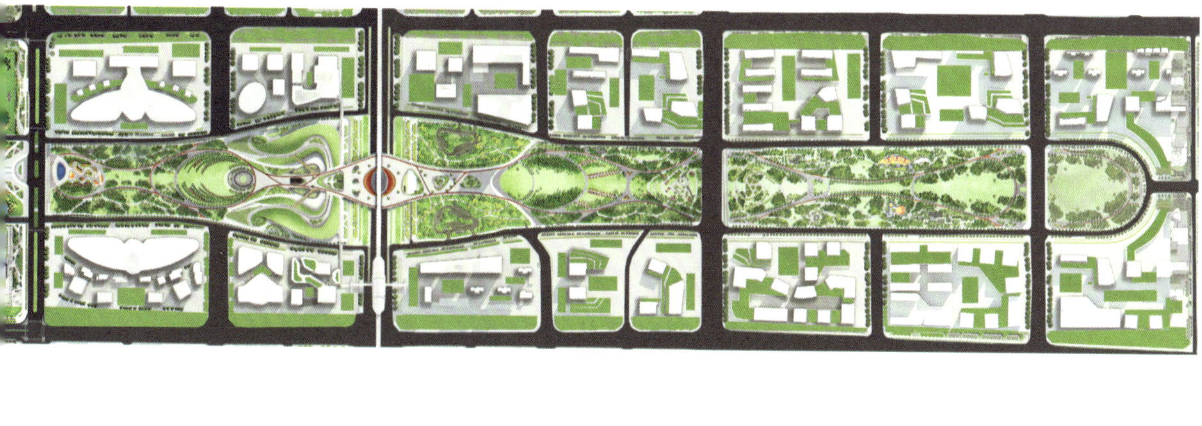

园项目由城市设计师、景观设计师、交通桥梁设计师、建筑师共同完成设计，建筑造型是最后才考虑的元素，或者说它是从前面的设计中生成的。建筑单体是通过使用分析、流线梳理后生成的，很难明确地区分出哪个部分是景观、哪个部分是桥梁、哪个部分是建筑。核心区的地景商业建筑分为南北对称的两个单体，为弱化其建筑体量，将其设计为覆土建筑，每侧屋面覆盖约10 000平方米四季常绿的佛甲草。三维曲面形态的屋面由公园地面缓缓升起，至天桥处盘旋而下，远远望去如两片绿叶向空中伸展，在满足自身商业空间及停车功能的同时又成为周边高层建筑在空中的立体景观。建筑在外侧城市界面设置了立体绿化栏板，以常绿垂藤植物作为立面元素，使人们感受到由公园向外渗透出的绿色、生态气息。内侧公园界面则在每一层都设置了空中平台，并有踏步、扶梯、坡道通向各层平台，为人们营造出不一样的空间体验，使建筑的各层平台衔接元素同时成为公园游览路线的一部分，建筑的外部空间成为公园的游憩空间。中轴公园核心区有30 000多平方米的人行桥，跨越港务西路东西两区，是东西两区联系的纽带。这座桥的设计是由桥梁工程师、建筑师、景观设计师深度配合设计、建造完成的。建筑的外部空间也成为公园的游憩空间。桥体本身的钢箱梁形态在设计伊始就考虑了结构受力、外观造型以及景观元素预留。最后形成的桥体未做任何外部装修，充分展现朴素的结构美。垂藤植物从桥的两侧边缘垂下，为下面的城市道路提供了一条美丽的空中风景线。人行桥最宽处的宽

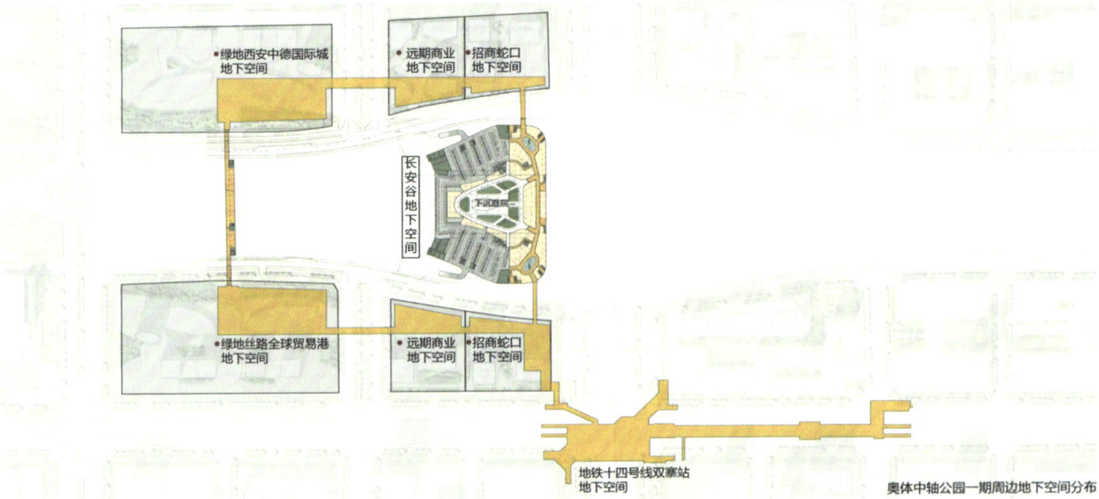

地下空间分布

港务之心城市节点

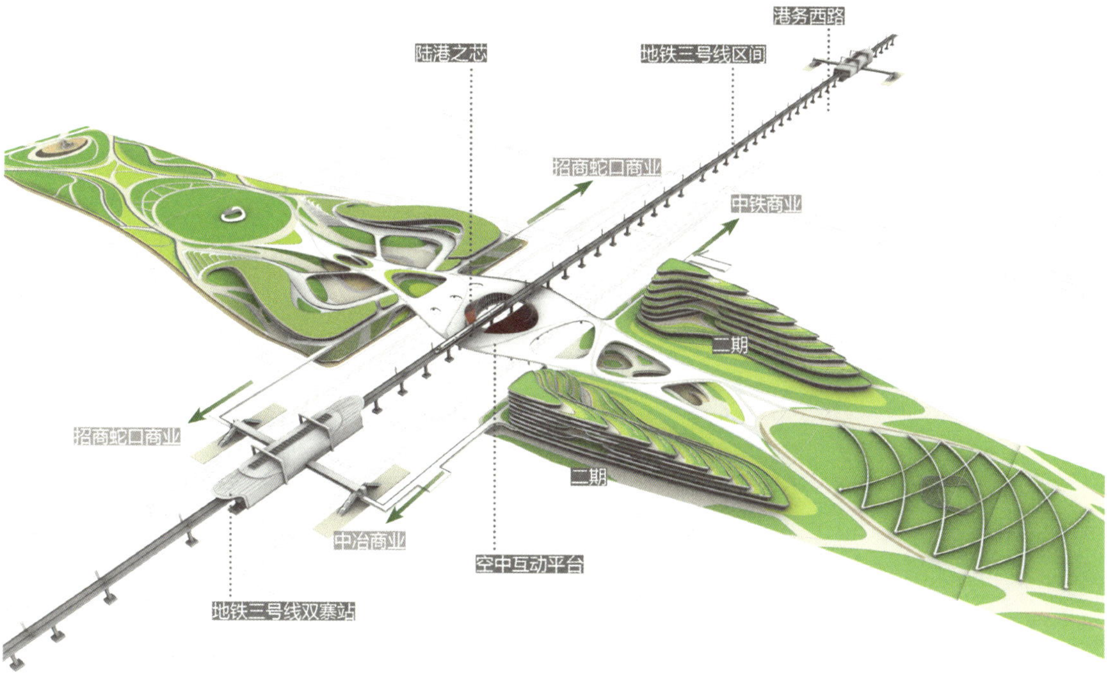

城市立体交通

度为120米，是一个小型的市民广场，将原先的地铁空中轨道横穿而过的消极元素化解为具有独特体验的公共活动空间。人行桥中心为一个红色的构筑物——“港务之心”，虽然建筑面积只有1 000平方米，但是它是整个区域的视觉核心及城市标志性建筑，对提升区域归属感及可识别性起着至关重要的作用。建筑的主体结构为钢木结构，与建筑形态完全贴合的木立柱、木梁形成柔和的室内空间，为周边写字楼内忙碌的人们提供一处有别于钢筋混凝土森林的、能够温暖人心的空间。建筑红色的表皮由从橙至红八种渐变色的半透明打印玻璃构成，在保持主色调为红色的基础上又有细腻的变化，使它在城市尺度、近人尺度方面皆具有可观赏性，在商务写字楼群中为城市增添一抹亮色。

结稿之时，第十四届全运会已经成功召开，项目的外观基本已经建设完成，“长安谷”项目已成为新长安系列地标之一。这座城市的风貌在我们的工作过程中日新月异，希望随着时间的推移，能够有更多的市民参与其中，与城市空间发生更多的互动。建筑与城市、建筑与人相辅相成，这片生于城市、服务于城市的公园定能够在市民的参与下更具活力。

港务之心室内空间

城市脉搏 上下联动
——长安谷奥体中轴公园

张博雅

想当年，杜牧远望长安，“长安回望绣成堆，山顶千门次第开”；孟郊登科，“春风得意马蹄疾，一日看尽长安花”；李白登凤凰台，“总为浮云能蔽日，长安不见使人愁”。长安城，是诗人的思念，游子的牵挂，今人的怀念。于是便有了“忍话旧游新梦，三千里外长安”“一下雪，西安就回到了长安”等诸如此类梦回大唐的佳话。

提起西安，大家对它的印象大多是西北五省的龙头城市、十三朝古都遗留的大小雁塔、黄土高坡下的窑洞，多少有些刻板、严肃、陈旧。随着2016年陕西成功申办第十四届全运会，如何利用好全运会这个平台，向全国人民展示西安科技创新、融合发展的现代城市面貌成为重要的设计诉求。

一、从公园设计到建筑设计

2019年7月，西安奥体中心三中心项目正在紧锣密鼓的施工中，我们拿到了紧临奥体中心主轴线向东的一片公园设计任务书。公园总用地面积49.2公顷，既是未来全运会主会场鸟瞰的主视角，同时也

奥体中轴鸟瞰

长安谷夜景效果

将为两侧即将落户的多家企业总部及未来的居民提供商务配套服务。设计旨在强调大西安形象，将历史文化与艺术科技重新融合，向全国人民展示“全开放、大融合、高参与、重生态、续文脉”的城市新气象。

这个项目的设计出发点是一条蓝绿交织的生态绿谷，试图从延绵起伏的地脉形态呼应灞河与骊山，从开合有致的线条形态对话半坡文化中典型的鱼纹、云雷纹纹样。围绕核心区域建设的商业建筑以自由流畅的线条将公园、建筑、人行桥融为一体，此时甲方还在犹豫是否建设这组建筑。直到2020年3月，公园的建设刻不容缓，经过多方商讨最终确定，全运会时公园建设至和畅路，优先建设欧亚大道西侧的两个多层商业建筑。

至此，一对犹如翅膀的地景建筑自大地盘旋而上，一座横穿城市快速干道与地铁轨道的巨型人行桥缓缓展开，通过活泼流畅的线条与中轴生态公园共同构成了都市之中的“丝路绿谷”，取名“长安谷”。

二、从建筑单体到建筑群体

长安谷项目位于中轴牛态公园的核心区域，由南北两侧数座高层、超高层总部办公大楼环绕。公园用地本就狭长，最宽处为280米，而长安谷项目所在的核心区绿地宽度仅有100米，如果在两侧放置一组方正规整的建筑体量，必然会阻挡奥体主会场向东的视线，破坏东望骊山的景观视野。这注定了紧临公园两侧的建筑不能是高楼大厦，而是与公园交融在一起的城市开放广场。

这组形态几乎南北对称的地景建筑，以自由灵动的线条弱化商业地块红线边界，建筑高度仅为23.65米，从地面盘旋而起，屋面覆以佛甲草类绿色植被，仿佛延绵起伏的绿丘，为奥体主轴线提供了

奥体中轴规划

开放的城市视线，也为高层建筑周围提供了丰富的人文景观；通过层层退进的室外平台为商业争取更多的景观，与公园连接的多层出入口也为建筑提供了更多的商业价值。

错落有致的室外平台及横跨欧亚大道的人行桥，将东西两侧割裂的公园用地紧密地衔接起来，与中轴生态公园共同构成“城在林中、路在绿中、人在画中”的自然景观。城绿交融的生态城市绿谷，为周边市民提供了开放包容、热情奔放的城市客厅统筹设计。地下空间，除了与地铁站厅、周边商业地块直接相连的地下通廊外，还统一设计了夹在两个地景建筑中间的公园绿地，在负一层设置景观下沉庭院并布置零售商业，地下空间互联互通，形成区域地下空间网络，实现城市土地资源统筹开发与高效利用。

三、设计院到施工现场

可能是因为这个项目的建设时间过于紧迫，交、界面复杂，涉及单位多，可谓“时间不变、任务不减”。设计院于任务开始的第一个半年，忙着赶施工图；第二个半年，催促各家施工单位尽快提资审核；第三个半年，每天在工地解决现场问题。我们从项目开始就每周四去项目部，一整天都在工地协商各种现场问题。8月20日那天，周边超高层建筑都已竣工，晚上11点我们还在现场试灯，而此时距离全运会开幕仅剩不到一个月的时间，真为长安谷项目能否如期呈现捏了一把汗。

到底是“纸上得来终觉浅，绝知此事要躬行”，在施工现场的学习使我充分了解了施工顺序，对详图节点理解得更加深刻；许多交接节点在模型上未推敲清楚，现场施工纷纷出现问题，故而建筑师还是要常去现场发现问题、解决问题。

施工现场很快又要复工，接下来还有很长的路要走，但我想在这样重要的城市轴线上留下作品对于建筑师来说可谓“三生有幸”。希望未来长安谷项目真正成为一组打动人心的城市客厅，与长安系列其他作品共同成为大西安对外展示的一张名片。

建筑外观细部

建筑外观细部

公园上跨城市道路

中央礼品文物管理中心建筑设计 | 张晶

作为一名长期身处西部的建筑师，能在北京天安门广场1.5千米处、正对祈年殿1.5千米的核心位置，设计并建设完成一座国家级博物馆，可以说是一件可遇而不可求的事。同时，中央礼品文物管理中心的建设恰逢中国共产党建党100周年，能够参与这样的工程是一次千载难逢的为党和国家贡献力量的机会。因此，我满怀报国热情，参与中央礼品文物管理中心的设计与建设工作。以下是我在工程实践中的一点儿感受。

一、工程简介

中央礼品文物管理中心是建党100周年的献礼工程，是新时代首都的新地标，国家的外交新平台。中央礼品文物管理中心的成功建设具有重大的政治意义、历史意义和现实意义。

中央礼品文物管理中心位于首都中央政务区内，祈年大街与西兴隆街西北角，与天坛比邻相望，占地约1.8万平方米，总建筑面积为6.78万平方米，地上四层，地下四层。项目集文物保管、研究、陈列展示、外事活动和爱国教育为一体，是一座综合性文博建筑。

中央礼品文物管理中心整体布局紧凑集约，由主楼、附属楼和四合院文保建筑三部分组成，整个建筑群主次分明、高低错落。项目融合多种功能，流线复杂多样，用地紧张，同时需要统筹考虑用地内名木、古树与文保四合院的保护。场地南侧以门房作为围墙分隔内外空间；东侧沿祈年大街以栅栏

建成实景

前厅效果

服务楼下沉庭院

保留传统院落

建筑外观

建筑外观细部

墙进行围合，既能满足安全性要求，又能使建筑适当开放，与城市关系更加友好；西侧结合文保四合院，则以青砖实墙进行围合，沿用地红线形成逐层退让的退台关系，从城市界面来看，墙体更加灵活，层次更加丰富。

主楼设计采用集约的方形重檐廊式组合，传承了新中国成立以来共和国传统建筑的范式，同时吸收了西方古典建筑的特点，中西合璧，古今交融。温润如玉的白色石材体现了中国彬彬有礼、君子坦荡的大国形象。包容的建筑语言反映了礼仪天下的大国胸怀。设计继承了中西方千年传统文化，表现出经典、简约、时尚的特色。

建筑平面布局集约，公共空间采用“T”形叠合形式，流线简洁合理。公共空间与展示空间南北布置。从一层到三层，通过一、二层通高的中央大厅，二、三层通高的公共前厅南北交错联通，三层夹层休闲空间通过玻璃幕墙与二、三层公共前厅联通，由内而外、自下而上地丰富空间层次，将自然光线引入各层公共空间，使建筑室内环境宽敞明亮，舒适自然。南立面整体通透的玻璃幕墙使内外环境结合紧密，情景交融，内外相连。

主楼设计既表现出雄壮的风格，也恰当地与周边建筑和谐相处，特别是与四合院及附属楼在新与旧、大与小、中与西的对比中和谐共生。附属楼采用UHPC预制块材幕墙，整体呈现类似青砖砌筑的肌理效果，呼应了文保四合院，使建筑与周边城市环境相融。建筑整体比例关系和谐，尺度宜人，反映了大国外交场所优雅的气质与形象。

建筑设计中文物库区的消防设计是重点。文物库区位于地下一层至地下四层，整体规模大，处于建筑核心位置。根据防火规范要求，文物库区的防火分区面积限值较小，因此库区会形成多个防火分区，需要设置多部疏散楼梯和消防电梯，这将对建筑首层集中大空间的功能要求产生颠覆性影响。为此，设计借鉴了避难走道的概念，在文物库周边设置环廊，作为避难走道，库区的防火分区均与避难走道连接，同时这一环廊将设备用房等产生噪声、热辐射和有水房间的空间与库房形成物理隔离，加强了库区的安全性，减少了周边环境对库区的影响。

另外，主楼正立面采用了UHPC镂空花窗，避免了超大体量石材镂空雕刻的难题，使用UHPC进行预制，通过在材料中调配外墙石材的石粉，使其外观颜色与外墙石材基本保持一致，达到外立面统一的设计效果。

附属楼外立面采用双层幕墙，内层为玻璃幕墙，发挥外围护作用，外层为UPHC预制镂空单元块砌筑幕墙，发挥装饰和遮阳作用。两层系统相互搭配，使建筑在技术上既能满足各项节能、采光指标，又在建筑效果上使其与四合院及周边民房融为一体，很好地呼应了城市风貌。

主楼的大空间与连续错位通高空间，楼板开洞面积较大，造成楼板不连续的部位平面不规则，给结构设计带来了不小的挑战。大厅及展厅区域形成大空间，为最大限度满足建筑净高，大跨梁采用双

向预应力混凝土梁，设计时考虑了竖向地震组合，并针对大跨区域进行舒适度验算，保证结构自振频率不低于3 Hz。部分楼层采用梁抬柱及桁架抬柱的方式，解决了竖向构件不连续的问题，使转换构件抗震等级提高了一级。

设施设备的设计，库房采用设置恒温、恒湿空调系统方案，满足文物库房藏品保存室内环境温湿度要求，根据藏品类型恒温、恒湿空调系统相对湿度按金属类40%~50%、有机类45%~55%、无机类50%~60%三类设置空调系统。经综合方案比较，库房空调系统采用通高可靠集中冷热源四管制水系统和空调自控手段，达到恒温、恒湿的环境要求。

二、从西北走向全国

中央礼品文物管理中心的设计工作始于2014年。项目选址于北京市西北方向的香山风景区，距天安门25千米。一段时间后，由于选址问题与功能问题，设计工作暂时停止。

时隔4年，2018年4月项目新址选定之后重新开始招标。方案创作持续两个月。创作期间，都市中心投入全部力量进行了多轮、多次方案讨论。定案过程中，赵元超大师带领设计团队连续3天讨论至夜里两点左右。赵元超大师亲自查看模型制作，指导细节处理，精益求精。功夫不负有心人，我们在投标中一举夺魁，击败了中国建筑设计研究院、北京市建筑设计研究院、中国建筑科学研究院。中央礼品文物管理中心成为我们建院几十年来，在北京核心区第一个完全独立设计实施的项目。完成了都市中心乃至西北院，从古都到首都迈进的历史进程，也是我们从西北走向全国的标志性工程之一。

三、自我实现与服务业主

2018年7月初收到中标通知的时候，所有人都沉浸在胜利的喜悦之中。直到后续开启深化工作，我们才意识到设计工作真正开始了。

通过和甲方沟通交流，建筑功能和使用需求还需重新梳理，设计方案还需充分论证和优化。两个多月里，我们基本每周进京汇报一次，有时甚至一周两次，这就意味着我们必须快速高效地应对问题。这是一个极其痛苦的过程，我们有对投标方案天然的倾向性，执着于最初恰如其分的设计理念和完整严密的设计逻辑。但是业主也一直坚持功能要不断完善，形式语言和功能流线一直是大家争论的焦点。

10月下旬，为了加快设计进度，全专业主要设计人员在北京集中进行工作。赵元超大师带队同甲方深入沟通，了解项目定位、使用需求及建设标准。工作方式的改变减少了双方的沟通成本，工作效率显著提高。

但是矛盾应当如何化解，这是摆在我们面前的最大难题。是继续坚持自我，坚持最初的设计理念，想方设法说服业主，还是向业主妥协，做一个提线木偶，听凭业主指挥，做业主的画图工具？当然这是两种极端的选择，虽然建筑师受雇于业主，要服务好业主，但是我们有区别于他人的专业素养、专业敏锐度和专业能力，能够提供专业的建议和设计方案。满足业主的诉求就是我们的服务。因此，在服务业主的过程中，将自己的设计理念很好地表达给业主，彼此进行良好的沟通，既满足业主的诉求又给建筑师足够的发挥空间，建筑师与业主互相成就，那应该是最理想的关系。

中央礼品文物管理中心最终呈现的状态就是我们用专业的设计语言将业主的诉求“翻译”而成的。

四、设计与建造

完美无瑕的设计是前提，精益求精的建造是关键。为了落实好设计意图，提高建造完成度，在

两层通高交通厅

2019年10月开始建筑主体施工的同时，设计团队就入驻现场。良好的开始是成功的一半，在这个关键节点，设计团队开始频繁地出现在施工现场，不仅指导现场技术问题，还凭借丰富的工作经验在施工初期就开始推动建筑幕墙的选材工作。我们与施工单位一起在项目现场挑选了几十种石材样品，反复优化建筑外观，推敲外观色彩和幕墙划分。仅效果图就画了近20张，对一个个细节逐个研究推敲。外墙做法逐渐明确，材料选择范围逐渐缩小，建筑外观效果也在参建各方的脑海中越来越清晰。2019年12月参建各方组成考察小组，先后在天津市、福建省深入石材加工厂对石材进一步考察确认。赵元超大师带领团队在加工厂仔细查看各种材料的外观效果、现货存量、加工工艺、供货周期等，最终选中3种石材组合方式，在工地制作样板墙，供各方选择。这一工作大大推进了项目进度，为后续的几个施工节点做好了前期准备。

五、建筑技术赋能建筑体验

现代建筑技术的广泛应用已经是现代建筑必不可少的一部分。新型建筑材料的选用，构造做法的优化设计都离不开新技术、新工艺的支持。除此之外，建筑智能化等建筑技术为建筑使用增添了更多的便利性和可靠性。例如，消防安防的智能化控制、监测，建筑设备的远程控制监测等为建筑的智慧发展提供了有力的保障。尤其是弱电工程，它如同建筑的神经系统，连接着建筑的角角落落。

但是在建筑设计过程中，建筑师欠缺对这部分的认识和设计意识。这部分工作在前期的策划和建筑设计阶段非常薄弱，往往会在设计完成后又进行大量深化和优化工作，干扰整个工程的推进节奏。因此，建筑师除了应该关心建筑空间，还应该重视建筑技术，与其他专业协调设计，充分配合，不要为了追求建筑效果以牺牲某一专业系统为代价。

建筑局部

高台书院，奇石补天
——中国版本图书馆新馆项目设计

李彬　白正建

一、背景

中国版本图书馆是我国唯一专门负责征集、收藏、管理新中国成立以来全国出版物样本的图书馆，也是我国当代最完整、最具权威的出版物资源信息库。21世纪以来，我国的各类出版物如雨后春笋般地大量增多，老馆的保藏空间已无法满足今后的使用需求，因此在2019年春，中宣部组织全国各地院士、大师，开展新馆建设的设计投标，赵元超大师亦名列其中。

新馆位于北京市昌平区兴寿镇半壁店村北，地处大杨山国家森林公园，森林茂盛，幽静典雅，景色优美，气候宜人，人称“京北世外桃源”，南望京密引水渠、桃峪口水库。基地所在的大杨山以巨型花岗石为主体结构，海拔861米，项目选址原为花岗岩矿区的废弃遗迹，原有生态环境破坏已较为严重，但大面积平整的场地也为项目的实施打好了基础。基地三面环山，用地面积约为 20万平方米，纵向距离约700米，横向距离约400米。基地内部高差较大，西北侧为陡崖，东南侧相对平整。基地纵向较为平坦，由东南向西北缓慢升高。横向高差较大，西高东低，分为相对平整的两个平台，最大高差约20米。

面对这种大部分自然环境保存完好、部分遭到人为破坏的山体，如何因地制宜，以“织补”的手法尽量复原场地关系，成为本次设计的关键。这样的设计应当寻求场地中的固有特色，应当显示场所中的新时代自然精神，应当彰显场景中“虽由人

建筑与自然相融合

主入口效果

作，宛自天开”的自然理念，借助山势，借助流水，让建筑在藏显之中与自然达到完美的平衡。而在设计中，我们认为中国版本图书馆务必要突出主体功能，也就是国家级版本的保藏与展示；务必要与山势相容，依山就势；务必要体现时代的精神，体现中国特色。

二、设计

1.织补环境

《列子·汤问》中提到，天地亦物业。物有不足，故昔者女娲氏炼五色石以补其阙；断鳌之足以立四极。女娲以五色石为料，修补天穹，面对层峦叠嶂、连绵不绝的自然山地，设计策略便是修补。绿水青山就是金山银山，我们用女娲补天的生态理念修复现有场地，巨大的平台犹如从山中长出，修复了破坏的山体，满足了书库的藏书要求。在这被破坏的山体环境中，我们顺势采用沿山脊而下的“一”字形布局，用简洁大气的方式，简约地解决了修复自然的难题，使得建筑一气呵成、山水交融，在天地间构筑了一座永恒的自然景观，虽由人造，宛自天开。

沿山脊而下的“一”字形布局从山体中自然伸展，使建筑成为山体环境的一部分，犹如一个生命体，并以高台书院的方式，巧妙地处理了显与隐、内与外、上与下、古与今、大与小等诸多关系，行云流水、简约大气。建筑借助地形地势，交融于山水之间，犹如一幅壮丽的山河画卷，又如书写在大地上的中国书法，铭记着辉煌的中华五千年文化，建筑群落行云流水、简约大气，又如一曲优美的交响乐章，在燕山余脉中奏响。

2.串联文化

中华文化源远流长，大到中国城市，小到物件器皿，都呈现出了“方”的原型。在构图中，我们以空间原型“方”为母题，犹如文化中连绵不绝的纽带——汉字，也隐喻了“长城”“方城”“书院”“印章”等中华意境，在建筑空间上体现出了“文化基石”的概念，也使得整体建筑更加贴近场地与自然。

庭院景观

总体规划方案

我们努力追求高雅的书院文化，在“藏与显”中寻找平衡，再次寻找人工与自然的和谐统一。建筑是文化的综合载体。中国建筑文化的精髓在于有轴线，成序列，体现出中正平和、情景交融、天人合一的特征。我们努力寻找建筑与天地之间的关系，构建建筑与中国文化的渊源，表达中国建筑的文化传统，试图创造一个源于东方文化、属于时代的建筑经典。

我们始终坚持大象无形、大匠若拙的无痕设计理念，构筑一座如同中国书法、中国山水般永恒的大地建筑，矗立在山水天地之间。

3.重塑序列

中国传统的建筑序列遵循轴线，设计总体布局采用纵横轴控制，与山体和环境形成对景融合，设计于纵横之间，交融在山水之中，如“山、水、宫、苑”般的画卷，体现家国天下之大气，新时代大国之气象。纵轴为主轴线，建筑顺着原有山脊之势生长，修复山体环境，以主体保藏功能和展示功能，形成层层递进的空间序列。横轴为辅轴，建筑以开门见山的方式拥抱自然，在主入口形成以序厅为主向两侧延伸的对外交流和研究功能。

设计从基地之外开始营造序列空间：以山门为序，浅山区礼仪广场为起点，入口大堂为发展，主体文化长廊为核心，中部展示大厅设计为高潮，山间文阁为点睛，峰回路转，起承转合，层层递进。同时，强化主体建筑设计，轴线南部建筑为活动和礼仪空间，中部重要单体建筑功能主要为版本保藏及展示，气势震撼，中轴线北侧为藏书阁，是所有建筑的重中之重，更是点睛之笔。设计塑造厚重大气的风格，善于运用传统建筑元素，借鉴书院的灵动，兼具中华厚重的历史积淀，凸显中国特色和现代风貌，营造厚重大气的建筑观感。

4.突出功能

中国版本图书馆的主要任务是保藏、展示各类样本图书，因此在轴线中央的“一”字形建筑体量，就是最合适的保藏空间。中央保藏区恰巧位于场地中心，便于服务整体建筑群落。所有藏书库内部贯通，形成整体规模。保藏功能按照类别分区布置，结合重点保藏单元，依次展开。书库单元规模以500平方米至2 000平方米为主，经济合理，自然通风，能够满足使用需求。对于特藏、珍藏等重点保藏区域，在一个防火分区内再划分防火单元，进行重点保藏。沿着

庭院空间

这一巨大体量拾级而上，尽头是图书的展示和阅读空间，具有书院的层次和意境，彰显中华传统文化。

主轴线西侧为洞库、后勤等功能，洞库修建充分利用山体边坡，与山体形成生态自然的台地景观。场地东侧为研究及会议报告空间，结合水景，依地势而建，自成院落。场地南侧为主入口空间及部分景观留白空间。

5.生态园林

延续生态修复的设计理念，总体建筑西侧是与山地结合的景观台地，东侧和南侧为柔美的自然园林，主体建筑结合屋顶绿化和庭院，建筑与园林刚柔并济，礼乐相融。“自然既立，阴阳生焉，阴阳既出，形势出矣”，我们提取中华文化中兼容并蓄的书法意境作为园林落笔的概念，借鉴“书法九势”赋予景观节点多样的主题内涵，用“藏头、落笔、转笔、疾势”等设计手法串接景观，最终与建筑相得益彰，形成一幅大美的山水画卷。

三、结语

在经历了5个月前后3轮的投标过程后，我们对方案进行了多次修改与更新，但设计的理念从未改变，最终在“二进一”的选拔中遗憾落败。最终中标的是清华大学建筑设计研究院庄惟敏院士。面对投标的结局，我们虽然稍感遗憾，但在设计过程中所收获的新理念、新思想将会成为我们未来披荆斩棘的利刃。在与全国顶尖设计团队的交流与竞争中，我们学习了同行先进的经验，也获得了更多的思考和自信。

在竞标结束后，因为种种机缘巧合，都市中心的部分成员也有幸参与到中国版本图书馆的后续设计之中，以清华大学建筑设计研究院方案为依托，逐步完成了方案深化、初步设计以及施工图设计。项目有条不紊地建设，2022年投入使用，我们也算是完成了该项目的全过程设计，为设计投标画上了一个句号。

可以说，建筑设计没有终点，是螺旋上升的一条蜿蜒小路，路上的成就、挫折皆为所获，拾级而上领略沿途的风景才是建筑师的成长与修行之路。

仪式入口空间

从1935年到2035年
——西安火车站改扩建纪实

蒋超

一、序言

长安，是西安的古称，有着3 100多年的建城史和1 100多年的建都史，先后有周、秦、汉、唐等13个王朝建都于此。它不仅是中国的地理中心，也曾是世界的文明中心，素有“东罗马，西长安”之称。

同时，西安是我国“五纵五横”运输大通道中的重要节点，是西北地区最大的客、货集散地和中转中心，在政治、经济和国防上都具有极为重要的地位和作用。

西安火车站始建于1934年（史称西安车站）。1985年对西安站进行了首次改扩建后，西安火车站年旅客发送量为2 800万人次，至2012年客流量已达2 680万人次，基本达到饱和状态。因此，西安站的运载能力、站房规模以及设备功能等均已不能满足未来日益增长的客运量需求。

二、现状

西安火车站位于西安市明城墙和唐大明宫遗址保护区之间，两个遗址相距约500米。铁道以南至明城墙区域以广场、环城公园和铁路附属设施为主。与之垂直相接的解放路，是西安城市交通最为发达的道路之一。铁道以北的区域（俗称“道北”），则长期处于城市发展的边缘地带。“落后、破旧、暴力”是这一片区的时代标签。虽与大明宫遗址区仅一墙之隔，却有着截然不同的风貌。

受大明宫遗址保护区的影响，火车站以北路网

大明宫遗址片区鸟瞰

老火车站站房与大明宫遗址空间关系

新建火车站北广场

密度严重不足，且由于陇海铁路线的“割裂”效应，南北向城市道路规划数量少，交通拥堵严重，客观上造成了道北乃至大明宫周边地区的发展滞后。

另外，新规划的站房距丹凤门仅150米，新建筑的风格不仅需要与遗址风貌保持协调，同时需满足遗址周边限高的要求，而用地范围内更有F3地裂缝从中斜穿而过。诸多限制条件极大地增加了设计难度。

三、过程

2014年6月，中国铁路总公司、陕西省人民政府通过《关于西安铁路枢纽西安站改扩建工程可行性研究报告的批复》并开启国际性方案招标，标志着西安火车站改扩建工程正式拉开序幕。

自2014年7月设计方案中标以来，项目开启了长达7年的设计修改与优化之路。整个改扩建工程好比在古都心脏的位置做一次“心脏搭桥手术”，每一次的方案修改可谓牵一发而动全身，而方案修改的核心始终围绕着传统与现代、保护与发展的问题。其中不乏将西安站整体搬迁或设置全地下车站的建议，从而形成对文化遗址更有利的保护措施。

设计过程可谓一波三折，由于项目监管涉及多个行政部门，审批环节极其复杂，加之设计方案几经修改，甚至在最终施工方案已经确定，现场施工

新火车站施工现场

丹凤门与新火车站空间关系

已全面展开的情况下，文物部门的一纸限高令让施工被迫中断，此时已是2020年末，而根据政府部门的要求，整个站改工程将于2021年9月前全面投入使用，以迎接当月在西安举办的第十四届全国运动会。这种突发状况无论对于设计方还是建设方、施工方都是一次严峻的考验。

在整个建设过程中，所有参建单位齐心协力、众志成城，在克服了诸多不利因素、经受了无数艰难挑战之后，西安站改扩建工程最终在预定的时间圆满迎来了正式投用。大家完成了一件原本看似几乎不可能完成的任务，创造了一项堪称中国铁路建设史上的奇迹。

四、理念

西安站改扩建工程的核心理念是“连接”，这其中包含以下三个层面的意义。

1.连接“宫、站、城、塔”

大明宫至大雁塔的城市脉络属于重要的唐文化轴线，历史上由于城市发展的原因，这条轴线逐渐发生了偏移，因此本次改扩建设计在梳理城市文脉的基础上，重点重塑了“大明宫——明城墙——火车站——大雁塔”的历史文化轴线。

2.连接历史与未来

从盛唐时期的皇家宫殿至明清时期的城墙门楼，从民国时期的革命旧址到近代铁路沿线的市井生活，西安火车站片区承载了太多的历史记忆。如今，借由火车站片区的更新改造，这些历史被重新提起，并以一种全新的方式展现在世人面前。可以预见，改扩建后的西安站将为古城打开一扇通向未

进站大厅

候车大厅

新建北站房夜景

来的崭新的大门。

3.连接地上与地下

本次设计在新建站房北侧广场地下设置交通换乘中心，将地铁、出租车等各类换乘交通布设于地下，便于旅客快速换乘。其中，换乘大厅的自然采光天窗为旅客提供了由地下仰望丹凤门的独特视角。同时，在正对丹凤门的轴线上设置跨铁路线的景观天桥，正下方设置地下市政通道，串联南广场与新建北广场，实现新旧广场的立体式无缝衔接。

五、规划

本次规划以大雁塔——明城墙——火车站——大明宫这一历史文化轴线为核心，以大明宫遗址为主体，采用主从有序，北站房、东配楼、丹凤门三足鼎立的布局方式，三者共同围合形成火车站北广场，所有机动交通均设在新建广场地下。

规划在既有车站北侧新建北站房和高架候车室，建筑面积约为5.2万平方米；车场规模由5台11线扩建为9台18线，同时新建8.5万平方米站台雨棚；对既有南站房进行适应性改造；另在北站房的东侧新建东配楼，用于铁路综合开发，建筑规模约为10万平方米。

通过南北连通的高架候车厅连接新老站房，采用地下市政通道连通铁路南北区域，新增地上景观天桥连接起原本被铁路分割的城市空间。立体式的通道将共同承担城市与铁路客流的集散功能。

北站房广场交通改造结合地下空间开发，采用上进下出的进出站方式，遵循公交优先，立体复合换乘、高效节地的原则，把地面广场还给城市，最大程度地方便旅客出行。采取自强路下穿，北广场两侧局部下沉布置公交车车场，将出租车、社会车辆等结合地铁分层布置于广场下方。南广场结合客运站搬迁，增设公交枢纽站。

北广场的景观设计综合考虑了南站房原有模式、遗址公园御道广场的延续性乃至唐长安城的空间结构，采用南北向中轴对称的布局方式，既满足了火车站能快速疏散及人流短暂停留的空间需求，也表达了对地域历史文化的尊重。

六、风貌

新建建筑设计整体基于与大明宫遗址的对话关系，遵循与丹凤门“相似而立，和而不同”的设计理念，充分做到对历史遗产的尊重。建筑造型以恢复唐大明宫前“千步廊”的历史原型为理念，融入传统建筑的文化特征，并以更为现代简洁的造型体现新时代大西安的城市风貌。东配楼的建筑造型与北站房同构异形，形成以丹凤门为主体、一主二从的空间布局模式。

既有西安站房建成于1985年，承载了几代西安人的记忆。本次对既有站房立面改造遵循“修旧如旧”的原则，保留原有建筑立面，仅对外立面幕墙、门窗进行更换，同时对外立面进行修葺更新。室内装修以体现西安传统特色的设计风格为主，重点保留了能体现历史文脉感的进站大厅上方木质格栅吊顶和贵宾厅上方“井”字梁彩绘藻井纹案吊

顶，并对主要功能区域做了全面的设计提升。

七、结语

西安站改扩建工程堪称21世纪以来西安难度最大、规模最大的改造工程。其内容不仅有车站本身的改扩建，更包括道北棚户区拆迁，车辆段机务段东迁，原货运站拆迁，以及纺织城站改扩建工程，新建地铁4号线、7号线火车站，自强东路下穿立交等，涵盖市政、铁路、地铁、拆迁安置等一系列内容在内的大型工程，堪称国内最大的火车站改扩建工程。

改扩建之后的西安站，预测2035年旅客发送量将由目前的2 800万人次扩容至4 800万人次。从1935年到2035年，西安火车站在经历了近一个世纪的历史洗礼后，终于迎来了重生。未来全新的西安站不但是一座集铁路、城市轨道、道路交通换乘功能于一体的交通综合体，也是一座多元的城市文化综合体。开放的城市空间使唐大明宫在老城拥有了一个富有尊严的入口，这一开放空间与大明宫含元殿南广场一起构成了世界最大的遗址广场，增强了城市活力，成为古城文化复兴、城市风貌整体保护与可持续发展的重要实践。

作为城市变迁的见证者，西安站的历史正是西安城市发展的缩影，从盛世皇都到明清西安府，从近代“废都”再到如今的国家中心城市——西安，这座沉寂已久的千年古都正以它独特的人文魅力吸引着来自世界的目光。

新建北站房日景

与丹凤门的对话

大唐天街

——西安火车站丹凤门广场配套工程

张鹤

大唐天街（西安火车站丹凤门广场配套工程）位于西安市老城区，北临唐大明宫遗址公园，南面明城墙，西侧与西安站铁路枢纽相连。西安火车站片区的改扩建及综合提升工程是在西安城市中心区所做的“心脏搭桥手术”，重新唤起这片土地的价值，实现“站、城、宫”一体化的设计。

一、功能综合体

本项目充分利用区位优势与交通轨道优势，借助大明宫的文化遗产资源，配置文化与商业综合的特色业态。总建筑面积约10万平方米，地下三层、地上五层。建筑功能包含铁路文化博物馆、剧场、商业、酒店等。

二、文化复合体

通过整体的规划设计，以唐大明宫遗址公园为文化核心，以西安站地下交通枢纽为功能核心，丹凤门广场将被打造成一个“展示大唐盛世气象的文化广场”，与整个片区的建筑共同展现气势恢宏的中华文明，成为西安名副其实的城市客厅。

唐大明宫、明城墙、西安火车站南站房、陇海铁路线以及“大华1935”，分别代表了唐、明、民国等不同历史时期的西安城，他们在过去的一千多年里逐步沉淀、相互碰撞，最终形成了如今火车站片区的格局。

因此，本项目既是集多种功能于一身的综合体，又是西安城市文化的复合体。

建成实景

配套建筑沿街效果

南立面沿街效果

三、复道行空

本项目从宏观角度考虑，结合“TOD”的设计理念，在建筑群三层打造了一条连接火车站南北站房、东配楼与本项目两个地块的“大唐天街”。“天街”由一座跨线人行天桥、三座跨市政路人行天桥及各个建筑的商业内街组合而成。它是一条舒适、流畅的空中步行街道，向南衔接五路口商圈，向北衔接“大华1935”商业区，将整个片区融为一体，共同发展。

四、檐牙高啄

出挑深远的檐口，是唐代木构建筑最鲜明的特色之一。本项目的建筑造型设计抓住这一特点，多处采用钢结构挑檐，考虑到现代建筑的尺度，最深远的出挑长度达到了11米。这一设计，让檐口与丹凤门同框时，显现出时空对话的意境。

在与丹凤门广场衔接的方向，建筑形体由两层悬挑的方形体量划定了主入口的空间，使建筑更为轻盈、现代。其悬挑长度达到21米，这对于结构设计也是很大的挑战。

建筑立面在“天街”之下，采用石材与玻璃，打造建筑的“基座”；在“天街”之上，采用陶板、陶管格栅、玻璃幕墙和铝合金挑檐，呈现出错落而轻盈的建筑形象。折线幕墙的设计，让人们站在室内可以恰好通过玻璃的转折角度正对丹凤门进行观赏。

建筑细部

陕西省图书馆扩建工程

郝恺　白正建

一、图书馆文化性与环境文化缺失

陕西省图书馆创建于1909年，与国家图书馆的前身——京师图书馆同时诞生，是我国最早成立的公共图书馆之一。馆址最早设立于19世纪初的亮宝楼，新中国成立后在西大街扩建，改革开放后在长安路建立了长安路馆。不同时期的图书馆满足了当时的需求，也承载了当下的建筑文化，它们都成为城市的标志性建筑。2012年，陕西省政府启动陕西省图书馆扩建工程，拟在西安市高新区异地扩建8万平方米的新馆，同时保留现长安北路和西大街馆区。全面建成后的陕西省图书馆，将由高新馆区、长安路馆区和西大街馆区三个馆区组成。

陕西省图书馆扩建工程场地位于西安市高新区软件新城核心位置，场地东、西、南三侧临城市道路。场地北侧与一条规划中的约100米宽的城市绿带相邻。用地大致呈不规则的梯形，项目用地面积为57 068.6平方米（约85.6亩），总建筑面积为86 195平方米，其中A栋建筑面积为81 900平方米，后期待建的B栋建筑面积为4 295平方米。

城市尺度下，基地周围历史文化氛围浓厚。西侧有周丰镐遗址，北侧有秦阿房宫遗址，东南侧为汉武帝操练水军的昆明湖，东侧与唐大小雁塔曲江池遥相呼应。紧临基地东侧的城市绿带中还有著名的沣惠渠。然而区域尺度下，基地四周规划均为高新科技产业园区，一栋栋百米高层建筑拔地而起，一片高科技新城盛景映入眼帘。本次工程设计不仅是建造一座适应现代生活、阅读方式的图书馆，项目成果还是这一区域的文化中心、绿化中心、活动中心。本工程是以现代的材料与建筑方式表达传统的文化精神的一种再

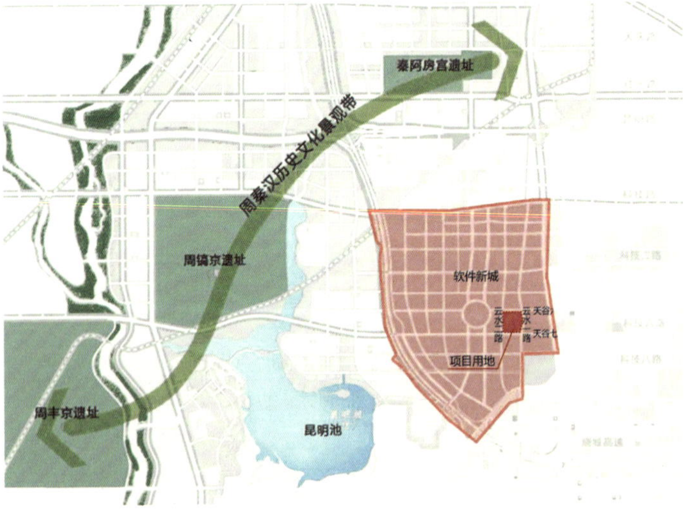

历史轴线分析

过程版方案

图书馆新馆鸟瞰

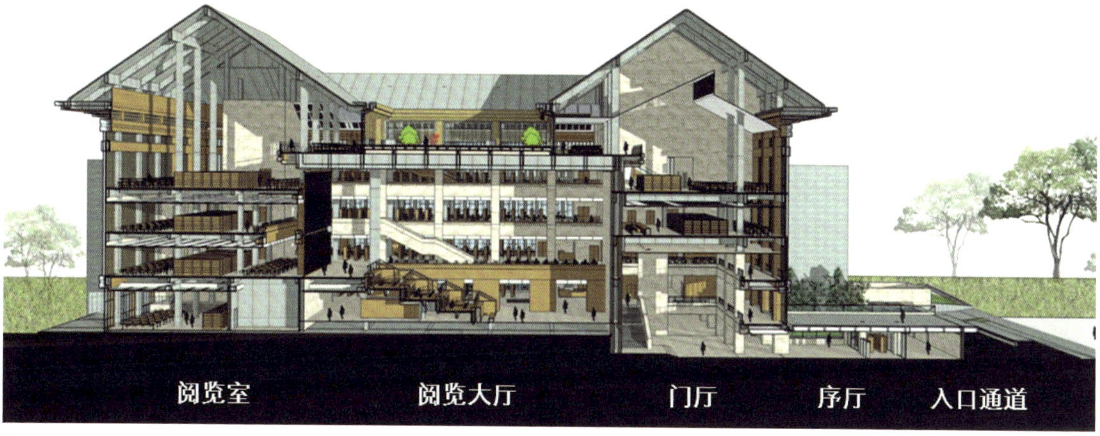

剖面示意

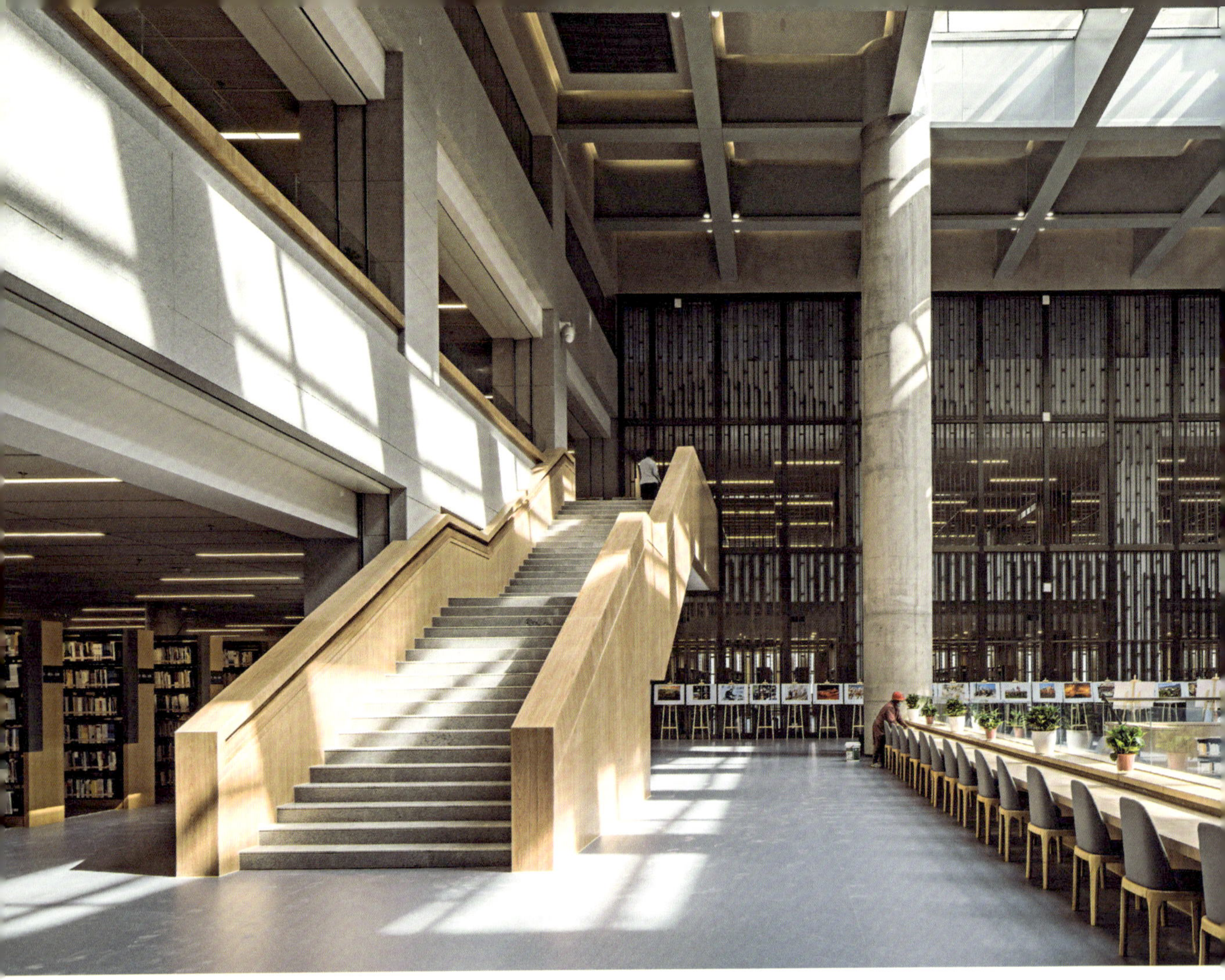

阅览大厅室内

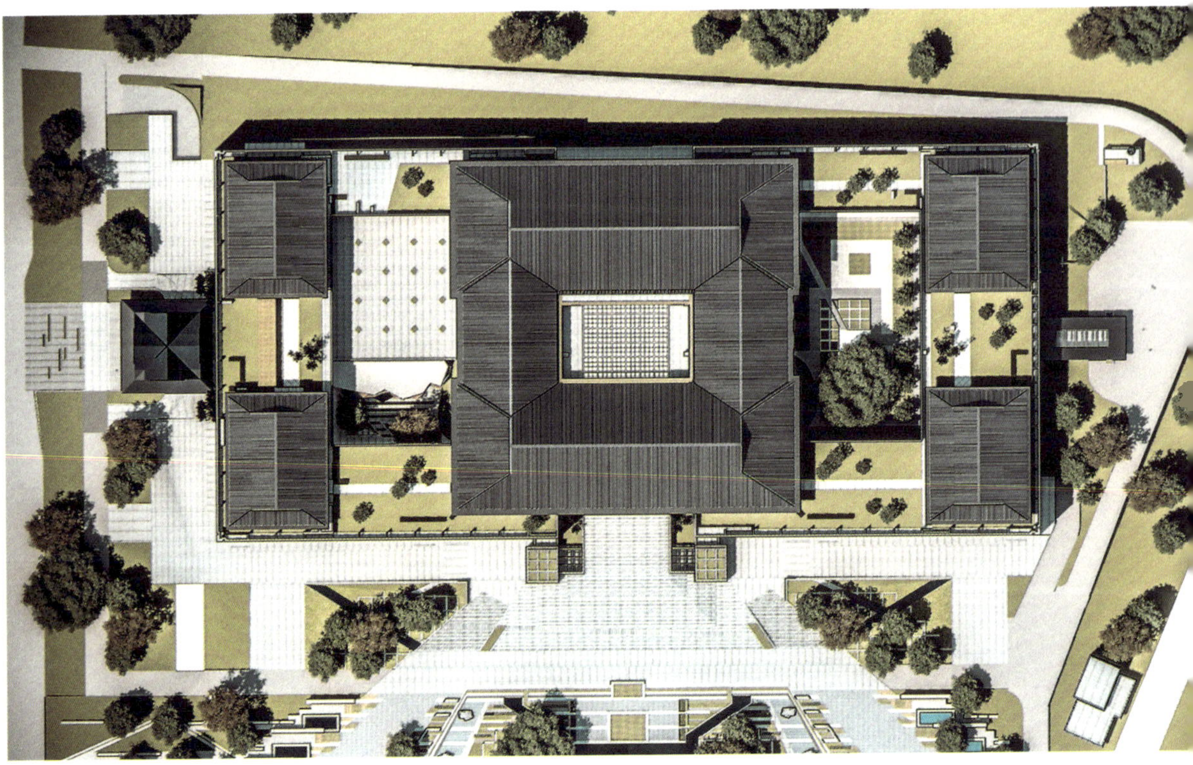

总平面

水及石渠阁意向，以今写古，以古映今，表达陕西省图书馆的文化渊源与历史传承。

方案中标后经省领导决议，将场地变更至最终位置，由软件新城边缘地带移至腹地，这也为整个项目进一步升华提供了可能。换地为项目带来机遇，也同时带来了问题。最终确定的场地面积较大，由先期批复的6万平方米变更为8万平方米，按照常规设置地下停车库的做法无法满足高新区大型公建容积率不得小于1.5的规划要求。如何处理立项和规划的矛盾，成为设计构思的前置问题。

结合场地环境和现状问题，高台建筑意向似乎成为打破僵局的唯一可能。将建筑整体抬升半层，原有地下空间变为半地下，面积可计容。设计采用传统三段式构图，庄重而文雅。建成后的图书馆如同高台上一系列散落的书院，仿佛传统文化玉盘上的明珠。整体布局序列递进，合理安排轴线秩序，分别建立了东西和南北两个方向的轴线体系，沿两个轴线体系组织建筑形体和空间。在两个轴线交点处中央设置阅览大厅，起到统领全局的作用。两条轴线互相交织，营造出幽深的庭院空间意境。

尝试。

二、空间场所的多重构建

陕西省图书馆扩建工程设计之初伴随着种种矛盾和不确定性，我们试图寻找这些问题的冲突点，并互相联系，在文化的大背景下对其进行统一，从而完成空间的多重构建，使空间场所化。

1.立项与规划——高台建筑的可行性

省图书馆扩建项目最初由发展改革委可研批复用地位于西安市长安区，用地面积较小，批复建筑面积6万平方米，项目招投标时将场地移至西高新区。最初投标场地位于西高新区软件新城边缘地带，紧临西三环，总建筑面积增至8万平方米。投标方案以现代的“藏书楼”为起点，以“图书公园”为设计理念，通过大面积绿化草坡上托举出的书箱形象，试图将传统的阅览活动由室内转向室外，开创新型的图书馆模式。“书箱”之上镂刻大大小小的圆洞，形成秦岭山

2.阅览与空间——两种图书馆建筑

随着图书馆从传统闭架阅览向开架式阅览的转变，图书馆设计形成了两种导向：以阅览体验为导向和以空间体验为导向。前者通过简单的形体抽拉、重组或切割，推敲空间比例尺度，辅以基本的设计概念形成“阅览场所”，为读者提供更舒适的阅览环境，其代表为上海浦东图书馆、国家图书馆（老馆新馆）、丹麦皇家图书馆（老馆）、天津大学图书馆等。后者以近些年来的各种网红图书馆为代表，追求空间的前卫和震撼，同时兼具读者读书阅览的氛围营造，这类型的图书馆也不乏佳作，山

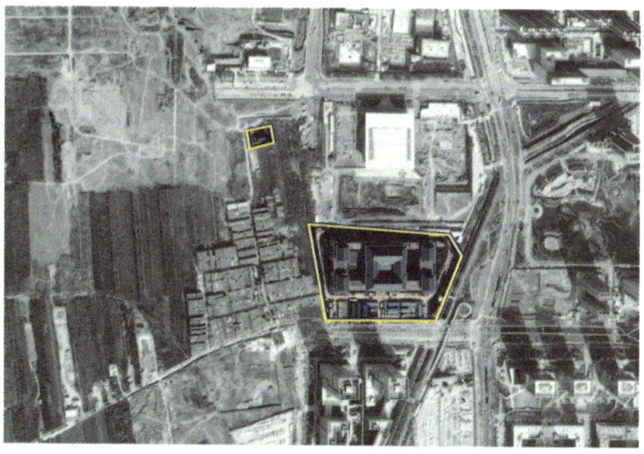

基地与城市关系

本理显先生在天津图书馆设计中试图营造一种“图书超市”的氛围意向，MVRDV设计的天津滨海图书馆取意“滨海之眼”和“书山有路”，营造了一种洞窟中的阅览环境，而伊东丰雄设计的岐阜市立图书馆则利用一个个“屋顶漏斗”形成阅览空间中心，开创了独特的阅览体验与空间体验合二为一的“岛式”阅览模式。

图书馆是搜集、整理、收藏图书资料以供人阅览、参考的机构，其本质是为人的阅览活动服务的。因此，陕西省图书馆力求回归本质，立足于读者的阅览体验，在“和”中挖掘空间体验感，在“群魔乱舞”的建筑生态下坚守内心的一方宁静。

人的尺度和书的尺度——图书馆阅览室对于藏书空间和阅览空间有不同的使用要求，这点在国家图书馆一期设计中得到了充分的回应。项目设计中采用大量的两层挑空区域作为阅览空间，而将普通平层和夹层区域作为藏书空间，空间和功能协调一致，充分论证空间造型的合理性，藏阅一体，藏阅有致。

核心空间的序列与仪式营造——省图书馆主要室内空间是沿着一条中轴展开，形成“入口通道——序厅——门厅——阅览大厅——阅览室”的空间序列。根据东方传统的空间观，采用层层空间递进的加法原

前广场景观效果

项目建成实景

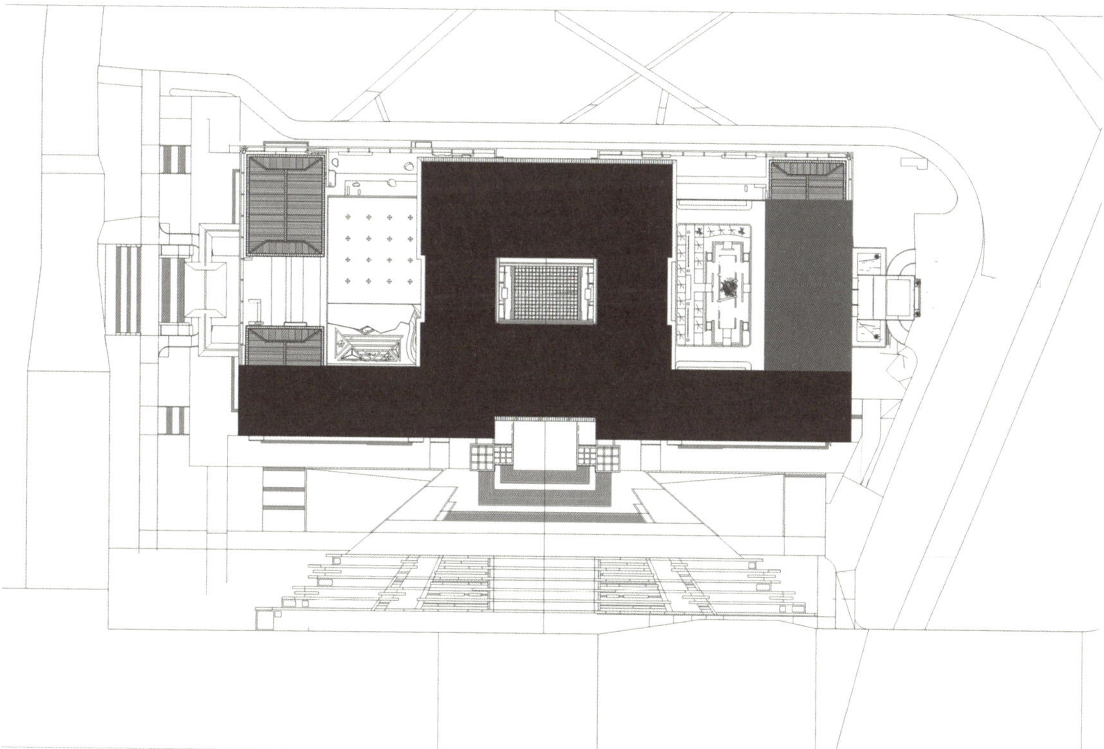

建筑图底关系

室内庭院

则，不追求“一城一地”的得失，也不过分追求单一空间的尺度感和冲击力。着力打造适宜的空间序列、适度的空间表达和登堂入室的仪式感。

中央大厅退台设计——空间整体上以阅览大厅为核心，东西向的退台设置使中庭采光顶洒下的阳光可以不受遮挡地进入最北侧的阅览室，同时形成层层错落的阅览氛围。退台营造出大量的挑空空间，在丰富空间的同时自然划分出了“人的空间”和“书的空间”，提升读者的阅览品质。

3.融合与冲突——两种尺度下的平衡

大的城市尺度下丰富的历史文化资源与区域尺度下的现代科技新区风貌是设计的主要矛盾，如何处理好两种尺度下的平衡，成为省图书馆设计中需要面对的首要问题。我们试图以一种现代化的材料和语言来表达传统文化的精神。

场地西北侧现存有一宋代古刹——金佛寺，经过千年变迁，寺院内部已荒凉破败，随着城市的不断发展，金佛寺在软件新城这一现代化科技片区中显得格格不入。省图书馆屋面上古朴的坡屋顶与金佛寺隔公园遥相呼应，用更现代的设计语言传达古典韵味，同时也使古寺与片区关系更为柔和。建成后的图书馆建筑将建立古寺与都市的联系和历史文化的传承，完成千年的时空对话。

设计者着力打造“城市中心的文化绿洲”。项目场地周边存在大量的高层建筑，如何处理好图书馆与周边城市风貌的冲突，是设计的关键。图书馆主体建筑靠内侧布置，预留出进深为60米的楼前缓冲区，退让出足够的周边距离，使整体城市空间收放适宜。图书馆与城市道路间种植高大灌木，形成“书院”与现代城市空间之间的屏障，从城市中走近图书馆，犹如穿越喧嚣的现代文明进入一方知识的净土。

4.室内与室外——形式、空间、功能的结合

形式与空间如同一个事物的两面，不可分割。空间的创造又源自其自身的功能需求。省图书馆主要由三种功能组成：西侧的会议展览、中部的传统阅览以及东侧的后勤服务，设计方案完美地融合了三种功能。中部阅览区围绕中央大厅设置各阅览区，配合序厅——门厅——中央大厅的三重空间序列，共同形成类似“几”字形的阅览布局，自然地使会展区和后勤区分居左右。

三种功能呈现出三种不同的空间需求。中部阅览区核心三重空间采用抽拉、挑空的方式，阐述空间的起承转合，表现出清晰的空间逻辑，起到空间节奏演绎与控制作用。西侧的会议展览通过增加层高、局部抽柱等方式，为展览会议活动提供高大空间保障。东侧后勤区域则以小开间的办公室为主，三种空间统一于建筑体型之下。东西两侧设两个大

建筑外观局部

给予现代化的重组与表达。

1.布局

居中对称，合理表述图底关系。项目场地周边现存大量高层建筑，但是图书馆建筑与周边留有足够的距离，根据场地规整的特点，将建筑形体居中布置，场地和建筑整体化设计。在此基础上，建筑布局也符合居中布置原则，中间高四周低，完美地融入到环境中。建筑在主立面南北向沿中轴对称布置，更突出中国传统文化的特色。居中与轴线共同完善整个场地的图底关系，使这一区域形成丰富、合理的空间肌理关系。

2.屋顶

金属坡屋面这一要素在近年来被广泛应用到各类新中式公共建筑中。本项目采用铝镁锰合金直立锁边屋面，从技术上来说应用也较为广泛常规。本项目继承了该类建筑风格的"鼻祖"级项目之一，同为赵元超大师主持设计的"西安行政中心"的形式特征，但是在屋面表达上呈现了更多元的形式，层叠的坡屋面与千年古刹交相辉映，在赋予建筑足够的历史文化气息的同时，提升了片区的文化氛围。

3.庭院

建筑设计从周边城市区域以及场地的矩形出发，提取"方"这一元素，将实体的建筑轮廓以及虚体的庭院空间层层相扣，用建筑的虚实搭配来完成对场地的同构。建筑和庭院相互渗透、相互融合，实体与虚体交相辉映，虚实相间，合理丰富场地现状，形成"你中有我、我中有你"的空间特色。

4.细部

设计时对细部的推敲和把握一直是建筑设计的一大难题，文化建筑设计更是如此。细部设计太简单会导致建筑公共性和文化性不足，略显平庸，太复杂又会走向矫揉造作的后现代符号主义。如何恰到好处地进行细部文化性表达，也是需要着重考虑的方面。

歇山——歇山顶在中国传统屋顶体系中的形制仅次于庑殿顶，较多地被使用在孔庙、书院等传统文化场所。可以说，歇山似乎带有与生俱来的书卷气。项目设计中主体采用歇山顶，既保证了公共建筑的庄严风格，又没有庑殿顶的"官气"，恰当地反映了场所属性。设计严格控制歇

庭院，为建筑提供了最优质的自然采光和通风条件。宁静的落地条窗、古朴的格栅、窗外的一抹绿色共同为读者提供一个高品质的阅览环境。

项目设计提取空间与形式的重合点，将空间逻辑与建筑形式相结合，给予最真实的表达。屋顶文献保障区保留了坡屋顶屋架，将原有钢筋混凝土结构梁柱暴露出来，充分展示材料本身的美。中央阅览大厅保留钢结构框架梁及两根巨大的清水混凝土圆柱，完全不做吊顶，表现空间的真实质感。大厅顶部结合建筑造型设置坡屋顶庭院，为顶层文献保障中心的读者提供一个安静的封闭内院阅览环境，屋顶四角四个小坡屋顶内部空间不做吊顶，所有管道全部安装在侧墙顶，最大程度地表达建筑形式，还原建筑的本体。在建筑材料方面，将室外石材延伸进室内，增加内外一体的空间特质，表达建筑场所的真实感和空间透明性。室内外浑然一体，仿佛不自觉地走进了建筑，从而削弱室内外的界限感。

三、文化性表达

传统与现代一直是建筑界最具争论性的话题之一。事物的结果从来都不是由单一因素造成的，我们不能单纯地将某种建筑符号与特定风格联系在一起。在项目设计中，我们试图通过对场地的解读和对传统文化的理解，从各个要素上对传统文化精神

山比例坡度，并对传统歇山顶做了简化，在保证建筑文化性的基础上使其兼具现代感。

女儿墙的“形与空”——平屋面女儿墙高3.25米，阻挡了游人的远望视线，而女儿墙开眺望洞口又会对立面效果产生影响。项目设计中维持主立面（南立面、东立面、西立面）三面女儿墙的完整性。北立面距离公园较近，又可远眺金佛寺，东西两个内院有充足的内院景观，所以这些部位的女儿墙上均结合造型设置了观景洞口，给予屋面使用者更好的景观视野。

女儿墙装饰点——主立面女儿墙上结合造型设置了一系列突出墙面的蘑菇石装饰点，蘑菇石颜色、石材纹理均选择与大面花岗岩同款的灰色麻石，在整体协调统一的前提下增加建筑的文化特色。

大台阶与门廊——本建筑设置大量的半地下室，将建筑整体抬高半层，这也为入口处设置大台阶提供了空间上的合理性。建筑仪式入口是从大台阶正面直接上至二层的门厅，而平时的主入口设置在大台阶两侧，大台阶下部设置序厅，其中包含存包、安检等多种进馆前的准备功能。设置大台阶后的主立面，更符合三段式的经典构图，增强了建筑的稳定感。建筑东西两侧结合会展入口、后勤入口设置门廊，满足会展、后勤人员下车后的无雨通行需求。形式上，加入门廊后的东西立面整体上也能削弱东西立面本身形体上缺乏变化的弱点，增加空间层次。

图字——主入口标识的设计，采用了传统篆书“图”字的阴刻，材料选择上摒弃了红铜青铜，最终采用了黄铜，既能与主立面木纹转印色彩相协调，又能保持足够的个性，美中不足的是略显孤单，其下部大门也应有些许黄铜点缀，整体会更加立体、饱满。

5.材料

建筑立面采用干挂石材与仿木色铝单板相结合的形式，使建筑呈现大气、开放的风格，外加一点儿书卷气。屋面采用铝镁锰合金金属屋面，传统中不失现代。然而建筑很大程度上也受限于环境条件的重重制约。原设计外立面主体材料为锈石，后因为预算问题调整为黄金麻，而最终选用的材料是较为廉价的灰色麻石。锈石对比灰麻，其石材质感更强，颜色与主立面上木纹转印也较为搭配。最终的幕墙采用了800毫米×800毫米、800毫米×450毫米、800毫米×250毫米的三种规格的石材，通过纵向换拼的方式增加灰麻的质感和表现力。以粗犷的混凝土、石材搭配细腻的木材为室内装饰材料，形成大气、典雅、朴素的空间气质。

四、结语

每一个项目的设计过程都伴随各种各样的问题和矛盾。建筑设计是一个不断梦想、不断解决、不断修正的过程。本文通过对陕西省图书馆扩建工程的空间场所构建和文化性表达的总结，力图对现代材料与现代建筑方式表达传统文化精神提供思路和参考。

借阅大厅

阅览空间1

阅览空间2

入口效果

建成实景

陕西省委西院 | 许彬彬

陕西省委西院是省委机关主要部门的办公大院，位于西安市南郊南二环与雁塔路交口的东南角，距市中心钟楼约3.6千米。整个用地东西宽约260米、南北长约320米，总用地面积为10.3万平方米，用地方整，地势北高南低,用地南侧有一条东西走向的地裂缝。基地四周均为城市道路，交通极为方便。

项目所在区域距举世闻名的大雁塔景区约1千米，现在大雁塔以及以南区域已形成以大雁塔为中心的包括大唐芙蓉园、曲江池遗址公园、唐城墙遗址公园等在内的唐文化历史风貌保护区——曲江新区。因此项目从设计之初就确立了应与所在区域及城市的整体环境相协调的设计思路，充分考虑项目地处以大雁塔为中心的唐文化区的地域特殊性，在尊重历史与现有环境的前提下，进行合理规划，精心设计，以形成既有时代特色又与周围环境相融合的城市行政中心。

一、总体布局

整个规划结构吸收了唐长安城“四方城”及“九宫格局”的理念，总体上采取对称式布局，所有建筑群均具有对称性，主从有序，层次分明，三栋主办公单体围合广场形成明确的南北向轴线，此轴线形成于大雁塔南北延长线的西侧，顺应城市轴线，依附于城市的轴线关系。

由于项目重建于城市建成区，相对于使用方要求的建筑面积来说，整个办公区用地相当紧张，在营造整个办公区良好外部环境的同时，建筑单体设计尽量紧凑，这也符合办公建筑要求高效率、集约化和节约的原则，因此一号办公楼采用集约的“一”字形平面，二、三号楼位于一号楼南面，为分列于地块的东西两侧，呈“口”字形布局。一号楼长约150米，宽约28米，高约50米。二、三号楼长宽分别约为55米和62米，高度约为25米。一号楼与二、三号楼南北间距约为60米，二、三号楼间距约为95米，围合出主要公共活动空间的院落式布局

省委一号楼主入口

形式，同时具有强烈的庄重氛围和历史的厚重感。

二、交通组织

省委西院的主大门为南面出入口。北侧出入口为主要货流出入口。区域内设计了南北向与东西向两条主要道路，并沿地块四周设置环形道路，将各功能区组织起来。大院内采用人车共道的形式，因为院内人车流量不大，交通组织方式为平交。

三、景观绿化体系

用地四周均以绿化环绕，既规避了道路噪声对办公区的干扰，又营造了良好的绿化环境，体现外实内虚、闹中取静、虚实相当的特点。

中心广场是整个大院的核心景观，由三栋主办公楼围合而成，空间感较强。东西约为65米，南北约为75米。广场沿轴线严格对称布局。广场内布置整洁，主要构成元素是结合地下室采光顶设计的长条形的景观水面。和结合地下室出入口布置的四块矩形绿化带，形成丰富的景观体系，使整个广场生机盎然，富有灵气。

一号主楼前的古松在景观上起过渡衔接的作用，从广场远处看，古松苍劲挺拔的身姿在现代建筑的映衬下传达出历史感。

沿街实景

四、分期建设

考虑到整个办公区的分期建设，主要建筑群由北到南依次布置，第一期建设的一号楼布置在用地最北侧，坐北朝南。二、三号楼位于中心广场东、西两侧。一期建设完成后，院内已大致形成了中正对称的格局，保证二期建设项目在建设期间已建成部分能正常使用。一期建设奠定了南北轴线的基调。在一期完成后的一段时间里，二期陆续建成幼儿园及省监委技术业务用房。二期的建筑依次坐落于二、三号楼构成的东、西轴线之上，进一步强化了东西副轴线的存在感。

从整体规划角度来看，新建办公楼坐落于一期办公组团的西侧，位于二、三号楼的轴线延长线之上，平面布局也应遵循已建成建筑的基本形态，于是问题来了，若追求建筑体量的统一，建筑面积会大大超过可研报告预测的面积要求，要在建筑形式统一的基础上，减少将近一半的建筑面积。最终决定将“口”字形的布局改为“L”形布局，保持整体建筑的高度与已建成建筑一致，这种处理方式为远期建设预留补齐“口”字形布局提供了可能性。

五、建筑形式传统与现代

1.屋面设计

建筑造型体现了传统与突破。建筑屋面采用了唐代传统大屋面的形式，但在构造上选用了现代的材料和手法，对传统的屋面造型进行提炼，屋面形式舒展、简洁。屋面采用深灰色金属材料，既满足了现代建筑的防水、防火要求，又体现了传统的历史特色，用现代的材料反映了传统建筑的精髓。

2.墙顶关系的处理

中国传统建筑中，屋面与立面柱之间用斗拱的

远眺大雁塔

屋顶露台局部

形式过渡，形成了一段特别的檐下“虚”空间，使得大屋檐与实体墙的关系相互脱离。立面设计特意对建筑的“脖子”部位进行了处理，使用与屋面同材质、同颜色的铝合金材料，运用百叶的手法，还原了传统建筑中的檐下“虚”空间。

3.檐下吊顶设计

大屋面檐口的吊顶设计取意于传统建筑的檐口，檐口用金属板材做细致的划分，解决了大面积吊顶平整性的问题，同时丰富了檐下的空间效果。

凹窗处理的光影效果如下。

立面窗户对开启扇进行了精心的处理，用凹退的形式将开启扇隐藏起来，既解决了开启的功能，又创造了深浅不一的光影效果，丰富了立面形式。

建筑表现形式上采用抽象的手法表现了与传统建筑的和谐与对话。建筑风格庄重、质朴，细节丰富，并且具有浓郁的地域特色，表达了对传统建筑的尊重，构成了城市的有机整体。

六、二期新建部分

陕西省委监察委员会、省委幼儿园是陕西省委西院办公建筑群的重要组成部分，与已建成的省委一、二、三号楼形成基本对称的总体布局，形式风格协调统一，形成主从有序、格局分明的建筑群体，体现现代行政类型建筑的特点，坚持简约、灵活、高效的原则。

陕西省委监察委员会办公楼位于省委二号楼的西侧，坐落于二、三号楼之间形成的东西轴线之上，与邻近的二号楼风格呼应，布局对称，同为地上五层的多层建筑，总平面呈“L”形布局，顺应日照和地形条件。总建筑面积约为8 500平方米，主要功能为技术业务用房，平面为内廊式布置，保证每个房间都有良好的采光和景观。一方面，建筑整体风格突出行政办公楼严谨沉稳的形象，追求建筑群体效果；另一方面，建筑的色调淡雅质朴，平淡中凸显力量，亲切中不失威严。办公楼的西侧地块为省委幼儿园，位于办公院区的西北角，与整体建筑群相对远离和独立，建筑为两层园林式布局的建筑，南北各布置东西向的建筑体量，保证了活动室良好的采光日照，南北向布置两处连廊，建筑单元围合营造出庭院空间，这也是整个幼儿园的核心，是场所方位感和识别性的关键所在。孩子们每天在广场内嬉戏，成为场所归属感的源头。围绕内院是室内的回廊空间。尽量多的玻璃面，将内院之景纳入其间。

建筑外观

建筑入口

工作模型效果

通高大厅

陕西地质科技综合楼 | 王敏

一、起·文化之轴

地质科技综合楼（以下简称“综合楼”）位于西安市雁塔北路这条曾经极为繁华的历史轴线上，轴线北端是盛唐时期世界上面积最大的宫殿——大明宫，南端是现存最早、规模最大的唐代砖塔——大雁塔，这条六公里文化轴线的中点，现城墙和平门的南侧，便是我们的项目所在地。

二、承·延续文脉

西安是一座历史悠久的“四方城”，城墙内外，随处可见浓厚的文化气息。在设计之初，我们尝试了各种各样的设计思路：坡屋顶像个“官老爷”，太守旧；玻璃幕墙像个“洋老爷”太突兀。最终在城墙这个“唐装”身旁，我们为建筑量身定制了石材幕墙的“正装”，延续文化脉络，传承经典秩序。典雅庄重的干挂石材与井然有序的立面开窗，让综合楼成为一组背景式建筑，沉稳而不夺目，默默向城墙致以敬意，寻求建筑与城市的良好对话。

三、转·尊重传统

综合楼距离西安城墙仅200米左右，出于对城墙视野的保护和尊重，项目采用了南高北低的立面形

建成实景

沿街立面

式，北侧副楼限高36米，南侧主楼限高60米。在追求标新立异突出风格的大环境下，我们坚持从低处着笔，将西安城墙作为开展设计的首要条件，在形式和情感上礼让城墙，实现“随风潜入夜，润物细无声”的效果。

四、运·功能展开

综合楼总建筑面积10.6万平方米，地上7万平方米，地下3.6万平方米。地上两栋楼分别为十四层的主楼和七层的副楼，主要功能分别是地质矿产勘察开发局的科研办公楼和矿产勘察相关的展示性营业厅。地下一层延续首层的营业厅功能，地下二、三层为汽车库。

在立面塑造上，副楼营业厅立面材料以石材为主，嵌入不规则竖向细长窗，凸显石材幕墙的厚重感和肌理感；主楼以均匀设置的方格窗来满足办公功能的采光通风需求。整体立面风格大实大虚，简洁而有力。

五、合·设计思考

文化遗址是城市的瑰宝，特殊环境下的建筑设计要充分考虑历史和人文语境，在传统和现代的碰撞与融合中寻求最得体的解读，这也是建筑师在当下面临的现实问题。综合楼的创作过程也是如此，基地所在的文化轴线限定了较高的秩序感，大明宫遗址到现西安火车站、西安城墙到慈恩寺大雁塔的轴线也让基地具有了独特的气质，在这样的基地上创作，建筑师一方面是地域认同的自豪感，一方面是设计思路的谨慎和克制，力争让建筑形式顺应城市空间，追求城市界面的延续和统一。

地质科技综合楼的设计是一次有益的探索，既摆脱了刻板的束缚，又摒弃了个性化的宣扬，转而寻求形式和韵律的内在契合，传统儒家思想提倡“不偏之谓中，不易之谓庸”，回到创作本身，这种宝贵的传统人文内核仍然值得我们参考借鉴。

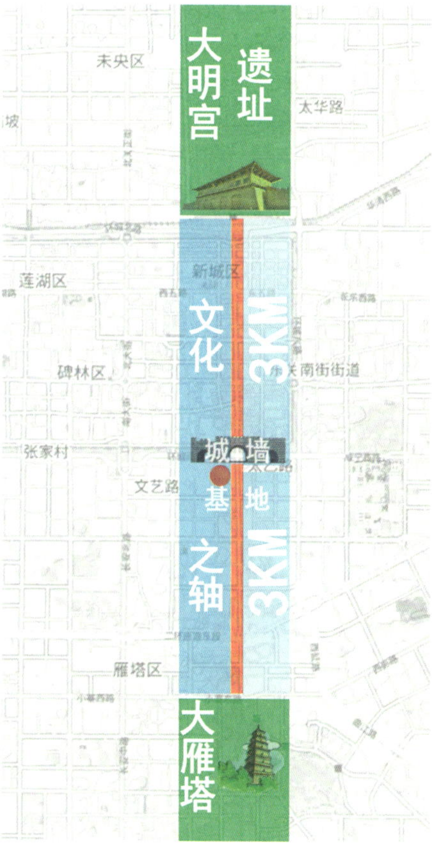

历史轴线分析

站在未来的十字路口
——国际科创商务广场项目设计

刘鹏

纵览古今中外，每个伟大的城市都有其伟大的城市轴线，西安亦是如此。古代西安的轴线相互延续，由西周丰镐兴起到汉唐长安达到顶峰，后经明清逐渐转衰。而今，在“一带一路”的国家战略加持下，大西安作为国家面向中亚、西欧等地区的桥头堡，一条代表现代化大西安的新轴线应运而生。大西安新中心中央商务区轴线，北起沣河金湾，南至昆明池，全程约19.9千米。国际科创商务广场项目用地位于沣东大道与复兴大道交口处，是大西安新中心中央商务区新轴线与钟楼东西传统轴线的交会地带，更是传统与创新交会，当下与未来共赢的重要节点。

在当代中国汹涌澎湃的城市化进程中，像央视大楼“大裤衩”或银河“SOHO”那样超现实主义风格的公共建筑，无疑更容易吸引人们的眼球，更容易成为一座城市的地标。然而，当城市中的每一栋建筑都盲目追求特立独行的风格时，单体的标新立异带来的只能是群体的杂乱无章。项目所在位置为沣东大道与复兴大道交口处，该路口东南角用地为498米高的中国国际丝路中心超高层项目，路口东北角为华侨城项目，超高层塔楼高度为369米，路口西北角为280米高的保利中心。设计积极回应大西安未来十字路口这一重要因素，力图完善与周边建筑的天际线关系，以达到缝补城市天际线的目的。结合周边对超高层的高度控制，为使该区域建筑高度协调统一，实现完整和谐的城市天际线，项

建成实景

园区景观

目在十字路口西南角设置149米高的超高层，使得该路口周边的建筑高度协调而富有韵律感，从而形成与周边建筑完美共存同时又不失个体特色的天际轮廓。

项目功能配置主要以办公、酒店、商业为主，同时进行方格网模数的限制设计。建筑形象追求现代、简洁、时尚，努力营造高效的现代办公氛围，同时适当考虑与古城西安的呼应。项目从周边城市设计及既有建筑城市肌理出发，采取了最适合群体建筑形象的“W”形布局方式。高层塔楼南北错落分布，在协调统一的同时又富有律动感。五栋塔楼中的四栋办公塔楼建筑立面风格一致，相互呼应，形成组群。酒店塔楼建筑立面自成一格，突出酒店形象。

传统的办公建筑环境与城市环境相对独立，而且内部功能空间单一，而非功能空间容易缺少“人情味”。今天，人们对办公环境的需求不只是办公机器，而是追求一种复合的、消融建筑与城市心理边界的方式。办公建筑的存在不应孤立突出，而应从街区需求和场所精神出发的探求思考，使都市生活真正以丰富、弹性的方式呈现。高层办公楼的设计旨在打造新时代的复合型优质办公空间：我们希望每一位使用者只需要喝完一杯咖啡的时间，就能实现在工作、生活、社交、消费之间自由转换。这里将成为一个有深度、有态度、有温度的办公生活社区，成为完善城市空间框架、实现城市形象目标、提升城市品质的理想新空间，创造具有国际化发展水平和建设质量的新高度，体现示范意义，搭建具有活力、健康、智慧、绿色等理念的全新平台，增强城市人气和吸引力。

办公塔楼以建筑艺术品的高度精心打造建筑的每个细节，高品质的全玻璃幕墙外立面，在保证节能环保的前提下，通过多层次LED实现整体外立面色彩、形式的灵活切换，呈现出绚丽动感的建筑夜景，交织形成精彩的城市律动和节奏。办公楼层转角处通过抽角柱手法，结合大面积落地玻璃幕墙打造出视野开阔的全景办公空间，使得周边中央商务区都市繁华与公园自然景观尽收眼底。为入驻企业

建成实景

打造张弛有度、轻松愉悦的办公氛围。

亦如写作叙事一般，本项目自2017年初提笔之时，正值西安房地产开发热度高涨，当地政府及社会资本对未来形势的判断一片光明。如今，项目基本竣工，期间城市开发政策及建筑市场热情几经沉浮，热浪退去，国际科创商务广场项目依然能够落地建成，并迎来了中国工商银行陕西省分行的签约入驻，同时万怡酒店的装修也已接近尾声，不日即将开业迎宾。面对过往种种，市场环境起起伏伏，我们更加确信国际科创商务广场项目所追求的不是当下的流行，而是隽永的经典。如果将之视为一部经典著作，那么意大利作家卡尔维诺对经典著作的定义就同样适用于评价本方案："经典是那些你经常听别人说'我正在重读'而不是'我正在读'的书；一部经典作品是一本每次重读都像初读那样带来发现的书，是一本即使我们初读也好像是在重温的书；经典作品是这样一些书，我们越是道听途说，以为我们懂了，当我们实际读它们，我们就越是觉得它们独特、意想不到和新颖。"

主楼外观

安定门脚下的院子
——西安市老年活动中心

王维

2012年，都市与建筑设计研究中心开始对西安市老年活动中心项目进行建筑方案设计。

回首这么多年来方案的一次次更迭和修改，对这个项目的坚持完全靠着对城墙的热爱和对这片土地的热忱，毕竟这是城墙边上最后一块儿可供建筑师发挥的用地，建筑师的专业情怀或许正是如此吧。

一、历史沿革

西安市老年活动中心原名为西安市松园，位于西安城墙南门外广场西侧、护城河外，与环城公园南门西段隔河相望，占地面积为1.53万平方米，位于西安城墙二类建设控制地带。松园于1987年筹建，作为原西安市环建委办公室代管单位，1989年对社会开放，是西安市委、市政府专为以老年人为主的西安市民建立的集开展学习培训、文化娱乐、体育健身于一体的活动场所，系公益事业单位。建园20多年来，松园承担着组织全市老年人开展文化活动和竞赛项目的繁重任务，并开办各种培训班，建立文体辅导站，提高老年骨干队伍的专业水平，指导全市老年文体活动健康发展，是推动西安市老年人老有所乐、老有所为的主力军和中流砥柱。2012年，松园被国家体育总局、全国老年体育协会授予“全国老年人体育健身示范基地”荣誉称号。2005年至今，西安市松园归西安城墙景区管理委员会代管。

西安市老年活动中心系松园迁建项目，是西安市南门区域综合提升改造工程的需要。

城墙边的下沉庭院设计

庭院空间

2012年开始实施西安南门区域综合提升改造工程，形成了西安城墙·南门历史文化街区，呈现历史文化与现代都市交融的生活空间。这是西安市委、市政府保护历史文化、优化城市环境、提升城市功能的重大决策。该工程于2014年10月正式建成开放。2015年2月15日晚，在陕西考察调研的中共中央总书记、国家主席、中央军委主席习近平，莅临西安城墙考察调研。习近平总书记充分肯定了西安城墙的保护工作及西安城墙·南门历史文化街区保护建设，并指出，西安城墙是西安的宝贝，是世界级的遗产，历届陕西、西安的领导班子，保护城墙形成了一个很好的传统，要一棒接一棒，把西安城墙永远保护传承下去①。

松园原址处于改造工程区域，无法就地安置，市政府决定将松园迁建现址——玉祥门南侧环城西苑，占地面积为1.33万平方米，位于西安城墙二类建设控制地带范围。西安市政府对松园迁建项目即西安市老年活动中心非常重视，在项目选址、土地划拨、建筑面积、建筑风格、功能布设、经费落实等方面提出明确要求，并指出要严格按照程序报批，认真做好项目工程建设工作。

2016年10月25日，国家文物局批复了陕西省文物局《关于在西安城墙建设控制地带内建设西安市老年活动中心的请示》。

2020年4月，我们重启了该项目的设计工作，为使得方案更具时代感和创新性，本次设计完全摒弃了之前的设计思路，以全新的理念开始设计工作。

二、设计理念

项目的整体建筑采用北方园林式布局，通过中心庭院、下沉庭院等室外公共空间把方正的建筑形态化整为零，弱化建筑的体量感，最大化地保护环城西苑原本优美的自然环境，让建筑空间和外部环境能够互相渗透，和谐共生。

由于6米限高的要求，建筑只能做地上一层。为了将限高用足，整体将建筑的正负零标高抬高1.5米，地上一层，地下局部二层，主要功能由教室、讲堂、康体娱乐、活动室、餐厅、厨房、设备用房等组成。

建筑共有大小庭院7处，地上一层以中心庭院

与明城墙相映生辉

①出自中国共产党新闻网（http://cpc.people.com.cn/n/2015/0217/c64387-26580139-10.html）。

为核心，大讲堂为空间主导，强调了北方建筑的仪式感，在这里可以进行一些户外集体活动。大讲堂挑檐深远，简洁有力，被镜面水池环绕，形成了静谧宜人的氛围。南侧的望远亭同样处于一片水面之上，可以透过墙面上的开洞看到环城西苑的优美景色。东侧的下沉庭院可以容纳两个门球场。此外，还有四处下沉庭院，将绿色和光线引入地下一层，形成了双首层的设计构思，为地下空间带来了生机和活力。东北角的景观休息平台可以近观城墙，远眺西门。应该说，整个建筑内部无处不在和城墙发生着对话，让新建筑有机地融入周边的环境之中。

三、建筑材料

项目以清水混凝土为主材，同时配以金属和玻璃，形成了极具时代感的建筑风貌。清水混凝土和城墙的青砖隔河相望，仿佛产生了时空对话，别有一番韵味。清水混凝土的气质也与老年活动中心的主体使用者的清廉风骨格外统一。清水混凝土建筑被称为“冷酷”的建筑，原因是清水混凝土具有“一锤定音”的特点，需一次浇筑成型。早期的建筑施工水平不能完全解决清水混凝土和保温层的构造关系，即使是日本建筑大师安藤忠雄早期的建筑亦是如此。除此之外，清水混凝土建筑的保温方式、防水、饰面、门窗构造等细节都与传统建筑截然不同，处处存在着全新的挑战和探索。

保温构造借鉴了长沙“谢子龙影像艺术馆”的方式——“三明治”保温构造（俗称“夹心”保温），这是国内率先进行该技术的工程实践，墙体内外一体化一次性浇筑而成，对工艺要求极高。传统的清水混凝土由于施工技术和建造成本的限制，往往采用内保温的墙体构造，即室外一侧为清水效果，而室内一侧被保温层及装饰面所遮盖，无法实现清水混凝土建筑内外界面统一的艺术特质。“夹心”保温的方式不仅避免了这种情况的发生，而且将保温材料完全浇注于密闭的混凝土夹心墙中，与外界完全隔离，从而实现保温材料和建筑同寿命的效果，大大减少了后期维修和更换的成本。

由于清水混凝土独特的建筑风格历来受到建筑师的青睐，应该说每个建筑师都有一个“清水梦”。一个完美的清水混凝土建筑与建筑师的情怀、业主的信任、施工单位的工艺密不可分，这三重因素缺一不可。

作为一个青年建筑师，我很荣幸能够参与这样一个项目。根据业主要求，我们已于2021年7月完成了整体的施工图设计工作，但是这完全不是工作的结束，施工伊始便是新的起点，我们共同期待一个安定门脚下院子的诞生。

庭院空间

西安工业设计产业园凯瑞G座改扩建项目

惠倩楠

一、概况

西安市的北二环以北地区，是西安市最早的一批经济开发区之一。1993年以来，依托良好的科技资源、保税区政策和“一带一路”产业转移的政策，西安经济技术开发区拥有国家级经济开发区中排名第15位的综合实力。经济开发区是西安市唯一具有临空、临站、滨河、高速交会、地铁密集等独特区位优势的开发区，距离西安咸阳国际机场仅15分钟车程。2018年，开发区管委会搬迁至项目所在地西安工业设计产业园——一个以办公功能为主，集产学研于一体的产业园区，共包括9栋办公楼和9栋公寓。扩建的凯瑞G座是原有的配套办公楼之一，用地面积约9 596.25平方米。原有功能包括餐厅、办公、活动运动场，总建筑面积约12 460平方米。

管委会考虑在此设置西安市经开区规划展示中心（展示面积约2 000平方米），经开区档案中心，（建筑面积约2 500平方米），以及经开区管委会大会堂（按900人考虑）。方案规划时以尽量对G座改动较小为宜。

二、改扩建设计

凯瑞G座项目是我们参加设计工作以来第一次遇到的实际改扩建项目。接到项目任务书后，众人皆有一股大干一番的劲头。现场踏勘后，我们却发现

入口空间改造

大报告厅室内

可以施展的余地并不大。

原凯瑞G座西侧的篮球场及一部分绿化，即为此次的扩建部分，用地东西长33米，南北长50米，面积约为2 460平方米，是整体园区内唯一的空地。管委会考虑在此扩建一栋综合楼，以补充现阶段配套功能的一些缺失。用地与高30米的原凯瑞G座毗邻，西侧为高速公路入口升起的机动车盘道。南侧、北侧、东侧均是高度为50米以上的办公及公寓式住宅。项目建成后与周边建筑的间距在15～20米之间，并没有过多的开敞空间。

1.策略一："框景"

整体园区的既有建筑布局较为规则，没有过多的变化。凯瑞G座位于主轴北端，也是建筑群向北端的终端，因此，建筑造型如何点亮主路的尽头，形成完整的轴线收尾，是设计的主要问题。考虑到扩建后形体的完整性，设计利用景框的手法将南立面向东侧拉通，形成三层高的门框，寓意西安的"北城之门"；用消隐的元素对空间加以限定，将G座统一为一个整体，在南立面处形成一个标志性的广场入口空间。

2.策略二：布局

从总平面图可以看出，园区建筑形态各异，空间消极、零散。此次的扩建建筑位于西侧，原建筑位于北侧和东侧，自然形成一个"U"形的围合空间。此次设计将原建筑的"L"形布局和扩建部分与南立面门廊反扣，形成连续的建筑界面，与凯瑞G座的建筑形体统一，同时围合出一层和负一层两个不同标高的广场空间，旨在提升小范围的空间意趣，形成丰富多变的小环境，同时消解了原凯瑞G座斜插体量的压迫感。

3.策略三：叠加

除了改扩建的空间限制，项目的另一个难点在于多功能的复合。扩建部分主要包括3个功能：一个2 000平方米的规划展厅，一个2 500平方米的经开区档案中心和一个可容纳900人的报告厅。其中，规划展厅需要和管委会主楼相连通，档案中心需要较大的荷载，报告厅需要大空间以及相应宽度的疏散楼梯，设计难度不言而喻。

此外，每个功能都需要有专属的流线而互不干扰，故在设计中采用不同标高、不同方向的出入口来规划这几个部分的空间及流线。利用2.1米标高层的主入口广场空间，引导办公人员进入规划展厅和原凯瑞G座办公楼。正负零标高层的园区广场成为园区H座公寓与原凯瑞G座办公功能之间的缓冲空间。-2.4米标高的下沉庭院，是规划展厅次入口和园区办公人员的休憩空间。4.5米标高层，单独设置档案中心，由建筑北侧独立次入口进入。8.1米标高的报告厅入口，由室外扶梯直接到达前厅，可以快速输送大量会议人流，避免参会人员在小空间聚集。

西立面建成实景

报告厅休息走廊

4.策略四：延续

在材料方面，扩建年份一面延续选用原凯瑞G座的外立面石材，另一方面则采用不同的材料表现形式，在南侧和西侧的展示立面选择用整块的原建筑石材进行叠拼，用天然石块的体量感叠加不同宽度的组合，通过立面空隙大小的渐变形成朦胧深邃的光影效果，成为绕城高速视野的主立面。最后，在屋面高出部分以及首层的主入口空间用红色的折板变化来呼应原建筑的红色陶板。建筑整体材料风格统一，浑然一体。

三、工程总结及反思

建筑学的设计课程通常以一块儿充满限制条件的用地来命题。学生们通过现场调研、查找资料等方法从城市层面、街区层面整体考虑来解决问题，并以为这是理所当然的设计流程。工作后，适逢中国二线城市的城市化进程高速发展的时期，大量工程建设同时展开，不论是旅游区还是城市核心区，用地条件通常能宽松，并无严格的限制，有些甚至任务书也不明晰，需要设计师与业主共同拟定。以至于设计天马行空，容易出现个性化的创意表达，也不容易评定设计水平的高低。近几年来，随着中国城市建设速度放缓，城市中的一些老旧建筑改扩建项目逐渐增多。如同欧洲城镇发展的过程，改扩建项目更能彰显设计师的设计水平。

用地的紧张和功能的复杂相互冲突，原建筑较为规则的外形和略带生硬的体块穿插也是项目的限制条件。如何能做出一个全新的建筑，以适宜的尺度和方式融入建筑群，设计师决定抛弃原建筑的设计思路，以新带旧，把扩建部分做成一个精致的发光体，给外界一种全新的视觉感受。同时，材料的延续和尺度的适宜，使整栋办公楼成为一个和谐的整体。

难能可贵的是，在紧张的用地条件下，设计不仅创造了丰富的庭院空间，还营造出相当舒适的展览空间以及会堂空间。

由于地面建筑限高为24米，规划展厅空间因此向地下发展，一层和地下一层的空间作为展示空间，9米高的沙盘区域位于地下一层。新旧建筑用串联的方式拉长了展厅流线，自然引导两个通高交通空间的室外光线。二层档案中心的层高被充分压缩，充分预留了可容纳900人的报告厅的高度。在不增高整体建筑体量的情况下，报告厅顶部空间拉高，缓解了平面的紧凑感。同时，为保证配套的休息厅宽度最终形成进入报告厅的流线：室外扶梯、门廊、前厅、侧厅和报告厅，整体会议流线在不充裕的空间中通过调整标高和方向也获得了好的效果。

项目历时两年，建成的效果基本达到了预期，建筑设计参与了全过程的建造过程。从内装、布展、加固到幕墙、泛光，再到总体和景观，“麻雀虽小，五脏俱全。”工作过程中，我们一边植入新的设计，一边弥补原设计的不足，在设计初衷不变的前提下，跟随现场情况调整细节和手法。比如，本来的设想是用超高强混凝土块（UHPC）来实现立面的洞口渐变效果，后来按照设计尺寸算出来，每块材料重量超过800千克，无法实现现场吊装施工，最终选择坚持立面划分的尺寸。而选用石材密拼的方式同样达到了设计的意图。又比如，主入口门头的一抹红色飘带，原计划采用和老建筑一致的红色陶板，因为材料的特性不允许异形切割和翻折，最终还是采用了同色调的铝板，最终立面效果反而更有整体感。

“纸上得来终觉浅，绝知此事要躬行。”建筑行业的实践活动最终都要通过指导施工来完成，这是建筑系教学指导中比较欠缺的一部分。随着城市建设中改扩建项目占比越来越大，在建筑教育和从业初期，确实应该加强培养设计人员的现场配合和随机应变的能力。

老师曾经教诲：“工作十年之后，如果你们能够客观评价出一个建筑的优劣，那就算合格了。”随着建筑功能以及工程实际情况越来越复杂，建筑从业人员需要的品质又何止是鉴别和创意？经验、耐力、包容、果敢，哪一个都不能少。

建筑主入口空间

人文关怀与生态和谐的交织
——临潼区中心养老院项目设计之思

李照

临潼区中心养老院坐落于西安临潼区骊山大道以北、芷阳路以西的坡地之上，依山傍水，南望自然冲沟，北靠高校学府，形成了一幅宁静而富有生机的生活画卷。在这片占地面积为35 333平方米的福祉之地，设计旨在打造一处集现代化养老服务与生态环境于一体的高品质养老社区。

在设计之中，我们遵循《老年人照料设施建筑设计标准》等诸多国家和地方规范，充分考虑到老年人的生活习惯与特殊需求，致力于创造一个温馨、舒适、安全且利于康复疗养的环境。三组多层老年人照料设施及其配套服务用房，各自承担不同的功能角色，以有序而不失灵动的方式排列在基地之上，形成错落有致的立体景观，展现如诗如画的城市界面。通过多层次的退台设计和立体绿化手法，将自然风光引入建筑群内部，使每一位在此生活的老年人都能与大自然紧密地接触。

立面设计上，我们将现代风格与陕北窑洞形象相结合，营造简洁而富有韵律美感的视觉效果，同时兼顾了功能实用性与建筑美学。1号楼、5号楼的方形简洁外观与模块化设计，既符合工业化生产的趋势，也提升了建筑的品质。而2号、3号、4号楼则以内侧退台布局和屋顶花园，构筑了丰富多元的第五立面，使得建筑群体既有现代气息又具地域特色。

在建筑内部，我们高度重视无障碍设计，严格按照国家标准设计，确保所有行动不便的老年人能够轻松便利地通行和使用各类设施。从人行道上的绿石坡道、盲道，到建筑内部的平坡出入口、无障

主庭院景观

园区规划设计

碍电梯、卫生间等设计细节，都体现出人性化关怀的核心理念。

此外，在建筑消防、绿色建筑、人防工程等方面，我们也严格遵守相关规范，如防火等级设定、能源利用效率、人防掩蔽所配置等，全方位保障了建筑的安全性与可持续性。例如，屋面与地下室的防水设计均达到了国家最高等级，确保了建筑不受渗漏困扰。地下车库亦采取了先进的防火与通风设计，切实维护了入住老人的生命财产安全。

建筑的主体选用了钢筋混凝土框架剪力墙结构，保证了建筑物的稳定性与耐用性。而在材料选用方面，我们提倡绿色环保，积极采用节能材料，并特别关注建筑内部隔墙材料的选择，如ALC板与混凝土砌块的组合，既环保又兼顾隔声、防火性能。

在院内交通组织方面，我们科学合理地规划了机动车、非机动车流线，尤其强调步行者的便捷与安全，设置了独立的后勤出入口与人性化的行人流线，避免流线交叉。同时，充分利用地形特点，将建筑群与周围环境融为一体，形成了层次分明的交通体系与美观宜人的景观环境。

至于建筑内部材料的选用与做法，则针对不同功能空间的特性进行了精细化设计，如地板辐射采暖、吸声墙面、耐火装饰材料等，充分考虑到了使用者的需求与健康因素。

临潼区中心养老院的设计不仅是对建筑艺术与工程技术的综合考验，更是对社会公益事业的深切投入和对老龄化社会挑战的有力回应。作为建筑师，我们怀着崇高的责任感和创新精神，关注每一个细节，力求在功能完善、环境优美、人文关怀之间找到最佳的平衡点，打造一座真正为老年人服务、让全社会满意的养老家园。

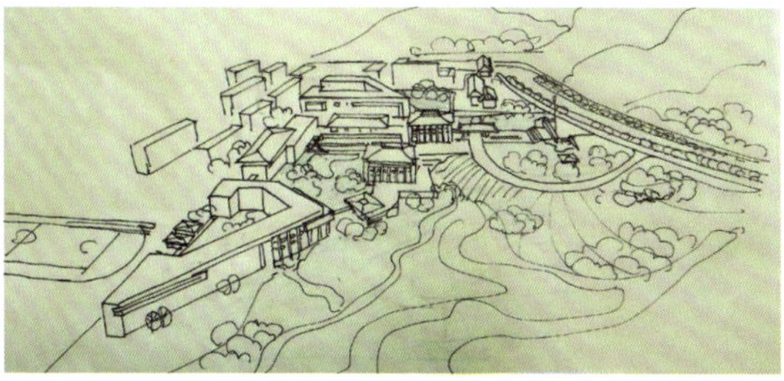

大师设计草图

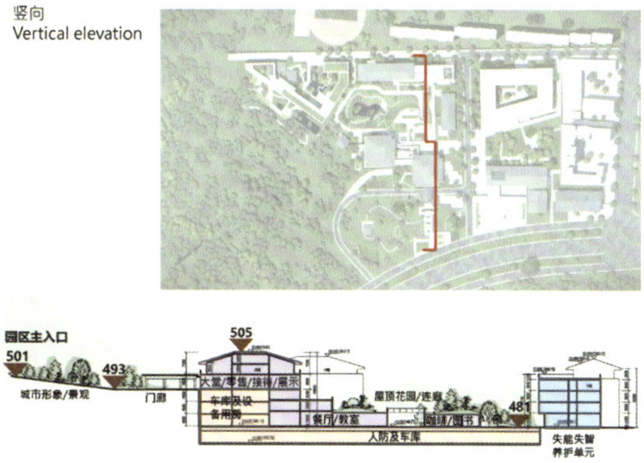

场地竖向分析

初心永驻
——记某部军事博物馆设计

杨安杰

某部军事博物馆是我们都市中心接触到的第一个军事博览项目。2023年8月，设计作品进入投标阶段。部队的集体审美意识是设计必须考虑的因素。同时，尊重环境场所，也是设计的出发点。从对军徽的解读到生成建筑形象，设计应了解其真正的精神内核，然后将其融入到建筑的设计之中。

经过多轮的方案讨论与调整，最终形成了“共和国基石”的设计方案。对称与自由、具象与抽象、悬浮与稳固、和谐与标志、城市与自然等也都在设计中得到了回应，这里既有赵元超大师的智慧，也是团队集体意识的结晶。最终，2023年9月下旬，在全国范围内的设计投标中，我们赢得了投标第一名。这不仅是对方案的认可，更是对团队协作能力的肯定。

中国人民解放军军事后勤力量是中国特色现代军事力量体系的重要组成部分。建设某部军事博物馆，是对我军历史荣光的回顾，是对我军现代建设成就的展示，也是对我军未来开拓进取的展望。

博物馆地处武汉。武汉之城，九省通衢、长江之心，交通区位优势显著。武昌取自武运昌盛，是辛亥革命首义之城，其城市发展历程是血性阳刚的奋斗史，是厚重担当的革命史，是奋勇争先、磅礴自在的开拓史，与红色基因、红色血脉遥相辉映。

总体规划方案

主立面造型

一、大道至简 一笔问天

“风樯动，龟蛇静，起宏图。一桥飞架南北，天堑变通途。”

建筑形体顺势而为，完成这一笔豪迈而绵延的大地书写！

建筑场地东依魏家大山，西临长江水，远眺大军山，自然形成了两山夹一江的优渥环境地貌，南向联系全民国防教育基地轴线，遥望中山舰纪念碑，与周边环境共同构成了良好的军事、生态十字格局。聚山水于场地中，打造军事核心展示的文博殿堂。

建筑坐北朝南，运用简洁对称的“一”字形布局，苍劲有力、整齐划一，展现了后勤保障部队坚强有力的群体性格，横向轴线联系了周边山体与长江的空间关系。

建筑南侧百米见方的强军广场庄严宏伟，国旗高高飘扬，对应建军一百年奋斗目标，象征新时代军队的使命任务。

笔直的步道连接国旗广场与博物馆主入口，规划呼应军事核心轴线，正对着南端中山舰纪念碑与步道两侧的革命英雄雕像群，让历史的荣光见证现代的强军之路。室外展场分列步道两侧，游客在此可享有丰富的军事文化体验，弘扬爱国主义精神。

主入口前的建筑的水上倒影与展馆如梭的游人交相辉映，56米宽的大台阶象征着民族大团结，寓意强军道路上的军民鱼水之情。

从解放战争“潮涌般的小推车和担架队”，到抗美援朝战争“举国上下愿倾其物力财力”，见证了人民军队从胜利走向胜利！

二、攥指成拳 共和基石

博物馆整体形象庄严厚重，建筑整体呈三段式布局，底部基座强劲有力，如众人托举，回应四个战略支撑的新时代中国军队使命任务，基座两侧浮雕以武昌起义和渡江战役为主题，提醒我们勿忘历史，展望未来。

基座之上，主入口两侧各排列六根矩形巨柱，厚重磅礴，刚毅沉稳，分别对应六大军事后勤专业领域和六大历史事件节点。红旗卷、马长嘶，百死报家国，呼应后勤保障力量的使命。

上部博物馆主体形象沉稳有力，坚如磐石，犹如共和国基石，创造了极具标志性的建筑形态。81米进深的纯净体量上镶嵌着条石，如长江波涛，映衬着中部的八一军徽，劈波斩浪，熠熠生辉。

博物馆基调庄严肃穆，游览至江边，未来大厅晶莹剔透，向长江方向扭转，如一艘巨轮，蓄势待发。远眺长江的开阔视野，与建筑主体的坚实形象相吻合，共同呼应“稳如磐石，迅如风”的军事后勤特色。

三、金星闪耀 仰望未来

博物馆由南侧入口进入，通高27米的序厅映入眼帘，用红砂岩构成了壮阔的空间奇观，顶部透光的五角星天窗构建革命的金星，闪耀于大厅墙面，“星星之火，可以燎原”，述说人民军队光荣而伟大的历史记忆。

西侧面向长江的主交通大厅，采用通高的大楼梯，将不同标高的展厅在此融为一体。展现从建党、建军、新中国成立到改革开放、党的十八大以来不同时期军队建设的光辉历程。游人拾级而上，见证着人民军队从筚路蓝缕到迈出国门走向星辰大海的历史征程。

未来大厅临江而立，整个空间晶莹剔透，内部结构以昂扬之姿，锐意进取，呼应强军精神。结合军事题材展陈，富有极强的科技感与未来感；塑造观展流线的高潮，远眺滚滚长江水，遥望赤壁大军山，祖国大好河山尽收眼底。

方案总体布局“大道至简、一笔问天”，建筑设计“攥指成拳、共和基石”，公共空间“金星闪耀、仰望未来”，功能流线“高效集约、经济适用”。

中标之后，最难的就是方案调整了。9月下旬，我们开始了与军队相关部门的方案对接。由于部队方面要求我们驻场修改方案。一时间，设计团队协作、设计工具与办公场地条件无法适应方案调整的需求，然而，随着不断讨论与沟通，这些困难很快得到了解决。最难的是如何在保证不改变方案设计初心的基础上进行方案的修改。

部队有其鲜明的作风。服从上级领导的指示，是严守纪律、听党指挥优良传统的体现。建筑方案要满足各级领导的意见。也是在这个过程中，我们领悟了一些沟通技巧。修改汇报文件、修改多媒体、修改方案局部、回应各级领导的要求，成为我们这段时间的工作重点。在众多的意见中，坚持方案初心是一个难题。我们在方案调整中只着眼于方案的某个局部如何改，产生了多种方案。后来，在赵元超大师的设计思想引导下，着眼于大局，转化矛盾，既然高度不能高过旁边百米以上的电线杆，那就横向延伸加座桥，在保持方案不变的情况下，有效地满足甲方标志性的需求，同时过街天桥也有利于城市功能的完善。最终，综合了多人意见的方案获得了甲方的认可。

经过2个月的修改，从咬文嚼字到“精密的数字”建筑，从字体大小到效果图中的一树一车，从视频的语速快慢、背景音乐激昂与否到汇报文件的结构、页数……甲方负责人一丝不苟地对所有细节进行把控。严谨的工作态度，为方案最终顺利通过打下了坚实的基础。

我也在不断配合中，渐渐地明白了坚持与服从的辩证关系以及核心与边缘的处理方式，工作的韧性得到了锻炼。务虚的方案修改阶段，兜兜转转，设计初衷不改，走向了深化阶段；务实的内容有序地展开着。相信以后的故事会更加精彩，更相信秉持初心不忘，我们团队必能保证博物馆以完美的身姿，矗立在长江岸边，为祖国献礼。

沿长江鸟瞰建筑及广场

公园中不落幕的空中街市

——榆林市榆阳区滨水西岸商业艺术综合体设计思考

刘鹏

坐落在陕西省榆林市榆阳区的榆林老城，承载着千年的历史积淀与深厚的文化底蕴，它的城市形态沿南北大街展开，标志性建筑如南塔北台、六楼骑街等构成了古城独有的历史经纬，生动地展示了古城内在的秩序美和节奏韵律。老城的街巷空间形态尤为独特，它反映了中国传统城市的演变过程，自东向西随着地形变化逐级而下，街巷布局自由灵动又井然有序，呈现出一种朴素而又层次丰富的传统风貌。老城西门与凌霄塔之间的城市轴线，则是串联起古城与新城区的关键纽带，承载着古今交融

公园露台景观

立体公园设计

沿河景观鸟瞰

的城市变迁。

榆阳滨河商业综合体选址于榆溪河畔，与榆林老城区隔河相望，拥有着无可比拟的自然风光和人文底蕴。然而，场地与西侧地块之间存在着十几米高差，成为设计师面临的挑战。如何在新老城区的交界处找到既能契合古城韵味又能适应现代审美和实际需求的建筑形式，怎样才能合理布局以化解场地高差带来的难题，这些关键问题亟待解答。

针对场地背靠陡坎、临河而居的现状条件，我们采取了逐级退台的布局策略，巧妙地解决了地形产生的问题，并使建筑与周围山水及人文景观展开了一场亲密无间的对话。通过营造多层台地式的商业空间，打破常规的河岸边界，增设亲水观景步道，极大提升了滨水景观的观赏性和互动性。此外，借助滨河西路高架桥与各楼层的连接，构筑了立体化、连续的街区游览路线，实现综合体与滨河西路、公园绿地、人行桥梁等城市要素无缝对接，形成一幅动态的都市风景画。这样的环境设计不仅促进了建筑与周边环境的交融互动，还为市民创造了多元化、富有趣味性的活动场所和观景点，无论使游客购物娱乐，还是休闲散步，都能沉浸在自然与人文交织的美丽画卷之中。

商业综合体犹如一座依山傍水的小城，巧妙借鉴了榆林特有山塬梁卯的地貌特征，将其融入建筑设计语言，仿佛商业空间从自然环境中生长而出。层层退台形成的街面空间再现了榆林老城“一街三巷，山道弯弯”的生活景象，让历史的记忆与现代气息和谐共存。

在功能布局上，该综合体精心整合了社区服务与文化旅游的双重核心职能。街面空间以上区域汇聚了文化展览、艺术展示、风味美食、休闲商业等多种业态，创造出一个融汇时尚潮流与本土风情为一体的多元商业文化街区，为市民提供了一个随时可来、尽享悠闲时光的好去处。还设置了民生需求的社区服务设施，诸如社区食堂、菜市场、生活超市、健身中心等，贴心地将其安排在街面以下的一、二层室内空间区域，方便高效地服务于周边居民，构建出一套便利快捷的日常服务体系。由此，无论是寻找老城浓厚的生活气息，还是追求新城的时尚元素，不同年龄段和兴趣爱好的市民都可以在这里得到满足，实现从视觉欣赏、美食体验到身心感受的全方位享受。设计师们深入挖掘并巧妙融入本地文化内核，成功地塑造了一个能够全天候接纳游客、满足不同需求的游憩与社交空间，让人们在快节奏的现代生活中也能觅得片刻闲暇，拓宽生活的空间维度，充分领略榆林这片土地的独特风情。

从构思到实施，从理论到实践，榆阳滨河商业

沿河建筑效果

休闲商业空间

综合体的设计之旅堪称一场试图将自然地貌、历史文化与现代城市机能完美融合的实践探索。它不仅是榆林城市发展的一座里程碑，更是我们试图在历史、现在与未来之间建立和谐对话的积极探索，实践了“场所制造”的设计理念。设计师们努力营造一个令人过目不忘、充满记忆点的城市体验空间，希望这颗镶嵌在榆林历史长卷中的璀璨明珠，能永远熠熠生辉。

西安国际港务区
陆港四所学校建筑设计回顾

牛鹏飞　汪思涵　王东　蒋超

西安国际港务区，作为丝路经济带上最大的国际中转枢纽港，正逐渐成为西安新时代的城市会客厅。而作为城市公共服务的重要一环，教育的版图正在被重新定义，它不仅承载着知识传承的使命，更是城市发展和文化融合的象征。随着第十四届全国运动会的成功举办，区域迎来了前所未有的发展机遇，教育事业也随之步入了快速发展的轨道。

在这里，四所各具特色的小学（陆港第五小学、陆港第六小学、陆港第七小学、陆港第八小学）正以它们独有的风貌和教育理念，共同绘制着陆港新风的教育画卷。四所学校均由中国建筑西北设计研究院都市与建筑设计研究中心精心设计，既体现了区域的整体规划，又彰显了各自的独特性与唯一性。这些学校不仅为学生提供了优质的教育资源，也为西安港务区带来了活力和希望，预示着一个更加开放、包容和创新的新区。它们不仅是孩子们学习和成长的乐园，也是推动区域教育均衡发展的重要力量。

下文将分别介绍四所学校的规划与建设，探索它们如何通过创新的设计理念和建筑特色，为西安国际港务区的教育事业注入新的活力，为孩子们的未来奠定坚实的基石。

一、西安国际港务区陆港第五小学方案设计

1.概述

项目位西安国际港务区奥体中轴公园二期以南，西临融合路。用地东西两侧为在建高层居住区，距离地铁十四号线贺韶站约180米。

项目占地面积约2.13万平方米，办学规模为48班。学校主要功能包括教学综合楼、学生餐厅、风雨操场及报告厅、看台及门房、地下车库及配套服务用房。总建筑面积约为36 219.09平方米，其中地上建筑面积约为20 647.76平方米，地下建筑面积约15 571.33平方米。

总体鸟瞰图

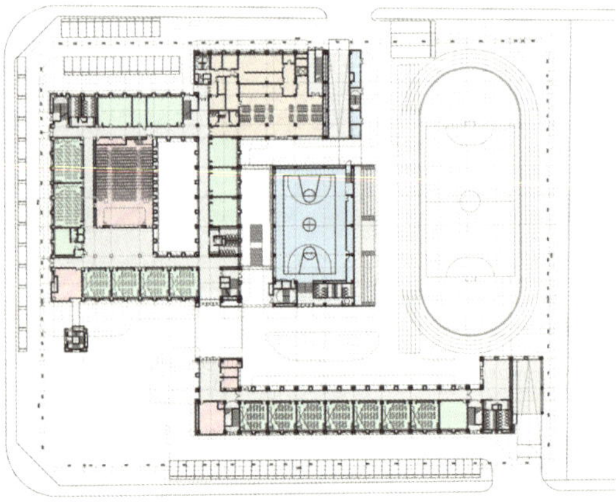

首层平面图

主入口透视图

校园透视图

校园立面图

2.规划布局

项目总体布局以立足城市，将建筑集中布置在西、南沿路侧，实现城市界面的延续，也为教学用房提供最佳的采光条件。在西南街角预留出校园前广场，并在街角留出等候空间，以缓解接送学生给城市带来的压力。

紧凑校园·多维空间的设计理念在各个设计阶段被贯彻实施。教学综合楼由两个“C”形体量构成，体块的错动自然围合成内外两个庭院。内庭院下沉至负一层，围绕庭院布置音乐舞蹈教室。外庭院布置室外运动场，是学生户外活动的主要场所。风雨操场位于教学楼“C”形体量的中心，并与室外运动场紧密联系。

3.空间环境

设计采用多维公共空间体系，将校园空间打造成能够激发孩子们探索精神的乐园。空间变化的教学走廊，为学生们提供发现和创造和可能；层层出挑的屋面露台与景观结合，创造出层次丰富的交往空间；建筑之间的连桥增强了校园的可达性，连桥之下则是阴雨天里孩子们活动的避风港；下沉种植庭院有效改善了地下室的采光和通风，也将绿意盎然的生机带入教学空间。

4.建筑造型

凸显教育建筑的文化气质，结合传统文化与现代设计理念，营造沉稳大气但又不失活泼、热情的校园空间环境。建筑风格体现传统文化内涵，同时又具有时代感，以独具特色的建筑形象提供潜移默化的影响因素，既加强校园对儿童的吸引力，又为该地区提供一组具有视觉冲击力的标志建筑群。

从环境观出发，选取新陆港风格的建筑形式，使建筑有机地融入港务区的城市环境。建筑立面采取简洁的形式语言，遵循现代陆港风格，采用经典的三段式立面构图和红色坡屋顶，既与港务区整体城市风貌相协调，又强调了校园建筑的质感，满足教室、办公、宿舍等主要空间采光需求的同时，追求端庄大方的建筑效果。建筑采取红顶黄墙的色彩搭配，富有中西结合的建筑韵味，紧扣国际港务区的建筑风貌主题。

二、西安国际港务区陆港第六小学方案设计

1.概述

西安国际港务区第六小学是西安国际港务区引入陕西师范大学实验小学“名校+”共同体的第4所成员校。项目位于西安国际港务区和畅路与漕渠路路口东南角，建设用地约2.4万平方米，建设规模为48班的完全小学，学校主要功能包括教学楼、综合楼、学生餐厅、风雨操场及报告厅、地下车库等。建筑面积约为3.4万平方米。

设计始于我们对教育变革的思考：创新的学习模式是否对传统校园空间提出全新的诉求？在集约用地的基础上，如何设计满足学科融合、体验式的

教学楼校内视角

风雨操场

中心活动场地

综合楼首层过街楼

学习空间？

2.地域性与场所性

西安国际港务区的建筑群体，呈现出“平坡结合、中西合璧”整体风貌，基地位于高层林立的环境中。继承城市肌理，延续形式风格，既与周边建筑保持和谐的对话关系，又以独特有机的总体布局在“陆港新风”的大环境中画龙点睛，是我们给予项目地域性与场所性的定义。

八角楼顶层舞蹈教室

3.整体性与功能性

自由、探索与交流对于教育的意义非凡。基于此，校园中的建筑群体打破了传统校园的行列式排布，采取了有机灵动的自由布局，试图与非正交的城市道路体系寻求和谐关系：西侧综合楼底层架空，形象完整，作为校园主入口界面；北侧的教学楼形体错动，与斜交道路和谐呼应；西北侧八角楼连接两栋主楼，形象均好，提升了街角的标志性；东南侧的餐饮文体楼，与运动场联系便捷，同时勾画出轻快活泼的内部空间界面。

而在各教学单体间，风雨连廊实现了全天候的环形功能连通，给全校师生提供了非正式的学习空间。丰富多元的空间变化，将校园空间打造成一个能够释放天性、激发探索欲望的活力乐园。

4.生态性与时代性

当代校园建筑，更加强调人与自然环境的交融互通，建筑与景观的穿插渗透。在本次设计中，我们在楼宇间置入院、廊、巷、井、桥等空间元素，在营造多维度空间层次的同时，也试图将绿色放入校园空间中的各个节点，使绿化景观不但在水平方向铺展，更要向空间维度延伸，营造绿色、生态、现代的校园空间。

学习和教育是贯穿终生的命题，校园如同神圣洁净的沃土，培育滋养着一粒粒正在萌发的种子。我们希望用建筑的空间语言，赋予这片土壤理性与秩序、探索与畅想，使它成为人们爱智求真、静思内省的空间场所。

三、西安国际港务区陆港第七小学方案设计

项目鸟瞰图

1.概述

陆港第七小学——用地位于亚洲内陆第一大港、丝绸之路经济带东方铁路枢纽所在的西安国际港务区，基地临近灞渭两河交汇之地。设计从环境观出发，将主要教学建筑布置在基地远离城市主干道一侧；同时，提取中欧班列及河流的形态，以一气呵成的连贯造型构筑教学空间。容纳48个教学班的建筑主体，大致呈反“E”形围合出两个中庭，建筑与环境如同交叉的手指般紧密咬合，空间尺度宜人。曲直有致的建筑形体在场地东南角自然内凹，形成校园入口空间，内部则主要通过单廊串联各功能房间。

室外活动平台

2.立体化校园

紧张的用地使得校园空间立体化成为设计必然的选择。两个中庭内分别以高低各异的体量填充，容纳空间需求不同的多个功能部室、报告厅及图书阅览室。建筑西北侧为风雨操场，并通过下沉庭院连接食堂及地下车库，减少噪声、油烟等不利因素对主要教学区的影响，地下车库接驳区的设计也便于家长接送学生。 由灞渭大道城市绿带引入的绿化，沿运动场逐级向建筑上层延伸。屋顶绿化、飞架的连桥和极简的坡屋顶造型，也营造了建筑群丰

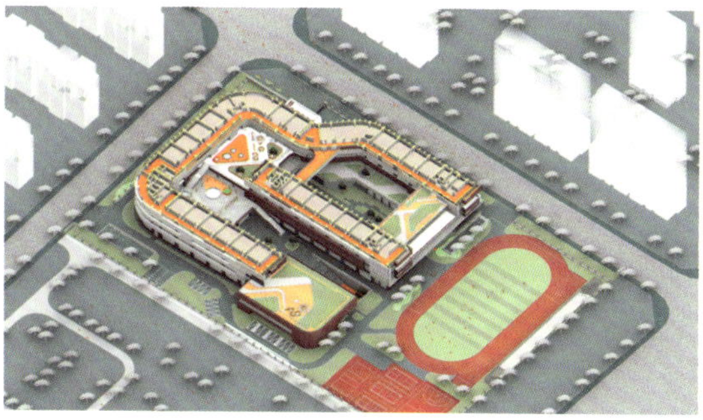
丰富的室内外空间

西安国际港务区陆港第七小学

富的第五立面。

3. 建筑内外空间

建筑外观采取主体灰白色、横向划分的造型，隐喻水波潋滟和速度感，局部暗红色呼应了铁路集装箱的色彩，也具有生命的活力；结合坡屋顶造型设计，以全新的建筑语言回应了国际港务区的建筑风貌要求。内部装修色彩则从下至上逐层渐变，每层营造出独特的主题。结合立面造型在走廊内分散设置的共享空间、各层屋顶富有趣味的绿化和无动力游乐设施，则为学生在课余时间提供了亲切、富有活力的空间。

陆港第七学校的建成，为西安国际港务区树立了全新的标志，也为紧凑型校园空间的设计探索了新路。

四、西安国际港务区陆港第八小学方案设计

1.概述

西安国际港务区陆港第八小学项目是国际港务区坚持落实教育优先发展战略，以提升公办义务教育质量为目标，以促进全区学校办学水平为宗旨而推动的项目。

项目用地区位条件优越，南侧贴临港务区奥体中心核心区，西侧与灞河、长安系列文化艺术中心隔街区相望，东、西、北相邻地块均为中高端住宅区。周边交通便利，东侧为全运路，西靠扬帆路，南起抱朴路，北至港润路。

项目占地面积约2.66万平方米，办学规模为42班。学校主要功能包括教学综合楼、学生餐厅、风雨操场及报告厅、看台及门房、地下车库及配套服务用房。总建筑面积约为43 762.59平方米，其中地上建筑面积约为32 060.66平方米，地下建筑面积11 701.93平方米。

2.规划原则

（1）整体性原则。建筑形体端正典雅，突显出严谨的治学态度；主立面通过简约的手法和细节对比，透射出博雅大气的建筑气质。建筑从立面的开窗排布形式到建筑细节的肌理都采用近似的建筑语言，传统与现代和谐统一。

（2）合理性原则。建筑总体布局充分结合用地环境，将教学组团与生活运动组团分置校园东西两侧。教学组团临近周边居住区，方便学生接送。风雨操场面向奥体中心一侧，与城市开放公园形成有机对话。

（3）艺术性原则。结合建筑形体进行退台式设计，形成叠落交错的建筑空间，既丰富了建筑空间层次，又创造出有趣的校园生活环境。建筑立面以竖向要素、抽象翻动的书页，彰显文化性和艺术性。

3.规划结构

设计从区域城市环境出发，将教学综合楼沿用地西侧布局，学生餐厅、风雨操场见及报告厅组团沿用地东侧布局，中央布置室外操场，形成动静分区合理、布局疏密有致的校园环境。

教学综合楼以两个“C”形院落组合，自然形成高、低年级两个教学区，同时将建筑和庭院景观融为一体，互相渗透，形成亲切宜人的空间尺度和独具特色的校园氛围。

学生餐厅、风雨操场与报告厅由架空平台相连，架空平台底部为半下沉的室外篮球场，为学生提供阴雨天户外活动的可能，同时自然采光通风的空间可以最大程度地降低建筑能耗。

看台与大门作为一个完整的造型设计，看台布置在运动场西侧，与教学综合楼东侧相连通，为学

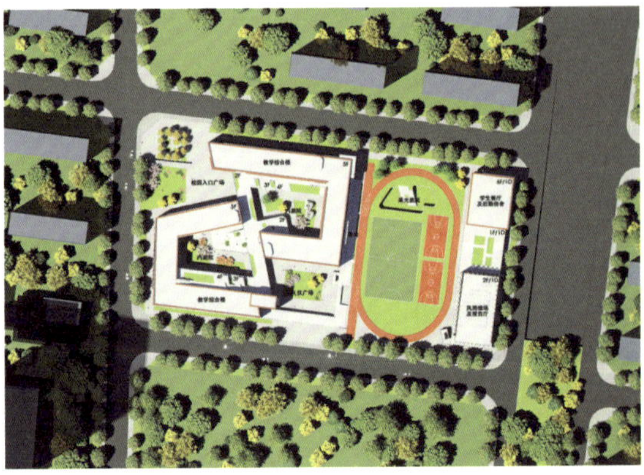

项目总平面图

区域总平面图

生从教学空间到室外活动场创造充分便利的条件。南大门作为学校的礼仪入口，中正端庄，门卫室附设于大门东侧。

4.空间环境

结合建筑的形体变化，本次设计整体以“场—院”的空间组织要素展开布局，创造了“广场—庭院—退台—屋面”多层次的校园空间环境，以由中央操场的开敞外部活动空间为核心，串联东西侧不同的运动与教学功能，从而自然形成动静功能分区。

东侧架空体育场延续外部空间的开放性要素，同时紧密联系了各种内部功能，如餐厅、报告厅、体育馆等，模糊了室内外空间的界限，屋顶花园提供了开阔的立体活动场所，为多类型活动的发生提供了更多的可能。

西侧教学区以“Z”形连廊形成整个空间的核心：向内围合形成两个内部庭院空间，向下结合屋面高差形成两个多功能室外小舞台，为学生提供活动和展示的场所，向上层层退台，创造拾级而上的连续屋面活动场地。同时与外部看台连廊相接，形成连续的校园游走路径，界定了教学区内外活动场所，串联起不同主题的功能空间。连廊底层架空的空间形成连续的景观视域，将外部景观空间渗透进教学区，营造出隔而不透、虚实相间的空间层次。

在校园西北街角和南侧主入口形成两块完整的校园入口广场。西北角广场作为学校的主要展示界面，同时形成对城市开放的口袋公园。南侧主入口广场与教学组团、室外运动场均有空间上的连通，形成主要校园节点空间。

地下空间通过下沉庭院的设置与地面形成延续，围绕不同功能类型，形成了大中小三个不同尺度的外部庭院，庭院内布置景观绿化，在将室外景观环境融入室内空间的同时，提供了亲切宜人和层次丰富的校园活动体验。

5.建筑造型

设计从功能性和实用性出发，简化了建筑设计手法和设计元素。整体建筑呈现出简约而不失现代感的风格。教学综合楼外立面典雅严谨，内庭院围绕连廊形成“Z”形层层退台，内部空间与景观互相渗透，形成内外交融的丰富建筑空间。

学生餐厅、风雨操场与报告厅采取组合的建筑形体，由架空平台相连，形成完整的建筑基座。采用架空、悬挑的设计手法，将两个红色的建筑体量悬浮与平台之上。创造丰富的空间秩序，同时有效削弱了高密度的建筑给校园带来的压迫感。

在材料的选择上，建筑主体立面选用砖红色真石漆，与港务区整体城市风貌相协调。建筑底部及庭院内采用浅灰色真石漆，立面颜色和建筑体块的穿插关系相得益彰，增添了建筑的活力和趣味性，激发了学生的想象力和创造力。

校园总体鸟瞰

南侧主入口广场透视

校园主入口沿街透视

从风雨操场看向教学组团

西安国际港务区实验中学扩建项目

许彬彬

2022年下半年，都市中心负责西安国际港务区实验中学扩建项目。项目位于西安国际港务区，东临港务大道，南临潘骞路，是一所全日制中学。学校建于1958年，2003年晋升为西安市重点中学，2008年12月晋升为陕西省标准化高中。由于近几年港务区建设的快速推进，学校周边地块住宅的大量建设，带来大量人口的迁入，激增的教育需求与稀缺的土地资源之间的矛盾日益激化，学校的扩建工作迫在眉睫。

学校现占地4.67万平方米，建筑面积为27 430平方米，现有学生1 528名，在编教师153名。为满足辖区未来教育需求，学校未来五年规划为60个教学班，其中初中教学班36个，高中教学班24个，计划招收学生3 000人。

规划拟增加用地约2.95万平方米，其中近期规划用地约6 972平方米，位于现在学校西侧，场地呈不规则形状，红线西侧、南侧外紧贴现有村庄民宅，北侧为5米宽的村道，现状用地非常紧张，对建筑师的空间布局思路有很大的限制，现场施工也有巨大的压力。

校园主入口沿街透视

校园空间

近期优先解决学生住宿与就餐紧张的问题，未来5年学校规划教学班57个，需宿舍329间，现状学校宿舍114间，需扩建宿舍215间。为满足学校近期使用功能，新建宿舍楼共设8层，其中首层为学生餐厅及配套设施，2~8层为宿舍及公共活动用房。

场地东侧与现有校园道路连通，也是人流的主要来源。将餐厅设置在建筑底部，可直接到达，缓解疏散压力，同时减少对其他功能空间的干扰。建筑东侧造型通过设置架空廊道、通向二层大台阶等设计手法，营造丰富的校园空间。这里既是交通空间，又可以成为集会、交流、休憩的多重功能场所，成为承载校园记忆的空间。结束了一天紧张的课堂学习任务，学生们迈着轻松愉悦的步伐，说说笑笑间走入餐厅，享用美食，饱餐之后，从东侧的楼梯散步至二层的屋面平台，倚栏休憩，静赏暮色沉沉的景色，或欢笑嬉戏，尽享闲暇时光。为丰富学生的课余生活，二层设公共活动室，与露台相连接，形成室内外流动的活动空间。

建筑上部宿舍楼呈“U”形布局，综合考虑周边住宅日照及规范退距等因素，最大程度地在有限的用地范围内设计出最大的建筑面积，并最大程度地减少对北侧其他地块建筑的影响。平面布局在场地转角处布置两组核心筒，平面左右分开满足垂直独立管理的需求，便于日后的管理。宿舍户型为6人间，布置三组上下铺、两组学习桌以及两组收纳柜，满足住宿条件的同时，兼顾宿舍内学习的要求。应对中学生早晨上学时间紧凑的特点，楼层内布置数量充足的大盥洗室、卫生间及淋浴间，满足学生早高峰的使用需求。

建筑立面主色调为砖红色，呼应了校园内红砖色彩的氛围，成为校园特色的记忆色彩。

宿舍是功能较简单的建筑类型，深入落实“以人为本”的设计原则，对细节的设计处理体现对学生的人文关怀，让使用者感受到处处用心的便利设计，让建筑成为温暖回忆的港湾。

实景照片

哈萨克斯坦西安码头设计

王泓博

2024年2月28日，中哈合作共建的哈萨克斯坦西安码头项目投用仪式在阿斯塔纳市和西安市以视频连线的方式同步举行，哈萨克斯坦总统托卡耶夫在阿斯塔纳市出席仪式并宣布项目正式投用。

2023年5月，中国—中亚峰会在陕西西安举行，哈萨克斯坦西安码头作为本次峰会的重要合作成果之一，于5月18日落户西安浐灞国际港并开工建设。

中建西北院都市中心作为项目的主创团队，在较为紧张的工期要求下，紧密配合，最终如期完成项目交付使用，用实际行动落实了“一带一路”国际合作高峰论坛以及中亚峰会的战略精神。

哈萨克斯坦西安码头位于西安国际港站，占地约6.67万平方米，主要包括货物仓库与集装箱堆场区，依托中欧班列，项目可实现哈萨克斯坦进出口货物的快速集散分拨，形成哈萨克斯坦在中国的物流集散中心。

总体规划将地块分为两个功能区，包括物流区及集装箱堆场区。地块东北侧用地为物流区，地块其余部分为集装箱堆场区。

总平面布置呈刀把形，功能分区明确，交通流线清晰，满足装卸运输、车辆停放、消防安全等要求，实现了分区独立的同时，使用便捷，方便全园交流沟通。基地南面的规划路宽度为40米，道路状

建成实景

园区鸟瞰

沿街效果

况良好。规划选择将南面作为厂区的物流出入口，南面开口处作为物流区的入口与出口，配套建设厂区门房，开口位置距规划路和纺渭路交叉口的距离均符合城市规划管理技术规定，既满足了自身的使用要求，同时也不影响城市道路的交通运输功能。

在设计过程中，除了满足物流的仓储集散等基本功能，都市中心团队还通过与业主的积极沟通，在建筑的形象设计方面进行探索创新，力求打造一个有别于传统仓储空间的标志性建筑，尝试用简约、纯粹、恰当的语言来塑造一个国际枢纽的门户空间，彰显大国外交的影响力、感召力和塑造力。

都市中心自成立以来，不仅在文化建筑、观演建筑、文教办公建筑等领域勤耕不辍，同时秉持守正创新的积极态度，在更多的设计领域进行拓展与探索。通过本次哈萨克斯坦西安码头项目的设计实践，我们积累了国际化物流站场领域的宝贵经验，收获了积极的设计反馈。期待都市中心在更多的建筑类型实践中再创佳绩。

西安灞上庄公租房提升改造

王东

一、缘起

2011年，选址西安北绕城之外、灞河西岸，西安历史上一次性建设规模最大的公租房社区动工，项目从北至南由广运家园、浐灞惠泽居、上庄灞柳小区三个组团组成，共25座百米高层，总户数12 705户。

2015年，陕西省第三次成功申办全国运动会，主体育场馆的选址工作随即启动。2017年，第十四届全国运动会主会场——西安奥体中心最终确定选址灞河东岸的西安国际港务区。这时，这片规模巨大的上庄公租房工程已建成2年多，但却与隔河相望的西安奥体中心主轴线西面对景，将成为这一区域重要的城市形象界面向全国人民展示城市风光。

这25座百米高层建筑高度整齐划一，被网友戏称为“韭菜楼”；且户型较为统一，尤其是沿河一侧的7座建筑，其平面及立面造型完全一致，造成建筑形式过于单一；建筑色彩大多为土黄色搭配棕色，部分单体为深灰色，色彩凌乱且整体色调不够明晰，整体形象欠缺，观感也稍显陈旧；受制于当初投资额及施工质量，部分楼体已出现保温层及外装饰面层空鼓、开裂、剥脱的情况，局部甚至有漏水的现象；社区临河，却仅有直面灞河的少部分租户能够享受到优美的风光，居民只能在社区内进行休闲活动，未能充分发挥其区位优势。

2020年10月，西安市自然资源和规划局要求，将灞河沿岸打造成“公建化”住宅样板工程。考虑到灞河东岸奥体中心、长安云、长安乐、西安国际会展中心等大型城市地标项目的建筑风格及银白色主色调，公租房项目整体形象及功能提升的要求已变得十分迫切。

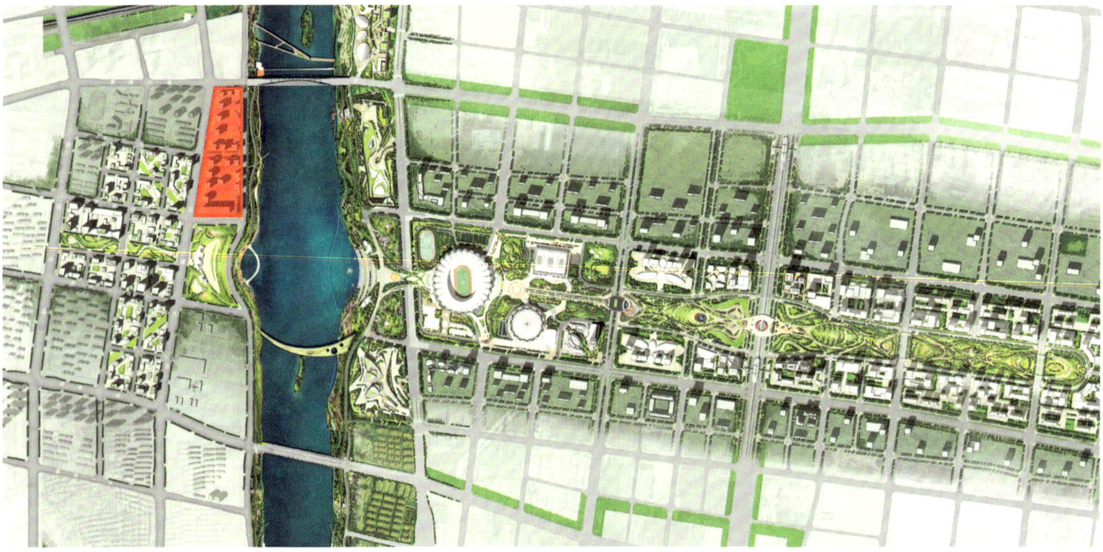

项目区位

立面改造后实景

二、擘画

本次提升改造需要在保证数万居民正常居住生活的前提下进行，在提升城市形象的前提下，对原有建筑本体进行最小化干预，满足实用性、整体性、安全性、易操作性和时代性的要求，达到提升居民生活环境、优化社区服务功能、美化河岸城市界面、重塑城市天际线的目标。

为此，经过数轮概念方案的探讨和投资额的测算，我们最终采取了塑造多元立面、丰富建筑形式、激活屋顶空间、提升社区环境的整体设计策略。

针对不同的建筑单体，我们采用了整体色彩统一、局部手法差异的方法，构筑一片多样而又整体的社区。

1号楼位于奥体中轴线正对面，建筑形象要求最高，但其百米高的建筑南北向长达84米，造成河岸空间过于压抑、拥堵。改造设计采取弱化建筑本体、强调韵律的方式，将建筑立面施以深灰色真石漆对形体进行消隐，从而凸显新构建的轻钢结构白色铝板造型格构架，将原有凌乱密集的窗洞口整合于模数化、公建化的表皮之内。另外，建筑屋面局部新建观光平台，以格栅遮蔽原有排气风井及进、排风机等设备，并整合屋面构架，形成具有领域感和丰富空间感受的品质场所，为上庄公租房的居民

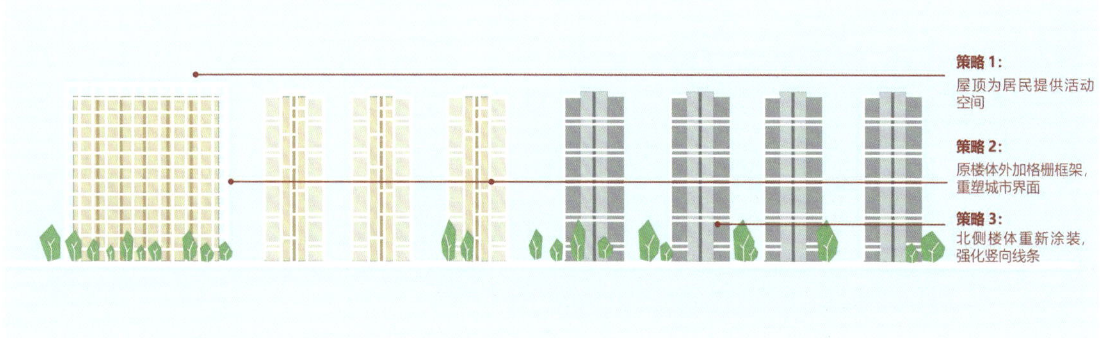

立面改造策略

们提供了一个全新的交往空间，打造全运会及灞河“世界级水岸”的最佳高空观览点。建筑下部商业裙房则局部以白色铝板造型包覆，改善原有平淡且仅满足功能的立面形式，大幅提升商业界面形象，由此也希望提升其商业价值。通过以上改造，项目的远观形象将不再是造型单一的板楼，而是富有韵律的建筑构架，极大程度地改善了城市界面的形象。

东侧沿河2~4号楼主体平面接近正方形，原本建筑造型及色彩十分平淡。本次改造除以深浅搭配富有对比的色彩改善其总体视觉感受外，还在其临河面局部增设轻钢结构白色铝板造型格构架，与1号楼呼应的同时，也以新的手法营造出“和而不同”建筑群体效果。

底商立面改造

南侧10~12号楼紧临奥体中轴的浐灞西延伸段，其南侧隔路即为地标建筑“长安书院”。本次改造延续1号楼弱化本体、强调韵律的方式，将建筑立面施以深灰色真石漆对形体进行消隐，凸显新构建的“L”形轻钢结构白色铝板造型构架，由此强化建筑体块划分，并在局部进行跳色处理，延续片区总体改造形象的同时，更增添了一分活力与时尚。

以上单体建筑的改造中，新加轻钢结构的外包铝板造型与夜景照明均进行一体化设计，尽可能达到“见光不见灯”的效果，接入片区整体灯光联控，为都市水岸增添了一抹新的亮色。

其余建筑单体距离奥体中轴线视觉焦点较远或位于主要观览面建筑之后，本次改造考虑仅用真石漆改色涂装，以白、浅灰、黑灰的色彩将主体原有的凹凸进行强化并分为多个纵向体块，局部较平体块以横线条进行变化，使原有立面密集的窗洞在色彩区分的线条中得到整合，并对屋顶单薄的框架造型进行小幅改造，使其与主体立统一，形成了高低错落的天际线造型，大大增强“公建化”的视觉感受。隔河远观，由于色彩的深浅对建筑体量的突出和消隐，打破了原有建筑群较为密集没有变化的视觉感受。

所有建筑单体改造施工，对原有装饰面层进行了处理，对保温层进行了仔细探查，对空鼓、裂缝处进行了替换和修复，改善了建筑节能性能及安全性。

改造后实景1

三、匠心

针对1~4号楼、10~12号楼的新加轻钢结构造型，采取立面设置锚板及小牛腿支座、屋面设置钢筋混凝土支座的形式进行支撑，锚板及支座均位于剪力墙处，并全部通过轻型小构件组合的形式满足结构计算要求，减少对原结构扰动，并且通过计算不需要额外进行结构加固，保证了住户正常的居住生活。建筑造型的设计遵循最小化干预的原则，新增构件的尺寸经过推敲，尽可能小地影响住户原有通风及采光要求。结构形式简单，且由小构件组合而成，易于施工。模块化、装配式的大幅压缩设计施工时间，尽可能缩短对住户居住生活产生影响的时间。

城市街景

四、呈现

2021年9月15日，历经6年的筹备和建设，第十四届全国运动会在西安奥体中心盛大开幕，习近平总书记亲临现场①。这个金秋，灞河两岸以全新的面貌完美呈现，7大地标建筑吸引着全市人民的目光。“长安花（西安奥体中心体育场）”盛放，“长安钻（西安奥体中心体育馆）”闪耀，“长安鼎（西安奥体中心游泳跳水馆）”屹立，“长安云（西安城市展示中心）”飘荡，“长安乐（西安国际文化交流中心）”奏响，“长安谷（中轴公园）”生长，“长安书院（西安市图书馆）”墨香。上庄公租房则以恰如其分的新姿，融入这片靓丽的建筑群。

改造后实景2

①来源于中华人民共和国中央人民政府（https://www.gov.cn/xinwen/2021-09/16/content_5637561.htm）

西安市青少年活动中心项目

徐晓捷

一、项目背景

西安市青少年活动中心综合基地项目位于西安市未央经济开发区岗家寨地段，未央路以东，凤城二路以北，在既有建筑西安市图书馆和妇女儿童活动中心基础上整合场地及建筑功能，通过新建建筑及既有建筑改造，打造参与式、互动式新型活动场所和交流培训空间。项目建成后将为群众提供13 000平方米的少年儿童图书馆，6 000平方米的综合馆，少年儿童培训中心46 300平方米。项目集约化建设，合理布局功能，建设目标满足西安市青少年活动中心公共文化服务设施的总体规划要求。

二、建设内容

本项目是基于“依托市图书馆及周边区域打造青少年活动中心”的设计要求，设计整合原有建筑单位，新建文化综合体，打造少儿图书馆、妇女楼及综合楼、青少年活动中心、城市广场和室外运动场地五大功能板块。新建功能弥补城市区域功能的空缺。项目场地内，各功能间通过绿地景观、连廊连桥相互贯通，使各功能分区明晰又联系紧密，打造多元融合的、有机统一的青少年活动中心综合基地。

项目场地位于未央路主干道上，直面汉长安

主入口效果

建筑外观

城市街景鸟瞰

城遗址灞城门，西抵太液池。在这条汉长安城的轴线上，同时保留着中国最早的国家图书馆——天禄阁。一古一今相距千年，文化的滋养却生生不息。该项目从“拆”“改”“建”三个方面进行整体提升。

1.拆除

既有建筑西安市图书馆和妇女儿童活动中心建筑形象整洁，新的区域整体设计希望尽量减少对既有建筑的拆改，结合功能需求仅拆除既有建筑局部辅助用房，适应性改造图书馆与妇女儿童活动中心之间连接部分的三层办公建筑，集约利用拆除后空间，整合设计新的建筑出入口。

2.改造

（1）梳理路网，形成整体便利的交通体系。

优化场地道路结构和交通组织，提高可达性和安全性，形成环形主路网，连结各个功能区域，形成完整的城市街区。在区域内部，通过广场串联建筑，形成步行友好街区。

（2）图书馆部分主要将功能置换为以少儿阅览为主的图书馆。21世纪初始设计的图书馆内部空间已无法满足现阶段青少年阅览空间的需求。设计将主要通过内部重新装修改造和外立面处理，以满足时代发展的需求，同时增加绿色建筑设施、防火设施以及新风设备等，以满足未来发展需求。我们希望用最少的介入手段来解决既有建筑在新生建筑中的适应性问题。

（3）原有妇女儿童活动中心室内空间已经无法满足现阶段开展的各项妇女儿童文体工作，因此在保留一层多功能厅的前提下将其他部分功能改造为妇女楼及综合楼，将教育、展览、交流等功能置于东侧新建建筑内。原西安市图书馆和妇女儿童活动中心从外观到内部都有着时代的美感，设计希望通过最简单的处理手法，既保留了时代特征，又可以融入新时代城市的新风貌。

3.新建

场地西侧开发市民活动广场，将为未央区及未来的妇女儿童活动中心提供公共活动场地。该场地概念取义于汉唐长安城的城市风貌，呼应汉长安城的城市脉络，同时也延续了南侧唐大明宫遗址的风格。同时在这里置入体育运动活动场地，满足青少年及广大市民的文体活动需求。

既有建筑东侧的空地将新建青少年儿童培训中心。拆除图书馆和妇女儿童活动中心连结部分并增设连廊，一方面增加建筑的标识性，另一方面开放便捷的空间更加亲民，在此提供开展各种公共开放的活动场所。9层高的青少年儿童培训中心建筑形体简洁有力，如同一座浑厚的基石整合了西侧较为零散的建筑形态，建筑体50米×90米的平面空间里置入大空间、展厅、多功能厅、黑匣子剧场等功能，结合布置培训教室，将满足全龄段儿童成长发展需求。同时在建筑顶部置入羽毛球馆、篮球馆、健身房等功能，打造共享的全民健身中心。

三、结语

新建的西安市青少年活动中心综合基地应与西安国际化大都市、国家中心城市和省会城市的地位相称，符合群众期盼，满足新时代少年儿童成长、成才以及妇女社会服务需求。活动中心将成为丰富少年儿童生活的“第二课堂”，促进其德智体美劳全面发展，我们将用心做好儿童成长筑梦人。

近景效果

“金延安”十年

卢颖

2012年底，和赵元超大师恳谈后，我加入了朝气蓬勃的都市与建筑研究中心，开启了崭新的建筑设计之旅。我接手的第一个项目便是延安市政府和陕旅集团在延安投巨资打造的圣地河谷项目，项目整体定位为“以红色旅游为主题的大型综合性旅游区”，发展目标是延安市城市副中心。其中最先实施的是核心区“金延安”板块，从那时起我便和“金延安”项目结下了不解之缘。

2013年，在赵元超大师的带领下，我们完成了修建性详规，确定了“金延安”项目的大框架，用“立体之城、活力之都、镜像历史、写意延安”来表现延安的古今更替、中西穿越。在2014年都市中心成立五周年的设计档案中，赵元超大师和我们几位主创建筑师对设计理念和设计手法做了大量的介绍。

从2012年起，“金延安”城的中心标志性建筑钟鼓楼，围绕钟鼓楼的西、南、东、北四条大街，以及西北三角区相继建成，回迁房和三产商业全面交付使用、延安公馆和延安领航时尚公寓也已建成销售，“金延安”城已经建成的部分超过50万平方米，春去秋来，“金延安”的十字街上每天上演着属于“金延安”的故事。10年来，我一直和“金延安”在一起，看着它成长，我倾注了大量的精力和感情，回想起来，甜酸苦辣咸，千般滋味涌上心头。

2014年，我带领设计团队开始进行各单体的施工图设计时，城市综合体是非常新颖的项目形式，在一个业态完善的商业综合体中里吃喝玩乐一整天是最好的消遣方式。我们把西街和钟鼓楼广场也定

金延安建成实景

西街主广场

北街仿古街道

北街大车店门前

南街特色民宿

北街凯歌楼远眺

南街老教堂、新华书店及广场

“金延安”夜景

位成这种城市综合体，外立面风格大气豪迈，其中的业态时尚多变。我们与业主及招商团队在设计、建设、招商业态等环节不停讨论修改方案，涵盖了购物、餐饮、冰场、水族馆、耀莱成龙影院等业态。陕旅公司还花费巨大的人力和物力，请德国顶级的设计公司以钟鼓楼为背景打造了大型室外灯光秀。经过近三年的建设，2016年圣诞节前夕，“金延安”购物中心以最华美的身姿迎来了开业首秀，南街、西街、钟鼓楼广场人头攒动、热闹非凡，成为延安当年的大事记。从2017年起，“金延安”项目的钟鼓楼、西街广场承接了延安市多场重量级的室内外活动和表演，包括千人腰鼓舞动“金延安”、歌手王二妮唱响“金延安”，以及为纪念红军长征胜利80周年的火炬传递活动。我们作为嘉宾也应邀来到钟鼓楼广场，边挥舞着小红旗边欣赏灯光秀，每个人的脸上都洋溢着幸福的笑容。

但这样的日子没有持续太久。2018年，整体经济情况下行，再加上网络购物的冲击，线下购物成为“鸡肋”，尤其是三、四线城市的商业综合体的经营，越来越冷淡。只有打折促销才能带来短暂的热度，这种“打鸡血”的方式能带来长久的人气，金延安购物中心的热度没能持续多久，选择退场的商家越来越多，气派宽敞的商场里空空荡荡，北京的招商公司败走麦城，金延安购物中心日渐萧条。

2018年，随着陕旅集团延安分公司的领导班子调整，“金延安”项目的经营策略和发展方向面临重大调整，作为项目设计方的我们也倍感压力。当时，北街的单体施工图已经完成，现场施工已经开始。作为金延安十字街骨架的最后一笔，它的重要性不言而喻。2017年最初设计的北街是围绕“一人、一院、一城”展开的，体现了我们对宋代延川边塞文化的理解，着重刻画范仲淹、嘉岭书院和延川城的故事，期望达到“长烟、落日、孤城”的意境。而现在通过对延安旅游市场的调研和评估，甲方决策层决定要将“金延安”的南街和北街要打造成“最延安最文艺最情怀”的民宿集群，要把来“金延安”的人留下来。

最先调整的便是北街，我们进入了边修改设计、边指导施工的状态。那带着团队集体作战，每天的工作就是把所有人的图纸拼合在一起，看交接、对标高、完善修改。连梦里都在寻找着可能忽略的节点。一觉醒来，再回想梦里看到的地方，对着图进行新一轮的调整。那段时间，我经常感觉不堪重负。这种煎熬一直持续到北街主体完工，我才松了一口气，觉得苦尽甘来了，谁知等待我们的却是无法控制的现场施工。

北街要体现宋代的延川，除了建筑形体的契合，其立面处理更要符合当时的时代氛围。设计大

量使用当地石材砂岩、夯土墙、石板瓦、纯木构、仿自然石、仿茅草以及青砖砌筑等，由于北街建筑形体复杂、上下层的空间交错、各个小建筑的立面处理不一致，设计师必须在现场指导工人砌筑，所以我们每周都安排人员到现场配合2~3天。即使这样，依然无法阻拦甲方领导随意修改立面材料的情况。因为北街是“金延安”商业转型的重要环节，也是转型成败的关键。陕旅集团延安公司的领导十分重视，经常带领人员到工地视察，边走边指挥砌筑工人，连铺屋面的石板瓦也用来挂在外墙上做饰面，这种随意修改造成了很多类似建筑相邻的两个面采用不同的建筑材料的问题。等我赶到现场，发现很多地方已经按照领导要求砌筑完成，无法拆除重做了。我们只好在现场拍照片，再一个一个地做补救。就这样，工地的工人还是只听领导的指挥，不听设计师的修改意见，不愿意返工修改，直到北街开街时，仍还有很多地方没能修改到位。面对赵总对设计师施工现场控制不力的抱怨，我只能安慰自己“哎，只能靠今后种花种草来遮丑了”。

2019年7月，南街、北街转型为民宿后正式开街迎客了，20多个主题院落的民宿带来了不一样的金延安。站在北街的凯旋楼上看着网红主播、游人们穿梭在抗战时期民国风韵的南街以及北宋延川古风气质的北街时，就像看了一场穿越时光的电影。西街和钟鼓楼也被改造成红色培训基地的第二课堂。依托红色基因，讲好延安故事成为我们再次腾飞的基础。

特色民宿和红色培训带来客源的同时也呈现出了新的不足，如何让住在这里的客人过得有趣有意、流连忘返、记忆犹新成了需要解决的问题。

2020年很多行业，旅游业首当其冲。陕旅集团面对困境，做出完善“金延安”旅游业态的新要求。在“金延安”西北三角区建设一个全新的大剧院和幼儿培训中心。《延安保育院》是陕旅集团以抗战时期延安的真实历史为主题创作的红色历史歌舞剧，是一部彰显革命人文情怀的红色传奇，也是在延安长期演出的经典剧目。而“金延安”大剧院就是专门为《延安保育院》这部舞台剧打造的，其北侧的幼儿艺术培训中心和东侧的旋转影院也将成为“金延安”城不可或缺的“调味品”，为“金延安”城带来新的亮点。2021年6月28日，作为中国共产党百岁诞辰的献礼，“金延安”大剧场里的首演完美谢幕，幼儿艺术培训中心和剧院东侧的旋转影院也即将落成使用。

10年里，“金延安”为我带来很多荣誉，2020年度陕西省优秀工程一等奖、中国建筑勘察设计一等奖，它也曾让我心酸流泪，即使它存在一些不足，但我对它的“风采”情有独钟。

千年古都 文化记忆
——正定博物馆

杜钊

河北省正定县是国务院公布的第三批历史文化名城，拥有九朝不断代的历史和完整的天际线，是中国建筑天然的博物馆。梁思成先生的博物馆就位于正定隆兴寺内。近年来，随着正定县旅游业的快速发展，正定古城的游客逐年增多，但是由于古城文物景点多与居民区混杂，存在一定的安全隐患，且缺乏配套的旅游设施，游客往往以单纯的观光为主，因停留时间短、消费少，当地旅游经济的效益不高，使本地区丰富的人文景观、文物古迹没有得到很好的保护性开发和利用。为了加强对古城文物古迹的保护，增强文保力度，同时提升古城品牌景点对旅游者的吸引力，从而提高经济效益。正定县政府计划通过恢复古城整体风貌以及完善配套设施等一系列措施，将正定县区域文化资源优势转变为经济优势，使文化产业成为区域新的经济增长点。作为正定古城保护及整体风貌恢复工程的一个重要组成部分，正定县文物局将在正定隆兴寺旁新建一座弘扬千年的文化历史、丰富市民的文化生活的现代化博物馆——正定博物馆。

正定博物馆位于正定古城东部、隆兴寺东侧。隆兴寺是我国宋代著名的建筑遗存，是国家级重点文物保护单位，其摩尼殿、大悲阁均在中国建筑史中占有很高的历史地位。新建的博物馆将与隆兴寺隔路相望，建筑设计秉承“藏而不露，露而不显”的原则，尊重历史文物与环境和谐共生。建筑采用中轴对称的园林布局，庄重大气，强调仪式感。博物馆建筑沿用隆兴寺空间序列以及正定古城双十字空间布局，建筑体量与周边城市的肌理融为一体，

沿街主入口

古城片区规划

接待大厅室内

与隆兴寺的空间序列形成一种空间对话形式。新中式平坡结合的建筑风格，不仅仅符合当代的建筑工艺，更是对隆兴寺的尊重。分散式园林的整个空间让建筑体量进一步融入民居、融于古城。

博物馆是一座城市的灵魂，它浓缩了这座城市的历史，记录着这座城市的现在，也预知着这座城市的未来。它是一个能够与大众联系、文化交流的场所，不单单是地标，而是真正属于正定市民的公共空间。一个面向未来的现代化博物馆设施，反映了正定悠久灿烂的历史文化，充分与遗产对话，

主庭院空间

在历史环境中创造新的建筑，使得新老建筑和谐共处，各展风采。要将正定博物馆打造成一个标志性百年博物馆，突出博物馆的功能定位，在做好展示展览等基本功能基础上，广泛开展文化交流活动，使其成为正定的城市会客厅、城市图书馆、城市大课堂。

正定博物馆在风貌风格上采用平坡结合、分散园林式布局，把正定特色和元素融入建筑设计中来。在较小的用地范围内，充分利用地上空间，扩大展陈面积。正定博物馆规划建设的核心，是坚持以观众游客为中心为根本出发点。正定博物馆同国家保护单位隆兴寺在高度、色彩、风格、风貌上相协调，充分借鉴苏州博物馆同拙政园融为一体的优点，形成“中而新、正而定、精而美、耀千年”的特点。

作为正定城市记忆的载体，最初，委托方要求本项目作为博物馆和档案馆的合建建筑，博物馆主要展示古今历史，档案馆则记录当下和未来。针对建设用地的形状，我们对博物馆、档案馆建筑布局进行了深入的研究。对于本项目，博物馆仍处于主体地位，且博物馆和隆兴寺的关系更近一些，所以博物馆布置于靠近隆兴寺一侧，且庭院布局方式与隆兴寺的空间序列保持一致。档案馆因其公共性弱于博物馆，故将其设置在相对较安静的场地东侧。

后期因委托方要求调整，档案馆另建，此处为博物馆专属用地，故将原来档案馆部分扩充成博物馆的临时展厅，并增大了部分库房和后勤用房空间。

古城保护规划中，对新建建筑有限高要求，且距离重点文物单位越近，要求越严格。博物馆所在用地位于一、二类限高区之间，限高界限恰好从用地正中穿过，所以博物馆南北的限高要求分别为：南侧屋脊不超过5米，北侧屋脊不超过9米。因有此限制，博物馆地上部分的建筑体量并不大，主要建筑面积和使用功能位于地下部分。

博物馆建筑占地面积为1.47平方米，建筑面积为15 469平方米，地上一层，地下两层，分设9个展厅。地上一层由序厅、报告厅、展厅、咖啡厅及文创商店组成。地下一层以后勤服务功能为主，除了东南侧的临时展厅外，主要功能为博物馆技术用房和设备用房。地下二层为主要展览层，由中央休息厅、三个主展厅、一个多媒体展厅组成，该层东南侧为博物馆库房、消防水池以及发电机房。建筑立面设计虚实结合，极少采用装饰，配合立面设计语言，生动地体现了正定古朴文化的内涵。立面建筑材料采用石材和玻璃幕墙，大实大虚地有机组合，充分体现了博物馆建筑的设计特色。建筑色彩主要是灰色调，为正定城市建筑的适用色彩，使本项目能更和谐地融入整个城市环境。

建筑南侧场地与民居相接处沿红线设置景墙，遮挡现状民居，同时为博物馆南部室外景观营造良好的对景形象。用地内东侧需保留一栋三层住宅建筑，跟随博物馆的建设，此住宅同步改造为博物馆的行政办公楼，通过立面改造，办公楼形成单体，尽量从立面弱化其形象，凸显博物馆主体并做到风格协调统一。用地北侧的一些树木均予以保留，现状隔墙也保留下来，与北侧居民区做到最大化分隔，减少视线干扰。

场地外部交通条件尚可，西临隆兴寺，与之共享停车场，南侧道路为正定古城东西轴线，路宽7米，因为正定古城东门已经失去交通作用，故古城东西轴线的东侧末端交通流量较小。建筑主入口面向西侧停车场，若今后南侧民居拆除改造，博物馆可留出南侧出入口，此为二期建设方案。

游客主入口设置在建筑西侧，安检、存包、咨询、售票、讲解器轮椅租借等功能均在此处完成。进入博物馆西侧门厅之后转而北上来到建筑序厅，序厅位于博物馆中轴线上的主殿位置。通过序厅北侧经由大台阶可直接来到建筑地下二层的主展示层，大台阶直接将游客引导至中央休息厅，中央休息厅的顶部就是建筑内庭院的圆形天窗。休息厅北侧、西侧、南侧分列三个主题展厅，均由休息厅组织交通流线，从休息厅东南侧的旋转楼梯离开地下二层，来到地下一层，可到达博物馆临时展厅，临展与下沉庭院并行，游客可以由地下一层临展内部继续上至一层临展，再回到一层南侧的主展厅，至此参观流线结束。之后游客可来到博物馆西南角的咖啡厅及纪念品商店进行休憩和购物。

技术工作人员的入口位于建筑西北侧内院，与文物运送共用入口。工作人员经由楼梯可进入建筑地下一层技术用房区域。文物运输则经由文物电梯运送至地下一层进行接收、检验、消毒、处理，再转至地下二层文物库区进行储存。

行政工作人员的办公处所是由场地内的保留建筑改造而成的。

根据不同功能用房的空间需要、设备安装对土建的要求，以及综合考虑结构构件和管道所占空间等因素，建筑地下一层、地下二层层高定为4.8米，地上一层由于规划限高的要求，设计为3.6米至4.8米不等，最高处坡屋顶屋脊高度为8.95米。

该项目于2016年初立项，2019年底建成，历时4年。2020年5月18日正式向社会免费开放。博物馆的落成，充分体现了正定古城文化旅游名城文化多元一体、相互尊重、彼此借鉴、和谐共存的文明发展理念，让观众身处博物馆其中，感受文化、追溯历史、展望未来。

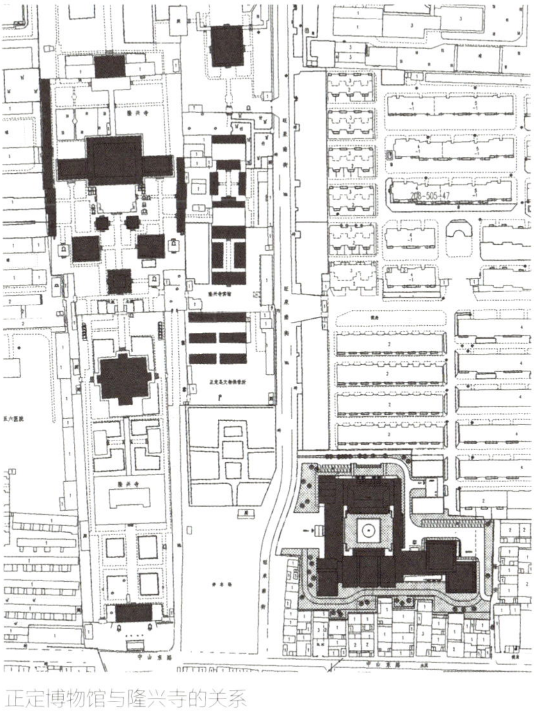

正定博物馆与隆兴寺的关系

生于黄土
——梁家河干部培训中心

李家翔

2017年7月初至梁家河，脚下踩着黄土，望着延绵的沟壑，我对这座陕北山沟中的村子产生了浓厚的兴趣。山顶成片的苹果园，山脚下一孔孔窑洞依山就势，虽然其中大多已无人居住，但依稀可以感受到这里村民“面朝黄土背朝天”的生活气息。

梁家河干部培训中心项目总建筑面积约为3 800平方米，这样的小型公建项目，依然凝聚了都市中心数位设计师的倾力投入。记得一次方案汇报的前夜，在酒店房间内大师仍反复推敲和打磨方案的设计细节，这份对设计的坚守和热爱令人钦佩。经过前后三轮、五组方向的比选，方才确定最终实施方案——以简洁的形体组合顺应沟壑地势。简洁质朴的设计手法，既是设计初心的回归，亦是对延安山沟中劳动人民朴实精神的传递。

本项目选址于紧临村落的山坳内，设计既要与

项目周边环境

总平面

建成实景

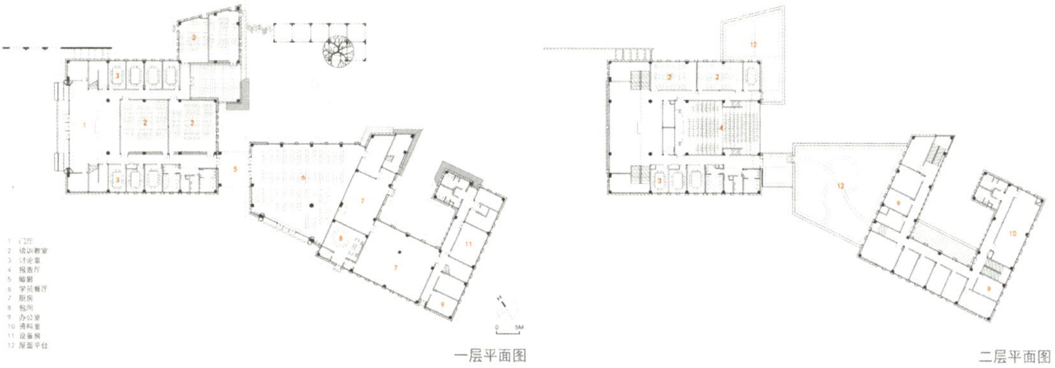

一层平面图 二层平面图

平面功能

主门厅

周边的环境地貌融合，又须与村落建筑风貌和尺度相协调。设计通过体块错动、院落组织方式削减建筑体量，并借助地域符号和材料赋予建筑延安特色与变革精神。

一、紧凑自然的建筑布局

基地周边是典型的陕北沟壑地貌，而紧临的梁家河村落亦是具有代表性的陕北窑洞民居。建筑布局尊重基地中的地形地貌，服从当地人文和自然景致要求，力求因地制宜。设计强调“以人为本”的思想，在满足建筑舒适性、安全性、耐久性和经济性的基础上，创造布局合理、功能齐全、交通便捷、环境优美的现代教学培训建筑。

培训中心整体采用小体量组合式布局，以削减建筑体量，使其与村落和山体环境构成良好的关系。秉持经济性、适用性原则，项目总体布局紧凑、顺应地势，各功能空间联系紧密，对各个空间尺度的把握精细，立足求使建筑功能空间使用效率最大化。建筑主要由教学楼、学员餐厅、服务楼三部分构成，三大功能分区明确，各部分相对独立又有紧密的联系。建筑总体呈“L”形构图，从梁家河村落远眺，建筑仿若嵌入山体中的窑洞，自然、顽强而独具地域特色。

主门厅

建筑主立面

二、独特鲜明的地域特色

设计最大化利用地域材料，以材料本体的物质性，呈现出场所精神、文化延续。从文化元素与符号层面，充分结合当地传统民居——窑洞，使建筑地域化形象深入人心。

建筑主入口面向梁家河村落，教学楼作为主要形象展示面，与梁家河知青点窑洞遥相呼应。建筑立面充分结合当地的文化传统和地域特色，主入口采用鲜明的陕北特色语汇——窑洞，使建筑在保持延安特色的同时展现现代浪漫，表现勇于超越的变革精神。

学员餐厅作为教学与服务办公楼的连接空间，利用一层的体量自然衔接，餐厅屋面为教师和学员提供了交流、活动的场所。服务楼采取合院式布局，形成静谧的办公环境。建筑朝向自然一侧敞开，将自然环境纳入院落之中。教学楼、服务楼与山体共同围合出自然的院落，借助连续拱廊与植被的装点，在贫瘠的沟壑中创造出亲切宜人的环境空间尺度。

三、适宜生动的材料与光线

外墙红砂岩的运用，使建筑形体更具立体感，犹如从黄土地中生长而出，极大地丰富了建筑的表现力，又恰如其分地彰显了延安的红色革命精神。

建筑室内空间朴素典雅，主门厅天光的引入，营造自然而亲切的氛围。从门厅回望，透过半圆形的景窗，梁家河村落的图景映入眼帘，使陕北窑洞的地域文化符号深深印在使用者心底。

建筑往往象征着时代精神。梁家河干部培训中心通过朴实简约的建筑形体、特色鲜明的地域文化材料和符号，恰如其分地刻画出黄土地上人们的物质生活与精神向往。生于黄土，用这座建筑致敬劳动人民，亦来铭记设计的初心。

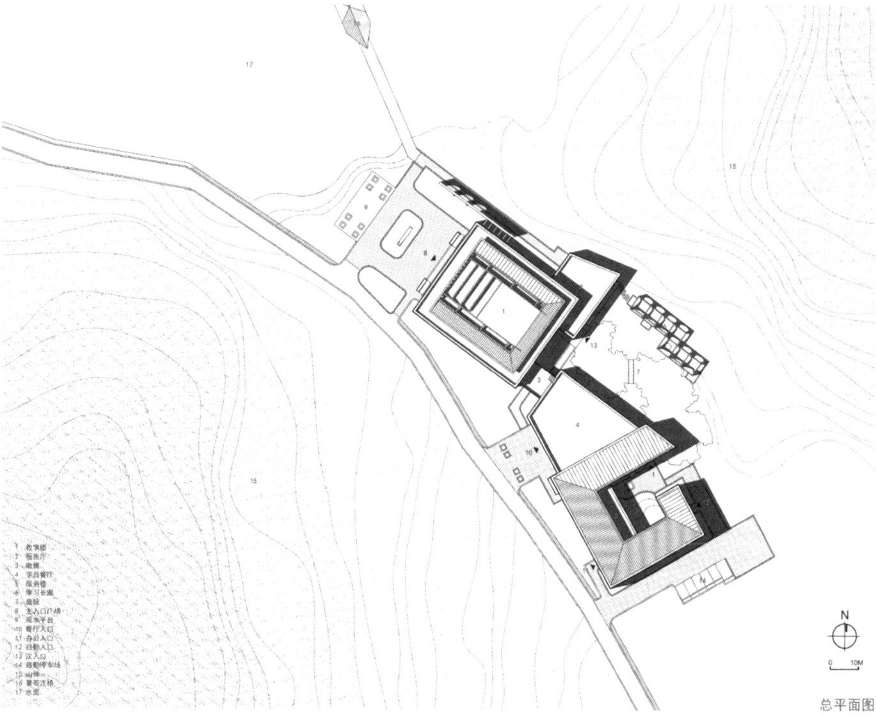

总平面图

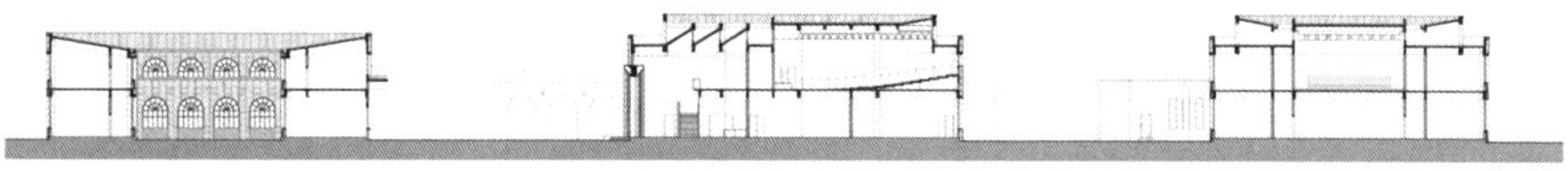

剖面图

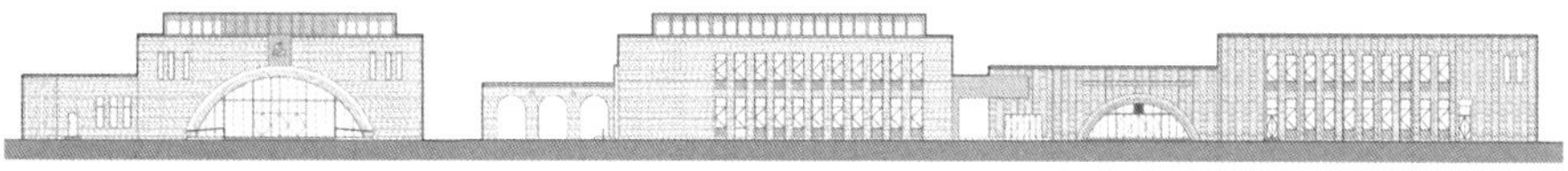

立面图

技术图纸

公园中的博物馆
——行唐博物馆建筑设计

李家翔

博物馆是一座城市的灵魂，它储存着城市文明的基因，凝聚着城市文化的精髓，彰显着城市历史的纵深。

行唐博物馆项目从策划至建成，历时近8年，前前后后无数次的方案推导，凝聚着建设者、设计者对这座县城及其深厚历史的认知与期待。在方案反复“揉搓”的过程中，我们也逐渐梳理出了一条独特的设计脉络：期望未来建成的行唐博物馆不仅仅是游人到此参观的打卡地，更是向市民开放的，能让老人、孩子享受其中的生活场所——一座公园中的博物馆。

一、项目缘起

行唐县是石家庄市北部的一个小县城，这座鲜为人知的县城却有着“千年古县”之称。相传尧自唐赴平阳即承帝位，南行历该地，因而得名。虽然这里保留下来的历史遗迹仅有寥寥几座庙宇、石刻，然而翻开《行唐县志》，思绪瞬间被带回4 000多年前。

项目立项缘起于2017年度全国十大考古发现之一——故郡遗址。故郡村位于行唐县南桥镇，该遗址正在开展考古工作的区域面积约50万平方米。2015年起，由河北省文物研究所、中国社会科学院考古研究所以及石家庄市文物研究所和行唐县文物保护管理所对墓地进行联合考古调查、勘探及发掘。至今已发掘5 000平方米，出土青铜容器、兵器、车马器以及金、玉、水晶、陶等多种器物。目前，初步确定墓地为春秋晚期至战国前期贵族墓地，以及战国前期的居住址。为了保证故郡遗址出土的文物能够得到更好的珍藏、研究和展示，遂计划建设这座博物馆。

二、周边环境

项目基地位于行唐县南部新城，紧临城市中轴线，向南直通连接石家庄市的高速出入口。博物馆位于新城形象展示的门户位置。基地东西面宽约100米，南北纵深约90米，原为城市公园用地的一角，因建设需要划为公共服务设施，基地北侧及西侧的大面积绿地规划已随博物馆同步建设为新城公园。公园以北紧临行唐县的母亲河——颍水河，自然环境优越。

项目建设用地面积为9 202.18平方米，总建筑规模为6 274.75平方米，项目定位为中型综合性博物馆。

三、建筑设计

这个项目的布局中，着重考虑博物馆与自然景观的紧密融合。设计摒弃公共建筑高楼、围墙式布

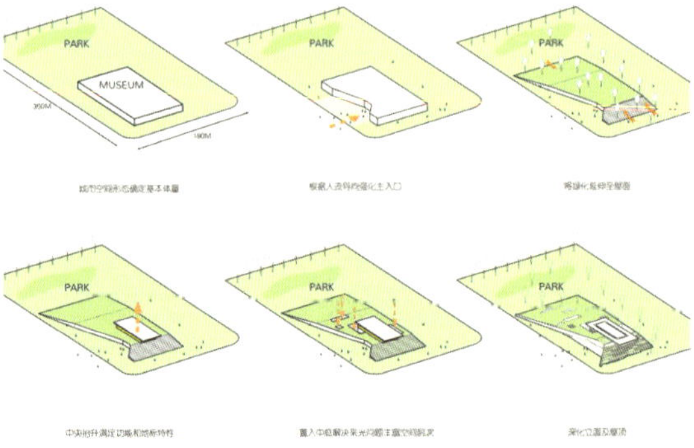

建筑生成逻辑

建成实景

局，采取覆土式建筑的策略，使原属于城市公园的用地的开放性得以延伸。建筑整体呈现不规则的矩形，建筑形体在临城市道路的两侧尽量退让，而面向公园一侧则力争与环境相融。东西向采用地景式的处理手法，形成由城市公园到建筑主体再到城市广场的自然过渡，提升了建筑的可达性，为市民提供亲切、开放的活动场所。

建筑主体地上两层，地下一层，地上部分集中布置文物展陈、考古修复、附属用房以及公共性的咖啡、多功能厅等功能，地下主要布置设备用房及展品库房。

建筑南侧、东侧临城市道路，南侧作为博物馆的主要出入口，结合游客服务功能形成主入口广场。北侧预留附属用房、研究人员出入口。不同功能的主入口分开设置，有效避免人流交错影响游客参观。

两层通高的考古大厅是整座建筑的核心，这里既是故郡遗址出土文物的修复场地，亦是文物考古展示现场。自然光透过天窗洒入大厅，文物修复与展示在空间中实现统一。设计以一条 “U” 形坡道贯穿参观流线。考古大厅以及各个展厅紧密围绕这条主动线展开，将行唐县的悠久历史、宝贵遗产、现代文明自然有序地展示给观众。二层展厅尽端的开放式休息平台，供参观人员休憩和远眺，提升建筑与环境的互视与互动。

建筑主入口通过两片墙体营造包容之势，增强入口的引导效果。主要立面材料均取自当地的石材，面向景观方向采用玻璃幕墙。厚重的历史与亲切的自然景观实现了时间与空间的对话。博物馆二层屋面采用传统建筑的坡屋面形式，材料上使用钢结构金属屋面，使建筑在传统与现代的对比中熠熠生辉。

四、结语

行文之时，博物馆已建成并对市民开放，收到业主反馈当地有很多市民到此活动时，作为设计者，我心中自然无比欣喜。希望这座建筑能让人们更深刻地感受城市的灵魂，让这座有着深厚历史底蕴的古县城重焕生机。

平面功能

塞上大地 红旗飘扬

——中共榆林市委党校新校区工程设计

汪思涵　牛鹏飞

“中国共产党立志于中华民族千秋伟业，百年恰是风华正茂！”——习近平①

中共榆林市委党校新校区建设工程方案设计始于2019年初，于2021年开工建设，时间点与中国共产党建党100周年相契合，中国共产党走过了100年的峥嵘岁月，这100年见证了中国共产党和新中国的坎坷岁月与光辉发展历程，而党校作为中国共产党的核心思想的精神高地具有极为特殊的意义。陕北作为中国共产党历史上重要的革命根据地，具有非常高的教育意义与传播价值，借以陕北延安革命精神为支柱，继续营造党建精神氛围，让市委党校成为榆林市的精神高地。同时作为科创新城的精神高地，回应新城规划，努力将其打造为新区的地标性门户。如何在体现红色基因的同时，展现榆林新时代的特征，成为这次设计的重点和难点。我们在新时代的背景下有幸参与此次建筑创作，实感荣幸，最终方案也顺利以施工图的方式完成，即将实际建成。

中共榆林市委党校新校址位于陕西省榆林市科创新城榆横十四路与怀远十七街平交口西北角，项目投资估算约5.5亿元，包含教学楼、综合楼、学术报告厅、图书信息楼、学员公寓、学员餐厅、体育馆、室外拓展训练场地及校门、绿化等附属设施。规划占地面积为13.33万平方米，总建筑面积约41 344.93平方米，其中地上建筑面积约35 214.93平方米，地下建筑面积约6 130平方米。

在前期多方案的讨论阶段，我们反复推敲，与甲方多次沟通，同时与甲方共同进行了两轮调研，实地考察了全国各地的党校及干部学院，考虑榆林地域性及甲方的需求，我们不断对方案进行修改完善，形成了最终方案。

在方案创作的过程中，我们提炼出方案的设计指导思想“营建精神高地，打造生态田园，开启新区门户，创立区域名片”。整体项目定位应为国内知名、全省一流的市级党校。我们认为方案需突出“党校姓党”，充分体现红色基因、绿色理念和榆林特色，打造出具有榆林地域特色的园林式红色智慧党校。

一、场地概述

本次项目地块整体呈梯形，卫星地图上基地东、西、南三侧临路，但地块特殊之处在于其内部竖向条件复杂，高差较大，最大高差达27米，同时地块东侧临路侧与现有城市道路存在5~14米的陡坎区，意味着

总平面

①2021年7月1日，习近平在庆祝中国共产党成立100周年大会上的讲话，源于北京人大公众号（https://mp.weixin.qq.com/s/0hYvjA0lijjX2viXQquHtA）。

地块东侧实际与现存道路联通的可能性较小。丰富的高差变化及项目的限价给设计造成了困难，但同时也为设计创造了可能性。在赵总的指导下，我们选择了顺应地形走势，局部微量调整地平，既体现了对生态环境的尊重与保护，也降低土方造价，甲方对于这种设计原则也十分认可。

二、整体规划

新校区基于对党校历史和党校教学特殊性分析研究，并参照基地自身的自然生态条件，我们确立了以综合楼为中心，借鉴了主座朝南、中轴对称、院落递进等传统营建法则。同时，校园规划融入现代校园空间特征，以基于传统、推陈出新的设计理念，传承校园文脉，体现在地性。

我们顺应地形，从南至北将基地分为三个台地，各建筑功能区结合景观节点,空间整体构成“两轴一心、前庭后院”的体系。其中，综合楼及教学楼居基地中部，南侧为礼仪入口广场，西侧为体育馆及学院餐厅，东侧布置学术报告厅，东北侧的最高处为学员住宿区，同时结合半围合内院，利用基地西北角的最低地形，设计200米的运动场，自然形成湿地公园，提升场地微环境的同时节省资金。严谨布局中不乏自由活泼。

整体布局沿中轴对称，用南北轴线组织园区建筑和场地，中轴线上依次布置主入口、礼仪主广场（星火广场）、教学楼、主题公园（转战陕北主题公园），其他建筑沿中轴线两侧依次展开。

三、单体设计

教学楼及综合楼位于项目的中心位置轴线上，作为园区中的统领建筑。教学楼利用地形高差形成一层“台基”，使主体建筑坐落于台基之上，与后面的办公综合楼标高相适应，也突出了建筑主体的重要性。教学楼内设置教室、实训室、讨论室、书吧、展厅等功能，建筑平面呈“一”字形单廊式布局，建筑面积为8 300平方米。综合楼主要功能为办公用房及会议室等配套用房，建筑平面同样为“一”字形单廊式布局，建筑面积为4 100平方米，与南侧教学楼以及东西翼的校史馆展厅形成围合式内庭院（初心苑）。

学术报告厅位于用地东南侧。我们通过对多所市级党校的实地调研，同时从中共榆林市委党校实际需求出发，项目的学术报告厅设置一个512人报告厅和一个208人多功能厅，建筑面积达到2 800平方米。

体育馆坐落在用地西南侧，馆内首层设置一个篮球场、4个羽毛球场、7个乒乓球台，在局部二层设置健身馆和瑜伽室。此处我们顺应原始地形条件，设置一层地下室作为人防及车库。体育馆建筑面积为10 500平方米，其中地上面积为4 300平方米。

学术报告厅及体育馆与教学楼及综合楼呈“品”字形布局，围合中心的星火广场，教学综合楼居中布置，学术报告厅、体育馆分居两侧，在整个校园入口处形成向心围合的前主广场氛围，在满足礼仪轴线需求的同时也达到功能配置的最佳布局。

学员餐厅及后勤服务中心布置在校园西北侧，考虑到党校使用人数及实际条件，首层设置140人餐厅与120人餐厅，二层设置200人大桌餐厅以及若干包间，基本满足党校的日常使用，建筑面积为4 100平方米。学员餐厅与体育馆居于西侧次入口广场（燎原广场）两侧，

学员公寓位于基地东北角高地，远离主要教学区，同时高于东侧城市道路，受噪声干扰较小。公寓共两栋，南北平行布置，中间以2层的报告厅连接客房区。因甲方对客房标准的需求变化，客房划分与数量在初步设计后经历了一轮大调整，最终公寓平面遵

建成实景1

建成实景2

校区总体规划

夜景效果

循7.8米×6.5米及7.8米×7.7米柱网，共245间客房，其中181间单人间，64间双人间，共309张床位，满足党校日常需求，建筑面积为11 000平方米。

四、风貌控制

如何体现本项目的风貌也是我们着重考虑的重点。经过与甲方多轮的沟通及对各地党校的调研分析，建筑风格最终确定以现代手法演绎传统建筑的形式，体现出文化自信，同时符合时代要求及上位规划定位。建筑形体端正典雅、简约内敛，突出党校的文化特色；主立面通过简约的设计和细节对比，透出博雅大气的建筑气质。建筑从立面的开窗排布形式到建筑细节的肌理都采用相同的建筑语言及母题，传统与现代和谐统一。生活区公寓楼立面以竖向划分为主，突出秩序感和韵律感。体育馆与学术报告厅由功能主导造型，突出体块感，以现代、简洁形式体现校园建筑的科技美感、时代美感。

为体现陕北地域特色，建筑外饰面以土灰色面砖墙体及米黄色砂岩石材为主，辅以仿木铝合金格栅等，表现传统与现代的有机结合，形成自然朴素的建筑风格。

红色元素则主要体现在园林设计中，通过星火、燎原广场，初心、知行苑及转战陕北主题公园体现，辅以园区中出现的小品，营造精神高地，铸就红色堡垒。

“星星之火，可以燎原，以史为鉴，开创未来！”中共榆林市委党校是中国共产党在中国大地上千万个党校中的星火，点燃我们的内心，点亮走向未来的道路。

建成实景

“守护革命火种”
——金延安保育院剧场设计

陈丹

一、回忆

2019年12月，我们接到甲方委托，在金延安西北三角区建一个剧场以及幼儿园，甲方展望了一个具有地标性“鸿篇巨制”的美好蓝图。我们所调动了设计力量投入这个项目，甚至大家在春节假期间都继续研究方案。至2020年春节前，我们从线下办公转为线上讨论，在布局、形式、材料等方面都做了多番讨论。赵大师更是在家里亲手绘制多张精美的手绘方案草图，将此阶段性设计成果当面呈现给甲方的大领导。

戏剧性的是，在那个疫情防控期间的第一次讨论会议上，甲方上级领导的意图与之前给我们传达的“鸿篇巨制”设计意图完全不同，他希望用最小的用地、最少的投入去做剧场，并且预留出空地作为二期商业开发。他甚至当场控制了剧场的位置、平面总长宽尺寸，并要求不能突破。这与之前我们所设想的“地标性”设计方案大相径庭，整个设计方向颠覆后成为一个紧凑、集约的，只为“延安保育院”剧目演出而设的专属剧场。我们的设计就围绕适宜且固定的剧场内核尺度而展开。

“金延安”总体规划

剧场建成实景

沿街效果

主入口空间

室内休息大厅

二、设计

《延安保育院》是新中国成立以来第一部以抗战时期为保育儿童而成立的延安保育院之真实历史为主题的大型原创红色历史歌舞剧，彰显了革命人文情怀的红色传奇。为整合圣地河谷金延安片区的红色文化旅游资源，将原剧场的主要功能转移到金延安新建的保育院剧场。

金延安保育院剧场坐落在金延安的西北三角区，南侧紧临西街，东侧毗邻北街，并且在北街和西街都预留设置了广场层相连接的天桥，环通金延安城的立体步行系统。金延安保育院剧场是历史记忆与城市文化的载体，建筑呈几个立方体块叠加，形体简洁，布局紧凑，在较小的用地和限高的条件下解决剧场的诸多功能，平面主要由“L”形公共休息厅、1 090座观众厅及后台区组成，布局集约紧凑，人员流线清晰。立面材质主要采用青砖、锈红钢板以及清水混凝土来表现质朴、沧桑的建筑氛围。立面上斜面的细条窗隐喻革命时期艰苦岁月里的一丝丝温暖和光亮，同时给室内带来灵动的光影变化。锈板上的透光小圆洞寓示着“星星之火可以燎原”，体现了艰苦环境下保育院的老师对革命火种的守护，同时让我们感受到特殊的时代背景下那种坚韧的爱和希望！

金延安保育院剧场作为历史记忆与城市文化的载体，通过建筑氛围及建筑细部的营造来守望、传承这段充满红色、希望、关怀、坚韧、可歌可泣的岁月！

三、感悟

在整个项目的建设过程中，虽然项目总面积只有8 000多平方米，作为剧场这一特殊的大跨公共建筑，而我们又作为项目总包方，需要控制设计的方方面面。不仅要沟通协调甲方、结构水暖电各专业、舞台设备、导演团队、声学设计、室内设计、BIM设计、室外总体、钢结构二次深化设计、幕墙设计及施工等，从项目的复杂性中，不断地发现问题，解决问题，我从中也是获益颇多。另外，由于施工进度紧张，甲方相关部门在其中缺乏有效的管理组织，再加上施工技术力量欠缺，项目细节以赶工期为由而发生“变形”，不能按照设计意图来施工，许多方面都出现了与图纸不符的情况，我深深地体验到了作为设计方的无力感。虽然随后各专业都提出了施工中存在的问题，令其整改，但是大局已定，改动颇难。设计、甲方和施工之间如何形成更加科学的项目管理体系，如何更好地把控设计细节、提升项目的落地品质仍是我作为设计师需要学习的重大课题。

2021年6月底，金延安保育院剧场顺利迎来了首演，抢工之下，势必有许多细节不尽如人意，尽管如此，对甲方来说，剧场开业迎来首演的现实意义要大于建筑意义，甲方对于这个项目的投入产出比也是比较满意。对于设计者来说，我们曾把时间花在这个项目上，相当于在它的身上倾注了生命的一段，无论最终结果如何，它都成了我们生命的一部分。

主题剧院室内

临水而居

——山东莱州昶济康养医院项目设计

惠倩楠

临水而居，择水而憩，自古就是人类亲近自然的习俗，在老龄化背景的今天，养老住区、康养医院应该以何种形态呈现？这是我们需要思考的问题。

一、背景

根据2019年数据统计，我国老年人口规模巨大，人口老龄化的速度比较快，老龄化形势超前于社会经济发展，老龄化阶段工作推进速度不平衡。根据初步测算，烟台市老年人口2020年达到170万，2025年将突破200万。全市80岁及以上高龄老人有16.86万，占全市老年人口的12.8%，高龄老人比例比较高。而本项目的所在地莱州市的百岁寿星数量遥遥领先于其他县市区，有着“长寿之乡”美誉。

二、项目定位

综合本项目所在地的现状、未来发展前景、甲方愿景及服务客群的分析，项目定位为一所集医疗、康复、机构与居家养老于一体的综合性养老中心。一期规划设计的莱州市昶济医院为一所高品质的康养医院。设计强调人与环境、建筑与环境有机结合的理念。使建筑融于环境，将传统的建筑形式与现代的医疗空间功能进行有效组织，营造亲人、和谐的医疗环境。

本项目周边环境条件优越，有利于通过景观渗透、景观视廊营造等手法，充分利用周边的景观条件。与基地内部的景观设计形成整体，将南北方景观特色融为一体，打造高品质、庭院式的医疗建筑环境。

三、设计原则

本项目中医院设计的服务对象定位偏重于50岁以上的老年人，具有一定的特殊性，为了保证患者心情愉悦，帮助患者康复，医院建筑的内部空间应当是舒适、宜人的，外部空间应当将自然环境与建筑形体有机组合。因此方案采用了集中式的医技空间与分散式的门诊和住院空间布局方式，保证医疗流线的合理性。

同时，地方医院的建设不易，使用周期长，故而在设计建设中应保持一定的可持续性与灵活性。医疗功能、医疗建筑空间都具备一定的可变性，以满足国家医疗政策的调整、管理模式的变化、医疗技术的发展等未来变化因素。

此外，医院作为城市中重要的公共建筑，需要有端庄大气的形象，以作为区域地标性建筑，因此医院建筑应当与城市整体保持和谐。而医疗空间与

总平面

医院设计方案

外部自然环境的有机组合则符合中国传统建筑特色的组合方式。

四、规划设计

1.采用一带、三核心的规划结构

本项目整体规划采用“一条绿化轴线，三个规划组团”的结构。

强调与周边环境的连续性，通过基地周边的绿色轴线实现绿化向基地内的渗透，力求最大限度发挥基地景观资源优势。在不同功能单元内部通过建筑的院落式布局形成丰富的庭院景观，营造高品质的内部景观环境。

同时，注意动静分区。将医疗康复区布置于整个基地公共性最强的西南角，既能为城市提供便捷的服务，又能为基地内部的居家养老及旅居养老区提供方便。医疗康复区作为整个规划的核心功能一期进行建设，为基地奠定基调，汇集人流，为后两期的建设提供了灵活的空间。

2.院落布局，分期建设

总体布局营造出以环境品质为核心吸引点的康养医院，采用院落式布局，在满足医院功能需求的基础上，通过不同尺度的庭院空间营造，使前来就诊的患者能够亲近自然，提升患者的心理愉悦感。

一期规划建设包含门诊、医技、住院等功能空间，形成完整的医院功能体系，并面向西侧河顺路和南侧规划路形成完整的城市界面。预留北部空间，进行二期住院楼的建设，建成后与一期共同形成能够服务更多患者的康养医院。在建筑形态上与一期形成对称的平面，增强建筑整体的围合感。

整体绿化系统包括：城市绿化，结合城市绿带，形成足够的医院前区；庭院绿化，依靠建筑布局自然形成丰富的庭院空间，营造庭院绿化系统，提升基地环境品质；立体绿化，借助一层、二层、三层屋顶，形成更加丰富的绿化景观体系，实现“推窗见景”的设计理念；生态停车场，结合海绵城市绿色基础设施建设生态停车场。

3.立面设计

面对中老年的群体设计新中式的立面风格。以传统文化为根基，融合简约大气的现代气息，重现东方美学的艺术传承。单体体量简洁，强调建筑体量间的组合关系，并通过立面元素的节奏、韵律营造和谐的整体感受。立面以经典的三段式构图作为立面设计的基本构成，虚实结合，营造端庄大气的形象。采用深灰色的中式风格顶部，辅以浅灰色调的主体，共同营造庄重大气的整体感受。强调中部实体的整体感，并通过竖向的开窗突出细节的精致感，彰显建筑整体的高品质。

五、设计思考

在寸土寸金的现代城市中，越来越多的医院设计被集中在一栋高层甚至超高层的大楼里解决。医疗建筑体量越来越大，一切功能都可以在一个室内空间里解决，仿佛随着科技的发展，人与自然的关系已经不再那么亲密，仿佛有适度的新风与可控的

医院主入口

温湿度，人就可以永远“宅”在室内，不用出门。

如果以这个观点去采访现在的中老年人，大概率会得到不一样的回答。为什么现在的住宅设计中，多层和低层的住宅被认为品质更高？为什么养老设施规范规定不能超过3层以上？如果可以让中老年人选择的话，郊区农村的低层住宅是否优于设施完善的城市高层老公寓？我想答案的倾向性不言而喻。我们认为，在社会共同养老的大背景下，营造更好的就医、康养体验是一种必然趋势，病人及家属的个体感受是值得被尊重的。

因此，在医院的设计中，功能被归纳为两部分：住院功能及其他功能。住院功能属于长期停留的部分，病房内部的舒适性应当被重视，房间内应有充足的阳光、空气，就近的活动平台。门诊、医技等其他功能则是人流大量集散的区域，就医等待的区域、交通的区域也应当被重视。公共活动区域尽量引入阳光、空气、绿化，甚至连接室外自然绿化，这些手段可以缓解病痛带来的焦虑、痛苦的情绪。

在三、四线城市并不十分饱和的建设背景下，平面铺开、庭院结合的形式实际上更贴近中国古代文人的家宅情怀。但是这自然会增加建设的资金成本。值得一提的是，此项目的建设方并非政府，而是当地经营海盐行业的一家民营企业，“取之于民，用之于民”，是企业家的一种情怀，在这种条件下，业主还是选择了更加舒展的庭院式规划布局，以及颇费工夫的新中式造型，这都是值得称赞的。

沿街主立面

延安南泥湾劳模工匠学院创作札记

王泓博

2020年底，赵总荣获“全国劳动模范”称号，从此都市中心团队又多了一个“劳模团队”的光荣称谓。适逢时下对“劳模精神、劳动精神、工匠精神”的大力弘扬与倡导，全国各地的“劳模工匠学院”发展方兴未艾。陕西省总工会作为延安南泥湾劳模学院的主要建设单位，提出了“劳模学院劳模建”的设计与实施思路，由全国劳模领衔的都市中心创作团队，有幸承接了这次特殊的设计任务。

从“烂泥湾”到“陕北好江南”，南泥湾是一个充满故事的地方，不少创作者也以此为题材，结合时代背景，以不同形式的载体，进行了不尽相同的诠释。

其中，流传甚广的由诗人贺敬之作词的歌曲《南泥湾》，描绘了军民协作、拓土开荒，使荒原变沃土的新旧场景，谱以轻快陕北民歌调式，成为家喻户晓的经典曲目。绘画艺术方面，由新中国第一代油画家靳之林在1964年创作的油画作品《南泥湾》，被誉为“新中国现实主义美术里程碑式的作品”。翔实的场景描绘，被三五九旅的王震将军评价为“最真实的场景还原”，其欢快而浓烈的画面情绪，仿佛使贫瘠的土地开出烂漫的山花，因此也被评为“充满了理想主义和乐观主义”的画作。

歌与画中，作者描绘了“新颜”与“旧貌”的对比，也掺杂了“苦”与“乐”的情绪，但乐观主义的最终胜利，消融了艰苦卓绝中的“苦”，让美好岁月可期。

类似音乐和绘画，建筑创作的初期也充满了个性化的理解和意向表达。而不同于其他的艺术创作，方案深化讨论的过程，充满了个人意志和大众价值的碰撞与妥协。投资方、使用方、规委等决策部门，都在方案交流过程中有各自的见解，也不同程度地影响了方案的走向。

比如在与当地管委会的交流中，不少专家领导都非常认同坡顶方案，首先是因为基地周边的既有建筑都是风格相近的坡顶形式，从区域规划的角度来讲，让新建筑融入大环境，坡顶无疑是最为“稳妥”的处理方式；其次，正交的总体布局体系与方整规矩的单体形式，在功能性方面显得更有优势，更加符合“实用”准则。

而在设计师和投资方的角度，却更加倾向于“和而不同”的方案。“中央端坐，两翼蜿蜒”的总体布局，既在校园核心区营造了“庭院深深，登堂入室”的严整序列，又在基地两翼以灵动的形态，与不甚规则的用地边界形成了呼应。单体建筑方面，摘掉了“帽子”的平顶建筑，造型更加简洁有力，少了一分贵气，多了一分拙朴，似乎与劳动人民的形象气质更为契合。

周边环境

礼仪入口空间

宿舍楼外观

教学楼局部外观

主庭院空间

宿舍室内

学院整体鸟瞰

过程版方案

休息厅室内

住宿单元室内

庭院水景

在建筑材料的选用方面，经过多次比较与论证，最终选取清水砖作为外立面的主要材质。有别于诸多现代材料的模块化设计和快速安装，砖砌体在施工工艺上会略显得“慢与拙”，对施工人员的手艺和耐心都是一次考验，但“手工活”带来的溢价，正是工业时代的稀缺产品，能够提供更多人性的温度和触感。为了给能工巧匠们提供足够的发挥空间，设计过程中特意“留白”了一些“工匠墙”，使别具匠心的劳动者能够在砌筑过程中，融入个人的理解，进行一系列的再创造。我们希望倾注匠心的砖砌作品，能摆脱同质化的审美局限，展现多元化和本土化的建筑表情，在时间长河中历久弥新。

时至2021年国庆，延安南泥湾劳模工匠学院项目的工地上，土建工程已经基本施工完毕，由于截稿日期将近，竣工后的设计反馈难以在文中记述，但设计和配合中的点点滴滴，仍然记忆犹新，令人感动。

在本次配合施工图的人员中，不乏经验丰富的“老工匠”，他们有着四两拨千斤的设计能力，无愧为工作中的定海神针。与此同时，他们在生活中仍旧肩负重担，并不轻松：其中有“二胎妈妈”，在工作和家庭角色间无缝切换，难免顾此失彼；也有孩子即将中考，四处奔走寻找家教的考生父亲，焦虑仓皇；还有父母年迈需要照顾，频繁往返于医院的孝顺女儿。设计配合的闲暇之余，交谈中偶尔会戏称，每个人的生活中都有一个“烂泥湾”，急需我们去披荆斩棘，用理想主义的镢头，把它改造成草木繁茂的丰沛之地。

“劳模工匠精神”根植于广大劳动者，是从集体人格中“去其糟粕，取其精华”后留下的理想品质，在这个瞬息万变的时代中，提醒我们有所坚守，追求卓越。

尤记得，我们在准备方案汇报、提炼劳动精神时，概括了三组关键词，即“平凡与朴素”“坚忍与淡泊”“献身与创新”，配图是铁人王进喜置身泥浆池，搅拌水泥池的照片。赵总看后笑着说道“‘坚忍’不太好，有点沉重了，还是改成‘坚韧’吧！”

外观细部

红旗漫卷西风

——六盘山长征精神研学基地项目设计

祁松

《清平乐·六盘山》——毛泽东

天高云淡，
望断南飞雁。
不到长城非好汉，
屈指行程二万。
六盘山上高峰，
红旗漫卷西风。
今日长缨在手，
何时缚住苍龙？

一、缘起

都市中心与宁夏有着不解之缘，尤其是在创建初期，须弥山博物馆、宁夏回族自治区党委办公新区、宁夏石嘴山市行政及文化科技中心、宁夏中阿经贸论坛国宾馆等项目，见证了都市中心一步步成长、发展，直至其成为西部建筑创作设计领域一股不可忽视的力量。2021年新年伊始，我们又承接了一个宁夏项目，这是一种妙不可言的缘分。

正是由于对早期建成项目的认可，项目委托方才决定委托我们来进行这个项目的设计任务。这不仅是一种信任，也是一种期待。对我来讲，有压力，但更有动力。

二、初识六盘山

六盘山，位于宁夏回族自治区西南部、甘肃省东部。南段称陇山，南延至陕西省西端宝鸡市以

六盘山景区周边环境

总体鸟瞰

北。横贯陕甘宁三省区，既是关中平原的天然屏障，又是北方重要的分水岭，黄河水系的泾河、清水河、葫芦河均发源于此。

六盘山是近南北走向的狭长山地。山脊海拔超过2 500米，山路曲折险狭，须经六重盘道才能到达顶峰，因此得名。自然景观容纳了中山峡谷、泉溪瀑布、气候天象、森林植物、野生动物、历史文化、民俗风情等多种景源，山光水色雄、奇、俊、秀，各有独特意境，成为休闲旅游、消夏避暑、森林探险、科普科考的理想场所。

六盘山也是1935年毛泽东主席率领中国工农红军长征时翻越的最后一座大山，毛泽东的一首《清平乐·六盘山》，使之名扬四海。

三、长征精神的延续

长征是历史上的伟大奇迹，中央红军共进行了600余次战役，期间共经过11个省，跨越近百条江河，攀越40余座高山险峰，走过荒草地，翻过雪山，行程约二万五千里。

1936年10月22日，红军第一、第二、第四方面军三大主力在将台堡胜利会师，完成了长征，实现了红军的战略大转移。六盘山是重要的红色革命根据地。红军长征在宁夏留下了辉煌的篇章，先后有两百多位将帅、开国元勋、政治家、革命家、军事家在六盘山地区历经战斗。习近平总书记指出，把理想信念的火种、红色传统的基因一代代传下去，让革命事业薪火相传、血脉永续，永远保持老红军本色[①]。

项目委托方基于红色旅游及研学模式的融合，希望以六盘山长征景区为基础，研学活动为主导，在原有景区的基础上构建一个既融于景区又相对独立运营的研学基地。发展红色旅游的同时弘扬革命传统、培育民族精神，针对当地各层次人群及游客开展有针对性的长征精神研学旅游模式，同有效保护和利用革命文物相结合，同资源保护和生态建设相结合，同推动区域经济社会协调发展相结合，寓研学教育于旅游之中。

四、曲折的道路——由胜利走向胜利

宁夏回族自治区固原市隆德县，是六盘山长征景区所在地，景区入口位于县城东杨家店村（六盘山脚下），距六盘山红军长征纪念馆3千米。这里是宁夏六盘山长征景区门户节点，进入景区的第一站。

本项目建设用地紧临景区内部道路，四周为景区自然山体和居住村落，地理位置优越、交通条件

①源于《人民日报》（http://opinion.people.com.cn/n1/2016/1119/c1003-28880624.html）。

较好。项目用地为坡地，北高南低，高差近8米，平面大致呈矩形，南北宽约200米，东西长约120米，西侧为主要道路，东侧临河，北侧可通过景观道路到达游客服务中心及公共停车场。本项目正需要通过景观与建筑群落良好的层层退进关系，达到与场地和谐统一的效果。

六盘山是红军长征翻越的最后一座大山，是长征胜利的终点，也是中国革命胜利的起点，从此中国工农红军从一个胜利走向另一个胜利，最终实现国家统一和民族复兴。道路是曲折的，前途是光明的。

宁夏南部山区建筑以坡屋顶为主，平屋顶为辅，平坡结合，材质朴素，与六盘山山势、环境融为一体。

根据六盘山的特点，我们提出“城景相融，蓝绿交织，聚合共生，万象同享”的设计理念，结合六盘山独有的文化及景观特征，打造宜居宜游，带动区域发展和传播红色文化的新引擎！

1.城景相融，蓝绿交织

整个设计遵从整体地块的空间界面，保留南北轴线方向的视线通廊，从南侧的瑞金楼（原游客中心），经跨河景观桥到达场地之中，以红色折线道路及胜利之门暗喻长征的曲折及最终胜利到达六盘山。

建筑沿西侧道路的界面退让到广场，通过不同标高与周边道路相联系，以丰富的景观绿地，滨水景观联系地块周边环境，在区域环境中营造一幅城景相融、蓝绿交织的图景。

2.聚合共生，万象同享

本项目由研学、住宿、餐饮、展览、服务等多种功能组成，以场地中心的接待大厅为核心，建筑群体向四周发散开来，与山川河流相结合，形成有机的山地建筑群落。

建筑体量匍匐于场地，与地面绿化景观交相辉映，并与沿河景观蓝绿交织，从而在建筑与自然之间创造出一个宜居宜游的共享空间。

结合地块特点及功能需求，南侧布置餐厅及研学中心，中部设置接待大厅及附属服务功能，北侧设置住宿区。

整体空间形态以层层抬升的建筑形态回应地形，提取民居特色建筑元素，将地域特色与现代化设计兼容并蓄。

场地内有便捷明确的交通路线，车行可直达接待大厅，除此之外，人行也可通过景观步道从南侧的游客服务中心及停车场到达。结合绿化在接待大厅入口处设置停车位，并结合景区现有停车场区域，满足实际功能需求。

建筑单体造型以优化建筑周边氛围并提高自身的品质为目的，充分借鉴传统建筑设计中借景和

礼仪入口空间

住宿区景观

对景的手法，将建筑内外的景观组织在一起，形成丰富的生态景观。利用地块周边绿化，有效隔离噪声，过渡环境，有效改善区域内小环境。在基地内各个体块之间设置绿化，既改善了基地微环境，又自然区分了不同功能。

通过河岸景观，将自然引入建筑群中，保证了建筑与绿化的交织共生。以地貌为设计重点，景观主要采用当地的植物种群与材料。

建筑是城市的主角，每一座城市都应有与其城市特色及区域环境相适应，统一而又多元的建筑风格。六盘山长征精神研学基地项目的建筑形象不但体现明快沉稳、典雅豪迈的建筑气质，而且以简洁的建筑语汇和现代材料与周边环境肌理进行回应，表现与时俱进的时代感。建筑立面形式、材料、色彩力求符合现代建筑原则，并且体现出传统文化的内涵。立面风格新颖、美观大方，具有民族感、时代感和超前意识。大面积外墙面的虚实对比，充分显示出建筑的大气与凝重。外墙采用石材、玻璃幕墙、片石及真石漆，使建筑整体更加稳重。

五、设计感悟

本项目设计一方面从人文角度出发，提取长征精神元素，从建筑空间构成及室外景观设计上章显长征的曲折及中国革命百折不挠、不屈向上的精神，一方面结合复杂的地形，利用融山见谷、主次分明、平坡结合等设计手法，体现红色精神在新时代的延续。建筑以平坡结合的建筑形态融于六盘山的自由建筑群落。

设计中，我不仅深刻感受到长征精神的伟大，也从长征精神中汲取创作灵感，结合场所精神，希望在设计中所做出的空间回应，使人们能深刻体会和理解革命先辈对和平年代所做出的伟大牺牲与贡献，珍惜现在的和谐美好生活，坚定中华民族伟大复兴的信念！

餐厅区建筑局部

邯郸群山国际酒店

陈丹

邯郸群山国际酒店项目位于河北省邯郸市鸡泽县金鸡大街及人民东路西南地块，项目总占地面积为5.65万平方米，总建筑面积为74 945.69平方米，基地东南临毛遂文化园及游客中心，北临县政府办公建筑群落，区位优越，环境优美。

起初甲方因看到赵大师的西安行政中心项目作品慕名而来，邀请我们按照五星级标准设计酒店，预计建成后将成为当地最好的酒店。在初期第一版方案沟通之后，虽然甲方对设计方案高度认可，但是技术图纸在进行的过程中，因为甲方的规划目标要增加容积率，自此方案进行了第二轮布局的调整。虽然前期有所反复，但是在后期可能也是出于甲方的信任，酒店方案基本按照此次设计方案快速推进。

在建筑设计过程中，我们以景观性、适用性、融合性作为设计导则。

庭院景观

建筑细部

前区文化公园活动空间

酒店总体规划

酒店大厅室内

立体园区空间

庭院景观

底层架空

一、景观性：景城融合·园林雅韵

该项目坐拥毛遂文化园绝佳景观，视野开阔，水光潋滟，是鸡泽县独有的一片大型景观公园。我们以“景城融合、园林雅韵”的概念来展开规划，项目分为南北两区：北区为邯郸群山国际酒店，南区为公共商业街区及公寓园区。各区充分发挥低容量开发优势，充分考虑客房及公寓的视野均好性，设计了多个开阔的山水庭院及丰富的周边绿化，与毛遂公园景观互相渗透，园林式庭院设计尽显雅致意蕴。

二、适用性：主从有序·分区适宜

北区酒店布局主从有序、功能分区明确。公共大堂统领两翼客房及宴会厅，符合中国传统建筑群的中正布局模式。根据酒店使用需求配置多种功能，地上部分包含公共大堂、客房、餐饮宴会及酒店式公寓，地下部分设置游泳健身及停车库。动静分区明确，互不干扰。南区步行街以架空连廊串联商业街区及公寓，呈现丰富多样的灰空间，从而为城市提供各种公共活动以及商业场所，各功能体量空间适宜，布局合理。

三、融合性：传统意蕴·亲切自然

建筑设计从比例尺度、建筑空间及细部节点进行多维度考量，突破传统的坡屋顶造型，以现代语汇体现中国传统建筑意蕴。建筑主体采用石材、真石漆、仿木铝合金格栅和玻璃幕墙等作为主要的立面材质，营造亲切怡人、和谐灵动的高品质酒店。

总体设计从城市语境出发，采撷一片静谧湖景、一抹传统风韵，铸就一座历史文化和现代典雅默契交融的园林式商务度假酒店及活力多样的商业、公寓配套街区。

住宿区鸟瞰

沙漠绿洲的建筑诗篇

——补浪河治沙精神报告厅的建筑设计之旅

惠倩楠

在世界的生态治理历史上，毛乌素沙漠是首个被人类成功“驯服”的沙海奇观。陕西榆林，矗立于这片昔日浩瀚无垠的沙漠与黄土高原的交汇之地，经过几代治沙人矢志不渝的奋斗与辛劳耕耘，历经六十余载，实现了从漫天黄沙到满目绿意的历史性转变，铸就了榆林治沙变绿洲的传奇。

补浪河女子民兵治沙连生态景区，地处毛乌素沙漠与黄土高原的过渡地带，见证了数十年来治沙英雄们艰苦卓绝的奋斗，他们用不懈努力改写了这片土地的命运，成就了沙漠化为绿洲的壮丽奇迹。如今，这座景区正以前所未有的姿态，将治沙精神作为发展主轴，倾力打造集科普、研学为一体的高品质旅游景区，而治沙精神报告厅更是作为精神主线上的关键节点，承担起传扬治沙精神，塑造时代高地的重要角色。

景区规划设计的核心理念——以治沙精神为灵魂，将生态文明教育与旅游研学相结合，旨在打造一个国家级的研学实践基地。景区总体规划中，“治沙精神之轴”贯穿南北，象征着时代传承与文化积淀的力量。而治沙精神报告厅项目正是这条精神轴线上的璀璨篇章，承载着弘扬和传承治沙精神的重要使命。

2023年6月，设计团队CBC都市更新(北京)控股集团接受委托，在一期工程建设已有帐篷和餐厅、停车场等部分设施的基础上，着手打造景区二期工程。CBC联手多位建筑大师，打造补浪河大师工作

主入口建筑造型

拱形屋顶元素的打造

营的多团队设计主体，共同研究碰撞。对包括治沙精神报告厅、研学大本营、景区游客中心等建筑单体项目和二期景区进行提升，旨在以5A级旅游景区标准打造“中国治沙第一连”纪念地。

治沙精神报告厅项目未来主要将面向各级政府、企事业等单位进行“治沙”主题研学培训，以及承办各种社会性商业教育研学系列活动。基地位于治沙精神之轴的起点，其建筑形式需要体现纪念性的精神，具有一定的开放性，它是连接主轴的重要公共空间。

一、设计原则

首先整体打造补浪河景区，需要设计一条从苍凉的大漠景观过渡到沙漠绿洲的主轴线，在这里能让人感受中国西部的自然风貌。同时，沙漠中的建筑设计需要有一种粗犷的力量，如同女子治沙连的精神，朴素而坚毅。建筑设计者希望把这种精神放大，表达出十几个女高中生虽力量微薄，但改造沙漠的意志力却能感天动地的精神。

项目的重点和难点是当地的气候。榆林的旅游业，需要用丰富多彩的建筑来点题，带给人不同的感受。拱券、清水混凝土的建筑形式，起源于女子治沙连当年住宿的“窝棚”。将这种最简单最原始的形态，在新的设计中有所体现。呈现出来的作品，宛如一曲陕北民歌，在群山之中响起。

增加旅游的体验感：二期景区的提升应该提供一种更丰富的文旅体验，在治沙精神的基础上，强化对西部荒漠的环境打造，增加不同季节的体验类项目，打造吃、住、文、娱一体的西部营地。

二、设计亮点

1.沙漠院趣

以教学功能为核心，建筑设计匠心独运，将建筑整体巧妙地拆解成三个相互独立又紧密联系的建筑体量，犹如风车般围绕中心庭院布局，营造出既富有节奏又充满仪式感的空间序列。中部室外长廊如一条穿越时空的纽带，自然融入沙漠景观之中，与数百米外的精神雕塑遥相呼应，共同构建了一处庄重且有韵律美的神圣空间。

2.平拱结合

设计深入挖掘毛乌素沙漠以及陕北窑洞元素的内在魅力，采用小尺度建筑组合的方式，有效降低建筑高度，使整个建筑如同扎根大地的生命体，与广袤沙漠和谐共生。平屋顶建筑基座与混凝土预制拱形结构有机结合，不仅再现了陕北传统建筑的独特韵味，更凸显出鲜明的地方特色，成为引领游客

景区主轴线的呼应

前区水景空间

感受治沙精神的新地标。

3.内外交融

建筑外墙选用质地类似沙漠砂岩的材料装饰，使得建筑形态仿佛从沙丘之中破壳而出，生动地展现了沙漠与建筑的和谐关系。内部空间则通过巧妙利用拱形元素，结合引入的自然光线与精心设计的内庭花园，形成光影交织、层次丰富的室内环境。夕阳西下，整座建筑在光与影的洗礼中显得既温柔又沧桑，宛如一座沐浴在光辉中的殿堂，诉说着“誓把黄沙变绿洲，敢教日月换新天”的新时代治沙精神。

4.感悟

这个时代已经从大规模建设时代转变为运营时代。建筑师的工作是从策划、建筑设计、景观规划到建成使用的一个完整的过程。先有策划，再有设计是基本原则。以前的时代是依靠建筑设计的量来带动经济发展，现在则是利用已有的建筑、环境来带动经济，这样的背景下更需要策划运营。设计阶段就考虑到未来的运营，建筑才能具有强大的生命力。特别是年轻建筑师，需要跳出做好看、好玩的建筑的思维，首先要建造为人所用的建筑，用最朴素的想法回应项目的原始需求。

西安幸福林带

王东

一、缘起

生于斯长于斯的老西安人，往往会以明城墙为坐标，称呼各区域为“东西南北郊”。而东郊、西郊，应该是西安最早告别所谓“郊区”状态的区域，尤其是“东郊”，在国家“一五”计划和“三线建设”时期，一座座大型现代化军工企业在此落户，“秦川”“黄河”“昆仑”“华山”“西光”“东方”，这些万丈豪情的名称礼赞了祖国的山川，更承载了国家的希望。在1953年的西安第一次城市总体规划中，苏联专家参照苏联的建设经验，在此规划了一条划分生产区和生活区的隔离带，这条隔离带两侧的幸福、万寿两条道路的命名也成为对这座千年古都在新中国成立后开启复兴之路的最美好的祝福。

随着工厂的投产，这里生产的军工产品在国防前线屡立战功，东郊地区也一度成为西安最具活力的地区，但规划中的这条隔离林带却一直未建成。随着中国对外关系的缓和和改革开放大潮的到来，市场竞争也日趋激烈，这几座军工厂的效益不断下滑，规划中的林带用地也逐渐被公交站、仓储设施甚至是棚户区占用。在此后1980年、1995年、2008

立体交通及商业空间

南北长5.85千米的地下空间开发

年的西安市三次总体规划中，这条林带的规划一直予以保留，也因此在半个多世纪的时间里让西安人民魂牵梦萦。

迈入21世纪，西安城市体量不断扩大，外围的新区急速发展，城市面貌日新月异，东郊片区的发展却因为这几座经营困难老厂陷入停滞状态，整个片区皆是破败的老房子，道路狭窄，环境脏乱，年轻人纷纷逃离，唯有厂区外墙的标语诉说着曾经的辉煌，“东郊”成了落后的代名词。

2003年，为了彻底改变幸福路地区落后的城市面貌，西安市政府高度重视，多次研究，决定启动林带前期规划筹备工作。2012年12月，西安市政府通过《幸福路区域总体规划》，并于次年11月启动项目用地征收工作。2014年5月5日，西安市政府通过了《幸福林带核心区控制性详细规划及城市设计》，明确指出幸福林带建设是一项重大的民生工程、生态工程、市政工程和民心工程，承载着西安人的幸福美好生活的梦想。

二、宏图

规划中的幸福林带区域将是主城区东部集中央商贸、国际商务、休闲娱乐、文化创意、高端居住于一体的西安市东部区域的综合新区。

幸福林带的规划定位为生态环境美城，南北总长为5.85千米，平均宽度为210米，占地75.6万平方米，总建筑面积高达92万平方米，总投资额超过240亿元，是全球最大的地下空间利用工程、全国最大的城市林带建设项目，也是西安市重大的市政工程、生态工程和民生工程。全段跨越3条地裂带，与2条综合管廊、4条地铁线、4.4千米下沉下穿道路穿插，技术标准高、工序流程杂、设计施工难度极大。

本着为人造林，惠之于民的原则，幸福林带地面合理布置场地，为人民提供了现代、开放、高品质的70余万平方米的绿化开敞空间，提升了人居品质。地下一层为公共服务配套设施，集商业、餐饮、娱乐、休闲、文化、运动等功能于一体，部分利用同期建设的地铁8号线轨道上方空间进行综合开发，两侧为总长达12.28千米的地下综合管廊。地下二层为7 600余个车位的停车场及人防设施。各地块之间以通道进行连接。

幸福林带地面由一条延绵起伏的“金丝带”慢行道贯穿始终，穿梭在城市绿谷之中，将生态主线和文化脉络串联互动，以“运动、休闲、娱乐”为主题，从北向南将幸福林带划分为“动之谷、森之谷、乐之谷”三大主题园区，绿化率高达85%。按照“三季有花，四季常绿”的要求，立体种植各类树木5万余棵、地被40余万平方米、植物150余种，结合周边军工文脉设置文化雕塑，打造了集生态、文化为一体的休闲长廊，也是城东区域名副其实的“天然氧吧”和“城市绿肺”。

林带地下空间由北至南共划分为5个大组块。其中北端华清路——长缨路为A段，地下一层为商业、射击馆（净高6.5米）、射箭馆（净高6.5米）、击剑馆（净高6.5米）、冰球练习馆（净高10米）、商业等业态。长缨路-长乐路为B段，地下一层为篮球训练馆（净高7米）、游泳馆训练馆（净高8米）、羽毛球健身馆（净高9米）及公共服务配套。长乐路-韩森路为C段，夹层为餐饮及慢跑道（其中南侧夹层处下沉广场至地面层高度为9.9米），地下一层为公共服务配套及餐饮（除夹层公共服务配套外，公共服务配套层高平均为8.5米，其余公共服务配套高度为7米）。韩森路——咸宁路为D段，地下一层为公共服务配套及餐饮。咸宁路——西影路为E段，地下一层为图书馆、文化馆、非遗展示中心（平均层高为6.6米）、商业及公共服务配套。地下一层用6 000米连绵不断的下沉式商业街串联各种功能，共设置23个下沉广场及34个水滴型天井，形成地上与地下景观互通共融的立体空间。

林带全段还运用了高强度钢材、屋顶绿化、热工优化、采光天窗、导光管、雨水收集、节能节水器具等技术，设置智能消防联动、智慧停车设施、智慧跑道、智慧信息发布、5G+等新技术，将幸福林带工程打造成绿色、节能、智慧的示范工程。

二、孕育

由于幸福林带全段商业位于地下，建筑类型的判定、消防疏散、特殊场所消防扑救等问题不可避免地会出现突破现有规范的情况，这是所有设计人员面临的最大困难。而设计过程跨越防火规范及防排烟规范新老版本交替时期，解决新规范带来的相关问题也成为其中一个设计难点。在设计过程中，赵元超大师、项目总负责人刘斌，以及院内消防专家李建广等各位老总倾力支持，多次与全国、省、市等各级消防专家沟通和论证，提出了一系列的设计原则，成为设计人员能够将设计进行下去的重要依据。

2019年8月，建设单位的中建丝路被引入专业商业运营团队——上海月星集团，并成立了项目运营公司。经过市场调研和对项目的详细分析，集团拿出了一套完整的招商及业态建议，对我们的原始设计造成了重大影响。其中C段增加大量餐饮娱乐等功能，而餐饮业态所要求的防火分区面积仅为普通零售业态的1/2，且需要额外考虑排油烟设施、上下水等新的设计要求，造成消防疏散、楼梯设置、机房布置等一系列颠覆性的改变。我们的设计团队在与现场施工抢速度的同时，对已完工部分尽可能不做大的拆改，与月星团队紧密配合，尽可能满足了运营方的业态需求。

2019年下半年，市委、市政府又提升了对幸福林带项目的要求和定位，要求将其建设为“世界级工程”，不留遗憾，对建筑立面形象也提出了更高的要求。全段十余位建筑设计师开启头脑风暴，历经十余次的设计、论证、推翻、再设计、再论证，终于在成本可控的条件下，结合所在段景观主题或

西安城市空间布局

典型下沉商业庭院

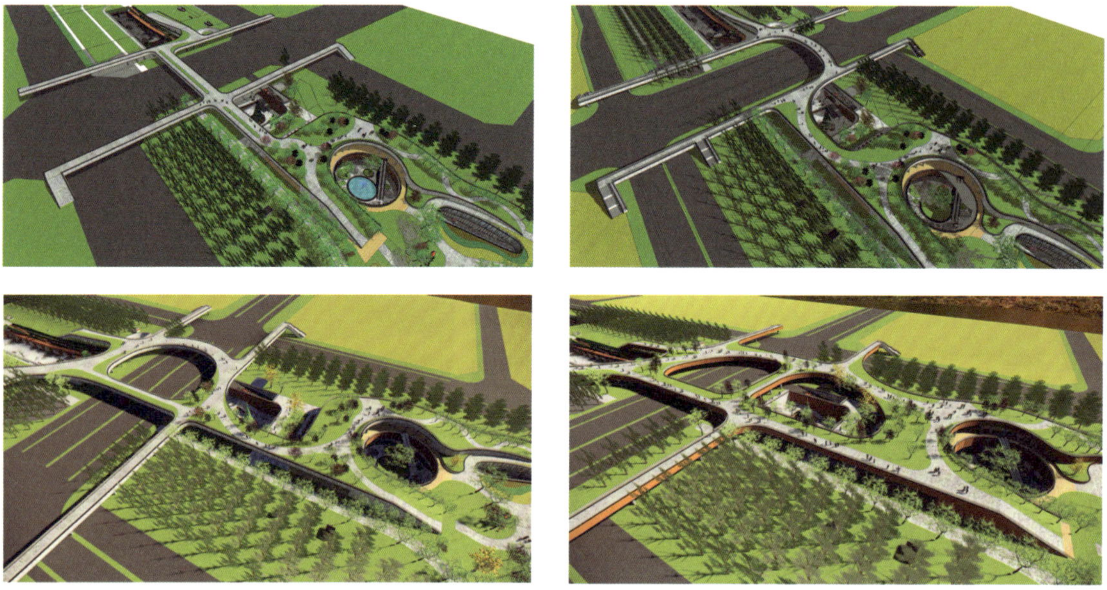

城市交通节点处的互联互通设计

所在区域周边文化，将原有较为单一的下沉空间立面设计得多姿多彩，23个下沉广场和34个水滴型天井各具特色，也给来此游览的市民带来良好的体验感和辨识度。为了保证2021年项目的全面开放，幸福林带的建设施工始终未停，保持边修改、边出图、边施工的快速生产节奏。我们所有设计人员密集配合，终于按时完成了立面提升的施工图设计。

2020年中期，月星团队结合首开段（C、D段）业态及项目极为狭长的特点，引入了有轨式观光小火车，各段高差和小火车轨道仅2%的坡度要求产生了巨大矛盾，轨道的布设及转弯半径也与原有建筑外轮廓、室外截水沟等设计产生了冲突。我们与机电、景观、专业厂家等设计人员经过多次修改，虽有部分区域尚有一些遗憾，但最终实现了小火车的通行。

四、抱憾

全段因幸福路、万寿路的快速改造及局部下沉，林带内部地块与周边产生了巨大割裂，市民在地面仅能通过路口处的人行横道借由红绿灯控制进入。

为此，林带从北至南共规划了26个东西向地下过街通道，这些通道既有人行过街功能，也有车行隧道连通未来两侧地块的地下开发，使幸福林带成为连通区域开发的枢纽。设计受制于地下管线、管廊、地铁隧道以及下穿道路的复杂标高，参与设计的每一位设计师都竭尽全力，以巧妙的方式避开这些不利因素，完成了对外的链接。但由于两侧地块现有建筑拆迁进度的严重滞后甚至短期无法拆迁，绝大部分通道仅在林带红线内的部分做了结构预留，跨街段及跨街后的出口段无法实施，大大降低了市民进入林带的便利程度。现在唯愿相关部门尽快谈妥周边地块的拆迁事宜，尽早实现这些联通城市的“穿针引线”尽早实现。

上位规划中，在咸宁路及长乐路口为两个城市级商业节点，未来围绕这两个路口将建设众多超高层及商业综合体。因此，我们在设计中设置两处大型空中步行系统，可将周边地块在空中连通。例如，我所负责的长乐路口系统，利用原有地块内设计的地面建筑及高企的屋面绿化，向北延伸出跨长乐路及向东西分枝的连桥，这个巨构高架步行系统还需要考虑已施工的地下空间柱位、避让地铁及地下管廊，在此基础上以优美的弧线形态，将自然生态的林带空间感受延伸至周边地块。这个高架步行平台在南北向与林带地面慢行系统通过缓坡连接，东西向则直通周边规划中的大型商业综合体二层，使得人行与车行系统完全分离，还通过垂直交通与地铁1、8号线万寿路站相连，立体城市、TOD的开发模式在此将完美实现。在施工图进行到一半的时刻，一切戛然而止，我们被告知由于投资额的限制，仅作结构荷载的预留考虑，上部高架步行系统可能在远期才能实施，这个美好的设想就此停留在了图纸上。

五、展望

虽然历经波折，设计、施工中留有众多遗憾，

长乐路节点的交通设想

但随着2021年7月1日C段、D段首开段的正式开放，区域面貌经焕然一新，形成了林在城中、城在林中、城林一体的城市风貌。游客既可在舒爽的景观林荫间感受自然惬意，也可开启热闹的嗨逛模式装点心情。这条集休闲、购物、运动、娱乐于一体的都市绿谷和公园式文旅综合体已经成为市民的打卡胜地。

人以林聚，业以人兴，这是一条重启的幸福大道。根据规划，未来几年内随着周边老厂的腾退，将整理出533万多平方米可建设开发用地。目前传化智联西北运营中心、西安银泰中心等项目已经落地，中国电子西北区域总部、中建西北区域总部等项目正在积极推介和洽谈，项目建成后将成为区域后续发展的强劲支撑。未来，新城区将在幸福路地区以幸福林带为中轴线，构建“两核多点”的产业布局，打造总部经济中心和产业发展高地，推动幸福林带成为未来西安核心城区东部发展的新引擎和增长点。

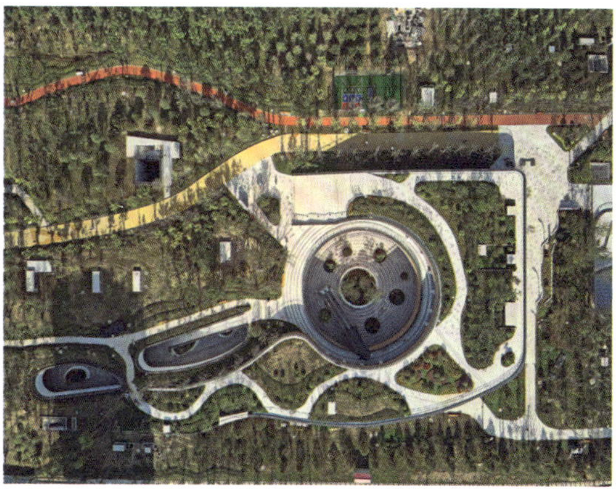

长乐路节点处的建成实景

城市建设之特色产业小镇
——翱翔小镇核心区城市设计

郝恺

截至2015年，全球有22座千万人口超大城市、61座500万人口特大城市。每年有1 800万人口向城市转移。我国城市率达56.1%，共有7.7亿城市人口。城市人口在历史上首次占据全世界人口的大多数。截至2018年，地球上有36座人口超千万的“超大城市”和约80座人口超500万的特大型城市。这种世界人口流向城市的大迁移意义非凡，堪比一万年前人类从狩猎采集为生向固定农业聚居地的转移。这就向我们这些自称“城市建设者”的设计者们提出了一些关键性问题，即我们是否已经准备好进入这个或已耳熟能详的“城市化时代”？我们如何才能规划并设计好一座新城?

2018年2月，《关中平原城市群发展规划》详细批文正式获得国家发展改革委、住房城乡建设部联合批复。规划中明确提出“建设西安国家中心城市”。这意味着，西安将正式跻身“国家中心城市”之列。作为中国新的国际战略框架，“一带一路”给西安带来了多重发展机遇。西咸新区是全国首个以创新城市发展方式为主题的国家级新区，在地处亚欧大陆桥中心，处于承东启西、连接南北的战略要地，是西安自然条件优越、人文历史深厚、发展潜力较大的地区。未来西安将以“三带、多轴、多中心”的模式发展，西咸新区正位于西侧的科技创新引领轴之上，这里将成为向西开放的重要枢纽，将在探索中国特色新型城镇化道路、健全城乡发展一体化等方面起到示范和引领作用。

一、结合2017年的城市设计项目——翱翔小镇，探讨的设计策略

基地位于大西安西侧的科技创新引领轴，与西安交通大学科技创新港共同形成平行与渭河的科技

园区内部景观设计

城市街景尺度的控制

主题广场的营造

创新港湾。基地建设规划面积约1.8平方千米，共有27块空地，其中已设计地块6块，待设计地块21块。

首先，我们计划将地块16的产业用地与地块8、9的居住用地进行置换，这种调整是在上位规划工作单元内的调整，是对原规划的合理继承与发展。直接好处是可以集中产业用地，在基地西侧形成以产业街区为主导的“科研孵化生产翼”。同时，集中居住用地，在基地东侧形成以教育街区为主导的“配套教育发展翼”，形成小镇的东西两翼。将地块4和5的商业用地化解到地块2、4、5、6、7中去，形成了一条平行于地铁线的800米长的特色商业街区，贯通东侧的商业文化中心与西侧的酒店会展中心。形成小镇的东西主轴线——“休闲活力核心轴”。由此，翱翔小镇核心区“一轴两翼”的规划设想初具雏形。在“一轴两翼”的空间结构下，分组团设计各个片区。

（1）产业街区的建筑集组成群，每个组团都有自己的公共中心。其中地块8和9为企业孵化器，由西向东依次规划西北工业大学空天地海无人系统研究院、初创期及成熟期企业孵化器、企业总部园区。建筑内部空间划分灵活，以适应不同的功能需求。便于使用管理和功能更新。

（2）三块教育用地集中布局，确保资源集约、优化配置，形成14.67万平方米大规模的教育街区，引入西北工业大学的知名教育资源，打造智慧小镇，提升小镇价值。

（3）特色商业街区是小镇的休闲活力轴的主要组成部分，它向东北连接起教育街区，向东南连接起区域商业中心，全面激发翱翔小镇核心区的活力。

翱翔小镇片区整体规划

（4）商业文化中心作为小镇东端的标志性节点，其规划确保居民在便捷可达的条件下享受高品质的地区级公共服务设施，包括博物馆、图书馆、美术馆、电影院等。同时向下延伸至各级社区公共服务设施，构建多类型、多层次的城市公共空间，形成总量适宜、步行可达、系统化的布局，塑造富有独特文化魅力的公共环境。高层公寓式写字楼分布其中，不仅消化了商业用地较高的容积率，而且可以开发为拓展产业的O2O空间和学区公寓。

（5）酒店会展中心作为小镇西端的标志性节点，建筑造型采用流线型设计，传达出航空航天动态的几何美学。建筑以淡雅的色彩表达出航天科技的理性与严谨。建筑风格简洁、大方。

（6）居住用地面积占小镇总用地面积的37%，规划居住区平均容积率为1.77。这从根本上决定了小镇的整体风貌和城市肌理。住宅产品考虑到不同的代际关系和居住需求，以三室、四室主力户型为主，结合联排别墅，形成了多层与小高层、高层结合的居住结构，满足适合不同人员的住房需求。

其次，在确定功能分区的基础上，规划在小镇整体风貌上进行统一调控，对各地块分别控制了建筑密度、天际高度，并且统筹考虑街区外部的城市尺度与街区内部的人体尺度，创造出宜人的小镇风格。同时，步行网络体系的建立将这种印象进一步加强：通过地铁到达的大量人流，能够通过便捷连通的人行通道、商业街区、广场、天桥，在最短时间内到达小镇内的任意地点。规划构建以人为本的道路系统，在各种天气条件下都能轻松享用舒适宜人的步行网络，便捷、无障碍的公交换乘系统，以及合理布局的停车设施。在15分钟步行范围内，配

备生活所需的基本服务功能与公共活动空间，打造15分钟生活圈。

我们的规划方案较传统的小镇具有显著的优势，打造具有可持续性、兼容性、可达性、适应性的开放空间，具有多样性与选择性、可识别性的紧凑型小镇。翱翔小镇是以产业为主导、以高新技术为平台带动社区发展的，集约高效，生态宜居，具有科技城人文特色的现代小镇，形成产业复合、规模适当、职住平衡、服务配套的空间组织方式，实现产业、教育、博览、居住、生活配套五大区块的合理分配。

二、总结

我国特色小镇的建设发端于东南地区，目前国内主要的趋势是以旅游产业为主、在政策的支持下进行开发建设。此类集群式开发更容易获得统一的风貌和资源的优化配置。通过翱翔小镇城市设计的探讨，在城市化高速发展的当下，城市片区的规划发展应当借鉴历史经验，学习国际先进思想，并且充分考虑融合本土实情。

环顾中国的城市发展现状，“摊大饼”的发展模式弊端凸显。联合国在1996年人居会议上指出，紧凑城市是低碳城市的未来方向。历史经验给我们带来启示：应倡导将城市的发展从“摊大饼式”向“三维立体式”转变，尊重人与社会文化的联系，保持城市结构的合理性。全球先进小镇的发展趋势是更加重视小镇资源的综合掌控力，更加重视产业资源的带动力，并形成产业主导、配套完善的社区服务体系。

西部云谷三期

潘婷

沣西新城云谷产业园的三期项目，位于西咸新区沣西新城康定路以南、同文路以东、同心路以西，永沣路以北，占地面积为79 785平方米。建筑面积为300 208平方米。项目坐落在沣西新城，是大西安的西部新中心，主要功能为以大数据、云计算等新兴产业为主导的研发办公区，形成集研发、办公、生态、休闲、配套于一体的复合型、休闲型、共享型的园区模式，打造涵盖科技研发、智慧办公、开放交流、休闲运动等功能的花园式科技园区。

从自建厂房到园区统一招商，再到功能复合化，直至今天的生态新城区，产业园正在从园区走向开放的社区，实现产业激活城市、城市支撑产业的格局。在发展过程中，我们清楚地看到开放的环境并不一定会为城市带来活力，花园式的办公环境也不一定会带来舒适的办公体验，城市化和生态化正在被推向对立。我们试图开始尝试新的设计策略，园区与城市联动，内部产业研发、商业、办公以及居住服务功能高度融合，员工在园区内可以轻松地进行全天候、全周期“7+24”的工作、学习、运动、休闲、娱乐、生活一站式服务。设置立体的、局部高密度的生态办公区域，让使用者与城市关联的内容更为丰富多样，活跃大区域，带动小社区。

园区中轴线东西延展形成园区形象带、生态景观轴线、活动生活轴线，与项目一期、二期在序列上有所呼应和承接。并且在景观设计中，充分考虑海绵城市的设计要点。景观轴线北侧办公、公寓、酒店高层建筑依次错动排开，并从商业裙房联系起来，形成公私混合的复合型城市空间。景观轴线南

建成实景照片1

建成实景照片2

侧为多层的产业研发厂房建筑风格，规整大气。景观轴线中布置餐厅及配套服务功能，服务园区，活跃园区，大大提高了景观的均衡性和趣味性。园区内步行系统连续，车行流线相对独立，避免车辆对内部人行系统的影响。绿化景观除了景观绿轴线外，还设有屋面花园、屋顶绿化、下沉绿化庭院，多层次展开丰富的、立体的绿化系统。

建筑外立面的设计，虽然在区域上有所划分，建筑单体功能各异，但有统一协调的立面风格和处理手法。南侧厂房部分虽然是大空间，但是立面处理上采用清水混凝土框架填充混凝土砌块，配合有韵律的开窗形式，粗犷中也体现出精致的细节。北侧1号楼作为园区的主要景观，丰富的体块和活泼的立面造型以及巧妙地和南侧7号楼之间连桥的联系，形成鲜明的园区的门户形象。2号楼、3号楼、4号楼为统一序列，虽然功能为酒店和公寓，但是建筑立面处理统一，采用金属铝板作为大框架包裹穿孔板及开窗的构图方法。裙房部分在原有框架体系中穿插灵动的彩色曲面幕墙或者柔化的体块进而活跃规整的立面布局，大大丰富了使用者的空间感受。5号楼、6号楼为两栋公寓高层建筑，25层八边形塔楼及中部三层商业裙房是园区整体规划的完美收尾。立面处理仍然与园区其他建筑有所呼应，笔挺的直角框架勾勒出建筑的大轮廓，体块交界部分，幕墙的转接更为细腻精致。玻璃幕墙体系和普通开窗系统搭配在一起也不显突兀，并在对应功能上具有一定的合理性。

设计初期，我们还面临几点挑战。首先遇到的

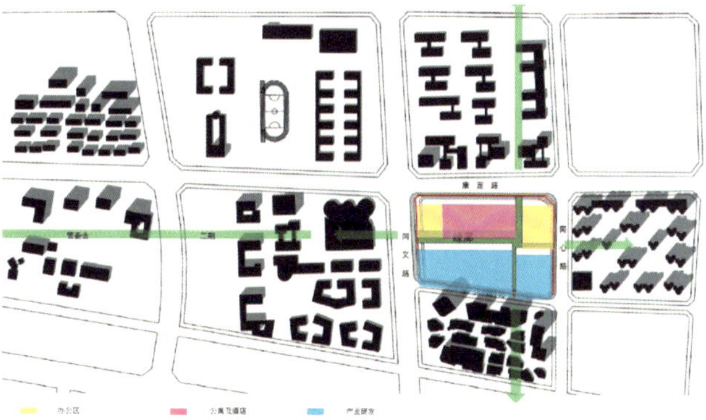

城市绿轴的延伸

花园式科技园区

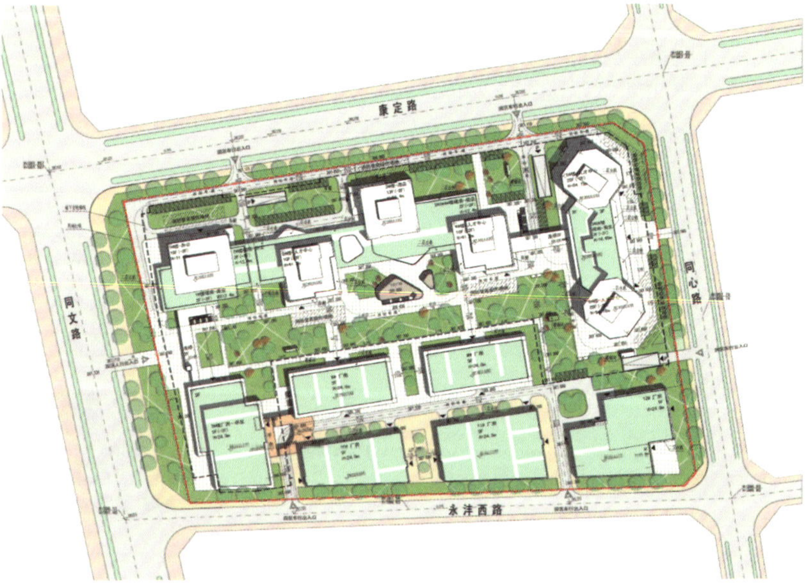

规划总平面

问题是如何把厂房和办公、公寓功能协调在一个园区。这两部分功能的设置要求是客户市场分析的最终结果，但是各功能在设计上还是需要既各有分区又处于一个共享的园区环境中。产业研发厂房需要实现公建化，跳出传统厂房的模式。公寓办公也需要实现公建化，挣脱小开间立面的约束。在园区的建成效果中，不同内部功能的建筑协调、统一，矗立于绿轴两侧，共同烘托出恬静怡人的园区气氛。成功将公共与私密、外向和内向等多种功能空间自然融合又相互保持独立。其次，在设计中，特别强调了绿化景观的重要性。多露台、多挑空、多连桥成为园区工作生活中的缓冲空间，主动为这里工作居住的人们提供更多接触大自然、体验户外环境的机会。建筑空间和绿化景观互相渗透，提高了居住、工作的环境品质。

建成实景照片

理想之城
——西咸新区能源金融贸易区起步区一期设计

王敏

在“一带一路”倡议下，西安作为我国发展中“带动关中、引领西北、向西开发”的战略支点，承担了“建设国家枢纽城市”的重要职能。2015年，时任领导提出西安城市规划要“遵循历史文脉、遵循山水格局、遵循现代规划理念”的原则要求，在此基础上逐步形成了新长安大轴线的思路，以期成为关中城市群核心区的发展脊梁。在此时代背景下，大西安新中心应运而生，突破了西安原有的城市格局，形成了“多轴线、多组团、多中心”的发展模式，推进城市建设，提高城市的辐射带动能力。

西咸新区能源金融贸易区起步区作为新长安大轴线上的先期开发项目，其战略定位是打造现代化大西安新中心和国家创新城市发展方式试验区、树立西部大开发的新引擎和丝绸之路经济带重要支点，它是中国创新城市开发模式的一次探索与实践，为大轴线的全面建设起到带动作用。因此该区域的开发设计将不同以往的“墨守成规”，而要开拓创新，创造出西咸新区开放、绿色、现代、时尚的独有气质。因此能否为城市空间寻求新亮点，能否为城市开发寻找新途径，能否为城市设计创造新思路才是本项目成功与否的关键。

2015年中期，我们有幸开始参与起步区的开发设计，对于一个新区，如何能迅速提升形象，为后

建成实景1

建成实景2

期的城市发展提供建设思路是前期与业主反复探讨的主要问题。传统的建设开发模式，以单一建筑开发为主，各自为政；而在当前城市发展的背景下，大体量、多功能、多子项、多业主的集群建筑日益增多，集群建筑在明确的定位下，从连续的空间创造出一体化的公共空间形态，压缩消极空间，深度挖掘城市用地资源，做到用地集约，配套服务功能完善，整合区域资源同步建设，迅速提升区域活力。因此，项目制定了以未来城市发展和满足市民的生活需求为导向，遵循城市先导 、集群设计、统一建设、群体取胜的设计原则，坚持统一规划、统一设计、统一建设、统一管理的“四统一”建设模式，充分挖掘地下空间的潜在价值，从设计到建造坚持高品质、高质量、精细化的理念，用五年时间打造出一个城市设计精品的建设目标。

项目由丝路贸易中心、企业总部、商务中心、金融港及中央景观绿廊五大板块组成，规划设计以整齐统一、现代时尚、绿色生态、以人为本的设计理念进行规划设计，采用大平方正的中国传统营城与现代城市理念有机结合，形成多样、统一的城市形象，融办公、酒店、商业、公寓于一体，塑造一个“紧凑、集约、高效、复合”的新型城市。

第一，区域空间统一连续，节奏明确，既有沿街界面的整体连续，又有内部空间的丰富多变。根据能源金融贸易区总体规划及核心区城市设计的指导思想，为保持城市街景的紧凑性与连续性，起步区四个地块严格控制建筑界限，保持60%的建筑贴线率，从而形成相对连续、整齐协调的城市界面。

第二，建筑体量均匀适当，并结合建筑布局调整区域整体的体量关系，避免体量过于庞大从而破坏区域整体感，或体量过于矮小造成空间节奏突变。建筑风貌简约大气，时尚现代，表现新区新城的新气质。起步区四个地块建筑设计基本延续城市设计总体空间布局，以保证各地块之间建筑体量与建筑风格相互协调，同时在各地块内部各自空间处理上又各有特色。四个地块分别体现街、廊、庭、院四大特色，共同形成层次丰富、主题鲜明的城市街区。建筑采用现代风格的玻璃幕墙系统，设计协调统一，整体简洁。

第三，区域交通规划人车分流，尽可能将城市空间还给市民，建立连续便捷的步行系统。四个地块各建筑设置互联互通的二层平台，地下车库通过“日”字形地下环廊相互贯通，不同地块之间停车位相互补充，与地面交通形成三层交通系统，打造

西咸新区能源金融贸易区起步区总体规划

立体城市，实现人车分流。

第四，建筑设计采用绿色技术，区域公共空间、商业空间、能源中心资源共享，优化建筑空间环境，同时结合景观垂直绿化，使建筑更节能更生态。起步区能源中心集中设置，集中运营，统一管理，各地块之间室外公共空间相互渗透，资源共享，四个地块商业配比统筹考虑、统一布局。

一个创新理想之城的落地实施，在中国现有的城市规划政策面前可以说是举步维艰。起步区的城市规划退线要求与贴线率要求之间的矛盾，地块之间的互联互通与市政道路的地上地下空间的利用之间的矛盾，各区域资源共享与项目的后期管理之间的矛盾等，都是需要在设计中解决的问题。因此，在集群建筑规划设计实施中，还需要着重落实以下内容。

第一，控规细化，导则先行。先期应编制详

尽的控制性详细规划（简称“控规”），落实各专业、各专项设计。对于控规仍然无法细化的部分，编制设计导则及统一技术措施。设计导则及统一技术措施工作宜与控规制定相互结合，并形成指导总体建设的技术导则。

第二，总控地位强化，尽早介入。总控单位应由具有政府背景的单位担任或政府委托设计单位执行。设计导则及统一技术措施尽早审批，尽早发布。编制设计导则及统一技术措施应尽早经过规划、交通、消防、绿化、人防、环保等主管部门认可并备案，应具有法律依据。编制设计导则及统一技术措施宜进入土地出让条件。

第三，在主管部门支持下，坚持“四统一”原则。集群建筑作为一种创新模式，必然会与现行法规或程序产生矛盾。建议相关部门明确目标，简化程序，对此类项目给予支持。在开发建设中，除了

沿街建筑立面

园区内部景观

坚持统一规划、统一设计，还要进一步强化统一施工与统一管理程序，使项目概念落实落地。

起步区整个设计及建设过程都是在探索中前行，经过5年的建设，因为国家政策、用地性质等客观因素，目前已完成三个地块的建设并交付使用，区域空间特色初显，城市区域中心基本形成。行走在起步区街道，我们心中的“理想之城”已在不知不觉间浮现在眼前。

1.创新的城市建设模式

从开发商各自独立的开发建设转向统一的集中建设，起步区实现了从单体到群体、从建筑到城市的集群开发建设之路。对城市设计、建筑设计、总控协调、项目管理四个层面，始终坚持统一规划、统一设计，同时进一步强化了统一施工与统一管理，使项目精准落地。

2.新城市的规划理念

坚持区域统筹考虑空间集约、功能复合、高贴线率等设计原则，打造“紧凑、集约、高效、复合”的步行街区，实现城市界面优化、城市资源共享的目标。各地块室外公共空间相互渗透，商业统筹配比，统一布局，能源中心及人防工程统一配建。四个地块严控用地界限，保持60%的贴线率，形成连续、整齐、协调的城市界面。

3.全方位的立体城市理念

打造地下通廊、地上连桥、地面广场三层立体通行网络，利用不同平面把人行交通和车行交通进行分离，利用立体交通联系舒适宜人的公共活动广场，形成开放共享街区，实现不同地块之间资源共享。

4.特色营城理念与都市有机结合

传统的礼制思想深深地影响着西安的城市建设活动，在新的城市形态中强调城市轴线的构建，将轴线交点作为城市中心。在南北绿廊与东西绿廊交会处，景观公园与城市绿带塑造出令人难忘的城市生态环境，形成现代都市中央商务区中的十字绿洲。起步区以方中求变的群体空间构成，不以某一栋建筑的奇特造型博人眼球，而是通过建筑群体所形成丰富的开放空间以及错落有致的城市空间形态取胜。

5.体现绿色城市思想

起步区全方位践行立体绿化的理念，遍布绿植的中庭、边庭、挑空处成为人们交流休憩的场所，裙房屋顶处设置绿化形成室外公共空间的第二界面，下沉庭院结合绿化利于地下空间的采光通风，丰富了绿化层次。

6.基于城市主设计师主导的建筑设计

起步区是基于建筑师负责制背景下的、对城市创新发展模式的一次探索性研究，由城市总控，建筑师全过程、全方位参与，对建筑全周期进行总控，并协调各设计单位、顾问单位进行专项研究，共同实现技术创新。

对于一个城市新区而言，同时启动近百万平方米的设计并同步实施，各个方面都面临着巨大的挑战。随着起步区各地块的落成，昔日沣渭边的农田现如今已变成西咸新区的城市新中心，并以此揭开了二期的建设序幕。如今呈现给城市的“理想之城”已赋予这片土壤巨大的生机和活力。

河之洲·诗之乡

——西咸新区能源金贸区中央公园及地下空间综合开发工程设计

刘鹏　徐丹

“关关雎鸠，在河之洲”。自然，是人类永恒的话题。从城市走向自然是城市化进程中不变的追求。文脉，是城市发展的溯源与精神内核。沣河、渭河作为古代中华文明的发祥地之一，孕育了质朴而美好的中华文化，《诗经》记录了这片古老土地上的文化与生活。城市的特色离不开城市文化的孕育。

西咸新区能源金贸区中央公园位于大西安新中心、新轴线的北部，地处沣渭之滨、金湾之畔，总体沿东西向带状展开。这是能源金贸区绿色环带的

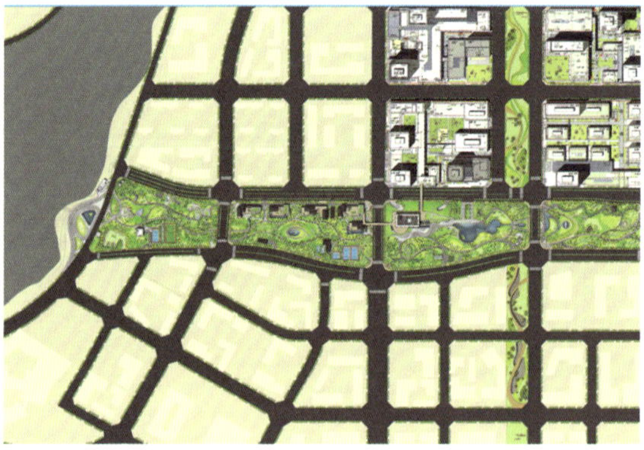

公园总平面

公园配套建筑设计

延续沣河水系的金湾文化公园

重要廊道，也是西咸总体水系网络中不可或缺的一段。深厚的沣渭文化底蕴和两河之交的特殊区位奠定了基地的环境特色，为周边繁忙的都市生活群体提供一片可供休憩、娱乐、运动、休闲的净土。

项目遵循“以人为本”的指导思想，以游憩休闲为主要功能，兼有文化体验中心、商务交流等区域公共建筑。结合周边功能，项目由东向西自然划分为迎宾之门、文化体验、运动休闲、自然风致四大功能区，形成文化、生态、运动、休闲、商务五位一体的新型公园模式。在城市核心区打造一个诗意生活的好去处，更是为在繁忙都市中打拼的人们寻找一份精神的归属。

西咸大厦及中央商务区起步区位于基地北侧，“U”形连廊环绕其中形成二层步行系统，并通过街天桥与中央公园文化体验中心二层平台相连，这将成为公园人流的一个重要接入口。基地南侧，由多栋超高层建筑群组成的中央商务区二期也将带来大量的公园使用空间。同时，地铁16号线和丰产路跨金湾隧道组成的上下班高峰通行路径，以及周边居民对公园的全天利用模式，理性而自然地引导出规划的最优路径。人们可以通过地下通道、过街天桥、地面通行三种方式方便快捷地进入公园。公园的四个地块之间设置下穿通道及过街天桥，保证公园慢跑道和景观的连续性。

项目所处金湾之畔是历史上渭、沣古河道的一部分，水系景象和诗经意境是概念规划的着力点，沿水布置观赏性较强的湿地景观来增添趣味，也用设置滨水步道、滨水平台、邻水挑廊等方式来增加亲水感受，建筑相邻的水系则采用镜面水的方式，呈现出精致的商业水景。伴随着水的流转，公园以反写生的方式打造渭城八景，营造出伴城伴乡的诗意。公园自东向西，步移景异，引导人们从城市望向山水，从人工走向自然。

1号地块是西咸新区的迎宾之门。这里是迎接四方来宾的第一站。“我有嘉宾，鼓瑟吹笙。”14米高的环形金属雕塑位于琴瑟台上，象征着礼乐与文明相伴相生，隐喻西咸新区的发展是国家汇聚智慧、凝聚力量之举。环形雕塑面向金湾，象征着这里是展望西咸新区美好未来的窗口。

2号地块是西咸新区核心区域的文化中心，实现文化体验功能。市民广场正对西咸大厦，为其提供一个礼仪性的入口前驱空间，文化体验中心位于市民广场西侧，这是一个融合阅览、小型展览和发布等多种功能的标志性景观建筑。“呦呦鹿鸣，食野之苹”，位于市民广场东侧鹿鸣园的友谊林以及围绕中心湖面布置的露天音乐池、演讲角和玉鸟桃

公园雕塑

林，开放性设计和参与度象征着西咸新区的开放、自由和友好。“蒹葭苍苍，白露为霜。所谓伊人，在水一方”，湖畔的伊人沚丛丛芦苇，悠悠荡荡，伸向远方。

3号地块集中了公园运动休闲和商务交流场所，为市民提供标准篮球场及羽毛球场地。“静女其姝，俟我于城隅”，静姝桥是该地块的核心景观，涓涓细流自由流淌在精心雕琢过的硬质铺装基底上，象征着事物发展螺旋上升的本质，代表着生命的演化，隐喻着生命与运动的联系，契合公园的运动主题。

4号地块位于沣渭金湾与东西绿廊的交会地带，是市民从金湾进入公园的重要节点。公园景观以自然风致为主。“山有扶苏，隰有荷华；山有乔松，隰有游龙，” “青青子衿，悠悠我心。”子衿亭掩映在扶苏林中，葱葱树林与湿地荷花相映成趣，自成一景。扶苏林、子衿亭、儿童天地等形成幽静恬淡的自然景致，与金湾的自然景观相映成趣。

项目围绕本土文化特色，营造出“山、水、林共生”的园林城市格局，在城市 CBD中打造出具有诗经古韵的恬然之境，助推西咸新区的发展，助力大西安建设，引领大西安向生态田园新城和文化创新发展的示范区迈进。

公园小景

潇河国际会议会展中心

——会展中心及配套酒店项目设计

徐晓捷

山西省是中华文明的发源地之一，历史悠久，人文荟萃，拥有丰厚的历史文化遗产。迄今为止有文字记载的历史达3 000年之久，素有“中国古代文化博物馆”之美称。“表里山河”就是形容当时的晋国（山西）外有黄河，内有太行，地势险要。山西的东部有太行山作为屏障，西面和南面被黄河环绕，北都有长城拱卫。此外，山西腹地还有吕梁山、中条山、汾水、漳水纵横交错。外山面有天险作为屏障，内有碧水盆地良田，自然资源优越。

本项目位于太原起步区，距离太原市主城区约30千米，是太原市区南北中轴线与东西新区产城融合轴的重要节点，是太原市区南部的门户。塑造城市特色的核心在于寻找城市基因，我们着眼于太原市城市规划，在自然环境优越的潇河生态廊道，以生态绿轴贯穿潇北区，串接潇河南北岸片区。

一、设计理念

巍巍太行，黄河汤汤，我们的设计取自山河，以盘盘山脊勾画屋脊，拟黄河翻腾起的浪花为连绵

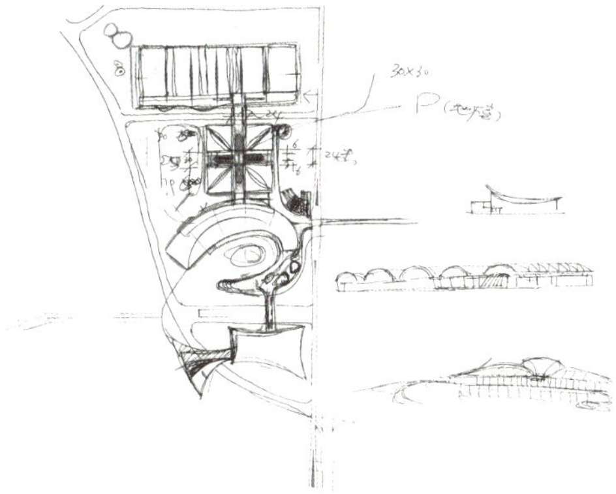

大师设计草图

会展中心片区总体规划

建成夜景

屋顶，融合当地民居形态、山西地域特色与现代化设计。设计主体建筑包含会议中心、会展中心及配套酒店。城景相融，蓝绿交织——整个设计遵从上位规划的“一带一环一轴一界面”，保留南北对景轴方向的视线通廊，沿东侧真武路界面退让城市广场，以丰富的城市绿点、滨水景观联系城市与自然，在潇河之畔营造一幅城景相融、蓝绿交织的图景。

聚合共生，万象同享——设计利用磁悬浮站的人流优势，以“CAZ”概念聚合城市资源，用东西向的连桥打造立体城市交通，结合慢行系统一体化设计形成绿色通行网络，为不同片区的相互渗透提供支撑，打破道路对场地的限制，造就人性化、多样化的城市空间。

二、会议中心

檐如新月，长桥凌空。会议中心与配套酒店群相连的二层长桥划分了建筑的巨大体量，以丰富的通高中庭作为组织内部空间的核心。内部可满足两会主会场1 800人列席，3 800平方米的国际会议厅的需求，能够承接不同级别的国际会议、展览及文艺活动。

三、会展中心

设计以连桥将建筑与磁悬浮站相连，充分利用人流优势，并在真武路城市界面退让广场，为市民创造开放的“城市客厅”，以中部登录厅连接南北两侧的会展中心，内部可提供承办国际级会展活动的配套设施，举办各种类型的展览活动与商务活动，并为观展市民与贵宾提供简餐、观景、休憩的场所。

四、配套酒店

配套酒店可满足两会期间的住宿需求及会议餐饮活动，并采取多家团队运营模式，可灵活、高效地利用宴会厅及会议空间承办多样的主题酒会、文娱婚庆等活动。此外，使用者可从“空中花园”“空中大堂”远眺潇河景色，其建筑群与南侧会展中心围合形成内院，给繁忙都市中的往来者带来一片宁静的休憩地。

会议中心、会展中心及配套酒店三者相互联系，共享融合，以多类型设施承载多等级活动，成为驱动山西现代化发展新引擎！

会议中心建成实景

历久弥新
——丝路创智谷与金融中心项目设计

贾晨茜

一、设计背景

西安高新区自1991年成立至今恰好30年，期间西安高新区实现了从无到有、从小到大、从弱到强的一系列重大跨越。如今30岁的西安高新区，正是风华正茂、意气风发且前景无限的美好年龄，她将在新的土地之上再续辉煌。

项目位于西安市高新区丝路科学城中央创新区核心地段，总用地面积约7.67万平方米，一期建筑面积约11.7万平方米，共六栋建筑涵盖文化设施、艺术展厅、公共管理等多项功能。二期建筑面积约为24.3万平方米，包含两栋超高层办公以及一栋多层办公建筑。场地周边为未来之瞳核心建筑群落，包含200米至498米的超高层群落、文化中心、未来之瞳城市公园等。本案作为未来之瞳南向的城市门户，将先期建造。

二、设计源起

30年，正青春，再出发。本案设计伊始，我们便不断思考高新区需要什么样的办公园区，是现代创新，是传统经典，还是科技酷炫？但想要体现30年的征程，肯定不是某种建筑风貌或外在的形式所能代表的。

在西安有着深厚的文化底蕴，而高新区正是在这里开创出的一片新的天地，成为引领大西安现代化的旗帜。所以，无论什么样的办公群落，都应能诠释高新区这种出于阳光、生于大地、开拓进取、不忘初心的内在精神，所谓历久弥新。

我们也似乎找到了设计的源泉，正是大地。本案场地环境条件极佳，自然资源丰富，山水环绕，南望秦岭，北拥未来之瞳，西临永安渠，不远之处便是昆明池，沣河、洨河以及沣惠渠等水系环绕左右。优美的环境，不禁让我们想到了两千多年前波澜壮阔的上林苑，而追溯历史，场地所在区域与上林苑也不谋而合。

上林苑，是汉代园林建筑，发展于汉武帝时期。上林苑地跨长安区、鄠邑区、咸阳、周至县、蓝田县五区县境，纵横340平方千米，有渭、泾、沣、涝、潏、滈、浐、灞八水出入其中。本案将以院落式布局，营造出优美的办公场所，采用园林式设计，使建筑与林苑自然融合，再现长安上林苑的景象。

三、设计理念

随着社会经济的不断发展，现代办公建筑设计在各方面都发生了巨大的变化。建筑布局从分散、

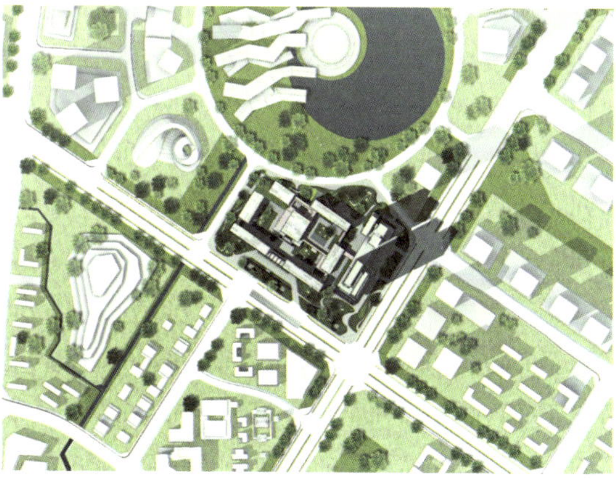

高新三期区域总平面

未来之瞳周边城市设计

独立、封闭逐渐向着集中、灵活、开放、共享的方向发展；建筑从充满威严、秩序感的形象慢慢变得简洁、高效、大气；办公环境不再是单调统一的风格，开始有了各种个性化的设计。建筑功能逐渐增加，增添了诸如生活服务类的新功能。场地设计遵循以人为本的原则，提升绿化率，统筹自然资源，提升景观品质，以塑造舒适宜人、环境友好的新时代办公建筑空间。新理念下的现代化办公建筑不仅能够有效地提升办公效率，同时能够代表城市的崭新面貌，向公众展示城市的新形象。

项目作为西安高新区的城市门户与办公区域，要在建设智慧新建筑的同时呼应场地文脉，提升城市形象。作为"城市客厅"，其对于新区建设具有极强的引领作用。这不仅仅是办公的场所，更是一个现代、科技的场所，是一个可以阅读大西安历史文化的场所，是一个呼应自然秩序与城市山水格局的场所，是一个人可以自由行走的场所，也是人们释放激情与活力的场所。

四、方案设计

在方案设计初期，首先根据任务书与新区控规的要求，综合考虑办公效率、经济效益、办公环境、形象展示、公共利益等五个因素，对地块的开发强度与设计布局进行了初步的规划：一期建筑高度控制在36米以下，容积率在1.2左右；二期建筑高度控制在200米以下，容积率在5.0左右。

1.廊院式布局

一期的文化研究办公区域相对独立，其规划布局在经历了多样化的探讨之后，最终认为相较于集中式的大体量办公建筑，分散式且结合大量绿化景观的廊院式布局更适用于本项目的任务要求。

我们希望通过内向型、生态化的建筑语言，有机串联起整个地块中的办公区域，营造出安静、优雅、低调的办公氛围。新时代所谓"花园式的办公理念"，实际是对人性化办公模式的探索，讲求的是办公与生活场景的融合。

五栋分散错落的文化研究办公建筑与场地中心的会议中心交相融合，结合自然景观设计，形成层次丰富的空间格局。南侧主入口设置标志性门廊，内部各个功能之间采用连廊相互连接，中央的会议中心强化项目的主体形象。地块内部的多重院落结合自然景观的设计，形成了丰富的院落体系，各个院落相互交织，让人们在漫步中体会四季交替与万象更新。多样主题的花园也进一步拓宽了"可游"的维度。

在设计上，首层架空的连廊有机串联起各功能组团，在园内形成多重院落及花园式的办公环境。开放共享的庭院设计，为人们提供漫步式的游园体验。简洁通透的立面设计，模糊了内外界线，即使在室内办公，也能感受一片绿意盎然。在廊下行

园区入口空间

下沉庭院餐厅

建筑底层架空

园区内部景观

走，顺应院落的走势和转折，心情也随着脚步放松下来。用连廊系统有机关联建筑与外界环境，达成了难得的场所共情。通过强调底层架空连廊的开放性和公共性，并配之以完善的园区配套设施，从不同层面完美诠释了建筑与生态发展的理念。

2.山水营城

项目北向紧临未来之瞳湿地公园，南向可远望秦岭山脉，建筑与山、水、历史的对话就此展开。我们试图保留与突出场地原始的自然属性，令使用者在此感到放松和愉悦，同时赋予场地丰富的空间体验。于是，在自然幕布下，运用“融山引水”的策略随势赋形，塑造了富于自然记忆的在地感，将绵延的秦岭群山的印象延续至场地北侧，采用起伏的绿坡进行堆坡造景，延续湖面的自然景观，形成良好的观景视野。水体是另一种场所记忆的延续，我们在院落内引入叠水的设计，营造出临水空间和亲水的游走路径。一期与二期建筑都设有可以自由漫步的屋顶花园，创造出丰富的交往休憩的场所，同时让人们可以有极佳的视野远眺秦岭的绵延起伏。

在场地内，建筑为景观提供了边界、尺度、形式与背景，景观则从空间属性以及功能需求出发重塑了场所精神，激活了整体空间体系。石块、水景与植栽等元素看似随机地被掷入灰空间内，使建筑与景观的对话进一步加强。架空、悬挑、连接、嵌入、围合等方式，创造了收放有致的室外及半室外空间体系，打破了建筑与风景的界限，将景观最大程度纳入建筑的空间布局当中。

3.建筑风貌

在建筑风貌上，设计没有拘泥于严谨、对称的立面设计。方案阶段，我们探讨了更为大气、厚重的竖向石材幕墙，与更为轻盈、灵活的玻璃幕墙结合金属格栅的立面设计，二者都能够很好地适应场地氛围与功能需求。最终建筑立面采用了独特的双层呼吸式玻璃幕墙，有效降低了建筑能耗、提升了建筑的舒适性与可靠性，结合横向挑板与条纹数码打印玻璃的立面设计，在满足绿色性能的同时保证外观的简洁大气，即使在室内也能感受一片绿意盎然。

二期的超高层建筑作为西安丝路国际金融中心核心区的重要地标之一，为了突显城市形象，同时满足功能使用的要求，采用组合塔楼的布局形式，以“城市绿洲”为设计理念，旨在满足功能需求的同时，充分发挥建筑空间的灵活性，塑造多层次的公共活动空间。可以自由漫步的屋顶花园以及塔楼中部的空中露台，在垂直立面形成了错落有致的绿廊景观，满足了办公及其配套功能一体化布局，让绿色空间贯穿整个建筑群，营造出一个具有创新性和文化性的城市绿洲。塔楼部分通过合理的朝向与体块的错动，打开建筑南北向的视野，使办公空间单元具有均好性，让使用者在建筑各处都能远眺秦岭和未来之瞳，使建筑、自然、功能等因素有机统一。在闲游时一享城市风光的观景体验，如漫游在林间花草，为使用者营造独有的绿色垂直的生态共享园区。于城市而言，这里是自然的绿洲；于每个使用者而言，这里是舒适体验的家。

常规的全玻璃幕墙的立面形式无法表现出明显的建筑特色，且不符合低碳环保的设计理念。本项目超高层建筑立面摒弃了摩天楼典型的玻璃幕墙，运用陶板构件的穿插建立一套有效的遮阳体系，让建筑立面产生丰富的光影效果，同时减少光污染和城市热岛效应，为地区增添独特的吸引力。裙房部分采用独特的打印玻璃立面搭配深灰色铝板线条装饰，与上方塔楼形成虚实对比，突出建筑基座的稳重、大气；多层办公楼首层为玻璃幕墙加少量装饰格栅，保证大堂空间对城市空间的开放性与连续性；上方采用有韵律感的横向浅色金属构件，在空间色彩性格上很好地与周边建筑、环境相融，打破建筑立面的沉闷感，为街区注入活力。

五、设计展望

目前，项目一期已全面建成并投入使用；项目二期也在稳步建设当中。在未来的西安高新区，它将以安静而有力量的态度致敬古城西安开放大气的都市性格，以谦逊的姿态成为城市节点的形象典范，并与未来之瞳一道，妆点未来大西安最美的城市天际线。

会议中心

园区景观鸟瞰

戏剧渭城

——西安戏剧学院项目前传

高令奇

一、前言

新中国成立后有两大戏剧学院，分别是中央戏剧学院和上海戏剧学院。西安戏剧学院于2023年筹备酝酿。筹建西安戏剧学院对于丰富西部高等教育类型与内涵、优化我国戏剧艺术类高等教育布局、抢救保护和传承创新中国地方戏剧艺术具有重要的意义。

相对于学校的规划建设，更多的是对物理空间层面的探讨，经过建设者及设计师们的努力，可以创建新的校园空间典范。但对于一个校园而言，更重要的是精神文化空间的建立，即一个学校的灵魂是什么。名校都有深厚的文脉血液流淌至今，从而不断传承，生生不息：中央戏剧学院发端于1938年在延安成立的鲁迅艺术学院，上海戏剧学院的前身是1945年创立的上海市立实验戏剧学校。西安戏剧学院孕育于2023年，那属于它的文化血脉究竟是什么呢?

这也是我们介入校园规划设计之初就在探讨发掘的关键问题。西安戏剧学院位于西咸秦汉渭城，场所山南水北，自然环境极佳，富含历史底蕴。不同于以往，在常规设计策略的基础上，本次规划设计，赋予了更多的情感，探寻属于西安戏剧学院的灵魂特质，仿佛一场穿越时空的对话。我们深入场

校区总体规划

工作模型分析

所文脉，追寻意境，以“戏剧渭城”为理念，探寻校园与林苑，礼乐与山水，戏剧与长安的故事，使大家一看效果，不需过多介绍，就知道它，就是属于西安戏剧学院的特质。最终，校园规划设计方案在紧张的设计周期内，顺利获得了各方的高度认可。

相对于中央戏剧学院和上海戏剧学院等老牌学院，孕育期的西安戏剧学院对大家来说还很陌生，所以本文不过多叙写建筑专业范畴内的设计策略或理念，而是试图通过三幕场景描绘出西安戏剧学院的前世今生，在时空交织中对话与寻觅的同时，使大家在阅读之后能对它有所认知。

二、第一幕：戏剧与渭城

一曲《别君叹》，西安戏剧学院的规划方案设计也悄然清晰，不同以往，似乎有万千情思仍难以言表，这是再多图文也无法触及灵魂的情感：“低吟白雪逢阳春，送君别去无知音。高台孤矗昂首望，穹凄尽兮宙宇敞。车马纵兮雁飞翔，春复秋往世无常。”

一曲《别君叹》，熟悉的校园场景历历在目，又似曾相识，一切都是那么安静与自然，与千年之前的空间场景不断来回穿梭对照：“幽清默兮落暗乡，何年何月蹉跎降，莫问莫观你莫惆怅，山石林木无易样。”

一曲《别君叹》，万物有形，大象无形，最珍贵的莫过于心中的无限留恋。随着空间对话，开始穿越时空的探索与寻觅，那长安、戏剧与渭城。

“渭城朝雨浥轻尘，客舍青青柳色新。”

场所北侧紧临秦咸阳城遗址，“一上高城万里愁，蒹葭杨柳似汀洲。”1 000多年前，唐诗人许浑临渭水之滨，登高楼以怀古。感怀之地，正是中华民族第一个大一统王朝、大秦帝国之国都——咸阳渭城。渭城，古代地名，位于今陕西咸阳市东北，与校园选址不谋而合，场所环境极佳。

可以说，秦汉的宫苑是在圈定的一个广大地区中的囿和宫室的综合体。囿中有苑、有宫城、有宫观，无论是从内容、形式、构思立意等方面，还是从造园手法、技术、材料等各方面，都达到了相当高的水平，应该说是真正具有了我国园林艺术的性质。这为西安戏剧学院的构思定了基调。

“泾渭横秦野，逶迤近帝城。”盛唐时期，这里又是古道情长、饮酒相送、折柳赠别的诗意栖居之地。

因为校址场所紧临秦咸阳城遗址保护区，场地中心亦有遗迹待考古发掘，规划设计有限高（13米）、核心地带避让文物、开发强度的控制（容积率0.5~1.0）等难点限制，但正是这些挑战，促使我们规划出2~3层的低密度空间布局，形成难得的林苑规划，这也与渭城之上的上林苑不谋而合，将校园与林苑融合营建，构建校园新的经典范式。

总体布局礼乐相承，礼轴从前殿延伸至后苑，形成校园主轴线；乐轴结合遗址保护带，灵动地营造出自然的景观林苑。一轴一苑，共同构建校园主体秩序。建筑空间融合书法、画理、音乐、艺术与人文，从而形成虚实相生，留白点缀，刚柔并济的校苑基底。

建筑风貌以“平坡结合，以坡为主，与古为新，以中文本”为设计原则，校园空间以兰池苑文脉为基底，以街廊庭院空间为载体，以游园雅集串联起戏曲、教学、学习、生活体验等不同场景，解构戏剧与生活，讲述戏剧长安雅集之乐事。

城市最美的风景在于历史赋予它的厚重感，在这厚重之中，有故事、有传说、有音乐、有建筑、有文学……如今的西安，旧时的长安，不管时间如何变迁，它始终是大西北永恒的坐标。

如今，西安已然成为一座包罗万象的城市，既有现代化的高楼大厦，也有古香古色的城墙和门楼。无数人慕名而来，感受陕西独特戏曲艺术。

秦腔、易俗社、西安鼓乐、白鹿原话剧、皮影戏、礼泉小戏、陕北二人台打坐腔、陕北说书、洛南静板书、陕西快书、韩城秧歌、陕南花鼓、关中劝善调、陕南孝歌、长安道情、镇巴渔鼓……这些历史悠久的曲艺文化经过时间的洗涤和凝练，呈现出陕西特有的风情和气质。

繁华褪尽的长安城在沉寂多年之后，凭借着得天独厚的历史环境和经济基础，再次成为西部大城。在悠长的历史岁月中，时代赋予西安的特色从来没有退出历史的舞台。在大大小小的博物馆里，藏着无数和这座城市相关的历史故事，还有那被传唱千年的秦腔，激越、悲壮、深沉、高亢、悲愤、痛恨、怀念、凄凉……每一种感情都可以被秦腔演绎得淋漓尽致。

说起秦腔就不得不提到易俗社，记得那一次近距离接触到秦腔，本以为没有年轻人会喜欢秦腔，但惊讶地发现这里聚集了不少秦腔爱好者，甚至还有年轻的“80后”“90后”们。内心突然涌出了一种感动，曾以为远离了的，其实只是换了一种存在的形式。

西风渭城，落日长安。八百里秦川，满城文化，半城神仙。一方文化滋养一方城，戏曲文化是历史和现代的交相辉映，西安这座古城若少了秦腔，总归是缺少了很多独特的魅力。

西安戏剧学院在当下应运而生，恰逢其时！

三、第二幕：山河诗长安

每个人心中，都有一座长安城。那里有“春风得意马蹄疾，一日看尽长安花”的畅快肆意，有“九天阊阖开宫殿，万国衣冠拜冕旒”的气势恢宏，有“长安大道连狭斜，青牛白马七香车”的热

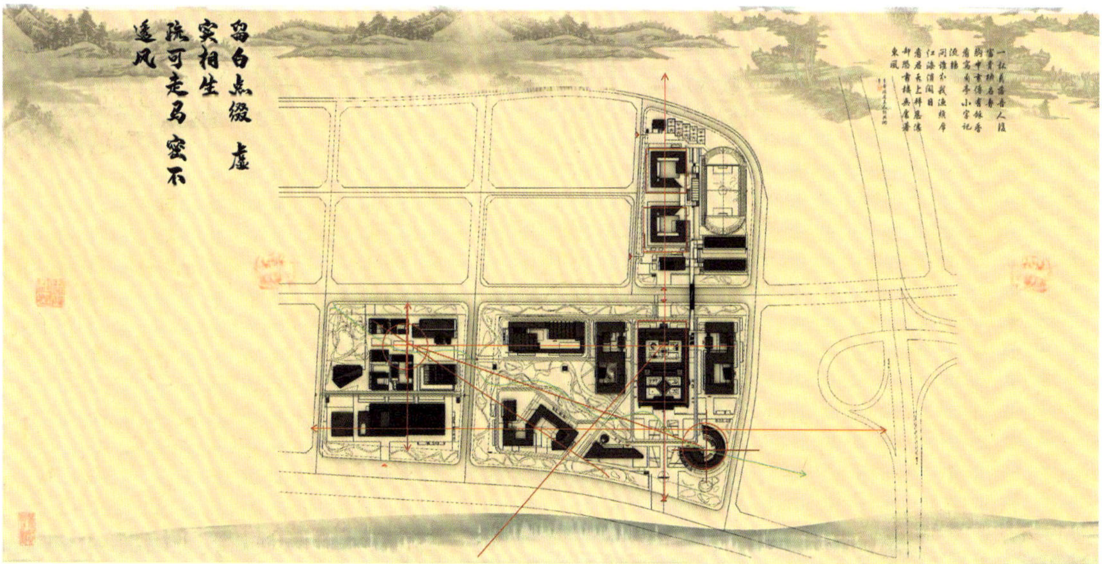

建筑图底关系

沿街主立面天际线

闹繁华，也有“长安一片月，万户捣衣声”的平静祥和。

秦腔是中国最古老的戏曲之一，在今天百花齐放的戏曲世界里仍占有一席之地。秦腔源于西北百姓，凝聚着秦地人的智慧与秉性，也正是因为百姓淳朴的喜爱，秦腔从钟楼下唱到了中国乃至世界各地。秦腔是从西北土地中生长出的文化，秦腔的每个音符都应在西北的土地上生根，每句唱词也都应让百姓觉得亲切。

数代秦腔人的坚守与尊重使秦腔见证了千百年的时代变迁，如果要追溯当代西安戏剧学院（以下简称“西戏”）的渊源与前辈，可以从延安革命时期说起。

1938年7月4日是秦腔历史上的一个重要时刻，由中国共产党领导的第一个革命戏剧团体——陕甘宁边区民众剧团成立了。史雷先生正是在这个剧团中担任青年演员，后又成长为戏曲导演的。

史雷先生是改革开放后学校重建后的第一任校长。提起史校长，他不仅是戏曲表演艺术家，也是戏曲导演艺术家，更是戏曲教育家。

尚小云是与梅兰芳、程砚秋、荀慧生齐名的“中国京剧四大名旦”，但少有人知道尚先生曾在西安居住期间担任过陕西省戏曲学校（陕西艺术职业学院的前身之一）的校长和艺术总指导，而西安戏剧学院，正是在陕西省戏曲学校的基础上发展起来的。

1959年，著名京剧表演艺术家尚小云先生应时任中央领导及陕西各界人士的多次盛情邀请，决定支援大西北文化建设事业，带领家人和剧团从北京西迁至西安。

尚先生对秦腔情有独钟，视若珍宝。时隔22年，已经年近花甲的尚先生举家西迁，开始个人艺术发展历程的“二次长征”，这种始终心系民族文化传承和戏曲艺术发展命运的“西迁精神”很值得我们认真学习。

西戏，可以说也是当代的一次“文化西迁”，西戏的孕育和发展，离不开教育部、中央戏剧学院、上海戏剧学院等前辈院校的支持与鼓励！

1957年，学校在陕西省委主要领导的支持下，开设了同州梆子班，面向西北五省招生。1959年，学校增设了汉调二黄与道情两个班。当时，马蓝鱼、齐海棠、张彩香等著名秦腔演员都在学校“插班”学艺，并拜在尚先生门下。

在2024年春晚，央视春晚西安分会场的节

目《山河诗长安》惊艳亮相，为西安添了一把“火”。在大唐不夜城万人同吟《将进酒》与“李白”隔空对诗的万丈豪情里，在大明宫元宵灯会“一片长安月，万里共清辉”的气象万千中，在长安城一眼万年的龙年初雪时，在大唐不夜城“云鬓花颜金步摇”的交换景致间……千年岁月的绵柔醇厚与灿烂文化的沁人肺腑，共同酿造出了一份独属于西安的“热辣滚烫”。

四、第三幕：探索与传承

劝君更尽一杯酒，西出阳关无故人

小时候常看着父母们幸福地沉浸在秦腔故事里，享受着难得的闲暇，当时还不懂戏剧中的意味，当如今能懂了，才知道戏剧就是我们真实的生活故事！它不断传承者人们的悲欢离合与喜怒哀乐！

如今父母一辈慢慢老去，似乎很久没有听到秦腔那有力的一声吼了！街头巷尾连流行歌，或者口水歌的水平都不断倒退，小孩子看的动画启蒙也不如我们小时候的经典动画有味道，在如此情境下，不禁为戏剧的传承多了一丝担忧：戏剧如人生，需要不断积淀与打磨。

历史赋予我们财富和辉煌，还有一些无法言说的离别与遗憾。当你走进那烟火气息十足的街头巷尾，你会听见那些钟爱着西安曲艺文化的人们，或来两首秦腔，或自发地在庙会上来一段鼓乐，这个时候，你想要的长安，依然在这里。

在如今这个快节奏的时代，以秦腔为代表的戏剧艺术能否适应流传？但相信，西安戏剧学院能为戏剧传承发挥重要作用，正是因为经典戏剧真实而深刻，才能不断传承！如今，父母这一辈也学会了用抖音看秦腔，在抖音里分享秦腔，也在与时俱进。

在西戏校园里，我一直在思考，学子们经过学习生活，毕业多年以后，他们心中的母校印记是什么？校园的精神灵魂空间又是什么？

多情自古伤离别，离别之情是一个恒久不变的文化情感，用这样含情脉脉的方式来表达陕西文化，会让更多人看到陕西人除了豪爽，还有婉约而细水长流的内在力量，使人联想到人生哲学里所有的情感，进而感受到一种感伤的人生观。希望更多人了解到，秦腔不仅有“豪”，更浓于“情”。

“黄土在，秦人在，西戏在，这腔儿便不会息声。”

“借风，挽湖，观山”·车谷新引擎
——车谷会展中心概念方案国际竞赛

王鹏超

武汉车谷会展中心项目是我2023年在武汉参与的第二个设计竞赛，从武汉的光谷到车谷，让我对武汉的城市性格、文化、基因有了深刻的体会。长江是武汉的魂，是武汉的生命之源与活力之源。武汉军山新城沿江而生，将目标瞄准了汽车科技，被称为“中国车谷”。本次武汉同时启动车谷市民之家、车谷会展中心、车谷文化中心、武汉汽车博物馆四个项目的国际竞赛，这也代表了武汉发展军山新城的决心。从资格预审最终筛选出6家国内外顶尖设计单位及联合体进行设计竞赛，从11月中旬到12月底，历经一半月最终获得专家评审第一名。2024年4月甲方修改了任务书，又进行了竞赛第二轮，值得庆幸的是，在经历长达半年的历程后，最终中标获得项目的设计权。

一、借风·挽湖观山

场地位于车谷新城大小军山之间的核心地带，四面临接城市大道，围合感强。经多方案布局比较，我们将展览“盒子”集约设置，南北放置，靠近场地西侧：在城市各个方向最大化地建立展示窗口及标志性建筑。

在城市人行主动线的方向，自然形成主入口广场和室外展场；场地西侧形成后勤货运流线；周边江湖密布，群山环绕，与视距隔绝；且用地紧凑，呈不规则形状。根据场所条件，因势利导，建筑底部采用流动的曲线造型，建立契合地形的立体绿谷空间，呼应南侧景观公园带，与自然融为一体；建筑上部放置现代紧凑、悬浮飘逸的坡屋顶，一笔朝天，巧借青山绿

实施方案

竞赛中标方案

实施方案整体鸟瞰

水，打通视线通廊，将湖泊、长江和大军山的自然景色引入建筑内部。中部的玻璃盒子简雅透明，包容开放，建筑内外景观相互渗透。

二、引擎· 车谷新客厅

现代科技正在渗透到我们生活的各种细节中，时代精神本身与建筑文化的融合是创作的关键。我们力图像造汽车一样建造房子，打造车谷的新“引擎”，引导人们在其中探秘。在紧张的用地条件下，会展中心的功能为三层：其中一、二层为展览部分，三层为会议、宴会部分。在南侧檐下设置椭圆形多功能厅，东侧和南侧的共享登录大厅将主要功能有序空间串联起来。展览部分共有6大展厅，各展厅之间可分可合，层高12米。这是一个集约高效的多层会展中心。建筑设计理性、简约，可满足各种会议、展览、演出、宴会的复合功能需求。会展中心本质上是城市公共生活的载体，本案的最大特色是结合建筑底部绿谷，形成双首层，从而创造出更多的城市空间，形成了多样化的参观流线。绿谷融入场地形成公园与复合商业服务业态，在满足自身功能的基础上，更贴近寻常百姓的生活。结合空间，打造节能型的新空间体验，水平长屋顶，使整个会展中心免受太阳直射，从而实现了被动冷却。在夏季炎热潮湿的武汉，屋顶和绿谷也是难得的遮阴空间。它不仅是一个聚会的场所，还是车谷新城的新客厅。

三、定山·涅槃重生

新建筑以人的视线为契机，形成流动开放的观展空间体验。

在高度为30米的屋顶之下，底面不断映衬着人

会展中心室内

竞赛中标方案

的活动和周围自然环境中时刻变化的光影和色彩，所有元素被包容在一个巨大飘浮的屋顶下，它反映了光的波动和城市流动的生活。漫步绿谷云庭，探索车的世界；檐下挽湖观山， 感知人与自然。登高屋顶平台，坐看风起云涌、日月星辰。

武汉车谷，因车而兴，无论是武汉，还是智慧科技，我们以“车谷新引擎”为设计理念，建筑沿袭历史底蕴，独具中华气派！从城市眺望，它在长江边涅槃重生，将续写大军山新的传奇。

四、结语

我们对武汉现有的会展场所进行了梳理，武汉当下不缺乏规模宏大的会展中心，针对一个区域级的会展功能，我们对武汉车谷的会展中心有了更准确的定位，它不应当是一个孤立的、单一的城市“巨兽”，我们希望会展能融合到市民的生活当中。无论是会展经济还是日常经济都能满足市民的使用需求。在目前的经济形式下，设计不应当是宏大叙事，应因势利导地分析现状和场地的真实需求，放弃盲目跟随时下投标热门和流行趋势，回归场地本身，这是这个设计项目带给我的最大的收益。

中标之后，项目即刻启动，我们从中标的喜悦中清醒。5—6月进入方案的修改深化阶段，这期间我们不断出去调研，在武汉和西安之间来回穿梭。其中的艰辛与压力完全不亚于投标时候，历经几轮的优化后，终于在6月底得到了当地领导的一致认可，随即收到中标通知书。项目已进入报建阶段，我们都市中心协同西北院其他专业同志一道齐心协力为完成这一优秀作品而不断努力。

沣西文化公园

杜钊　张颢辰　郝恺

一、项目背景

“以文化人、礼乐教化”是我国历史中治国理政的传统方式。早在2009年，国务院、文化和旅游部相继发布了《文化产业振兴规划》《关于促进文化与旅游结合发展的指导意见》等指导性文件，要求加强文化与旅游的深度结合，发展主题公园，全面振兴文化产业。为建设社会主义文化强国，增强国家文化软实力，为实现“坚定文化自信，推动社会主义文化繁荣兴盛”这一伟大目标，陕西省西咸新区沣西新城于2018年底，启动了公共文化馆、公共图书馆、文化主题公园等公共文化设施的建设。将城市休闲公园与公共文化场馆有机结合，符合国家关于进一步完善公共文化体系和促进文旅融合的要求。

政府主导的沣西文化公园项目，将景观公园

图书馆室内空间

主题庭院空间

沣西文化公园鸟瞰

和图书馆、文化馆、剧场有机结合，形成区域文化集群。通过项目的建设能丰富本片区市民文化生活、改善市民休闲体验，吸引沣西新城及西咸地区文化资源，打造区域综合休闲文化高地。同时，项目的建设符合国家及地方政府关于文旅融合的指导思想，是新时代、新形势下的新型城市公园生态系统，既能满足区域市民文化休闲的需求，又能打造沣西新城新的文化名片的城市地标。

二、设计理念

沣西文化公园是一座文化综合体，兼具文化建筑和城市公园的双重功能。城市公园应当以文化作为依托，而文化建筑也因城市公园而扩展了功能，二者密不可分。

沣西文化公园设计，秉承文脉延续的理念。城市中的空间格局、建筑风貌等传承着城市文化，体现着城市地域特色，因此，城市中新建的文化公园，应尽量保持城市原有肌理和格局，妥善保留和开发具有传统地域风貌的建筑。

沣西文化公园设计，秉承兼容并蓄的理念。多样性是城市的活力之源，地域性和多样性并不矛盾，两者是辩证统一的。宽松的氛围和对艺术、文化的包容，使得许多城市公园呈现出多元文化并存的格局。

沣西文化公园设计秉承因地制宜的理念，除了要延续城市文脉、兼容并蓄，还要根据城市自身发展及使用者的需要，合理利用城市土地，因地制宜

地恢复生态环境，重塑城市形象，一方面改善地区生态环境，另一方面满足人们的休闲娱乐需求。

沣西文化公园设计，秉承以人为本的理念。文化公园的主要服务对象是居民和旅游者，因此，以人为本是沣西新城文化公园建设的出发点和根本原则。宽阔的草坪、茂密的森林、合理的道路尺度、丰富的文化设施、舒适的服务设施，都是沣西新城文化公园的重要组成部分。公园的建设要充分考虑使用者的文化背景因素以及生活习惯，加强绿色空间的亲和性、开放性与可达性，提高开放空间的利用率，提升交往空间的文化品质，从而营造和谐的文化交流空间。

沣西文化公园设计，秉承凝练精神的理念。公园设计要有鲜明的主题，主题是高度凝练、高度抽象的文字，而建筑、小品、设施、标识等具象的物体是表现主题的重要手段和途径，优秀的设计可以展现城市特有的地域文化和历史文脉，提升公园及建筑的品质。

三、设计构思

文化综合体坐落于公园之中，占用了一部分公园用地，我们便希望它能够创造更多的城市公共空间，并将空间还给城市。

建筑主要功能集中布置在一层，最大化减少对公园的压迫感。同时，一层屋顶花园又是被抬高的公园植被，既修复了生态公园的绿化界面，又是视野极佳的观景台，提供了宽敞的活动场地。局部凸出的建筑体量——图书馆、文化馆、360剧场等，退在屋顶花园后，犹如几个雕塑，强调建筑的体量感，也增加了整个建筑的空间层次。

开敞空间交汇处的体量被抬高，贯通地面步行交通系统，联结西面入口、北面公园绿地和中心庭院。屋顶花园和图书馆之间也空出一层庭院，为中部的地面交通提供采光和驻留的空间。每个庭院都被塑造出不同的性格。四个建筑作为三个主要的功能空间，既可以独立使用，也可以合为一体。它们由一层屋顶花园联系起来，人们可以通过这个“观景平台”在不同庭院和建筑之间游走。

屋顶花园的另一重要作用是交通流线的优化。二层屋顶西南侧与一座跨越兴科路的人行连桥相连，此桥连接西侧翱翔小镇，根据管委会的统一规划，西侧地块将建设若干写字楼，其二层也通一个连廊，连接人行桥和西安地铁5号线钓台站。加之此屋顶平台和北侧公园通过绿坡衔接，本片区域可形成地块间的人车分流模式，北侧公园及中央绿廊的行人可通过沣西文化公园屋顶花园，快速到达翱翔小镇和地铁站。

360剧场屋顶（标高为23.05米），作为运动场地，提升了建筑的功能层次。10 000平方米的屋顶场地，为文化公园增添了运动健身功能的同时，也成为远眺城市风光的平台。独特的建筑立面由模块化的混凝土板组成，不同肌理的水平向的渐变赋予了立面的流动感。本项目致力营造一个充满启发性的文化交流环境，给予使用者多层次的建筑体验及空间感。在回应了复杂的城市空间的同时，兼顾了中国古典园林的秩序、视觉感受、体量关系以及建筑和庭院的和谐共存。

公园文化活动空间

四、方案设计

沣西文化公园项目位于沣西新城核心区范围内，西临翱翔小镇，北接中心绿廊，南临丝路欢乐世界，总用地面积为102 450平方米。本项目中公园配套建设有：园林绿化、道路铺装、游憩、服务、管理等设施。公共文化设施有：一座公共文化馆、一座公共图书馆、两座360剧场。总建筑面积为102 908平方米，其中地上建筑面积为45 186平方米，地下建筑面积为57 722平方米。整个园区设置中心水景、屋顶花园、交流花园、休闲平台、屋顶剧场、林荫草坡、阳光草坪、演艺广场、健身广场、环形步道、儿童乐园、花镜枫林、乌桕花园、生态停车场、户外剧场等多个景观节点，给市民以全新的沉浸式文化休闲体验。方案设计包含以下重要节点。

1.360剧场

由沣西新城和橙天嘉禾娱乐集团联手打造，360剧场是沣西文化公园重要功能组成和标志建筑。

共设置两座360剧场，建筑主体均为一个72米×72米的方形大空间建筑，每座剧场可容纳1 350人同时观看演出。剧场采用国际领先的360度舞台新颖理念和旋转座椅平台，所有场景平滑过渡，观众可获得逼真的3D观影体验。

剧场主体一层，内设大型演出水池，打破了常规剧场单一舞台的演出模式，观众席位于剧场中心，舞台位于四周，360度超大屏幕、360度旋转观众席、沉浸式音响系统、独有的多层次多维度表演和布景空间，拥有超越传统全景环形舞台的舞台表现力和包容性。

360剧场打破“镜框式”舞台表现模式，突破传统剧场思维桎梏，在同一空间内将电影和戏剧融合，给观众带来跨越时空的超感知观剧体验。并且运用国际顶级的专利技术，打破演出与观众之间固定的视角次元壁，将故事以一种颠覆想象的形式呈现在观众面前。

剧场门厅设于二层，包含剧场的售票、咨询、存包服务、贵宾接待、吧台、餐厅、商业配套、体验式娱乐项目等服务性功能。后场部分设于三层，

建成屋顶花园

为剧场提供必要的辅助功能，包含化妆间、服装库、道具布景库、排练厅、办公室以及设备用房。

2.沣西图书馆、文化馆

项目立足国家级新区标准，对标上海、苏州等一线城市理念水准，打破传统公共图书馆、公共文化馆模式，吸纳国内先进经验和成熟做法，追求环境优美、管理智能、动静分区、安享私密，让阳光和新鲜空气触手可及，让每个人都能找到自我归属，带给读者和观众耳目一新的沉浸式绝佳体验。

图书馆建筑面积约为11 200平方米，按国家中型馆标准建设，可容纳为2 000名读者。

文化馆建筑面积约为8 600平方米，可容纳1 500人活动。

建筑设计有效克服传统“两馆”中规中矩、商业书店人流杂乱等不足和缺陷，空间布局合理，实现动静分区，充分运用自然光线，让市民在其中安享私密。

图书馆、文化馆部分主体建筑地上三层，地下两层，地上一层北侧为图书馆，南侧为文化馆。两馆北段与公园相接的位置设置配套商业和公共卫生间，与图书馆主体部分隔游廊相望。图书馆主体部分由北向南依次布置少儿阅览区、350人小剧场、展厅、培训教室、数字阅览区、知识交流传播中心（培训室、小型讲座、互动交流室）、报刊阅览区、城市书房、视障阅览、综合服务大厅、咖啡茶座和读者服务中心，主体东侧设置业务用房区。文化馆沿中厅周边设置多功能厅、活动室、排练厅、200人报告厅等大型公共活动空间，一层还设置录音棚、文化艺术培训室、艺人与公众互动工作室、非遗文创产品交流展示厅、非遗传习所、数据库等使用功能，文化馆西北角与图书馆相邻处设置消防控制室（兼具安防功能），文化馆东侧设置一排商业面向入口广场。图书馆二层部分为中文图书借阅区，文化馆南侧设置文化艺术培训室和书画专题单元（内设培训室、展廊及书画专题工作室），还设有画室、书画展厅和工作室区。图书馆三层部分主要设置专题图书阅览区、参考咨询中心及地方产业发展研究室，文化馆设置数字文化馆专题单元、文化沙龙以及活动室区。地下一层由读者餐厅、轻餐饮自习室、两个大型展厅以及两馆配套办公、密集书库、道具库房区、设备机房、地下车库组成。地下二层由设备机房和地下汽车库组成。除此之外，地下一、二层最北侧均设置人防汽车库。

3.文化公园

文化公园在沣西新城绿地系统规划中位于南北向绿廊中，是该绿廊中面积最大的区域，也是向北连接大西安中央公园绿廊体系的重要节点。

文化公园主要为周边居民、商务人群、学生、游客等人群提供文化服务。公园可满足不同年龄段居民的需求，服务群体包含退休人员、学生、儿童等，贴近自然的同时使游客享受环境带来的舒心体验。

沣西文化公园的景观设计方面，以海绵城市为基础，规划布局公园活动区、屋顶花园区、景观形象区三大板块，打造多样景观文化，提升游园观赏趣味性，真正做到“都市公园，艺术绿洲”。通过软景来协调整体风貌，打造林荫草坡、阳光草坪、花镜枫林、乌桕花园等十余个景观节点和活动场所，供人们景观游览与休闲娱乐。主要种植观赏类灌木，草本等浅根系植物，形成具有独特风格的组团绿化，为游客提供特色观赏区以及洽谈活动场所，使市民在活动过程中拥有良好的感官体验。植被以能够体现新城风情的乡土树种为主，层次丰富的植物组成生态群落，营造具有地方特色的植被景观，达到“三季有花、四季常绿”的效果。公园内设大量样式美观、材质环保、分布合理、分类齐全的公共家具，为进入园区的人们提供便利。

360剧场特色剧场

建成实景照片

图书馆中庭空间

五、立面设计

公园建筑立面设计虚实结合，剧场部分采用装饰混凝土砌块材料，参数化设计的表皮，为巨大单一立面带来些许灵动的气息。极少采用装饰，配合立面设计语言，生动的体现地域文化内涵。剧场顶部采用预制混凝土花池，为建筑轮廓线增添一抹色彩。混凝土立面和玻璃幕墙通过有机组合设计，体现建筑设计特色。建筑色彩主要是青灰色调，经公园绿化衬托的，更显内敛、质朴。

图书馆、文化馆部分建筑立面采用大面积清水混凝土外墙，配合纯净的玻璃幕墙，形成典雅朴素的空间氛围。立面构成虚实相间，增加建筑的视觉张力。大面积的屋顶绿化和双首层概念的引入，给人以公园中活动的空间体验，立面细节处理上化繁为简，以最简单的方式完成建构。建筑几乎没有任何装饰构件，以最真实的姿态融入城市环境中。

六、泛光照明设计

剧场、图书馆、文化馆的外立面照明，重点突出建筑本身形体和设计元素，并在自然中汲取灵感，与建筑概念结合，打造出识别度高的建筑灯光效果，提升城市夜景。照明设计恰当的照度配比与和谐的阴影衬托，控制色温布局，追求高品质的显色要求和合理有效的眩光控制，与建筑特点相契合，并且延续业主的经营理念，坚持绿色节能与可持续设计，优化成本控制和维护。

七、建筑交通组织

360剧场观众主入口设置在中央庭院，虽然两座剧场共用门厅，但“L”形门厅与剧场对应的位置，有各自的出入口。观众自门厅可通过两条走廊进入剧场主体，剧场内设四个安全疏散通道，疏散通道深入建筑内部，为观众席和表演区提供的安全出口。

后场部分在一层与剧场相通，后场工作人员在庭院中，有各白独立的出入口。

根据不同功能用房的空间需要、设备安装对土建的要求，以及综合考虑结构构件和管道所占空间等因素，建筑地下一层层高度为5.7米、地下二层层高度为3.9米。

图书馆部分设置三个主入口，分别对应图书馆传统阅览、会展功能以及业务功能三个功能区。传统阅览部分围绕通高的综合服务大厅组织交通，读者从位于西侧的主入口通过安检后进入综合服务大厅，通过大厅中间的大楼梯上至图书馆各层。会展部分设在一层，通过北侧的会展入口进入剧场前厅、350人小剧场、展厅及培训教室。业务区入口处于建筑东北侧，地上仅为一层，由电梯连接地下书库与行政办公区。文化馆主入口设置于建筑最南侧，在东侧面向入口广场设置次入口，游客通过主次入口进入中厅通高空间，利用中厅中非线性大楼梯上至楼上各层。文化馆中部由电梯与地下办公区和道具库房区相连。

图书馆和文化馆共用的地下公共空间，可由室外入口直接进入，也可通过图书馆、文化馆中庭的交通核进入，地下公共空间由一个交通廊组织起餐厅、自习室、展厅等公共功能。办公和库区则分列南北两侧。厨房等后勤功能，有专用的交通流线与车库相连。

根据不同功能用房的空间需要，设备安装对土建的要求，以及综合考虑结构构件和管道所占空间等因素，建筑地下一层层高为5.7米，地下二层层高为3.9米。剧场部分地上一层主体高度为23.05米，门厅层高度为6米，总高度为12米，后场部分层高度为4.5米。图书馆部分地上一层层高为6米和5.4米，地上二、三层层高为6米。文化馆部分地上一层层高为6米和5.4米，地上二、三层层高为4.8米。

八、社会效益

沣西文化公园项目社会效益显著，在丰富市民的精神文化生活、满足市民日益增长文化需要的同时，推动了城市公共基础设施的建设。有利于精神文明城市的建设与当地人民生活质量和水平的提高。项目的建设有利于全面构建沣西新城公共文化服务体系，打造西咸新区文化标杆。加快建设城市公共文化公园，提升城市形象和满足人民精神文化需求。城市文化公园是市民获取精神文化知识的重要场所，采用新型智慧公园的模式，整合文化资源，满足不同人群的文化需求。项目的建设有利于提升城市的文化品质、拓展市民文化获取渠道，提高市民文化水平。

覆土下的动物世界

——肯尼斯·贝林自然博物馆工程设计

李彬

一、缘起

陕西自然博物馆位于西安市南北中轴线最南端长延堡环岛上。环岛中央是著名的陕西广播电视塔。自然博物馆的科技展馆和自然展馆分别坐落在电视塔的南北两侧。科技展馆的建筑风格创新而富有生机，自然展馆融于环境，两处展馆如日月一般相互呼应，与电视塔共同组成了“日月同辉、宫灯高悬”的壮丽美景，是西安南大门最为重要的一组标志性建筑。古都西安由南向北的巨幅画卷也由此展开。这组由张锦秋院士与赵元超大师联袂打造的城市风光早在21世纪初便已深深植入西安市民和游客的脑海之中，使这片环岛焕发出了前所未有的光彩，让它在十几年后成功吸引到一位来自异国的

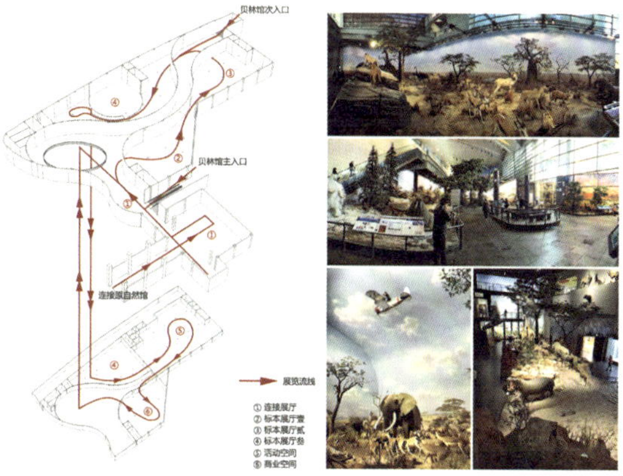

游览参观流线

建筑入口空间

下沉庭院

友人。

同样是在21世纪之初，远在大洋彼岸的肯尼斯·尤金·贝林先生成立了世界轮椅基金会，为每一位需要轮椅的男女老幼赠送轮椅，其慈善事业也来到了中国，在与中国政府、商界的接触中，贝林先生看到了中国的发展潜力和担当，将中国列入了基金会的重点项目，同时也拉开了对中国自然博物馆捐赠动物标本的序幕。

2016年年末世界著名企业家、收藏家肯尼斯·贝林先生决定向陕西省西安市捐赠来自非洲、美洲、南极洲的动物标本，捐赠标本分两批，共计900件左右，动物标本精细生动，栩栩如生。而捐赠标本的展示地点就是位于西安市南大门的陕西自然博物馆，因此建立一个全新的动物标本展厅便迫在眉睫。最终由馆方邀请，赵元超大师作为原陕西自然博物馆的设计人，在十几年后重新回到了这片熟悉的土地上。

二、设计

根据贝林先生及馆方的要求，新建场馆位于长延堡广场西侧，与原有自然展厅相连接。本次肯尼斯·贝林自然博物馆（简称“贝林馆”）建筑面积约为12 000平方米，其中6 000平方米空间为标本展示中心，剩余6 000平方米空间作为活动展厅及部分教学娱乐场所，库房及办公区由原有自然博物馆解决。

长延堡广场作为西安市内独特的菱形环岛，依托良好的自然环境，以科教为核心，为周边的市民提供惬意的城市景观及休憩场所，同时结合自然科普教育使得环岛内树木种类繁多，遍地绿植，生态环境丰富，是西安南大门的重要绿岛。环岛内有较大广场，作为原有建筑周边的人员的疏散广场，无法在原有广场内进行扩建，因此在考虑了多方因素，尤其是生态保护与自然主题设计背景，赵元超大师最终决定将贝林自然博物馆整体设计为地景建筑，贯穿南北，覆盖于西侧的绿草之下，在建筑之上重新种植植被，还原原有场地地貌，让建筑与自然相融合，创造一座自然的、生态的、有机的场地建筑。

将建筑覆于大地后，建筑的轮廓与空间便更显现自由，场地内部高差6~8米的部分，正是主要展厅所在的空间，建筑的顶板与原有场地相符，由西向东逐渐升高，覆土下建立12.5米深的建筑空间，分作两层，而地下一层的建筑标高正好与长延堡广场的西侧入口（也是北侧科技馆的主要入口）标高相近，使得覆土建筑在北侧有了一条吸引人流的通道。建筑的南端是一个开放的下沉庭院，通过庭院周边的地下连廊，贝林馆也与自然展厅取得了联系。赵元超大师巧妙地将建筑化为联系人流的节点，重新梳理了西侧的人员流线，让新建贝林馆成为老自然展厅的重要门面与前序空间，在形态与功能方面对建筑进行了消隐，贝林馆宛如一条灵活的丝带，串联起了原有场地的“日”与“月”。

贝林馆内部空间分为上下两层，地下一层主要展示贝林先生捐赠的动物标本，最高处层高为7米，地下二层主要为普通展厅、临时展厅及部分教育培训功能。地下一层的建筑空间延续了总体设计中“流动”的设计理念，充分使用了自然、自由的曲线作为设计元素，突出空间场所的流动感，也自然而然地将场馆划分为几个重要展厅，多处由曲线组成的展墙为后续动物标本提供了良好的展示空间。贝林馆最南端与室外庭院相接处，设置上下两层通高的门厅空间，顶部设置采光天窗，将自然光引入场馆内部，打破室内外的固有分隔，使游客沉浸在动物生活的自然世界之中。游客通过南端的门厅可信步于室外下沉庭院，也可通过地下连廊直达原自然展厅和贝林商店，继续参观游览，使新建建筑与原有建筑形成了一个完美的闭环。地下二层空间延续一层的流线设计，在局部使用大空间作为临时展厅及活动场所，满足馆方日常使用大空间的需求。

设置于于地下的贝林馆在相联系原自然展厅的地下连廊上，也设置了两处人员出入口，为从正门进入自然展厅的游客提供了另外一条直达贝林馆的通道，两处出入口的设计以秦岭的山势为原型，宛如地面褶皱自然生成，造型新颖独特、虚实结合，具有明显的标志性与引导性，以清水混凝土和玻璃幕墙组成的入口不仅满足了基本的使用需求，也丰富了前广场的形态。北侧出入口及南端下沉庭院的出入口皆采用“洞穴”的设计手法，以原始的姿态提升场馆的神秘感与自然感。

可以说，本次贝林馆充分的设计考虑了自然博物馆的未来发展趋势，探索城市重要节点中覆土建筑的可实施性与创新性，尊重场地自然环境，以

城市主轴线空间节点

"织补城市"的设计手法补充场馆功能，同时保持城市生态环境，延续长延堡广场的自然地貌，为博物馆参观人员及周边居民提供良好的自然环境与城市活动空间，令长延堡广场真正成为城市的会客厅，重新焕发了西安南大门的活力。而此次设计也成功地阐释了建筑设计中显与隐的辩证关系，正确地选择了以"隐"为主的设计原则，很好地契合了建筑的场所精神。

三、结语

2017年末，90岁高龄的贝林先生亲自来到陕西自然博物馆，参观了现有的自然展厅及科技展厅，听取了贝林馆的方案汇报，对贝林馆的设计构思称赞不已，将建筑置于绿地之下的设计方式也与老先生将标本融于自然的理念不谋而合。

2019年6月，肯尼斯·贝林先生在美国因病去世，贝林馆因为种种原因，仍在建设之中，但其捐献的部分标本已经于陕西自然博物馆原馆的部分展厅向市民开放展出，让众多西安市民亲眼见到了来自地球其他大洲动物生活的踪迹，开阔了视野。

肯尼斯·贝林自然博物馆在不远的将来将完全建成，相信这座建筑不仅是一座科学知识的殿堂，也代表了我们对于一位外国友人的纪念与追思。

自然博物馆室内

西安领事馆区丝路国际文化艺术中心中的参数化设计探索

张颢辰

参数化设计是一种借助计算机强大的运算能力来解决客观设计问题的工作方法。2014年我接触到Grasshopper 软件，第一次见到用它生成的渐变表皮，感到非常惊奇，原来只要改几个参数就能生成不同的立面效果，如此省时、快捷，从那时起我就陆陆续续地在日常工作中不断地自学该软件，并在方案设计中尝试应用。2018年我有幸参与了西安领事馆区丝路国际文化艺术中心项目，该项目功能复杂，其中的剧场和多功能厅造型如晶石般不规则，内部结构复杂，剧场屋面的玻璃幕墙设计困难重重，这些都是以前设计中没有遇到过的问题。通过与同事探讨与上网查阅资料，我摸索出一些用参数化软件辅助施工深化的方法，在这里与业界同人分享交流。

本项目用地面积为53 114.72平方米，主要建设一个1 519座的剧场、一个400座的多功能厅、一个美术博物馆、一个政务中心办公楼，总建筑面积为151 496平方米。项目场地位于浐灞三角洲核心区域，拥有良好的自然生态条件，如广运潭、浐河灞河湿地公园，同时浐灞又在2011年成功举办了世界园艺博览会，汇集了众多现代建筑，如新地标当代长安塔、灞上人家、浐灞商务中心等。相较于西安其他区域，粗犷单一的城市发展建设带来了一系列城市问题。浐灞文化中心的建设，也将影响和带动

建成实景照片

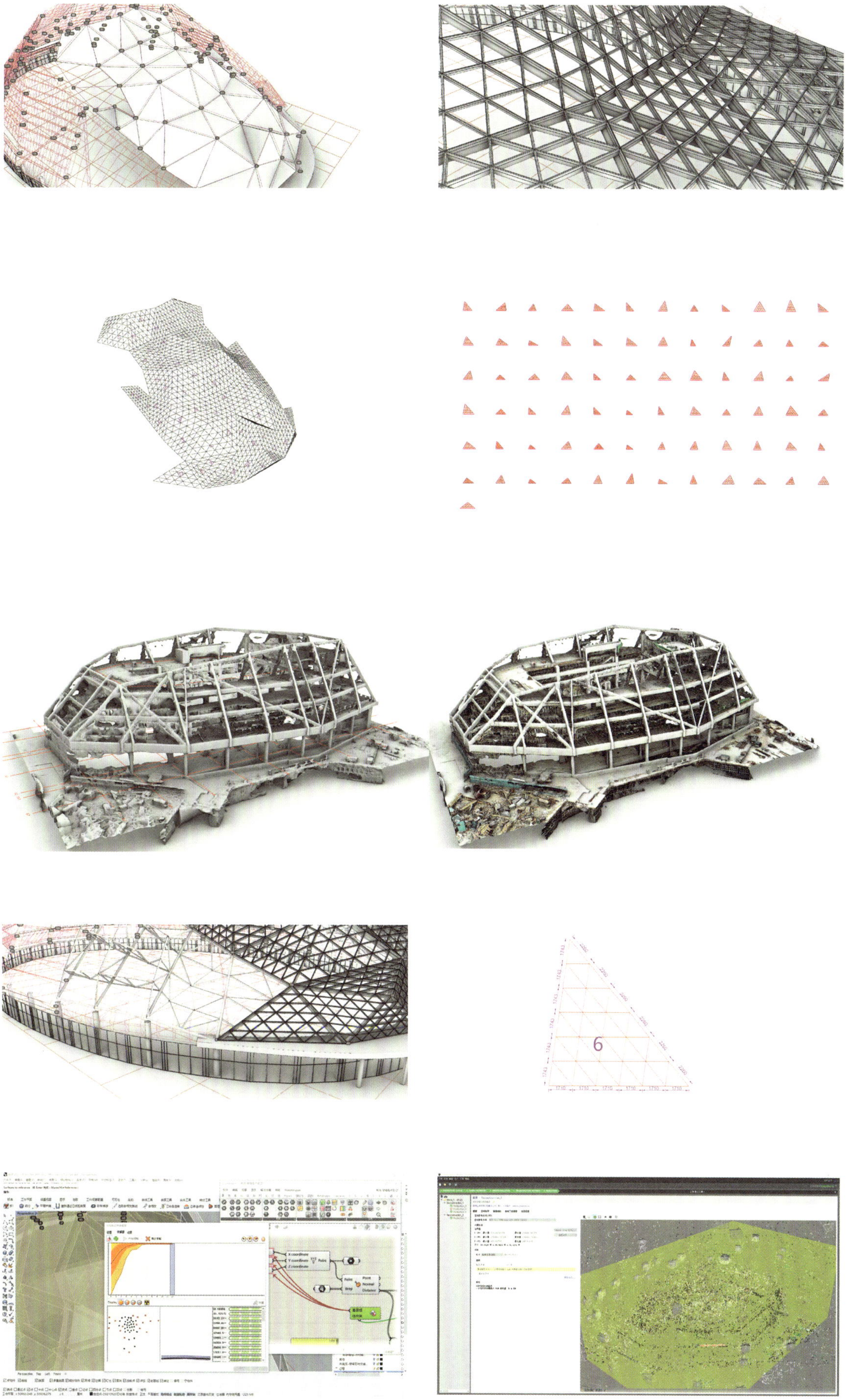

参数化设计过程

西安浐灞文化服务片区整体鸟瞰

浐灞区域发展的风貌和氛围。

浐河和灞河两河相汇，孕育出了生态自然的浐灞，又恰逢“一带一路”倡议的提出，丝路文化中心无疑要在浐灞这片土地上展现出崭新的风貌。先期建成的浐灞商务中心以大气稳重的形象坐落于灞河边，新落成的文化中心则以简约的体量延续其布局，同时核心功能之一的剧场和多功能厅展现了灵动的形态，与其他建筑刚柔并济，展示出豪迈的关中风情，这不仅符合新时期西安的现代化需求，也体现出关中人刚毅的性格，热情的内心情感。

充分结合现状环境与规划条件进行合理的总体设计：原先的浐灞商务中心以“品”字形的布局锚固于灞水河畔，设计延续浐灞商务中心布局，以简约大气的方形体量建立建筑秩序，其中两大核心功能之一的剧场以灵动的造型来点睛之笔，从而使整体布局方中带弧、柔中并刚、稳重而不失活泼，总体以“U”形布局与之形成围合之势，犹如磁铁的两极相互吸引，其他建筑群体也注重与区域地标——长安塔的对话，与领事馆区域的交流。简约的形体和合理的布局营造出良好的外部空间：场地主要由三个广场组成——主入口广场延续浐灞商务中心良好的景观；剧场旁边的下沉广场引导地铁站和小区

美术馆室内大厅

而来的人流，激活地下商业，也丰富了场地空间层次；中心广场凝聚起整个场地的人气；在绿化设计上，充分考虑场地规划，设置丰富的景观层次和内容，结合建筑，层层退台，设置立体绿化，开放的屋顶空间既是休闲平台，也是屋顶花园。

美术馆以简约大气的体量锚固于大地之上，如一尊方印，与灵动的大剧院形成强烈的对比和互补效果。如果说大剧院散发着现代感，那么美术馆则体现着关中风情。美术馆内部空间丰富多彩，开敞的中庭和流动的空间合理地组织参观流线，屋顶平台作为开放的休闲和餐饮空间，几处关中小院再现灞上人家，与远处的长安塔共同组成灞上的新风景；立面肌理为关中民居风格的青砖灰瓦，辅以透明的玻璃窗，传统而不失现代风格。政务中心延续美术馆体量，简洁的形体相互交叠、层层退台，形成丰富的室内外空间；立面设计元素与美术馆为同一主题，花格状的叠砖，统一中富有变化。

剧场和多功能厅以非线性的灵动造型与美术馆的方正大气形体形成鲜明的对比，宛如精心雕刻的钻石，自然形成一大一小两个体量，其灵动的造型包裹着剧场演绎的内核，面向长安塔，与之对话。立面采用参数化设计，大大小小的钻石切面分布于剧场和多功能厅的立面表皮之上，每当夜幕降临，建筑犹如璀璨的明星，闪耀于灞上。

剧场设计的一大难点便是大跨度的玻璃屋顶，结构设计师经过多种研究论证，最终采用单层与双层大跨度网壳相结合的外壳结构形式，配以两根树杈型支柱的结构设计方案。在屋架结构上配以方钢管连接六等分的玻璃幕墙的窗框。这部分构造极为复杂，需要精准的三维模型配合，手动建模的工程量巨大，同时难以保证模型的精确性，这里便尝试用参数化软件Grasshopper 进行辅助建模。第一个棘手问题就是将连续的结构基准三角面向外偏移生成玻璃幕墙的基准面时基准面在相交时会互相穿出，导致破面。经过反复研究探讨，我们在Grasshopper 软件中利用遗传算法求出所需的顶点（保证点到区域内相交的几个面的距离方差尽量小），进而将这些顶点连线生成玻璃幕墙的基准面。

在得到偏移后的玻璃幕墙基准面后，利用Grasshopper 编程生成200毫米高的方钢管以及将每个三角形玻璃幕墙分为六等分，生成80毫米的窗框。这部分模型工作量巨大且要求的尺寸非常精准，最重要的是在设计过程中需要好多次调整尺寸，如果没有采用计算机辅助设计，无法在规定时间内完成任务，由此也不禁感叹参数化辅助设计的重要性。

大剧院室内前厅

长安湿地公园温室

——绿色森林中的“一叶扁舟”

杨龙攀

西安市，一座拥有六千年文明史，被河水灌溉的北方古城，早在西汉时期，便有了“八水绕长安”的记载，经历代文人骚客在此吟诗抒怀，流传至今，“八水”也已成为历史的烙印，成为文化的一部分。滈河便是八水之一，绕西安之南流经67千米，围绕滈河中段兴建的长安湿地公园。作为城市中最后的绿洲，公园设计旨在让人们从高楼林立的快节奏中慢下来、静下来，打造城市生态湿地，重现长安八水盛景，从最深处唤醒人们对于这座城市的文化记忆。

一、景观与轴线

滈河湿地公园温室项目位于长安滈河湿地公园子午台的东侧山脚下，与公园东大门形成对景，视野开阔。作为东大门景观轴线上的核心元素，温室建筑应尽可能地削减自身体量，融入环境，配合景观营造出优雅而纯粹的空间环境。

所以在我们的设想中，建筑的形式应尽可能精简，以简单的“一”字形横贯山间。采用“一”字形的屋顶、玻璃肋的幕墙立面和玻璃采光顶，从而让建筑服从自然，在整体自然要素中，建筑体量弱化为一片树叶，飘浮于轴线景观草丛之上，形成一种形理兼备、气运流通的文化特质，这种特质与场地的空间秩序不谋而合。

二、环境的“手术刀”

在设计之初，我们并不是从建筑的视角起草设计，而是从场地和环境出发，自下而上地反向推

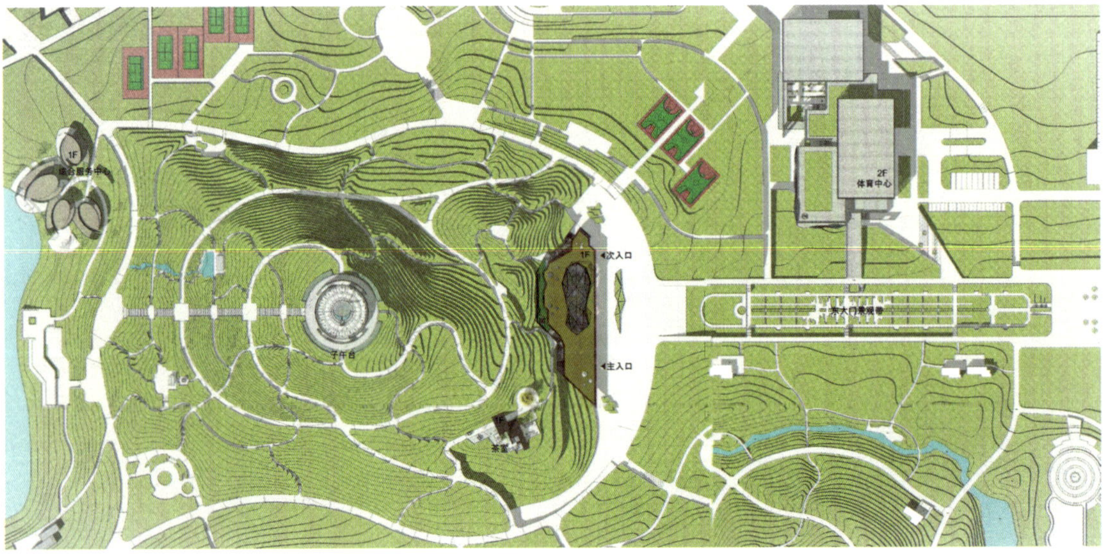

滈河公园核心区总平面

拟建山脚下公园温室

演。从公园的东大门进入公园，首先映入眼帘的是公园中央的山，这座“山”其实是由处理后的城市垃圾堆积而成的，由于土质易滑坡沉降，在山脚下设了两道10米高的厚重且不规则的挡土墙，将山和山脚下的广场生硬地割裂。这种处理手法出于安全考虑，但是对自然环境则形成了一个伤口、疮疤。在这样的场地中，建筑师用一种空间修补、“弥补创伤”的设计手法，让建筑自然嵌入场地，缝合山体与广场、挡土墙与环境之间的生硬关系。实现景观、建筑、环境之间的自然延续，使东大门核心轴线形成整体统一的空间秩序，让建筑融入景观，并成为环境的一部分。

三、玻璃采光顶

对于植物而言，光的重要性不言而喻，所以我们结合温室室内种植区域设计了玻璃采光顶，并利用不规则三角形的错落设计，将种植区域的室内净高提高至12至15米，满足更高的树木种植需求。出于对场地的尊重，我们一直在精简设计手法，但是建筑师的创造力又让我们做出适当地突破，事实证明我们的努力是正确的。相比于圆形或其他形式屋顶，棱形采光顶被赋予了更丰富的细节，非对称的布局形式打破了刻板乏味，更富趣味和诗意。采光顶的不规则棱体造型旨在用玻璃描绘连绵山脉，与温室相望的山体取得对话，同时与20千米外的秦岭遥相呼应。在场地环境提供的画卷上，采光顶仅仅是利用现代材料塑造了传统语境与活泼气氛，环境利用“留白”烘托了温室，温室利用屋顶线条勾勒出光影。

四、微型城市

在当下的城市需求中，温室早已不是一个单纯

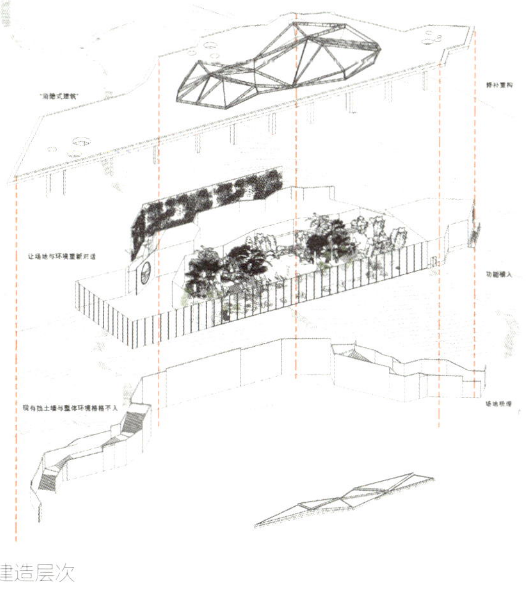

建造层次

温室室内

的实现植物种植培育功能的建筑，我们希望在公园的服务设施中，温室能成为一个围绕植物主题展开的集展览、教育、娱乐、休闲等多功能综合的“微型城市”。在这里，“亲子乐园”为游人带来开心农场等亲子互动游戏空间；多媒体厅可利用全息投影技术展现植物进化历程、海底世界奇观、原始森林秘境等科普动画；报告厅可以不定期举办植物类专家讲座，为广大市民提供小学堂平台；科普展廊可以提供多种多样的科普活动，利用宣传材料、知识展板、植物标本等形式宣传植物的名称、科属、原产地、习性、用途等知识。让游客在轻松愉悦的观赏与休闲中感受到大自然的魅力与神奇。

五、后记

当前的建筑创作环境对建筑师来说十分恶劣，一个项目从方案设计到实施往往需要披荆斩棘。在甲方主导下的设计进程中，建筑师需要在各种利害与抉择中寻求平衡，尽管如此，最终的决定权往往还是在甲方手里。在经历多方案竞选、方案深化、初步设计与施工图设计等阶段，伴随着数次工地配合，我们逐渐看到了玻璃肋立面的纯粹与明净，看到了锈蚀钢板的质感与沧桑，看到了棱形采光顶勾勒的精巧轮廓。我们满怀欣喜激动，期待看到建成后的温室给公园带来的崭新面貌。但是不幸的是，由于某些不可抗拒的原因，甲方决定拆除这一即将竣工的建筑。得知这个消息后，我们的心情久久不能平静，在面对这种无奈的结果时，我们也只能被动接受。精心设计的多功能温室已变为一片废墟，成为山脚下的一道伤疤。不知以后这个地方会不会被树木花草掩埋，再无人记起它的模样，而我们只留下了它的“遗照”作为纪念。

谨以此文，献给精心设计却建而未成的“多功能温室”。

城山之间
——蓝田县体育中心规划及建筑方案设计

赵甜雨

一、源于城市，都市聚场

该项目坐落于蓝田县，具有绝佳的地理优势，凝望山河，符合城市未来发展趋势。总用地面积为6.56万平方米，体育场看台2 000座，体育馆3 000座，配合全民运动休闲和商业运营，我们希望将其打造成蓝田的高品质全民健身中心。

我们致力于构建更加具有凝聚力的活力的城市场景，将公共性、艺术性与小镇居民的日常生活相结合，打造一个集未来商业、文化活动、公共广场、艺术策展、培训教育等功能于一体的可供市民安居乐业的城市空间。

在场地内设置足球场、排球场、羽毛球场、运动训练区、儿童游乐区、草坪剧场、攀岩墙等运动休闲设施，并通过一条蜿蜒起伏环形跑道把它们串联起来，以独特的方式将体育活动和景观联系在一起，运动慢行系统和休闲慢行系统并行交织，留白部分为不同的运动场地，共同组成网状运动休闲系统。漫步其中，视线或开阔，步移景异，在不经意间与环境互动。南侧广场结合场地的6米高差创造集疏散和休闲一体的台地景观。

沿街立面效果

体育中心总体鸟瞰

篮球馆建筑立面

室外运动场地

看台的结构体现了“少即是多”的原则，采用裸露的混凝土，去除多余的装饰，尽显混凝土材料本身的纯粹和质朴。空间的叠加秩序，创造出极具节奏感的空间韵律。通过看台“框住”远山，形成“沧海月明珠有泪，蓝田日暖玉生烟”的自然画卷。远借山景不仅是一种园林造景技巧，更是赋予场地一种哲学意境，体现了人与自然和谐共生的理念。

二、外：“融于山水，城山之间”

王顺山古称玉山，著名的蓝田玉便产于此地，我们希望在此创造出绝佳的视野，使游客能饱览壮丽山景。

结合蓝田的山水格局，体育场馆根植于蓝田大地，适宜的体量、低调的形式，建筑与场地融合，与周边自然环境相得益彰。

立面不强调风格，而是注重建筑的质感，希望通过设计展现结构形式统一的美感。立面采用白色穿孔板、红砖、玻璃幕墙，红白相间配色，体现了运动魅力。东望王顺，体育场是一扇展示体育精神的重要窗口，建筑在城与山水之间形成对话。朝沿灞水，暮瞩蓝田。

三、内：“归于人民，共生客厅”

体育馆本质上是城市运动生活的载体，但现实中，各地体育馆通常设计得较为隆重，被用于举行赛事服务，实际使用率往往不高，难以贴近人民的日常生活。

我们将设计一个极具吸引力的开放场所，鼓励人们走出家门，走出办公室，到城市客厅里来。透

室内篮球馆看台

明的立面将城市客厅内的场景展露在周围环境中，增强了建筑的外向性特征，是沟通城与山之间的视线通廊。

共生客厅是体育馆的核心，一层东侧为商业区，通过大台阶和走廊简单而精确地组织建筑内部的各种功能空间，鼓励人与人在这里相遇、共存、互动，继而发生各种趣事。同时，共生客厅可以和游泳馆、羽毛球厅内产生视线交互，自然而然地产生观演与被观演的体验。不同于以往的封闭式体育馆，场馆内部活动透明化，可激发全民运动热情。通高设置的攀岩墙，充分利用空间，是市民会面和交流的场所。坡道连接室外楼梯，共同激活室外空间的活力。夕阳西下，回望远山，沿坡道而上，行至屋顶，山川与落日遥相辉映。

篮球馆位于体育中心东侧，以木色、灰色、白色营造素雅温暖的质感。看台区通过渐变层次的颜色进行有机划分。这里既可承办赛事，也可作为面向市民的大型文艺表演场地。屋顶天窗将采光通风和结构造型相结合，通过侧窗采光，改善室内光环境，满足日常使用需求。

游泳馆位于体育中心西侧的一层及地下一层，可由大厅一层或西侧商业区地下一层进入，借助下沉庭院自然采光，设置了25米长泳道、戏水区、更衣室、观赛休闲区等。

羽毛球馆位于体育中心西侧二层，光线柔和，可与共生大厅产生视线交互。

各场馆设计考虑平赛结合，平时为主，赛时为辅，提高场馆的使用效率和日常运营能力。取之于民，用之于民，打造源于城市、融于山水、归于人民的活力城市空间！

游泳馆室内

秦岭远眺

室外看台

爱琴海酒店综合改造提升·新建区域
——探索一题多解的可能性

李媛

自周秦至汉唐，临潼一直是京畿之地，是古都西安的东大门，南依骊山，依托华清池、兵马俑等丰富的历史资源、温泉自然资源等成为炙手可热的旅游康养地区。新建区域选址位于秦唐大道西段、爱琴海国际温泉酒店的东北区域，是游人进入临潼的“第一印象”。

党的二十大报告中提出了新时代深入实施人才强国战略的新战略目标，强调基于科教兴国战略实施人才强国战略。在人才战略的契机下，本工程将临潼爱琴海酒店原有住宿打造部分成以院士为代表的高端人才基地，新建区域则以高端人才基地配套服务为主要功能，旨在构筑人才集聚高地。

如果将设计创作比作对场地、环境、城市关系的一次诊脉，那设计策略便是对脉象的“诊断”。如相石断玉般，不同的设计方法会带来全然不同的结果。

一、初入场地、骊山夕照、屋舍鳞次、竹影横斜、斜阳掩映

在前期策划阶段，我们以“学者尚雅，以诗会友”的线索将中国历代文人雅集与当今时空下的人才集聚串联起来。曾经的梁园聚会、金谷园聚会、兰亭聚会、西园聚会成为人人称道的风雅之事，同时这些聚会留下的经典文集也流传于世。因而我们提出“国医康养，文化争鸣”的概念，耦合中医康养、文化沙龙、文化体验、购物消费等枢纽功能，为高端人才基地提供学术论坛、医药康养等场所，期待将其塑造成今日的“集贤”之地。

在整理资料的过程中，一张临潼20世纪80年代的老照片带给了我们灵感，如果能在进深很窄的场地中，以小尺度的街区形式重塑对临潼的场所情感共鸣，为学术活动、人才集聚创造环境。结合地铁口设置书院组团，东侧设置康养雅居组团，中段为小尺度集贤街区，西侧聚贤阁成为场地精神高地。

后因某些原因取消了这一方案，在格局被推翻的情况下，我们开始尝试其他的设计思路。

二、方圆共生、文武对望、凤栖密林

根据新的设计要求，拟建人才博物馆、报告厅、人才公园、人才体检康养综合楼。场地呈“L”形，我们尝试将博物馆与报告厅分置场地的东西两侧，方

临潼老照片

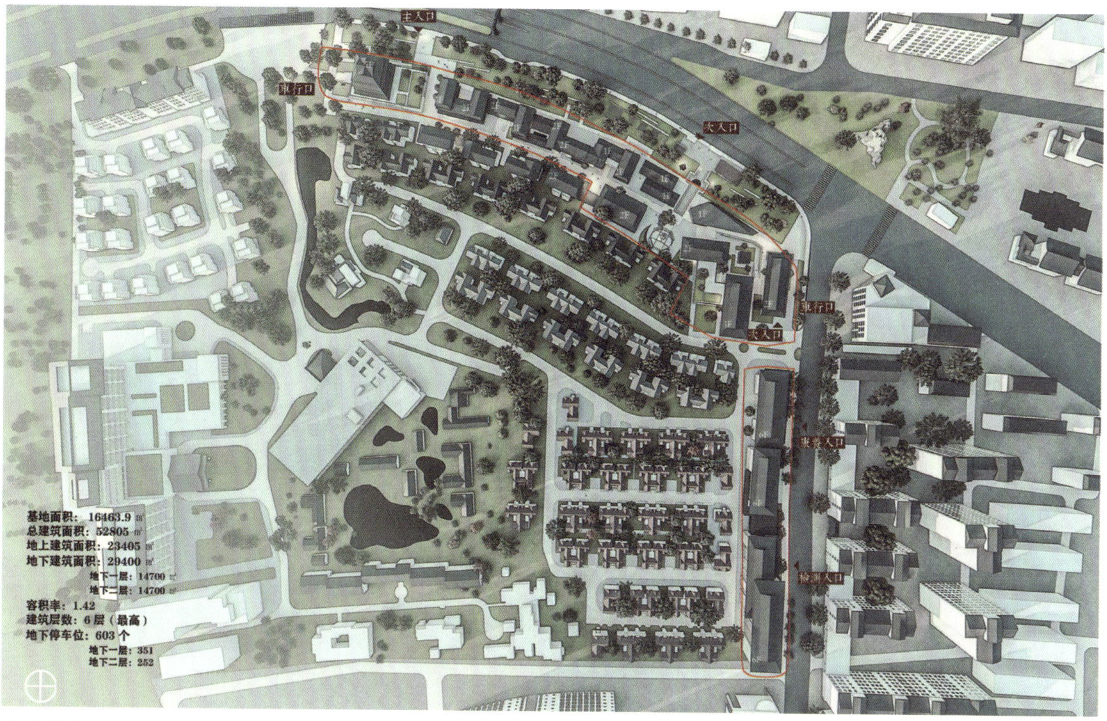

规划总平面

项目整体鸟瞰

圆共生、文武对望。凤栖林（高端人才公园）将各建筑有机联系起来。综合楼呈“一”字形，置于场地东侧。我们以点景的方式将三个建筑单体置于场地入口、街区转角等重要位置，而建筑单体之间用自然疏朗的景观园林有机耦合，创造出既有标志性建筑形象，又有疏朗城市界面的高端人才基地图景。

人才博物馆的建筑主体采用圆形体量，取义传统基石，寓意人才基石是发展的基础；以方形体量嵌入圆形体量，稳重坚实的形象将街区转角自然过渡。圆形体量置入展厅，方形体量置入后勤服务部分，流线清晰、互不干扰。室内通过设置螺旋上升的布展空间，逐层升高，寓意着对知识与真理的探索永无止境。以期传播给参观者对未来、对科技探索的向往。

学术报告厅是服务园区对外交流的场所，兼具新

项目整体鸟瞰

博物馆室内空间

人才基地北侧主入口

学术报告厅

人才博物馆

闻发布与简单的演绎功能。建筑隐于凤栖林之中，建于坚实的基台之上，设单层出檐坡屋面，整体形象端庄、素雅，具有文人气质，作为对外交流的窗口，为园区打开迎宾之门。

凤栖林取意“筑巢引凤”，将凤栖林打造成综合了文化浸润、院士展示生态休闲体验功能的复合型景观林带。以海绵城市的设计理念，在园区置入雨水花园、下凹绿地等措施。融入孔子杏坛讲学典故，塑造《杏坛寻迹》《院士展墙》等六大景观节点。

综合楼以体检康养、会议办公为主要功能，为高端人才做配套服务，“一”字形体量顺应地势高差，层层叠落的屋檐在骊山的映衬之下极具地域特色。

“凤凰鸣矣，于彼高冈。梧桐生矣，于彼朝阳”，目前项目正处于建设过程中，我们期待这个作品被塑造成高品质人才基地的典范。

建筑师的多元平衡

——记中亚公园改造项目

赵甜雨

2024年5月19日，在首届中国-中亚峰会成功举行一周年之际，中亚公园开园仪式在西安浐灞国际港举行。

“中亚公园在西安建成开放，成为西安与中亚人文交流的新窗口！”

——新华社评价

一、设计缘起

2023年5月中国—中亚峰会在西安举行，这是建交三十一年来，中国和中亚五国元首首次以实体形式举办峰会，具有里程碑意义。各方高度评价共建“一带一路”倡议对引领国际合作的重要意义，以共建“一带一路”倡议提出十周年为新起点，加强“一带一路”建设。随着中国-中亚峰会的召开和“一带一路”建设的深入推进，我国与中亚国家的友好合作关系日益紧密。为此，浐灞国际港决定对灞河东岸景观进行提升改造，打造中亚公园，这将成为具有国际影响力的城市绿地，也将成为推动“一带一路”文化交流的重要平台。

二、设计探究

总体上，我们遵循以下原则。

（1）尊重原设计、与周边地标建筑风貌统一。

（2）白色设计体系不变，以中亚文化元素为点

丝路会客厅与《六国共舞》

文化墙改造

草坡景观提升

中亚公园鸟瞰

对岸北京餐厅

缀，提升空间艺术韵味和文化内涵。

（3）突出现代性，对不同文化兼收并蓄。

（4）东西两岸的和谐对比，和而不同。

具体改造上，我们贯彻“人民至上”的核心理念，无论是对丝路会客厅幕墙及周边广场重塑提升，还是对中亚风情街的打造，都强调公共性、艺术性与日常生活的交融，旨在吸引市民走出家门，参与到这个集商业、文化、休闲于一体的活力场所中来。例如，丝路会客厅选用中亚图案镂空铝板设计，传达中亚文化；同时，增加广场硬质铺装，打通视线，调整景观绿化，对原有广场重塑；在节点设计上，通过改造后庭院休闲平台、对岸北京餐厅立面、电梯和平塔、增加园路等手法，既丰富了空间层次，又强化了视觉焦点，使得每一个步入园区的个体都能在此找到归属感和参与感。

为了进一步烘托中亚主题，我们还在园区内精心安排了一系列雕塑作品，如描绘土库曼斯坦汗血宝马形象的雕塑群《九骏长安》、反映丝路文化交流的西行驼队雕塑群《丝路驼铃》，以及反映中国-中亚五国人民团结友谊的广场雕塑《六国共舞》，通过这些具象的艺术表现形式，唤醒人们对中亚各国丰富历史文化的认知与尊重。

三、设计感悟

改造项目类似于织补旧毛衣，是在不断碰撞讨论和日复一日的踏勘中提升和优化设计，本次项目从1.0版本的未建成的高层酒店，2.0版本原酒店基础上的公园，到3.0版本的中亚公园，毛衣织了又停，停了又织。

在设计之初美好的想象在现实中成立需要经历重重考验，存在原有资料不清晰、建成现状和上一版施工图不符、图纸坐标体系不同、工程额不足、工期紧张等各种情况。以往的经验中，我更多是沉浸在纯粹的设计里，对建筑行业体系不够清晰，本次设计让我学习到建筑师要培养多元平衡的能力，好的建筑不仅仅是好用好看，还要在有限的预算上、安全上、技术上进行控制，这需要我们在坚持核心设计理念的基础上，根据适宜条件调整和变化。

1、适用、经济、美观的平衡

在以往的设计中，我对项目的工程预算仅仅停留在简单的数字层面，同时施工图经验较为欠缺，因此设计中更加关注美观性，对适用性和经济性都把握不到位。本次设计从方案设计到施工图设计，到现场施工，一气呵成，让我对适用、经济、美观这三点有了更加切实的把握。

在项目的方案设计初始阶段，我负责中亚风情街的设计，彼时还对本项目工程预算不够清晰，由于原有风情街整体较为平实，出于对场所标识性和美观性角度考虑的角度，进行针灸式改造，构思了多个亮点，打造出理想中具有起承转合的空间效果。

在多次同管委会领导和其他配合单位交流后才得知，中亚公园工程限价为3 000万元，此前我们初步估算高达7 000万元；与此同时，由于预算不足，项目重点为丝路会客厅片区，原有节点基本消亡殆尽。好在赵总的坚持，保住了电梯塔节点的改造设计。在当今经济形势下，如何利用有限资金创造出各方满意的成果，也是建筑师需要掌握的一项重要技能。

《丝路驼铃》拂晓时分施工现场

丝路会客厅后庭院改造

丝路会客厅立面改造

中亚休闲街节点改造

中亚公园入口鸟瞰

2、不同角色之间的平衡

建筑是一台复杂的机器，类似小蜜蜂的分工，大家合力让建筑这台机器运转起来。本次设计让我深刻地了解到建筑师不仅需要关注设计，而且同甲方、使用者、结构师、投资估算师、景观师以及其他配合深化单位、施工单位都需要多加沟通，才能更加了解我们需要打磨一件怎样的作品，便于接下来对自己的方案进行纠正和调节。

在同事带领下，我跟进了多次管委会会议和项目现场，在会议过程中，我观察到尽管为了达到同一目的，不同角色对于同一建设项目的观察角度还是不太一致的：管委会领导重点在于做什么，他们更在意条目把控和人员调配，对于具体的设计效果没有过分关注。建筑师重点在于怎么表达，更关注对美的塑造，对故事的讲述等。结构师重点在于怎么建，更关注改造中的安全性和合理性。施工单位重点在于怎么做，更关注具体工程做法和工期合理安排。餐厅经营者重点在于怎么赢利，更关注人员流线的合理性和店招的设计等。

建筑师需要做的不仅是个人设计理念的表达，还需要做的是统筹不同角色的建议和意见，在坚持自身设计的同时，在与各方的互动交流中汲取能量，在观点的平衡中优化初步设计中存在的问题，实现有限条件下的最优解，在合作中创作出更加多元的、属于城市的建筑！

从园路回望丝路会客厅

研究探索

随着近两年来ChatGPT等人工智能技术的飞速发展，当代的建筑设计已经发生了翻天覆地的变化。传统的建筑设计过程，从简单的平面草图到三维模型的线型生长，已经不能满足现代建筑的设计需求，取而代之的是全新的建筑语言、全新的建筑体验方式以及全新的数字化表达方式。利用最新的数字技术，都市中心做了多种项目类型的尝试。但同时，我们始终保持设计的初衷，那就是顺应城市，顺应气候，因地制宜地创造出与人类情感产生连接的项目。

长安坊

——小雁塔历史文化片区规划设计

王维

小雁塔历史文化片区是世界文化遗产，是唐里坊文化展示地，是老西安名片、新西安客厅，是现代化都市中的一片净土。

小雁塔历史文化片区位于西安中心城区南部，所在区域是唐长安城朱雀大街、安仁坊所在区域，东至长安路，南至南二环，西至朱雀路，北至友谊路。2017年初，小雁塔历史文化片区综合改造项目正式启动，它是西安历史文化街区的重要组成部分，将以传承保护城市历史文脉为切入点，全面整合历史、文化、旅游、文物资源，建设小雁塔古建筑群、唐文化风貌展示区、生态遗址公园和商业服务设施等城市公共空间新格局。小雁塔所在的区域内有着丰富的历史文化遗存，该区域已发现的朱雀大街、安仁坊西北角墙墙基等遗址是研究中国古代东方城市营建的重要遗产。通过挖掘历史文化、疏解区域功能、保护文化遗产、改善区域环境等将该片区打造成为唐文化展示区。整个小雁塔历史文化片区综合改造工程，将以小雁塔为核心，强调小雁

一心、二轴、四苑的总体格局

“里坊制”的片区规划

塔的核心地标作用，严格控制周边建筑高度，突出城市景观通廊，确保视线畅通。该片区历史遗址遗迹主要包括两部分：一是目前唯一一处已发掘的唐长安城里坊遗址（朱雀大街、安仁坊西北角墙墙基、第七横街、第八横街，以及初步探明的安仁坊坊墙西南段坊墙遗址和一字街）；二是明清时期的荐福寺，其中包括古建筑群、古树名木及碑刻。

一、“安仁坊”“小雁塔”历史沿革

里坊制度由奴隶社会里邑制度发展演变而来，发展至唐代已极为成熟。里坊是中国古代城市外郭城居民的基本生活单元。不向街开坊门、定时启闭坊市门与宵禁的制度体现着严格的里坊制管理制度，同时也反映出封建统治阶级的城市管理观念。坊内建筑以荐福寺浮屠院和住宅为主，众多的名人旧宅，记录着唐代官员的宅第在不同时期的演变与丰富的生活信息。安仁坊是唐长安城朱雀门街东侧从北向南第三坊，安仁坊西临朱雀大街，北临第七横街，交通位置非常重要。安仁坊大致呈方形，据中国社科院考古所西安唐城的勘探资料显示，安仁坊东西长562米，南北长540米。已发掘的安仁坊坊墙西北角遗址更是完整地展示了安仁坊西北角的准确位置及坊墙走向信息。目前，安仁坊坊墙及朱雀大街遗存内的朱雀大街街道遗址是这条唐长安城中轴线的唯一已发掘遗存，并具有较强的展示条件。

安仁坊地区始建于隋代，在宇文恺规划设计的隋大兴城中名为安民坊。公元618年，唐长安城在隋大兴城的基础上建立，永徽元年为了避开太宗的名讳，安民坊也正式更名为安仁坊。安仁坊属皇城以南36坊之一，坊内仅有东西向横街而没有十字街的概念。安仁坊南北横街的宽度为四十七唐步，东侧街道宽一百唐步左右。安仁坊东西与南北皆长三百五十唐步。在王森文的汉唐都城图中，显示坊内四角均有建筑，荐福寺浮图院位于坊西北，杜佑宅位于坊东北，万春公主宅位于坊东南，其中万春公主宅规模相对较大，与元载宅均位于坊南。

小雁塔位于唐长安城安仁坊，荐福寺内，又称“荐福寺塔”，建于唐景龙年间，与大雁塔同为唐长安城保留至今的重要标志。小雁塔是中国早期方形密檐式砖塔的典型作品，是密檐式方形砖构建筑，初建时为15层，高约46米，塔基边长11米，塔身每层叠涩出檐，南北面各辟一门；塔身从下往上逐层内收，形成秀丽舒畅的外轮廓线；塔内门框用青石砌成，门楣上用线刻法雕刻出供养天人图和蔓草花纹的图案，雕刻极其精美，代表了初唐时期的艺术风格。塔内为空筒式结构，设有木构式的楼层，由木梯盘旋而上可达塔顶。明清两代因遭遇多次地震，塔身中裂，塔顶残毁，仅存13层。它是唐代佛教建筑艺术遗产，也是佛教传入中原地区并融入汉族文化的标志性建筑。

二、“长安坊”
——闹市中的净土，城市中的森林

1.策略一：从“一城繁华”到“一方净土”

小雁塔片区位于唐长安城的安仁坊内，在唐长安城朱雀大街与现代西安长安龙脉之间，同时小雁塔片区又位于西安的中轴线上，与钟楼、南门、小寨等核心商圈共同形成西安新的商业带。同时，荐福寺内又呈现出佛教寺院的静谧，因此整体规划将小雁塔片区定义为“繁华”到“静谧”的过渡，东区以繁华的都市商业街区为主，而荐福寺内、朱雀大街遗址、小雁塔南广场区则以遗址公园、文化体验为主，打造可以安放人们心灵的“净土”。两者既和谐共生，又互相补充，西安作为国际化大都市既散发着时尚气息，又不失历史文化名城的传统韵味。采取大设计、大景观手法对这一片区进行环境治理，进一步突出小雁塔的历史遗产的中心地位，兼具闹市中的净土与城市中的森林功能。

2.策略二：长安“里坊文化”最后的展示盛地

“里坊”是中国城市的基本规划模式，而唐长安城又是中国传统城市格局的典型代表。从目前西安城市的建设现状来看，小雁塔片区是展示“里坊”文化最佳地区，凭借着安仁坊这一历史基因将小雁塔片区打造成里坊文化的展示平台。整体规划设计分别从里坊遗址展示、里坊复原（包括里坊博物馆）、里坊的现代演绎几方面三位一体的、多角度对“里坊”文化进行全面的诠释。

3.策略三：“文化遗产”的现代“城市复兴”

小雁塔作为世界文化遗产，对西安的城市建设具有巨大的文化价值，此次规划设计以小雁塔为中心形成“一心、二轴、四苑”的总体格局，同时对荐福寺、朱雀大街、安仁坊等文化遗产进行整体提升改造，在小雁塔东西两侧营造城市森林的禅林意境，突出唐朱雀大街“大路朝天”的恢宏气势，形成西安的“城市会客厅”。环境设计和建筑设计采用新旧结合的方式，并且植入现代的城市功能，使其适应现代化城市发展的需求，最终使“文化遗产”活起来，实现现代化“城市复兴”的目标。

南广场区通过结合第八横街遗址营造的唐里坊空间意向，强化文化设施的引领，如里坊文化博物馆、特色酒店、书院等设施，打造以文化艺术展示、体验、传播为主调，辅以少量高端商业、休闲服务的西安文化新地标。在整体里坊建筑风貌的前提下，再现长安里坊的原有格局，实现新老建筑的和谐共生，打造全国独特的净土环境。

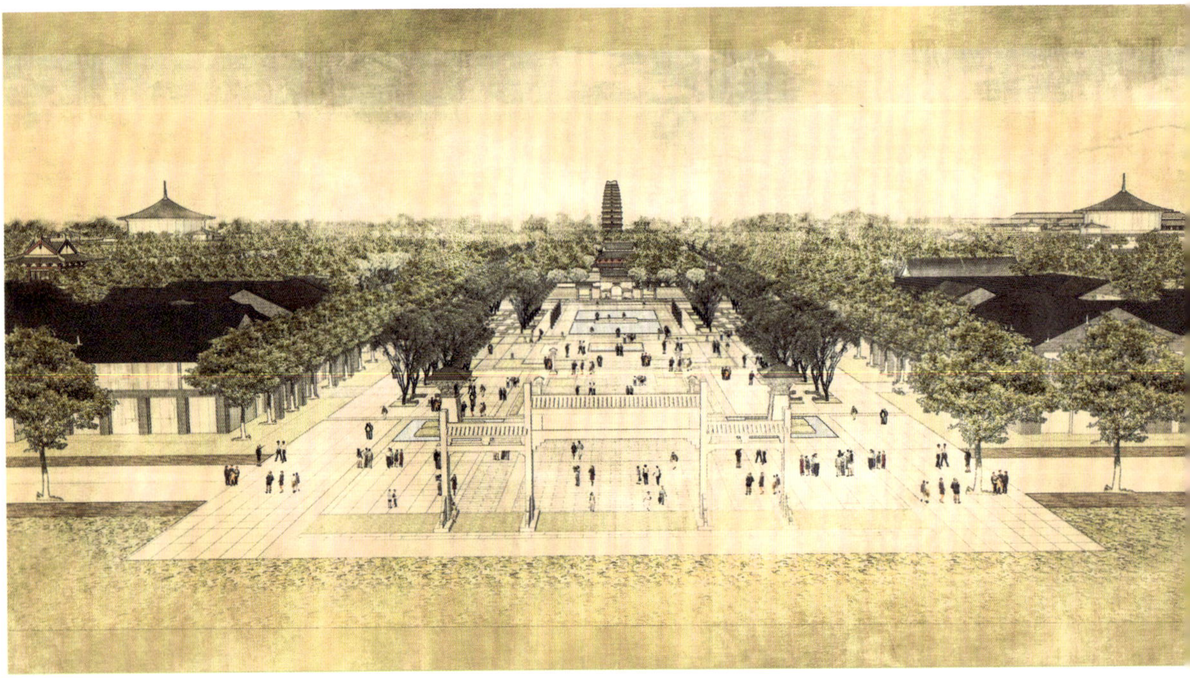

荐福寺片区礼仪空间序列

“大师工作营”
——崇礼太子城冰雪小镇

陈丹

一、项目背景

2015年7月31日，北京携手张家口赢得2022年第24届冬季奥林匹克运动会的举办权，与此同时，一个神秘而又富有魅力的地方——崇礼，走入世界的眼帘。2017年10月底，由中国建筑学会组织的27家全国知名设计机构及国内外知名建筑设计师齐聚崇礼，共同参与到崇礼太子城冰雪小镇“大师工作营”中，赵大师团队参与太子城冬奥核心区及冰雪小镇控制性详细规划以及国宾山庄片区的建筑设计。

北京冬奥会分为北京赛区、延庆赛区、张家口赛区，崇礼，便是张家口赛区的所在地，也是我国发展冰雪运动最理想的地区之一，其核心赛区位于崇礼区东部的太子城地区，规划建设太子城冰雪小镇，为赛时提供保障，赛后为地区服务，实现冬奥遗产的传承与发展。

项目用地位于整个赛区的核心位置，北侧紧临太子城遗址，西侧与高铁站相邻，交通便捷，环境优越，如何在这样一个群山环抱，地势平坦的土地上做出一个具有强烈标志性、令人难忘的，具有中国北方特色的小镇是我们一直思考的问题，它既赋予山水，又充满活力，它既要体现奥运时的中国气质，又要充分展示赛后的活力和人文特色，努力寻找这一场地的密码，并唤起它的新时代生命。

二、整体城市设计

1.城

张家口境内共有长城1 400多千米，汇集了中国历史上各个时期的长城，素有“长城博物馆”的美称。此外，张家口还有北方特色的各类古镇，如张

主题广场

里坊街区营造

放射状轴线布局

崇礼之门

蜿蜒的主街规划

家口堡、鸡鸣驿、蔚县暖泉镇等，它们的一个共同特点是中心有一座方形的城堡，即便是一千年前的太子城也具有这种特色。我们在小镇的设计中亦引入方城的概念，以此形成小镇的中心，体现中国这样一种独特的文化符号和精神内涵。

2.轴

中国人崇尚和谐平衡的精神之美，中轴对称的城市、建筑、空间格局，乃中国传统建筑布局之精髓。小镇的总体布局形成两条轴线关系统领整个规划设计，东西向的轴线与两侧的山峰形成对应关系，南北轴线顺应场地的河谷走向穿越整个用地，与北侧的太子城形成空间上的呼应和对话。

3.地

周礼考工记中提到，“天有时，地有气”，概括了城市建设与天地之间的关系，我们也希望从天地人之间寻求冰雪小镇与周边环境的关系，雪上运动亦是徜徉于天地之间的一项运动。经过研究找到了基地与周边山峦景观关系，从这些空间关系中勾勒出小镇主街的基本走势，每一条街都会和远处的山峰形成一条视觉通廊。

4.天

中国的传统城市无不强调天地融合的观念，在许多城市规划中都体现着象天法地的特色，如秦咸阳城、汉长安城及明清北京城等皆是如此。我们结合小镇主街规划曲折蜿蜒的特色，结合北斗七星的布局，形成一个充满中国故事的主街，这些转折点也与上述分析的地景不谋而合。

5.门

从整体城市设计的角度考虑，颁奖广场作为小镇的中心广场，从空间上使四方院与高铁站东西呼应，强调了小镇的中心并具有强烈的仪式感，因此我们提出了崇礼之门的设计理念，它像一个立起来的方城，一个方院，更是一个打开的大门，体现出张家口作为北京北大门的重要地位。它位太子城的南北轴线和小镇东西轴线的交点处。来自太子城的轴线代表着历史，由四方院和高铁站形成的东西轴线象征着未来，崇礼之门便是联系着历史与未来的枢纽，寓意着冰雪小镇从历史中走来，向未来走去。

中国自古以来被称为：“衣冠上国，礼仪之邦”，崇礼之门以开放、包容、接纳的姿态迎接着海外宾客，欢迎他们步入礼仪之邦，由此，门与城的概念得到进一步升华。

此外，我们提出对矗立在北边山峰下的奥运指挥塔进行合理性改造，使其呈现出中国传统塔的形制和风貌，这样一来崇礼之门与指挥塔南北遥相呼应，一实一虚，一阴一阳，妙趣横生，这也是形成崇礼之门设计理念的重要依据。由此形成了站、塔、场、院、街五位一体的城市设计格局。

6.坊

里坊是中国古代城市规划的基本模式，经过上千年的演变，到了宋、辽、金时期，里坊也逐渐由封闭转向开放，街市的活力大幅度提升。崇礼之意在于崇尚礼义，而仁、义、礼、智、信之五常贯穿于中华伦理的发展中，成为中国价值体系中的最核心因素，我们也将整个小镇划分为崇仁坊、崇义坊、崇里坊、崇信坊、崇智坊，意在传承中国的传统价值观和高尚美德。

7.街

街道是城市最重要的空间之一，通过上述分析，小镇首先形成了一条七星主街，结合太子城的轴线和用地的走向，又分别形成了历史文化街和生态田园街两条辅街，此外，用地东侧的滨水商业街更是大大丰富了小镇的空间环境，从多元化的角度展现了中国文化的博大精深。此外，为了体现张家口作为北方丝绸之路的重要关口和贸易重镇，在街道的设计中愈重现昔日繁华的市井生活，这也成了打造赛后使用状态的目标。

自此，冰雪小镇整体形成了：“一心，双轴，五坊，七星”的规划结构。一心在中，吐纳四海皆通流，双轴交映，纵横古今俱共生，五坊相礼，四季山水竟辉映，七星连珠，天地人合向无穷。

三、建筑风貌研究

通过对张家口地区著名古镇张家口堡、蔚县暖泉镇、鸡鸣驿的风貌研究发现，大多古村镇都有方形城墙，城内遵循传统营造城市的井字街巷格局，城中十字街头有钟鼓楼等标志性建筑，建筑形式为北方合院式建筑，布局严谨，建筑风格厚重而又端庄，建筑材料多选用石材、青砖、灰瓦，精致、细腻的门头演绎出了“材之美，工之巧”，呈现出一派天地人和的风貌。单体建筑设计谨循传统建筑之形制，硬朗的山墙面和灰瓦屋顶体现出北方建筑的特性，立面风格采用传统与现代相结合的手法，主要材料以砖、木材、玻璃及少量钢材为主，即符合现代文创商业的功能需求，又不失中国北方传统建筑的风韵。

四、功能业态

小镇主要分为五大功能片区，分别是以东西轴线为中心的核心展示区，以太子城轴线为联系的文化体验区，以七星节点为引导的文创商业区，以田园风光为背景的酒店民宿区，以及环境优美的滨水休闲区。

其中核心展示区以高铁站、冬奥塔、颁奖广场为依托置入游客服务、冰雪博物馆、冬奥博物馆等主要功能，强化小镇中心。小镇主街所在的七星节点瑶光阁、开阳阁、玉衡楼、天权阁、天玑阁、天璇阁、天枢阁分别引入太子城遗址博物馆、中国梦展览馆、里坊博物馆、七星博物馆、礼义文化体验馆、冰雪培训中心等主要功能，另外以文化体验、零售、餐饮、娱乐、休闲、运动、文创办公、精品酒店、民宿、温泉等多种商业形式为补充，最终形成冬季以冰雪为主，夏季以避暑度假为主的核心产业链条，借助冬奥运会这一历史性的机缘将冰雪小镇打造成为以产业“特而强”、功能“聚而合”、形态“小而美”、机制“新而活”的标杆性特色小镇。

五、结束语

当历史与未来在这里交会，当时间与空间在这里叠合，当华夏与世界在这里欢聚，中国崇礼太子城冰雪小镇应运而生。

北方民居的街区风格

雄安建筑风貌导则

高令奇

一、设计背景

雄安新区于2017—2018年多次举办建筑风貌工作营，邀请了12家国内一流的设计大院及建筑高校参与，我院积极响应和参与，并贡献了自己的一份力量。本次工作营的主要内容为建筑风貌导则的编制，为将来的大规模建设提供指导依据。工作营的工作内容总共分为三轮汇报，为期三个月。首轮为12家高校单位单独汇报成果，第二轮是高校和单位之间联合设计，优化改进设计内容，第三轮形成最终成果。西北建筑设计研究院团队在第二轮和东南大学建筑学院联合进行设计，共同完成了设计成果，由于是设计内容是编写建筑风貌导则，所以内容偏重理论框架的构建，或略显枯燥，在此与大家做以简要分享，欢迎批评指正。

二、总则

1.编制目的

雄安新区的城市建设中，为了弘扬优秀传统文化，保留中华文化基因，彰显地域文化特色，形成体现历史传承、文明包容、时代创新的城市风貌，编制本导则，为雄安新区城市建筑设计和管理提供指导和依据。

2.指导思想

以习近平新时代中国特色社会主义思想为指导，按照高质量发展的要求，坚持中西合璧、以中为主、

城市风貌示例

雄安新区总体规划图

古今交融，弘扬优秀传统文化，保留中华文化基因，彰显地域文化特色。

3.适用范围

本导则适用于雄安新区起步区范围内新建、改建、扩建项目的建筑设计和建筑管理。

4.基本原则

（1）传承中华优秀建筑文化。

（2）代表现代文明最新成就。

（3）贯彻中央建筑八字方针。

（4）体现地方自然人文特色。

5.实施办法

建筑风貌是城市风貌的一部分，本导则应在城市设计的整体框架下使用；各层级城市设计应包括建筑风貌的内容，地块城市设计导则中的风貌要求应纳入用地规划设计条件。

本导则第四章、第五章的具体条文适用于非标志性城市地段建筑风貌的一般性引导，侧重于对城市背景建筑的整体引导，如有突破，应开展城市设计论证。

重大项目和标志性建筑的形式风貌，应在符合雄安建筑风貌指导思想和基本原则的前提下，经方案设计评审和论证后，以审定的设计方案为依据。鼓励重大项目和标志性建筑的设计创新。

重要地段建筑的风貌，应符合已批相应地段城市设计的特定要求，未作要求的部分可参照本导则的一般性引导。

二、雄安建筑风貌整体意象

首先我们提出了以下四大理念。

（1）虚实相生：道。人与自然，建筑与环境，院落。

（2）主次有序，礼，人与人。

（3）整体协调：和 。

（4）重点突出：尚。

落实到具体的建筑层面，主要有以下要点。高度：突出平原建城，整体平展舒缓。色调：突出白洋淀水绿交融环境基底，碧绿生态基底掩映，轻红屋面，浅黄墙体，“新”，融入传统的北方建筑的基本色相，灰。屋顶：平坡结合，以坡为主（住宅）。街坊：方院围合，规则齐整。

最后，再提出一些反对原则，并结合国内的项目实例。

（1）反对奇奇怪怪的建筑，反对庸俗具象的建筑：河北天子大酒店——福禄寿、方圆大厦——铜钱、盘古大厦、安徽钢琴大厦 。

（2）反对西式古典的建筑：闵行区法院、雨花台白宫，欧式住区。

（3）反对杂乱无章的建筑：江宁万达、南宁万达。

（4）反对抄袭模仿的建筑：南昌万达茂、河北。

三、建筑风貌导控分区

1.建筑风貌分区构成

建筑风貌分区由标志性建筑区段、重要建筑区段、一般性建筑区段组成。建筑风貌分区应依据总体规划和总体城市设计所确定的空间和用地布局。

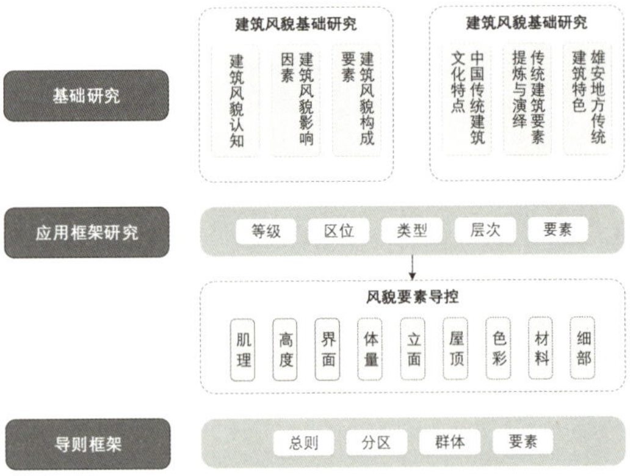

城市规划导则工作框架

2.标志性建筑区段

划分依据：新区总体规划和总城市设计确定的城市公共空间结构和标志性建筑布局。

城市公共空间结构一般由城市主要空间轴线和重要空间节点组成。

标志性建筑一般包括重要文化建筑、交通门户建筑、重要行政办公建筑、重要公共设施建筑（包括商业商务、体育、娱乐建筑及群组）。

3.重要建筑区段

划分依据：新区总体规划和总城市设计确定的城市空间布局和区位特征。

重要建筑区位包括绿色生态廊道、空间轴线、重要节点（广场、公园绿地、交通门户）、重要城市道路等周边地段，以及开敞空间中的建设地段。

重要建筑区段通常包括但不限于以下五类区位。

（1）A1类：北城临组团间生态绿廊的建筑区段与绿廊之间以城市道路分隔。

（2）A2类：北城位于组团间生态绿廊内的建筑区段。

（3）B1类：北城临组团内绿色开敞空间、轴线的建筑区段与绿廊之间以城市道路分隔。

（4）B2类：北城位于组团间绿色开敞空间内建筑区段。

（5）D类：中苑内的建筑区段。

4.一般性建筑区段

一般性建筑区段是指除标志性建筑区段和重要建筑区段之外的建设区段，通常由大量重复性城市街坊组成。一般性建筑区段的建筑构成了城市建筑风貌的基底。

一般性建筑区段通常在C类建筑区段范围内。

建筑风貌控制

白洋淀特色风貌

四、建筑群体风貌导控

1.肌理

建筑形体排布应在结合不同功能类型特点、满足不同功能类型需求的同时，体现所在区位的城市形态特征。A1、B1、C类区段应体现街廓的严整性和规则性，A2、B2、D类区段应体现与自然交融的灵活性。

A1、B1、C类区段的建筑形体布局应强化街坊的整体围合特征，协调街坊建筑肌理的整体性。沿主要城市街道的建筑形体宜采用贴建筑红线平行于街道的布局方式为主。

居住类建筑肌理：兼顾居住建筑朝向、日照要求与沿主要城市街道的街坊围合关系，沿主要街道适当增加东西向居住建筑来形成街坊的围合关系。

办公类建筑肌理：沿主要城市街道以平行于街道的形体布局为主，形成街坊的围合关系。

2.高度

建筑高度设定应满足控制性详细规划确定的高度限制要求，在结合不同功能类型的层高特点、满足相关建筑规范要求的同时，以街廓为单元整体设置，具体数值结合相关城市设计确定。A1类区段的建筑高度一般不宜小于18米，B1类区段的建筑高度一般不宜小于15米，A2、D类区段的建筑高度一般不宜大于18米，B2类区段的建筑高度一般不宜大于15米。

街廓高度的设置和引导采用街廓基面高度与突出部高度双值结合的方式，街廓基面高度的设置应兼顾相邻街廓的整体性，突出部宜沿城市主要道路布置，面积不应大于街廓基面面积的50%。

一般居住街廓的高度宜按照层高模数设置，街廓基面高度不宜低于15米，不宜高于24米，突出部高出基面的高度不宜大于3米。

一般办公、研发、商业街廓的高度宜参考居住建筑的高度模数合理设置，以形成街坊整体高度轮廓，街廓基面高度不宜低于18米，不宜高于32米，突出部高度不应大于45米。

一般研发、产业街坊的高度宜结合具体工艺要求，并参考居住建筑的高度模数合理设置，街廓基面高度不宜低于18米，不宜高于24米与已有最高不得高于45米，同一街坊内建筑主体的高度一般不宜多于两种。

3.界面（街墙）

界面是朝向城市开敞空间的建筑立面构成的整体，界面的引导应基于同一城市空间的整体性，综合考虑所处空间的性质、类型、尺度等因素。

根据与城市空间关系的不同，界面的引导重点在以下五类。

A1类：面向组团间生态廊道，之间有城市道路间隔。

A2类：面向组团间生态廊道，之间无城市道路间隔。

B1类：面向组团内轴线、绿色开敞空间等，之间有城市道路间隔。

B2类：面向组团内轴线、绿色开敞空间等，之间无城市道路间隔。

C类：面向城市公共生活街道。（城市主要公共生活街道应设置于南北向街道，以保证街道两侧界面均有日照，提高街道的活力。）

A1类界面针对大尺度的组团间生态开敞空间，街廓界面应突出整体连续性，贴线率不宜小于85%。界面天际轮廓线高低变化宜和缓，最低高度不宜小于18米，在城市空间轴线和重要城市街道的交接处可适当强化节点界面高度。

B1、C类界面针对中等尺度的城市公共活力开敞空间，街廓界面应具有较高的连续性，贴线率不宜小于75%。界面轮廓线高低变化宜和缓，最低高度不宜小于15米，地面层应加强界面的开放性，开放性界面比例不宜小于60%。重要段落宜设置敞廊。

A2、B2类界面直接面向绿色开敞空间，应突出与自然环境的互动融合，界面高度不宜大于15米，通透率不宜低于40%。

五、建筑风貌要素导控

本章内容主要为建筑要素控制，我们在雄安规划的基础上，进行了城市设计，通过具体的概念方案模型，对以上几章理论内容做详细说明，也对建筑风貌有了直观的认知和理解。

（1）体量：原则，所在空间尺度，位置，人行、车行。人性尺度的构建

（2）立面：原则，采光、通风、遮阳等功能，虚实比例。按类型引导。

（3）屋顶：总体平坡结合，住宅建筑以坡屋顶为主；坡屋顶与墙身的交接。

（4）色彩：合考虑自然和历史，整体暖灰色调；屋顶，浅砖红色为主，灰褐色；墙身，浅土黄、浅褐、浅棕。

（5）材料：对地方传统文化的回应；性能、环保、创新技术。

（6）细部：传统文化的继承，装饰提取；简化装饰，避免过度。

六、设计结语

本次雄安建筑风貌营活动最终顺利举办，每个团队的工作成果最终汇聚成更完善的风貌导则方案。雄安建筑风貌营，有别于以往的建筑设计，是从更宏观的城市规划层面出发，然后落到建筑细部，最终形成结合城市规划、地域文化、人文地理、建筑理论、社会学的集大成者。

对于建筑设计团队来讲，这是一次非常难忘而有意义地经历。首先很荣幸能为国家千年大计贡献一份力量。其次与国内一流的建筑大院和高校学习合作，极大地开阔了我们的认知视野。这不仅是一次建筑风貌营的学术活动，对于设计团队来讲，更是一次能力全面提升的契机。

重要建筑区段划分

周而复始的旅程
——西安市民中心（原张家堡广场）城市设计

郝恺

一、项目概况

西安市民中心项目是对张家堡广场的改造提升。张家堡广场片区于2004年规划设计，但随着城市发展和无序扩张，此区域现状交通混乱，各类建设各自为政，欠缺规划整合。因此，2018年初在市委市政府委托下，资源规划局组织中国建筑西北设计研究院、西安市规划院、贾孝远建筑师事务所开始了本次城市设计。同年4月市委召开专题工作会，听取了概念方案汇报并通过。经过深化修改，2019年1月份邀请了全国知名大师专家，对方案进行了咨询和论证，收获业界一致好评。同年7月份城市设计方案通过了市政府的办公会，经过几轮修改及与轨道发展集团（投资主体）对接，最终的城市设计阶段工作于2020年1月正式结束。

随着城市发展，近些年西安城市面貌也发生了重大的改变，最新的西安市总体规划设计了三条重要发展轴线。第一条轴线位于西侧，以西咸新区为引领的科技创新引领轴，主要沿沣河形成的南北纵贯西咸新区、高新区的城市发展轴，以商贸、科创、临空经济职能为主。第二条处于中间位置，是指古都文化传承轴，南接秦岭终南山，中承西安历史轴线，北至大地原点，延伸至唐陵，传承大西安历史脉络，以文化旅游、现代服务职能为主。第三条轴线就是位于东边的现代服务生态轴（国际文化交流轴），主要为沿灞河形成南北向联系国际港务区、浐灞生态区和曲江新区的国际文化交流、现代服务轴，以现代服务、文化、会展职能为主。尽管三箭齐发的规划概念给西安带来

东西向人行广场上跨城市主轴

张家堡广场北侧现状

种种机遇，但是在西安人心目中，贯穿主城的历史文化轴始终是最重要的“长安龙脉”（区域定位）。这条长达18千米的历史轴线是西安永恒的大轴线，老城区位于轴线的中部，代表了城市的历史；曲江新区处于轴线的南端，会聚了改革开放以来西安城市发展的光辉成就，代表了城市的现在；市民中心区域位于长安龙脉北部节点处，位置十分显要。以市民中心为核心的城北具有重大的发展潜力，代表了城市的未来，随着西安北扩建城策略的逐步实施，张家堡广场区域将成为未来的“城市之心”。

二、现状研究

本次研究以张家堡环岛为中心，范围北起凤城九路，南至凤城八路、西起市政府、东至西安市人大、政协。规划面积共111公顷。

1.先期规划

该区域从2004年规划设计之初，一直秉持“人民的广场”这一设计理念，将政府办公置于两侧，市民活动的空间居中设置，行政机关让位于市民活动。表达中国共产党“以人民为中心、全心全意为人民服务”的宗旨和“立党为公，执政为民”的执政理念。

区域整体规划以张家堡广场为核心，未央路贯穿中央，西侧的西安市政府与东侧的西安市委作为政府行政办公建筑，领衔东西两侧中式传统建筑格局，以城市运动公园及张家堡广场领衔东西两侧绿化景观，构成两侧层层叠叠的坡屋顶庭院建筑，从两边向中间逐渐消失，绿化与公共广场从中间向两侧逐渐过渡消失的双向延展，上下叠加的区域格局，形成广义的市民中心。

2.优势与问题

市民中心片区拥有成为世界一流的城市核心区优势：①优越的地理位置和交通条件，场地到高铁西安北站仅4.5千米，距离西咸国际机场仅18千米，距离老城区9千米；②开放的城市空白，区域中心为大面积绿化公园和广场，形成低密、开放的城市活动空间；③充足的城市留白，现状场地中有大面积的空地和留白，也是现状场地的一大优势。

同时，场地也存在一些问题：①人车混流，交通组织低效且混乱；②由于两条快速车行道将中心区域割裂，缺乏人气和活力，车行道将人的生活区域隔断；③整个场地绿化良好，但是周围一栋栋的百米高层喧宾夺主，场地缺乏标志性建筑统领，缺乏秩序；④地下两条地铁线在此相交，而整个场地中几乎没有地下活动空间，地铁资源利用不够充分。

三、策略与回应

结合上述场地分析，我们提出本次城市设计的策略：①链接东西城市空间，重建城市漫步公园；②塑造城市南北轴线，重塑历史文化场所，建立文化长廊；③全面开发地下空间，完善城市配套功能；④创造城市地标，延续东西空间，塑造城市丰碑；⑤形成以人为本的宜人环境，释放城市活力。

1. 连接东西

该区域现状的最大问题即南北向车流隔断东西向人流，将整个区域撕裂成各个独立的地块。所以，研究的核心就在于如何实现南北、东西的双向立体交通。针对此问题，通过和规划、市政交通部门的配合，我们提出了三种连通办法：最早方案是南北车行下穿，东西向绿化公园在地面实现连通。但是由于南北向道路距离不够下穿要求，无法实现方案设想。第二种方案是让东西向行人下穿，南北向道路保持不变。也由于地下南北向管道复杂，地铁标高限制，施工难度大等原因，无法成立；最终确定了保持现有车行道不变，将中间广场抬升，两侧通过缓坡上到抬升后的中心广场上的方案，实现东西连接。此方案的优势是施工过程中可以不改变现有道路和大部分管线，两侧有充足的绿地消化高差，自然的绿坡也能增加公园趣味性。同时现状体育馆本身就有一个大台阶，可以将大台阶与广场表面作平连接，处理措施也更加自然。

2. 秩序塑造

设计方案整体确立两大轴线。通过市民中心广场上西安建城纪念碑——丝绸之路文化长廊——“新钟楼”展示中心，由北至南依次排列形成南北轴线。广场南北两端的展示中心（新钟楼）和观光塔（建城3 100年纪念碑），形成城市地标，对整个广场起到统领作用，修补城市空白，再造城市秩序，重塑这一重要的南北轴线。通过市政府——市民服务中心——市民文化中心——市委自西向东形成东西生态轴线，整个片区完工后新增绿地面积将超过10万平方米。

3. 功能重组

在区域核心位置、设置了倒三角形的一组建筑，分别是服务中心、展示中心以及文化中心，三中心地下及广场层连通，共同组成西安市民中心。展示中心利用轻钢结构建在原有地铁站厅之上，保证市民来往的便捷性。在张家堡广场西侧，现有的体育馆、会所区等文体建筑共同形成了城市的文体中心。而在张家堡广场东侧设有一组超高层综合体，结合裙房及地下功能共同形成了城市的商业中心。配合张家堡广场大轴线以及西侧的城市运动公园，形成了三中心加一个城市纪念轴、一个城市休闲区的整体布局体系，形成一个广义的市民中心。市委、市政府分居两侧，充分表达“以人民为中心”的规划思想，贯彻集约、立体、人文、生态、休闲的新发展理念。

4. 地下连通

中央广场局部一层抬升，再加上地下一层的开发，形成一个集科技馆、新闻发布厅、城市大讲堂、艺术画廊、美术馆、拍卖厅、档案馆、图书馆、小剧场于一体的文化长廊。长廊通过下沉的室外空间与南侧的市民中心、地铁站以及西侧的运动公园、市政府，东侧的商业综合体、市委相联通，形成一个地下的人行系统。

5.功能置入

通过设置社区图书馆、少儿培训、音乐厅、游泳馆、健身场所等一系列办公、文化、艺术、娱乐功能性建筑，共同构成西安未来的城市中心。地下餐饮及商业镶嵌其中，提升新城北门户的吸引力，将该区域进行功能多样化的拓展延伸，满足作为市民中心的标志性、功能使用性、多样性、市民参与性与环境生态性的要求。地下二层以及地下一层局部设置汽车库，新增停车位约2 500个，有效缓解区

地下空间设想

东北侧城市规划展览馆现状

域停车压力。

改造后的西安市市民中心片区行人在上散步、车流在下穿行，广场首层及地下空间置入文化及配套业态，连接行政中心站，彻底激活原封闭空间，地上地下交通多维度、立体化地高效运行。

四、历史演进记述

一个项目从设计产生到最终落成要历经太多的风雨和变数。对于设计者来说，从来没有“一帆风顺”，每个项目的设计总是各有各的难处，总有一些问题会不期而至，也总有一些问题会迎刃而解。西安市市民中心城市设计项目历时两年，而对其的研究却远远不止于此。建筑设计最大的困难在于没有“完成”的概念。本部分记述了那些成果背后的研究，为西安市民中心项目设计背后的挣扎和努力立一座“丰碑”。

1.十年一“建”

本项目虽开始于2018年，但是赵元超大师带领团队对这一片区的研究从十年前行政中心设计就已经开始。行政中心及周边城市区域设计中，“地铁上架展示中心的思路”，并已获得相关部门的高度肯定。但是由于一些其他问题，此方案的实施一直被搁置，2018年对此片区整体研究的开始，仿佛项目还未落地的曙光。项目进展三起三落，最终再次归于平寂，中途距离成功仅相差一天，让人不得不感慨世事无常和项目本身的“命途多舛”。

2018年4月6日，对于市民中心项目是很不寻常的一天，经过近四个月的研究，项目概念方案通过了市领导主持的市委工作会议，得到领导的高度赞扬，方案设计工作进入紧张的深化阶段。概念方案保持行人地面行走不变，将作为南北车行主路的未央路下做穿处理，广场南北设置两标志建筑“城市展示中心（新钟楼）和建城3 100年纪念碑，中部设置下沉式商业街，复原西安老街门头样式，商业街连通地铁站于周边地块，给人“一日千年”的游览体验。同时在运动公园内植入了音乐厅等公共建筑，激发城市活力。

2019年2月22日，方案已经过了一月份召开的专家研讨会，正当大家怀着急切地心情准备一天后的方案最终汇报时，突然传来消息，项目再次被搁置。这也让我们不得不感慨管理人员稳定对城市建设的作用竟然如此之大。由于南北向距离不够，本次调整维持了南北向车行道路不变，将东西向人行流线抬升至一层，两侧绿化通过缓坡过度，形成人上车下的立体交通系统，同时大力开发周边地下空间资源，将地下室拓展到两层，实现停车配套要求。在运动公园中增设了市民大剧院，中轴也设置了城市客厅及中华名人堂主题公园，初步形成了“三中心”的规划格局。

正当大家沉浸在失落中时，事情似乎又有了转机，在主管领导推动下，项目再次被提上日程，2019年9月20日，经过调整后的方案将原有架高的绿化公园面积缩小，改为通过南北两端的天桥连通东西，随后开始了与轨道发展集团（投资主体）的对接工作。在各方共同努力下，项目即将进入紧张的施工图设计阶段，然而因为领导工作重心转移，项目最终还是被叫停。

规划展览馆周边城市设计

大型城市更新建设涉及部门单位、决策领导太多，开展设计工作的困难和不确定性很大，需要设计人员有稳定的心态，更要有研究精神，道路有时曲折，但是在不断接近目标，也希望下一个十年能将这一项目真正变成现实。

2.远去的规划馆

说到市民中心，就不得不提该项目的“导火索”——西安城市规划展览馆改扩建工程。规划馆更像是市民中心的“前置任务”，而这一前置任务的设计过程也足够曲折。规划展览馆建成于2006年，随着设施老化急需改善，2012年正式启动了对该项目的改扩建设计工作。期间有不加建只改建的方案，有加建过3 000平方米的办公用房，有加建过8 000平方米的展览空间，有加建过2万平方米的展览空间，当我们认为这项目的各种功能都设计完备的时候，重点项目市民中心来了，设计任务从单体设计变成了城市设计，让人不得不感慨造化的神奇。

最终版的城市规划展览馆方案结束于2018年3月，项目加建占用北侧现有绿地，扩建后总建筑面积打到3万平方米，新增一个门厅、一个模型展厅和一系列配套展览空间，同时原有展厅也得到改建，以形成展示流线的闭环。

3.市民服务中心的短暂邂逅

正当我们沉浸在市民中心叫停地失落中时，市民服务中心改建项目的如期而至似乎给大家送来了些许慰藉。随着市上发展中心偏移，改建了近十年的规划馆终于整体搬迁至港务区，而原规划馆被划给了市民服务中心，该建筑再次更换了“任务书”。

市民服务中心改建项目要求在尽量不改变建筑外观的情况下对其进行空间改造，以适应便民服务、报告展览的功能。我们又一次满怀憧憬地出发，然而在不成熟的市场环境下，设计方具有巨大的劣势，该项目也因程序问题被迫中止。

市民服务中心主入口由原规划馆南门进入，门前设置大片草坪及广场空间，为出入地铁的人流提供最大便利。空间改造围绕中央的办事大厅展开，大部分空间服务于市民办事，内部还设置报告厅、展览厅、图书休闲区及文创区等功能。

五、结语

建筑师有时就像古希腊神话里的西西弗斯一样，不断推石头上山，又不断滚落，不断往复，却不一定有结果。然而对美好的执着又驱使人不断尝试，拼尽全力，屡败屡战。我们永远在路上。

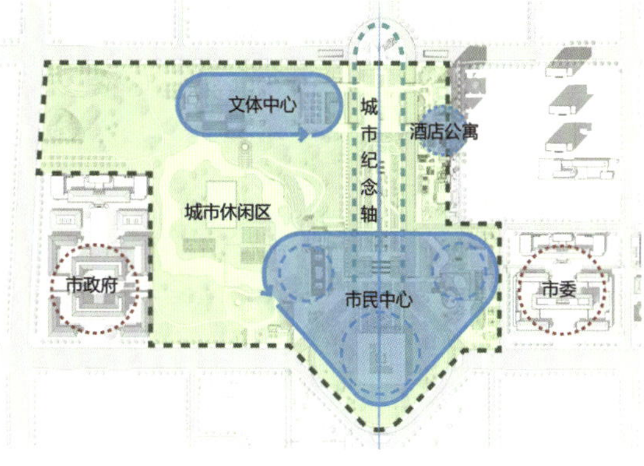

公共服务片区的整合

鄂尔多斯伊克敖包周边城市设计及文化创意产业园规划设计

宋傲

一、发展带上的重要节点

康巴什区位于鄂尔多斯中南部，地处鄂尔多斯高原腹地，距东胜区25千米、阿勒腾席热镇3千米，与东胜区、伊金霍洛旗的阿勒腾席热镇共同组成鄂尔多斯的城市核心区。

伊克昭敖包片区位于康巴什新区东北部：园区南临伊克昭街，东临201国道、西侧为东康快线，占地面积约为72万平方米。

其中坐落于千亭山顶的伊克昭敖包，雄踞区域空间的制高点，统领园区景观系统，以其恢宏之势成为康巴什的象征。优越的地理位置、舒适的自然环境、便捷的交通，使其具有得天独厚的发展优势和吸引力。

二、项目时代背景：新城建设、文化复兴

康巴什新区建设，体现城市设计个性与特色，坚持高标准规划与建设。

以“元朝文化”为历史背景，保护、传承与弘扬历史文化，将其作为鄂尔多斯市未来发展的核心竞争力之一。遵循文化与经济、社会相协调的可持续发展

城市设计研究范围

康巴什新区总体规划

战略；保护历史文化环境的整体性，历史文化遗存的多样性，坚持保护发展过程的渐进性，城镇活力再现的真实性。

三、项目诉求：控制片区发展、提升空间品质、营造特色文化

发展应与当地的资源环境承载力相适应，走出一条资源节约、环境良好的绿色低碳生态的文明发展道路，避免出现有些城市发展中产生的“城市病”，地区发展有序、适度地进行。

设计策略坚持以人为本，建设宜居、幸福、现代化的城市目标，完善公共服务设施，增加绿地、广场等公共空间，提升居住环境品质。尊重鄂尔多斯地区的自然和人文底蕴，弘扬历史文化，在传统与现代之间寻求平衡。结合本次规划的目标与现实基础，明确设计定位：打造面向未来生活的生态示范区，辐射鄂尔多斯市的活力起搏器以及服务康巴什新区的城市后花园。

在设计过程中，采用以下设计策略。

1.城市好望角、城市后花园

基于现有自然框架、文化脉络、基础设施，打造属于鄂尔多斯市康巴什新区的好望角和城市后花园。

项目片区内着力打造两个节点：一是延续伊克昭敖包的标志性节点，形成向城市若干方向发散的视线通廊和景观廊道，远眺康巴什新区；二是利用现有水绿生态环境，发展功能完备、环境宜人的城市后花园，与此同时综合商业、文化和住宅功能全面发展。

2.打造国家化生态宜居示范区

基于绿色生态理念，打造包含商业、休闲、文化、旅游的国际化生态宜居示范区。围绕生态研发、康体养生、旅游休闲的产业基础，发展片区级发展核心，作为康巴什新区向北部片区发展的动力。

3.与生态区的自然交融的框架结构

规划组织基于自然系统的框架，各个分区通过生态景观廊道、林荫大道、带状公园和绿色慢行交通系统相互交织连接。

在自然山水之间坐落着若干人性化尺度的独特住宅社区，周围环绕着自然山体和水系景观。项目中海绵城市生态公园、季节性水体与绿带渗透至整个设计区域，创造开放空间的同时，提升周边环境品质。

4.城市的生态文化核心

地标性的文化与市民生活圈巧妙地设置于片区内，节点区域统一于开放空间网络以及与之相互交叉的生态绿带。伊克昭敖包、千亭山公园、民族团结广场由生态绿带相连，相互结合，成为重要节点；结合远期博物馆群，将青少年活动中心、青少年科技馆、社区图书馆等一系列教育和文化设施规划于中部的水

绿生态轴带；共同构成具有标志性的生态文化走廊。

四、以人为本，宜步宜居

设计人员通过不同尺度的公共空间和公园设计，促进人性化的城市发展。街区尺度、道路网格和混合功能区域的设计采用较小尺度，鼓励行人使用步行与非机动交通。

中心商业商务片区的环形走廊规划了自行车道、慢跑与日常锻炼的步行线路。文化步道与其他林荫道的设置，体现绿色可持续发展的生态生活理念，旨在营造宜居的生活方式。

项目空间规划结构：三心一带、四区一体、多廊道贯穿的组团空间。其中，“三心”指的是伊克昭敖包、民族团结公园、千亭山。

依托伊克昭敖包打造民族文化，形成一系列与元朝文化相关的活动场景，与千亭山，民族团结公园共同构成马蹄形的观光体系。

“一带”指的是生态保护带。依托雷家坡湿地和现有绿化打造生态保护带。

“四片区”指的是居住、产业、服务、文化区域。依据不同功能需求，将基地划分为生态居住组团、产业活力组团、公共服务组团、文化休闲组团四大片区。

生态居住组团：背靠千亭山，毗邻城市水系，具有背山面水的生态优势条件。组团规划以居住为主，社区内布置幼儿园、社区活动中心等配套设施。

产业活力组团：商业活力组团紧密衔接湿地景观带，片区功能包含商业体验、酒店会议、低碳产业研发等。结合现有的中国低碳研究院，打造以低碳研发为主题、以生态技术为核心的创意产业园。滨水结合湿地景观布置酒吧街、特色商业小镇等商业活力设施。

公共服务组团：中部居住服务组团北侧背靠千亭山，南侧毗邻中心城区，东侧紧临敖包公园，地理位置优越。片区以公共服务为主题，规划中学、小学、养老公寓、康体活动中心等功能，并配置一定规模的住宅，以实现片区的健康发展。南侧滨水区布置园林式酒店，为片区提供高端酒店会议场所。

文化休闲组团：东部文化休闲组团以敖包为中心，形成一系列特色文化旅游功能。依托伊克昭敖包完善周边的服务设施，形成完整的景区公共配套。东侧利用防护绿带，打造湿地生态公园。

1.多廊道：视线通廊、景观廊道

以伊克昭敖包为中心，向千亭山、民族团结公园方向形成发散的视线通廊。在千亭山与雷家坡湿地之间预留一系列的生态绿带，实现建筑与绿地生态环境之间的渗透融合。利用周边资源，形成“伊克昭敖包—千亭山公园—民族团结公园—景观水面”的

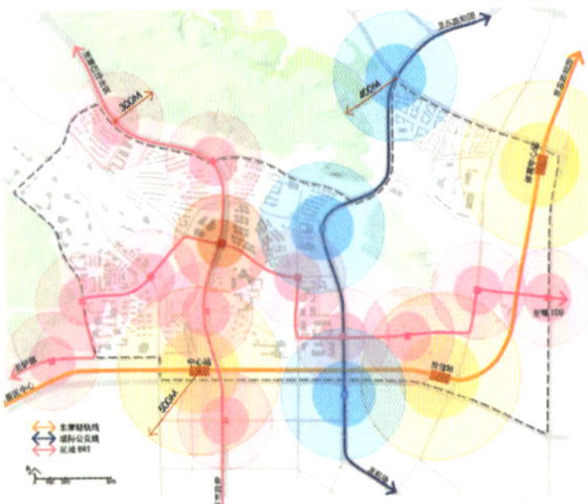

便捷

步行

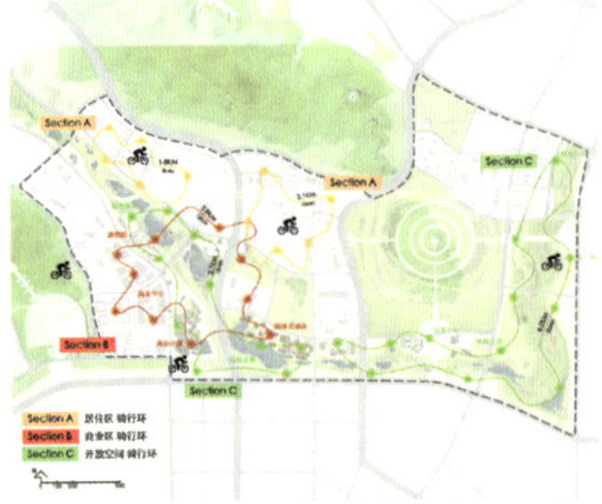

自由

开放

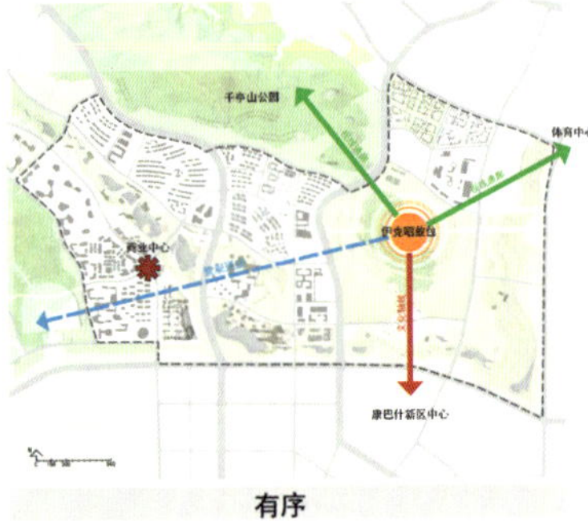

有序

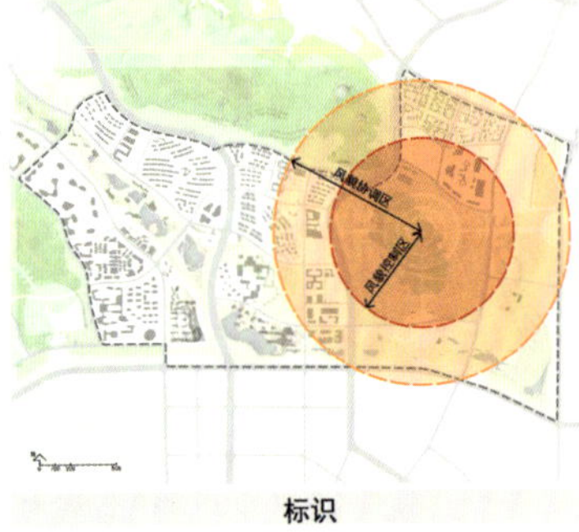

标识

特色敖包周边城市规划控制

"三山一水"开放节点体系。

2.设计特点

本项目采用业态POI大数据分析的技术手段，对用地周边大区域范围内的城市功能分布进行分析，确定基地的功能配置，对开发强度和开放空间进行合理设计。

践行城市设计的七大原则：尊重既有的自然环境和文化底蕴、适宜地开发强度和模式、以人为本的绿色交通系统、丰富亲切的开放空间体系、独特而有标识感的城市建筑、智慧城市和海绵城市、分期开发和实施，对设计用地进行深入且全面的规划设计。

3.土地利用规划：遵循生态融合、有机分散原则的可持续土地开发方案

规划用地布局注重生态环境保护与维持土地经济性的平衡，通过设置生态保护带保护现有生态环境。在生态保护带内布置青少年教育体验、商业休闲街、精品及特色酒店等功能，实现建筑与山体、水系等自然的有机融合，提高土地的经济性。

4.开发强度：公共区中心效应+居住区依托开放景观

遵守紧凑型开发的原则，在交通通行量较大的节点周边进行较高强度的开发，提高土地的利用效率和价值；在敖包周边则尽量采取低强度的开发策略，尊重其现有的统领地位。

5.建筑限高：高低错落、凸显敖包

敖包周边建筑采取低俯的姿态，突出敖包的地位；中心片区的建筑适当抬高，以形成一定的聚集效应。通过对建筑高度的规划，强化用地范围内的两个中心，进一步丰富城市天际线。

6.开放空间：丰富多样的活动空间、形成自然有机的生态系统

采取循序渐进式的开发模式，从整合现有资源到建立区域中心，再到片区整体的发展。规划设计采用绿色生态可持续发展的设计理念，规划了不同时期的分期开发与实施，实现持续发展。将自然生态归还于居民，将蓝绿交织在一起共同打造出宜居的生态环境，为片区的发展提供新的动力与机遇。

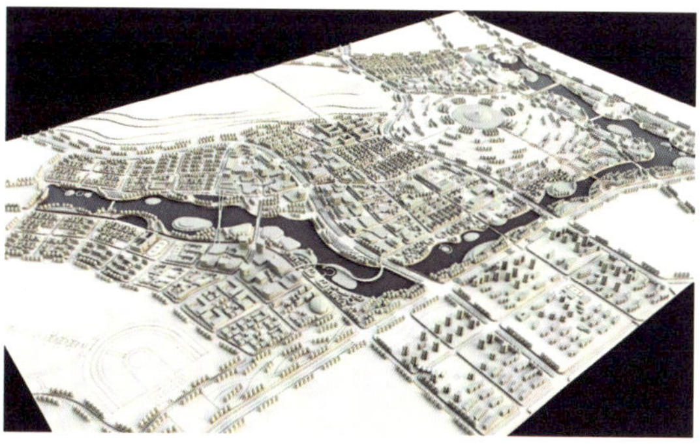

工作模型研究

相遇“舰桥”

——西北工业大学太仓校区整体规划及方案

杨安杰

阳春三月，江南已经万物复苏、莺飞草长。初访基地，即被眼前的景象所打动：烟雨蒙蒙，流水潺潺，小径时而与田垄纵横交错，行走在茂密的樟树林里，西边的佛塔若隐若现。眼前的景象，使人不禁想起古诗词里的江南意境，新校区的选址，深深根植于太仓的历史文脉与江南美景之中。

建设新世纪世界一流校园应更加注重与自然生态环境的协调融合，环境意识对规划设计的影响日益受到重视，基于此概念，我们着重从以下几点进行西北工业大学太仓校区（简称“西工大”）的校园规划设计。

一、校园规划设计

1. 校苑共生

设计原则从路网优先调整为自然环境优先，依自然地貌之势，尽可能保留场地原有的路网、树林与流水小泾，结合江南造园理念，创造一个园林般的校园。

建筑与生态自然相融合

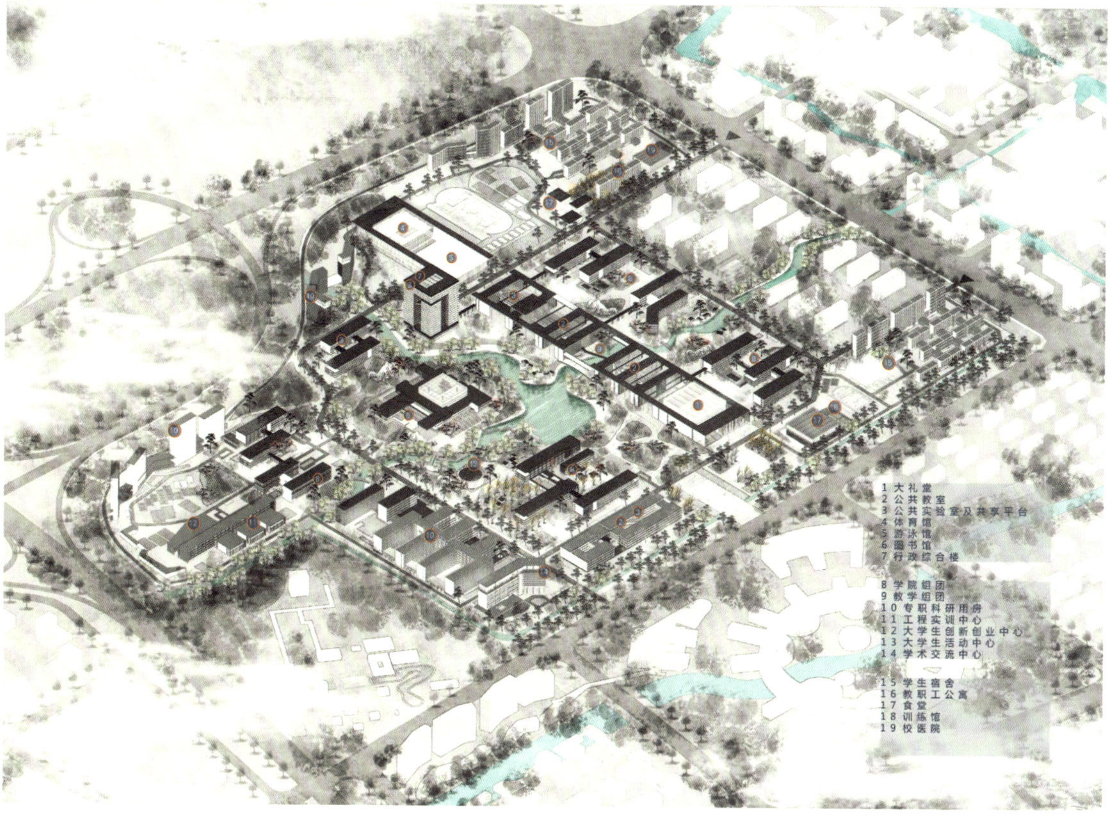

校区整体规划

2. 合理分区

教学、生活、体育功能区之间的平面组合方式为“品”字形，形成多重复合结构，核心教学区又与各个功能区域紧密相联。

主环道将校园内的核心教学区同外部生活区、体育运动区，学术交流等自然分隔，使功能分区动静适宜、逻辑清晰、关系明确。

3. 自由灵活的非对称布局

集中的公共教学、分散的学院组团、打破传统校园对称严整的规划格局，共同形成自由灵活的布局，体现江南园林的精髓，其谋篇是《园冶》的现代实践。

舰桥为多重连接单元，可任意分割，教学科研组团单元化设计，有利于分期建设，这也是本案的特色之一。

4. 开发强度的精心控制

结合远期规划，将部分功能向高层发展，从而释放更多的空间，有效降低核心区容积率。我们将高容积率的三期专职科研用房分散布置在用地周边，一、二期规划内则充分利用空间来营造丰富优美的环境，从而实现从密集型向自然田园型校园的转变。

5. 现代化校园环境和地域化相结合

营造简洁现代、典雅大气的建筑风格，使建筑与无形的园林环境要素自然融合，构成婉约诗意、宁静和谐的江南意境；将安静柔美的江南气质带入青春激荡的大学校园，这也是我们一直在努力的方向。

二、核心规划概念

西工大是我国著名的以航空、航天、航海为特色的高科技大学，落户于人杰地灵的江南地区，我们希望把高科技和深情感有机结合，结合核心教学区的布局，把其设计为一个有多重院落的巨构，使建筑形体如一艘停泊在江南水边的航母；我们称之为“舰桥”。

我们将“数”的概念应用于校园的构成，在感性抽象地表达中国传统文化的同时，亦理性地控制着校园空间的体验。

“舰桥”作为设计的点睛之笔，不仅象征着西工大勇往直前的探索精神，更是一道连接过去与未来的桥梁。其灵感源自《清明上河图》，以约800米长的建筑群体，巧妙地串联起公共教室、实验室等，宛如一幅徐徐展开的卷轴，都是对江南园林美学的现代诠释。

在“舰桥”与校园其他建筑的设计中，我们融入了“数”的概念，从零开始，象征万物起源；一桥飞架南北，寓意着科技与人文的双重基石。教学单元布局简洁而有序，如竹节般节节攀升，与舰桥的灵动设计相得益彰，共同构成了校园的活力骨架。

此外，我们通过精心规划轴线与视线通廊，将校园与城市空间紧密相连，形成“实轴”“虚轴”“天地轴”三轴序列，不仅构建了校园内部的秩序，也与城市景观和谐相融。五大学院组团与核心建筑群，围绕着水系巧妙布局，形成五个各具特色的“苑”，既彰显了江南水乡的特色，又实现了自然与建筑的和谐共生。

三、建筑设计

在建筑风貌上，我们追求简洁现代与地域特色相结合，教学单元和宿舍作为校园的背景建筑，形体水平舒展，立面结合江南廊院风格，彰显中华风韵。将宿舍楼和教职工过渡公寓作为一个整体来设计，可与未来教职工居住区形成完整的生活圈；其中，教工过渡公寓后期可自然转换为学生宿舍。

标志性建筑包括象征桥接远方、引领未来的舰桥；水畔湖石塔形的行政综合楼；矗立于水畔、简洁大气的图书馆；晶莹剔透、展现东方建筑之美的体育馆和游泳馆；以及颇具腾飞起航之势的学术交流活动中心。

四、智慧校园

“数”的概念不仅用于校园物理构成，而且在智能化方面也有所体现：校内不仅利用地面通信，还设想利用空中专用卫星，赋予建筑物各自特有的“ID”，实现物联共享，和西安校区智慧互联，协同管理。

尽管项目在投标阶段遭遇了一些遗憾，但这份融合南北特色，承载深厚情感的设计理念，依然是我们对理想校园不懈追求的见证。正如那句诗所述：“长风破浪会有时，直挂云帆济沧海。”我们坚信，未来的某一天，这份美好的愿景定将在太仓绽放，成为无数学子实现梦想与希望的沃土。

自由轻松的校园空间

一座城市的历史片段
——西汉三遗址历史文化街区项目概念规划

毛宇帆

最初了解汉中西汉三遗址，是在2017年夏天，恰逢我在都市中心实习一个月。因为从小生活在古城西安，居住在城墙脚下，南门边上，古色古香的松园、兴庆公园里的传统建筑在年幼的我眼中完全是城市中亲切的一部分。因此，在完成建筑学本科学业之后，我希望对旧城更新有更加深入的了解，因此跟随边兰春老师进行深入的学习。尽管当时还未曾深入参与过城市更新类项目，我对旧城区现状复杂有一定的心理预期，在接触汉中项目时，我感到城市环境的复杂性。

一、项目缘起

作为国务院公布的第三批历史文化名城，汉中拥有丰富的历史文化遗址。市内的古汉台、拜将坛等更是作为展现汉中历史文化传承的重要载体，向市民和游客述说着悠久的历史。西汉三遗址历史文化街区，位于汉中市中心的汉台区，其范围不仅包括古汉台、拜将坛和饮马池三处文保单位，还包括汇集丰富陕南民居形态的丁字街。此外城市发展过程中还聚集了众多机关大院及住宅区等。

汉中饮马池片区城市设计

饮马池周边更新

面对这样一个复杂的城市环境，规划采取的策略和措施千差万别。2017年，我仅参与了方案的初期讨论便结束了实习，在随后的四年中，伴随当地政府和甲方对这一地区理解的不同，都市中心的同事们进行了数轮方案的调整，但项目仍未取得更进一步的推进。由此可见，旧城改造项目确实面临着诸多难题。

2021年6月，汉中市政府根据产权和开发现状重新划定了历史文化街区规划建设红线，开展新一轮的方案投标，我们也随之展开了新一轮的方案讨论。这是我正式入职以来，参与的第一个历史文化街区相关的城市改造案例。

二、政策改变

近年来，伴随经济社会的发展，国家对历史文化街区的改造策略也发生了一定的变化。大范围拆改所产生的对场地内部建筑、人口、产业的颠覆性改变，被一次次证实是不可持续的改造方式，这也是很多历史地段被拆毁得来的惨痛教训。

国内的古城在城市建设开发过程中，曾经历了很多困境，比如在北京，存在着建筑和规划界难以控制的乱拆乱建问题，至今我仍记得读书时听闻“梁林故居”被拆毁时的愤怒和无奈。但好在近年来有更多的人认识到这些建筑和历史的价值，我们值得拥有像佛罗伦萨、锡耶纳那样拥有恒久魅力的古城，也能够拥有像巴黎、伊斯坦布尔那样新老城共同发展的世界级历史城市。

事实上，有泉州古城、景德镇以及近几年深圳南头古城等保护更新的成功案例珠玉在前，我们对于以保护为先的实施策略也更加有信心了。前不久中共中央和国务院办公厅联合印发了《关于在城乡建设中加强历史文化保护传承的意见》，强调要系统性保护城乡历史文化遗产。对于我们重新审视西汉三历史文化街区的价值提出了更明确的要求。

三、核心问题

通过对现状的梳理，我们认为场地所面临的核心矛盾依旧没有改变，存在值得保护的文化价值与亟待提升的环境品质之间的矛盾。

在文化价值方面，西汉三遗址历史文化街区内保留有汉中城市发展各个时期的空间样本，堪称汉中城市发展的活化石。这里既有西汉时期的饮马池、古汉台、拜将坛遗址，也有最早可追溯到南宋时期的城墙遗迹，以及自明清便府署机关集中的区域和清末民初形成发展保留至今的民居区。如今，这里传统街巷的尺度、氛围与居民的生活方式相生相伴，是老汉中值得留存的城市记忆。

而环境品质现状与这样的文化价值之间存在着很大的差异，首先是街区内三处重要的历史遗址、重点保护片区之间缺少有机的联系，亟须通过梳理街区进入者的行为，为其规划合理的联系路径，全面释放其吸引力。其次，历史文化街区核心保护区内建筑院落受损程度不一，需要修缮改造并提升建筑品质，对其进行功能更新。此外，街区总体风貌也有待梳理、调整、补充。随着周边新城及经济区的建设开发、人口以及资源严重流失、功能缺损，这里亟须调整街区结构、充实特色产业、重塑街区活力，提升老城价值。也需兼顾当代生活行为模式、建筑空间功能及空间尺度。

四、设计策略

通过对大量案例的研究与学习，我们总结出当前历史文化街区的保护已经从传统的“拆改留”向“留改拆”转变，对于街区内部的建筑价值也不仅仅局限于原先所认知的文保单位、历史建筑范畴内，而是所有承载有城市记忆的建筑群和历史环境都具有留存和改造的意义与价值。因而此次设计方案的首要策略是通过对场地建筑现状进行评估，采取“应留尽留”的策略。其次是动态更新与分类改造，以达到老城复兴和文化重塑的目的。我们希望将这一历史文化街区建成汉中“城市发展的活化石”与“城市记忆的博物馆”。因此对场地内的建筑进行了分类，首要的保护层级当然是三项文保单位，重新整合了其中的流线、环境，将古汉台遗址的北入口改在场地南侧；对饮马池周边环境进行重新组织，增加对古城墙博物馆的规划设计，形成区域明确的入口空间，也是最便于开发的区域；引导拜将坛遗址进行适度开放的组织形式。第二个保护层级是对丁字街的古民居进行修缮和维修，这些民居具有陕南民居的典型特征，部分院落遗存较为完整。参考测绘资料以及汉中市已经公布的历史建筑保护名录，我们确定了需要修缮的历史院落名录，并通过拼贴的方式对其进行表现。

通过梳理街区步行道路系统，确定了部分公共开放空间的位置，结合建筑品质，确定丁字街片区整体的规划。部分拆除重建的建筑也结合传统街巷院落尺度，分为一进院、两进院，通过控制院落比例和开间大小，在历史院落之间进行补充，最终营造出既满足现代需求又与保留建筑和谐统一的老街

丁字街古民居修缮

立面改造现有多层建筑

风貌。

而对场地内的多层住宅及多层商业建筑，我们摒弃了原本整体拆除的设想，采取更加绿色可持续的改造方式。通过分析，现状风貌不统一的建筑主要是建筑立面和环境品质不够有序，可以通过不拆除原有结构的方式进行功能更新与立面改造。尤其是其中区委大楼、将坛小区等质量过关的建筑，直接拆除不仅会造成无谓的浪费，更容易引发包括拆迁赔偿等在内的社会问题。一些宾馆、商业建筑等更是可以通过立面改造将其打造成历史街区的新地标。

在这一分类整理的过程中，我们逐渐意识到，在城市建成区中追求一种纯粹的形态统一是不现实的，即使将这一历史文化街区完全复建成明清或汉唐时期的风貌，无异于为城市增加了一片“假古董”。不仅没有保留住城市的记忆，反而导致街区原住民的流失，丧失了住区的活力。

真正城市记忆的保留在于保留区域的原住民，并为他们创造更好的生活环境，唯有这样，街区的生命力才能蓬勃向上。而城市的历史街区的风貌绝不仅指这座城市最辉煌时期的面貌，其发展过程中不同时期，不同功能之下带来的风貌都应当纳入考量。

在项目场地中，除了文保单位、历史建筑，至今仍在使用的众多机关单位的建筑虽不是历经百年的文物，但它们的存在也是城市记忆的组成部分。这一点从明清和民国时期的地图中可见端倪。在新中国成立前，城墙内的东南区域就已经作为古县衙、府衙所在。如今我们对这些建筑和大院的保留可以说是从另一个层面延续了城市发展的脉络。而对城墙遗址博物馆及公园的复建也是如此，曾经的城墙已经不复存在，但现今城市的道路格局完全可以看出其走向，对老城墙的局部复建，能够挖掘出城市的文化脉络，唤醒人们沉睡的记忆。

在西汉三遗址历史文化街区中，我们发掘出一个个城市历史的片段，将其保留发展，也为城市的未来留有空间，希望历史街区的改造能成为城市故事的新舞台。

重塑老街区

万象更新/汉台九陌

——大汉不夜城首轮中标概念设计

李照

2017年夏，我们接到陕西旅游集团的邀请，与众多高水平设计机构竞标大汉不夜城项目。经过多次实地调研后，我们发现这个项目非常复杂，千头万绪，一时间竟不知从何下手。随即我和同事专门去西安交通大学请教了相关专业的教授，翻阅相关书籍，抽丝剥茧，开始了我们的研究。

复杂性研究提醒我们在这个复杂的非线性世界中，为了保持世界的活力，我们必须保持全球性“多样化统一”的目标。——普利高津

一、地理历史

汉中是陕西省地级市。公元前451年，楚国在汉江中游的安康设汉中郡（辖今安康、汉中），东汉初，郡治迁入本地后仍称汉中，“地名漂移”沿用至今。市区东、北与安康、西安、宝鸡接壤，西南与甘肃、四川毗邻。成都至汉中只需3小时、西安至汉中仅1小时，交通便利。汉中是“西北小江南”，是中国典型的宜居城市，全市有国家重点文物保护单位19处，省级文物保护单位45处。相继获得国家历史文化名城、中国优秀旅游城市等多项殊荣。

二、经济民生

按《汉中市城市总体规划2009—2020》中心城区核心功能以发展无污染、低能耗、高技术、高附加值的都市型工业为主。汉中老城商圈与滨江商圈、城东商圈共同主导着汉中的商业形态。调研结果显示，老城区的经济基础较好，但在逆城市化的过程中，老城区的生活环境、空间品质亟须完善优化；在“千城一面”的浊流中，城市文化亟须明确塑造。由此来加强汉中老城区对人的行为及生活的增容效应。

三、基地概貌

基地位于汉中市老城中心区——汉台区，北至东大街、东至南团结街、南至南一环路、西至将坛西路，规划占地面积约40公顷。这里属于历史文化街区保护范围、文物保护建设控制地带和城市传统风貌协调区，基地内有古汉台遗存、拜将坛建筑遗存、饮马池遗存、古城墙遗存、丁字街历史街区，汉中市多轮城市规划对这一区域进行了重点保护和有效控制，文化遗存和历史风貌基本完好。现有建筑包括住宅、文物遗址、工业、医疗、商业、学校、行政办公建筑，

汉中市老城区文化遗存

种类繁多。这里的历史建筑风貌以关中民居和川西民居为主。

四、分析问题

通过对基地现状的多次调研和分析，我们认为片区主要存在以下问题。

（1）街区主要功能为居住、旅游、办公、教育和商业。随着周边新城及经济区的开发建设、人口及资源严重流失、功能缺损。亟须调整街区结构、补充特色产业、重塑街区活力，提升老城价值。

（2）街区总体风貌为小尺度历史建筑群，内部结构混乱。亟须梳理、调整、完善街区的内部系统，包括道路、区域、边界、节点和标志物。

（3）三处重要历史遗址、重点保护片区之间缺少有机的联系。亟须通过梳理街区进出人员的行为，规划合理的联系路径、全面释放街区吸引力。

（4）重点历史街区受破坏程度不一。亟须改善街道密度，改造并提升建筑品质，进行功能更新。

（5）街区内建筑功能及空间尺度需考虑人们的生活模式和行为模式。亟需植入适度的新功能、增强街区的体验感、塑造街区文化、创造新的市井生活。

（6）街区内生态环境良好，但缺少系统性的景观层级，亟须补充核心景观，激发城市活力。

（7）街区的公共服务设施缺失，亟须优化及提升。

从问题中来、到问题中去。这些问题和弊端正是设计的切入点，我们在后续设计中通过规划、建筑、景观三个层面对这些问题进行分类研究和解决。

综上所述，我们提出的设计目标是：老城得以复兴，文化得以重塑。来汉中旅游的人将看到一个真实记录汉中发展的片区，既融合老城记忆，又展示新时代生活。这里将成为一个自下而上的、全民共享的城市客厅。

五、总体规划

2017年前后，国内的旧城改造大致分为三类：老城改造，历史街区、小镇改扩建，工业遗址保护与改造。项目遗留大量的历史遗址、传统民居、不同年代的历史建筑等，所以设计融合前两种改造类型，借鉴第三种改造经验，针对历史文化名城核心区进行城市有机更新。

实践告诉我们，随着社会的进步，大拆大建的方式在城市核心区的改造更新中已经不再适用。微循环、有机更新的模式更有利于城市的“自生”。我们必须站在历史连续性的角度，将市井文化与业态规划并重。具体来说，就是在保持城市风貌、格局肌理不做大变动的情况下，保障当地居民的正常生活，控制入区客流量，完善现代化的配套设施，植入新的功能和元素，通过旅行住宿共享、物流共享、交通共享、服务共享，构建融合传统、创意、时尚的全业态微度假文旅街区，创造复合式生活。

通过规划设计，片区将形成“两带三区、八街九陌”的规划格局。其中，两带指南北活力文化轴（丁字街、中山路、建国路）和东西生态绿化带（城墙遗址绿化带及将坛路）；三区是指古汉台历史保护片区、饮马池历史保护片区、拜将坛历史保护片区；八街是指主要的八条道路，包括丁字街、中山路、建国路、将坛路、周公巷、饮马池巷、将坛东巷、将坛西巷；九陌指由这八条道路划分的九个街坊。通过规划，片区将形成“城里城外”的记忆范式。即以城墙遗址为界，打造出基于半步行化交通体系的“城里”

城市更新研究范围

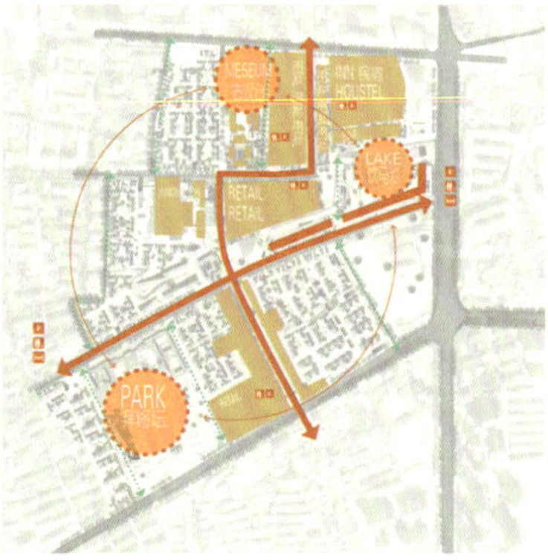

两带三区、八街九陌的规划格局

的市井生活和“城外”的摩登都市。

六、实施策略

如此大规模的、复杂的城市改造通常是不可能全盘开工、快速完成的，为此我们为项目制定了以下六个实施阶段。

第一阶段：改造片区硬件条件，从公共环境和居住环境两方面入手，制止目前衰败的趋势以及由此导致的恶性循环。

第二阶段：改造丁字街、中山路、建国路，将片区从北至南连通起来。大量的人流将从南一环路流入片区，打造特色商业街。

第三阶段：改造南北活力轴线两侧的区域，重点将于西侧的创意工坊区和东侧的民宿区同时打造成片区的经济复苏点。

第四阶段：以城墙遗址为线索、结合饮马池保护区，为片区打造开放的公共景观带，提升片区的空间品质。

第五阶段：根据地段条件的具体情况，规划不同类型的住宅产品。强调院落式别墅的概念，为现代人的生活找寻传统的意韵。

第六阶段：面对片区无法实现自身经济平衡的状况，可以通过扩大关联实现经济反哺。

七、重点区域

我们对片区内的六类重点地段做了分析研究与概念设计：首先是三个历史保护片区的保护和维护，其中古汉台和拜将坛现状条件比较好，前期的《汉中市西汉三遗址历史文化街区保护规划》《汉中市西汉三遗址历史文化街区建设规划》已经详细论述，这里仅需补充的是，对于与遗址有关的城市设计必须做好5个结合。

第一，保护、恢复和重新使用现有历史遗址和古建筑必须同城市建设过程结合起来，以保证这些文物在体现其历史文化价值的同时也产生经济意义，并继续具有生命力。

第二，历史遗址和古建筑的保护规划必须与相应的城市设计结合起来，以保证新老建筑在城市功能和体型环境上的和谐统一。

第三，古遗址、古建筑和历史区域与周边环境的保护相结合。

第四，保存和维护好城市的历史遗址与古迹要与继承文化传统结合起来。

第五，物质文化遗产的保护要与非物质文化遗产保护结合起来。

其他五类重点地段涉及历史街区保护与改造、住宅区新建、办公区改造、城墙遗址保护与改造、博物馆与美术馆新建。其中，历史街区保护与改造又细分为丁字街沿街建筑改造、丁字街内街建筑改造、建国路南段改造。这里的住宅区重建、办公区改造、博物馆与美术馆新建都属于在特定历史环境保护要求的地段和有特殊文化要求的新建筑的创作。住宅区占地面积大、数量多，是城市的“背书”；文化建筑占地

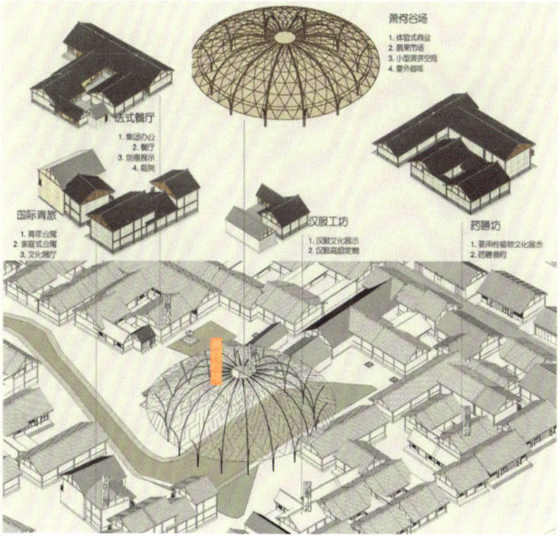

重要场景的营造

历史记忆的唤醒

现状遗存的提升

少、数量小，是城市的“标志”。前者的规划必须严格遵循片区的肌理，后者的规划可以适度创新。

对城墙遗址的保护与改造，我们制定了三个原则：一是历史文化遗产在现代城市中应该赋予新的生命，使其成为现代城市中不可或缺的要素；二是以历史文化遗产的科学保护和合理利用为动力，拉动周边的现代化建设；三是通过周边土地的增值所产生的经济效益，推动其环境效益、社会效益，从而达到历史文化遗产保护与现代城市建设的和谐共生与良性循环。

街道改造是城市更新中很重要的环节，甚至是城市给人留下的第一印象。我们希望在片区甚至更大范围内创造出“伟大的街道”，使街道更具安全性，确保行人、自行车和汽车各行其道，不能因为机动化影响步行、自行车交通的安全；增加街道景观，减少硬化路面面积；减少能源消耗；减少温室气体排放和空气污染；最大限度地使雨水渗透和雨水再利用；鼓励人们步行、骑自行车和乘坐公共交通出行，少开车，提高人们的健康意识。使街道更具活力，创建宜居社区；增加公共活动空间，增进人与人之间的交流；增强街道环境的吸引力，提高街道两侧土地的价值。

景观系统的调整以城墙遗址公园为核心，从场、街、院三个层级分别对广场节点、街景绿化、入户景观进行了改造和提升。

最后，我们建议本案的实施主体，通过政府主导、企业示范、社会参与、居民共建的大合作模式，深入持续地完善人口持续疏解、物质空间更新、基础能源提升、公共环境再造、培育文化触媒和区域整体复兴的实施路径。

城市生活的植入

重点片区的复兴

八、写在文末

城市建设是一个历史范畴，任何一座城市在塑造自己的文化环境时，都应该继承历史、立足当代、展望未来，都需要在自己城市文化的基础上进行再创造，只有这样才能使城市形象特色脱颖而出。从哲学思潮来看，当代城市建设体现了科学主义思潮和人文主义思潮的汇合。在这个汇合点上，物质的与精神的、传统的与创新的、地域的与世界的等两极的东西必然会神奇般地统一起来，从而构成一种洋溢着生命气息和生活朝气的综合美。——张锦秋

中标后，当我和同事开着夜车从300千米之外的汉中返回西安时，夜风拂面，深感责任重大，同时又怀揣美好愿景，希望汉台区终能呈现美好的未来。

九、花絮

作为一个年龄大、入职晚的建筑师，我的优势就是比别人多码过几十万文字，这也成为领导安排我来做一些文字和策展的工作的契机。之后我也就更多地开始关注到很多建筑师除了做好本职工作，还喜欢参观展览，出一些非建筑类的书籍，画一些建筑之外的画作。在这样的流量时代，做一个具有建筑师审美的公众号也是同行们的爱好之一。所谓“不务正业”，也是出于对建筑的热爱，以及由此而来的发散思维，优哉游哉。

都市与建筑设计研究中心
URBAN + ARCHITECTURE DESIGN & RESEARCH CENTER

长安月
——昆明池区域标志性建筑概念设计方案及地块概念城市设计

王鹏超　赵甜雨

两千年前，这片沃土是一片烟波浩渺的水面，承载着大中华的梦想和中华儿女对美好生活的追求。这里，曾经是世界的中心，如今随着斗门水库水利设施的建设，一个具有文化渊源又有现代格调的文化盛景将横空出世。古都长安迎来了重返世界中心的机遇。

一、设计探究

本次设计包含标志性建筑物的设计及整体地块布局，重点是标志性建筑物设计。设计过程中，我们依次从城市、场地、尺度、形式四个角度进行探讨：我们需要什么样的标志性建筑物?

在城市范围内，昆明池标志性建筑物位于西咸大轴线的南端，是城市中重要的景观标志和文化象征，背山面水，气势磅礴，衔接秦岭、气吞丰镐，需顺应未来之轴，向史而新。

在场地范围内，昆明池区域山水交融，古今交替，同丰镐二京比肩而立，与一系列现代建筑共融而生，共同构筑新时代大长安画卷。

同时，我们将昆明池同杭州西湖、北京昆明湖等著名湖泊及其周边建筑物进行尺度对比分析，认为标志性建筑物应统领昆明池，起到画龙点睛的作用。

通过多次研学探究从及对标志性建筑物的形式进行探索，否定了传统型、现代型、细长型等布局形式，最终确定了我们需要一个新而中、方而透、典而美的标志性建筑物。

二、设计理念篇

著名的岳阳楼、滕王阁、黄鹤楼是那个时代人们对城市地标及登高望远的愿景。文学上的绝句字字刻骨，成为永恒记忆。这些不同的景象和建筑所营造的意境带给我们以天人合一、物我两忘的诗境。

在民族复兴的伟大时刻，我们更应以文化自信、世界标准与国际视野重新审视这片土地，用新的创意表达时代的脚印。我们认为这组标志性建筑应具有以下特点。

（1）生态性。它应恰当地融入这片山水环境之中，为自然增色、表现人与自然的和谐。

（2）文化性。它应具有浓厚的文化内涵，是

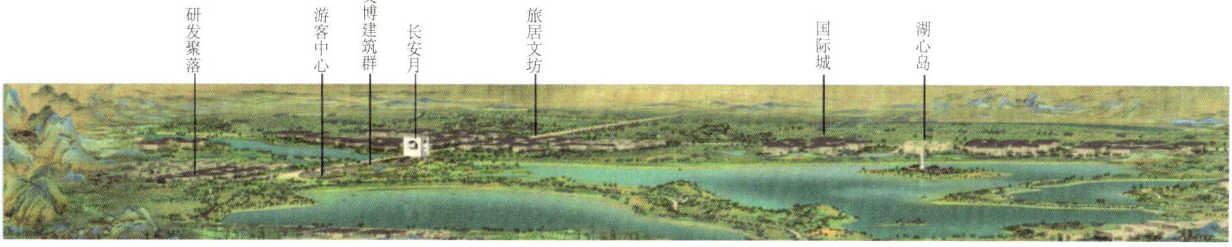

昆明池畔的画卷

“长安月”标志性建筑设计

昆明池文化的密不可分的组成部分。

（3）均衡性。它应在四面八方构成良好的景观。

（4）功能性。它应简约实用，具有登高望远和文化教化的功能，也是昆明池景区的地标。

（5）标志性。它应表现出中华民族的蓬勃精神和浩然正气，同时表达出文化复兴的豪迈气势。

西安是座充满浪漫色彩的诗城。标志性建筑应具有西部特有的诗意和豪放。中国现代建筑创作史走过简单模仿、器物象征和追求意境的不同阶段，在昆明池标志建筑的创作中，我们应立足湖光山色的意境，创作具有文化内涵的独特建筑，一个只属于昆明池的建筑群。

相较西方文化，中国文化表现出对“月”的崇拜，诞生了无数赞美月色的诗篇，中秋节、元宵节、七夕节都代表了中国人对人生圆满、和谐共生的向往。传说中的昆明池里的石鱼，又是对鲲鹏展翅充满力量的怀念。柔美和刚毅在此完美结合，我们的方案构思也从月色朦胧，石破天“鲸”两个维度展开。

大师设计草图

方圆交会的“亭”空间

我们努力理解这里的环境，从文化中寻找恰当的形态和方法。以绵延的秦岭为山水背景，湖心岛为前景，场地内标志性建筑以周代、汉代高台建筑为原型，最终在旖旎的五岭台地之上放置一盏60米见方、玲珑剔透的宫灯美玉，构成其基本形态，在东南西北四面各开一圆形空洞，四个圆洞交会处的球形空间的正中悬挂中国古亭模型。用极简的形式与丰富的空间，在昆明池畔徐徐展开一幅“周台汉阙，月光宝盒”的唯美画卷。

水与月、山与石、方与圆、台与阁、阙与爵构成了丰富而简约的造型元素。以月的崇拜、方的记忆、玉的礼赞、鲸的气势、充分表达了多种文化和汉韵之美。

以文化原型方块字、方城、方亭、方印为形，以“海上生明月”“月是故乡明”诗词为意，形意结合，从光影大镜的环境中，提取笔墨和材料。在水天之间塑造出宫灯高悬、皓月朦胧的浪漫景致，谓之“长安月”。

这一标志性建筑表达了“从传统走向现代”的理念，无论远望还是近观，都具有文化意境和建筑气势。建筑隐在山水之间，很好地呼应了西咸大轴线，具有完整的建筑形态，表示出“四面八方，唯我中央”的中心感和标志性，六面体暗合了中国文化的六合，方圆之间也表达了中国人“天圆地方”的宇宙观，玻璃既有玉的温润质感，也易与周边建筑协调，在汉风、汉韵建筑的簇拥下，在半透明月立方周围，你中有我，我中有你，中西合璧,构成一幅古今交融、水天一色的美好画卷和群体轮廓，同时具有山川异域、风月同天的情怀。

白昼之间、阴晴之时，建筑具有不同的景观效果，横看成岭侧成峰，每个视角的变化，倒影、反射、光影都会随着时间的变化而变化，成为一个魔盒。特别是夜晚，从圆形孔洞中发射出的光芒，如同文明之源照射四方。高悬的月宫似乎向人们诉说着美丽的故事，让历史告诉未来。

“今人不见古时月，今月曾经照古人”，中国文化历来崇拜月亮，这是一种时空对话，从月宫的空洞中观景，具有小中见大的特殊意境，南望秦岭，北望城市轴，具有“给我一日，还你千年”的历史纵深感。站在百米平台上，感受离日三尺的气势和豪迈，每当皓月当空，也有“对影成三人”的感慨。

我们希望通过这组建筑群，给人以“五百里滇池奔来眼底，数千年历史注入心头”的视觉冲击，使承载中国文化历史的昆明池再度发光，唤起遗产的现代价值。

消隐的场地设计

片区城市设计

昆明池北望

三、设计成果篇

设计成果分为总体规划、建筑设计两大部分。

总体规划体现“新”“融”“承”三大核心要素，即创新发展的规划理念、山水城相融的生态格局、古今相融的历史文化传承。遵循规划的汉韵风貌要求，以现代风格承载历史文化，成为彰显东方智慧，传承中华基因的新地标。场地内主要建筑为标志性建筑物（长安月）、博物馆群和游客中心。

建筑设计部分，场地由道路划分为东西两侧地块。

西侧建设用地顺应地势以地景建筑方式点状布局，设立汉学馆及各类博物馆；采取线性化的建筑造型，将体量消隐在柔美的环境中，以园林的设计方式表达对自然的尊重。标志性建筑物主要由系列汉文化博览——“汉语、汉字、汉服、汉餐”、月宫眺望、屋顶平台、城市会客厅等功能组成。

东侧建设用地设立游客服务中心，为游人提供生态游憩场所。游客服务中心以旅游服务、文创售卖、休闲餐饮等为主要功能，建筑造型线条绵延舒展，如同石鲸浮于水面，部分覆土，将体量融于自然之间。

这组和而不同的建筑，是昆明池的南大门，构成完整的高品质旅游综合体。

远望建筑如一枚方玉，镶嵌于大好河山之上，又如一幅淡雅的水墨画渐次展开。整体景观如画中月悬浮于烟波浩渺的昆明湖上，如同海市蜃楼若隐若现。

春和景明它像一尊方玉，洁白无瑕，淫雨霏霏、玲珑剔透。花灯初上，建筑熠熠生辉，媒体幕墙闪烁着各类影像。夜幕降临，一轮圆月悬在空中，光芒四射，流光溢彩。

一座城市的历史就是一个民族的历史，“长安月”项目向史而生，屹立在长安这片具有文化历史的土地上，像一座灯塔照亮着中华民族奋进的路程，又如月光宝盒，成为现代人心灵的归属。

四、结语

天有时、地有气、材有美、工有巧，合此四者为良。——《考工记》

一个关于永恒建筑的探讨
——华为西安二期研发项目概念设计

杨安杰

华为西安二期研发项目设计是我入职以来的主要设计工作。尽管这个项目经过很多次讨论与设计却收成甚微，我对这次的设计任务却依然满怀激情。

一、设计源起

华为二期项目是一个漫长的设计过程，我是在的第二阶段加入的。在此之前已经形成了多种布局形式的方案，如开放族群式、中心环绕式、经典院落式以及自由聚落式。经过与甲方的沟通，最终确定了自由聚落的大体布局。我们在第二轮重点探讨了三种自由式布局。然而，不到最后，谁也不知道无法预知结果。为了进一步推进项目，项目要开始国际投标阶段。为此，我们设计了现在的方案——“华为慧谷 三山五苑”。

二、一脉相承 承袭古今

本项目用地位于西安市软件新城南部。西安软件新城定位为软件研发、大数据及云计算等战略性新兴产业、新一代信息技术和现代服务的产业新城、智慧科技之城。回看西安历史，周秦汉唐相继出现，成为

沿街建筑效果

自由聚落式总体规划

中华文明史上一个个璀璨的片段。昆池劫灰诉说着大汉盛世汉武帝开挖昆明池的浩荡。如今昆明池跨越千年依旧碧波荡漾，见证着王朝兴衰，星辰变幻。华为二期项目用地西望丰镐故地，毗邻昆明池畔，东接汉唐盛地。我们从历史的本源上思考并突破，进而使项目不单单是一座研发中心，更富于汉唐气韵，成为承袭古今文明的永恒经典。因而，在项目设计中我们更加注重与时空的对话——一条空间峡谷，指向昆明池畔，连通过去与未来。华为二期诞生于城市历史，也将成为永恒经典的城市印记。

三、五苑三山 东方苑林

我们需要什么样的华为产业园，成为我们一直反复思考的问题。华为上一代产业园的肌理很有秩序，且简洁、现代，是现在典型的产业园模式。然而，随着华为的迅速崛起，企业文化的不断提升，华为在自己的产业园风格的追求上渐渐有了自己的诉求，在文化的传承上有了更强的使命感。

在我国所有城市的历史发展中，很多历史遗迹都被埋在时代的洪流中，没有永恒的建筑，只有永恒的

大尺度的休闲空间

精神文化才会延续至今，这也成为我们方案设计的出发点。崇山乐水，天人合一，古今一体的东方文化内核一直延续着中华民族的世界观。

传承历史的中心、经典永恒的建筑、宜人高效的场所、绿色生态的苑林是我们这次设计的目标。我们通过由丰镐遗址，经昆明池引发一条主文脉线，在基地里生长，将基地自然分成三个独立的台地，谓之“三山”，同时结合基地中间道路，形成五大功能组团，称之“五苑”。不同组团规模和布局方式不同，增加园区的多样性与自由度。秩序与自然相结合，礼乐相融。西安也是礼乐文化的结合体，宫殿区秩序规整，象征“礼”，昆明池山水相融，象征“乐”。挖土筑坡，堆山叠石，建筑与坡地结合，形成绿苑，打造东方苑林。“三山五苑”的格局，打造出经典、美丽、多彩、具有历史永恒感的建筑园区。

四、六筑一体 高效便捷

本项目通过一条活力峡谷，将各种服务配套功能融入其中，串联五大研发办公组团，从而形成以一串五的“六筑”功能布局。北苑为研发中心，与廊苑结合，形成研发组团。南苑为康体中心，与坡地结合，设置丰富的运动功能。西苑为研发中心，与坡地和中庭结合，形成研发组团。东苑为研发中心，与坡地结合，形成研发组团。中苑为研发中心，与坡地和院落结合，形成研发组团。“一脉”为带状服务中心，与坡地和下沉空间结合，配置餐饮及休闲功能。不同研发规模，结合多中心服务配套，使得建筑的使用更加高效便捷。

场地空间丰富自由，不同组团具有不同的风格，形成步移景异的东方苑林格局。一条充满活力的廊道，连接两个被分隔的地块，这也是全院的主要人流交通导向，连接了东侧一期园区和西侧湿地公园。通过这条人行大动脉，从地上或者地下，我们都可以便捷地到达各个研发组团。同时，在大动脉两侧布置服务配套功能，集约高效。结合五苑设计员工与货运入口，沿场地周边设置车行环道，可快速便捷地联系各个研发组团；地下车行道设置交通环廊，链接各个组团。园区最终形成六筑一体的功能布局和空间格局，高效便捷，也将成为新时代研发办公的新典范。

五、传承千年 经典永恒

这是一个能够传承千年、展现东方建筑美的城市群体；是一个规划合理，以美丽的建筑和环境浑然一体的建筑园区；也是一个和场所景观融合一体，创造出优美怡人的空间环境。这是一个经典、美丽、多彩、具有历史传承感的永恒经典。

建筑是凝固的音乐，这是一个关于建筑的探讨。我们不断摸索，也曾迷茫，踌躇不前，但随着不断地深入，我们意识到合乎这个城市历史、嵌入这片土地、融入周边环境的设计，才是时空上的永恒，是东方文化内核在建筑上的体现。

有秩序的办公建筑

在地向天

——T5航站楼前综合商务区重点地块建筑概念方案设计

毛宇帆

沿西安的古城中心钟楼向南25千米，便能到达秦岭山脚下；而向西北方向几乎同样的距离，便是西安咸阳国际机场。这方圆50千米的天地基本就是我这个西安人眼中这座城市的边界了。

秦岭是这座城市自古以来最坚厚的屏障和依仗，而机场是现代城市开放的门户。西安市的历史犹如秦岭山脉一样厚重，西安的地下，层层叠叠的是中国历史上无数个王朝的缩影。在西安生活的人，对于街头巷尾的历史遗迹见怪不怪，十三朝古都的历史早已融入我们的生活。

我们要展现给世界怎样的形象呢？这便是拿到这个题目时，我们希望借助设计表达的。继续深入调研场地之后，我们发现如下几个核心问题，随后形成的设计概念也脱胎于解决这些问题的过程及思考。

一、几个核心问题

T5航站楼的“门脸”正对的便是我们需要进行设计的综合商务区，除了要面对体量庞大的航站楼和站前综合交通中心（GTC）之外，还要面对场地另一端极为开敞的唐顺陵遗址。如何在长达1 000米的场地上处理好这一天一地，一古一今的关系，是我们深入场地后着重考量的问题。

近年来，西安的旅游热度不断攀升，一大批“网红”景点吸引着来自各地的游客，它们或依靠自身厚重的历史，或凭借自然人文的景观营造让游客梦回大唐的氛围，各具特色。那么如何在进出机场、进入城市的这“第一站”容纳足够吸引人的业态，这是我们考虑的另一个重要问题。

T5航站楼及站前绿谷

站前商务区城市设计

毕竟这里作为机场前的商务区，必然要服务于来往机场的人群，为他们创造方便快捷的换乘条件，让人们无后顾之忧地在这里游览，是我们必须在设计中解决的问题。

在设计中主要有这三个问题，接下来便是将答案融合为一个浑然一体的方案。

二、形象与文脉——象天法地，虚实相生

建筑形象的重要性在不同类型的场地上有着不一样的关注点。恰恰在机场前面的这个场地上，我们认为建筑形态需首要考虑——它需要在复杂的场地限制之下，依然能够作为西安市乃至整个陕西省的代表；同时，机场前的商务区不宜突显自身。

机场的独特性同时决定了在考虑建筑群的形象问题时，建筑师往常在模型中打开的“上帝视角”是能够被真实观察到的。我们需要同时考虑建筑在飞机、汽车和人三种不同视角、不同速度下展现的形象。

1.飞行的视角

秉持中国传统哲学中“象天法地”的理念，大胆地选择将中部核心建筑的万千气象隐于一片绿谷之下——巍巍秦岭起伏的山形、“碳水之都”延绵的麦浪还有泾河大峡谷蜿蜒的姿态，这些从土地中生长起来的形态便构成了建筑的主体形象，整体建筑疏朗大气，浑然一体，既能带来足够的视觉印象，又比拟自然的方式，弱化其冲突感。仿佛在航站楼前，透了一口气。

在中轴线的一端，靠近顺陵的一侧，布置了一颗跃升于绿谷之上的棋子——“航空体验馆”，它与顺陵前呈环抱姿态的“母爱博物馆”，以一圆一环的组合巧妙化解了顺陵轴线与机场轴线的交锋。这枚棋子与地景建筑中部如河流般蜿蜒的开缝组合起来，在鸟瞰视角下，如同一柄如意，自然联系起T5航站楼及东侧的顺陵遗址。

2.车行的视角

根据机场道路规划，驱车前行的旅客需要在高

地景建筑的综合购物公园

架上转一个较大角度的弯才能转到正对机场航站楼的视角下。绿谷之上的这枚棋子恰好位于通往机场的高架路转弯处，它与F地块两个从方正体量略加变形的建筑一起，形成了旅客在前来机场的高速上，独具标志性与识别性的建筑群。

我们设想开车前来的旅客经历了高速周边长长的景观之后，出现两栋不一样的、有棱角的建筑，能够振奋精神；随后便是弯道处圆润的棋子和呈怀抱姿态的博物馆，能给人带来一种安全感。转过弯后，正对机场，中轴一侧是匍匐在地的一片地景建筑，仿佛从土地中生长起来，我们控制了中轴整体的形态，以确保在高架视角下航站楼依旧占据主体地位。

3.人行的视角

机场航站楼以其独特的功能需求决定了它的体量必然是巨大的，站在航站楼内看向普通尺度的建筑，很容易产生一种尺度上的错乱感。在一个巨型体量的建筑周边，我们需要通过建筑的手法进行尺度过渡。因此在A、B两个紧临航站楼和GTC的地块，我们通过布置两个完整的体量来进行尺度的过渡。

两个方整的建筑占据用地的大半，从外部看来是能够承接住航站楼体量的，内部的采光通风问题则是通过各自的采光中庭和天窗来进行处理，最终形成兼顾视觉和使用的两个建筑体。

在建筑形象上，我们希望从有形到无形，充分考虑往来机场的人群观感。通过几个关键位置对建筑形体的控制，完成建筑对整片复杂场地的梳理——象天法地，虚实相生。

三、功能与业态——时空一体，情景交融

前面提到，形态问题之下便是功能问题，现代机场通常具备较为完备的商业，通过与策划团队的沟通，我们认为甲方提出的商业体量过大，如果作为传统的商业综合体，难以获得足够的人流量支撑。参考国内外成功的机场商业案例，我们明确T5航站楼前综合商务区的业态功能需要以体验型的购物公园为概念进行串接。

室内商业空间

作为城市触媒的综合商务区C、D地块，聚焦于购物公园进行场景营造，形成自然与人文交织而成的两条螺旋流线——中央峡谷可以快速通行；主题中庭串联起的购物公园，让人们流连其中。

通过绿谷下峪、林、河、谷、瀑等场景营造，引导空间起承转合，融合全息投影、VR体验、天幕展示等科技手段打造沉浸式的情景体验。

将周、秦、汉、唐等不同主题的博物馆铺陈于购物公园的主题中庭内，串织起商业流线；“航空体验馆”跃升于绿谷之上，引导游人穿越十三朝，沿泾河峡谷一路从大地走向天空，从历史走向未来。将历史、艺术与现代商业结合，用空间讲述时间，一日看尽长安千年。

两条流线合并，共同形成了自然与人文交相辉映的体验型商业场景。同时，由绿谷空间生发而出的不同形态的主题中庭，为产品发布、小型会议、音乐会、交流会等提供活动场所，创造多情景、易体验、新类型的复合商业综合体。

除一、二层裙房部分之外，沿开放的中央峡谷，布置了产业办公、公寓、酒店等功能的塔楼，充分利用自然采光通风条件，贯彻低碳环保的理念。

在围绕中轴的A、B、E、F地块，则布置了为机场配套的商务办公、公寓、酒店等功能，设计集约、简洁、灵活、便捷，通过与绿轴、机场形态相呼应，以简洁的形态与可分可合的总体规划，灵活开发功能与业态。

四、交通与流线——立体联系，多样选择

机场的交通类型复杂，既有通过轨道、大巴

下沉商业广场

这类集约型交通方式前来的旅客，也有自驾车、网约车、出租车等车流。设计通过分布于地面层的公交枢纽，及位于地上、地下的出租车、网约车接驳点，为游客的抵达和离开提供便捷的换乘方式。

C、D地块的购物公园全长超过1 000米，如果没有便捷的个人运输系统，旅客很难舒适自在地在其中游览体验。因此设计规划了位于地下一层的PRT (Personal Rapid Transit，个人快速运输系统) 系统，完善区域与GTC系统及公交枢纽的对接。提升游客在“城市候机楼”中的体验。

中轴购物公园与周边地块的公寓、酒店、办公等建筑结合停车场、地下环廊、环隧、空中连桥等设置地下与地面的多层大堂，提升用户体验。

我们思考“天”与“地”、“显”与“隐”、“虚”与“实”、“有”与“无”之间的关系，在地向天，形成了“长谷衔苍璧，流绢缀珠玉”的建筑形态。希望借由巍巍秦岭、延绵麦浪、蜿蜒泾河这样的自然意向，让人们在其中感受到一日千年的厚重历史。

当然，在短暂的竞赛阶段，设计难以解决所有的问题，在后续的方案调整阶段，我们会继续对场地进行深入研究，针对项目的落地性和可实施性进行优化。

高架处的视觉引导建筑

生态与自然主导的城市设计
——渭河两岸城市设计

毛宇帆

一、设计背景

2022年5月底，中建西北院都市中心开始与北京清华同衡规划院及上海市政设计研究总院团队合作，参与了渭河疏浚及两岸概念规划设计竞赛。这一竞赛由西安市高陵区政府及当时的西安国际港务区管理委员会共同组织开展。

这次设计与以往参与的城市设计竞赛不同，本次竞赛不仅包含城市区段，还包括长达15千米的河道。这段河道西起灞河入渭口，涵盖具有典型景观价值、历史价值及地理标识的泾渭分明的观景点，是灞河、泾河、渭河三水交汇之处。而渭河作为黄河的第一大支流，其生态价值非常重要，在水利方面更受到水利部黄河管理委员会的严格要求，水岸两侧的大部分区域基本无法承载任何建设工程。同时，渭河在西安城市北跨发展后将扮演“城中河”

西安渭河两岸城市设计研究范围

泾渭分明核心地段城市设计

的角色，西安这一内陆城市宝贵的滨水空间是我们在城市设计过程中希望最大化利用的城市资源。

二、生态价值

在以上的矛盾和需求下，我们首先立足河道本体，以生态保护和生态价值为核心，充分挖掘河道的价值。渭河作为关中平原的母亲河，在历史上扮演了重要的角色，具有丰富的文化底蕴，是西安地区生态文明建设的核心地带。通过对渭河的疏浚整治以及两岸湿地的最大化保护与利用，不仅构建了城市重要的滨水生态廊道，建成了生物多样性的保护基地，更吸引了多种珍稀候鸟栖息繁衍，展现了独特的生态系统价值。

通过打造浅滩、泥滩、湖塘、湿地、生境岛等，修复渭河两岸的生态环境。

三、产业整合

从本次竞赛的范围划定上即可看出，西安城市北跨发展是未来一段时间的重要方向，而国际港务区及高陵区不同的产业定位和发展基础也影响了两岸的平衡和谐发展。我们通过横向分段、纵向联通的方式，从西向东规划两岸对应的产业圈层，以平衡两岸的产业发展。

结合不同组团的发展基础和生态价值，形成集生态环境保护、科技创新、高端制造、文化旅游、康养医疗、国际教育和现代物流等多元业态于一体的综合性发展地带。

四、城市空间

将两岸建设成为山水意向与城市气派交相辉映、中国气韵与国际精神兼容并蓄的生态城区。从河道出发，形成较为疏朗的城市面貌，融城于水，藏城于林。

河道两岸原200米宽的绿带缓冲区形成了现状较为单一的岸线形态，因此在城市设计时，首先结合生态敏感带的布局，对河岸两侧绿地进行拉扯，形成丰富而有弹性的两岸滩地形态，进而将周边城市形态塑造成更为自由的组团单元。结合现状水塘、洼地，确定组团的公共活动空间，通过全域海绵城

市治理，提升城市整体安全性和土地价值。结合城市滚动开发的节奏，从西向东，结合城市扩展的趋势确定不同单元组团的开发次序。

五、标志节点

整个城市片区以较低的建筑高度进行控制，但围绕着泾渭三角洲，通过“一塔、一园、一桥、一校”等一系列的标志性建筑节点建筑高度进行控制，并形成城市片区整体的空间环境基础。从大的城市关系角度来看，泾渭之心与南部奥体中心、会展中心形成轴线关系，是城市向北发展过程中重要的节点。

其中“一塔”位于欧亚大道泾、渭两河形成的半岛上，结合地铁站点形成“TOD”核心，也是区域制高点，高达180米，突出周边已建成的居住区天际线，改善城市空间形象，塔下设置创意聚落、博物展览、文化体验和研发办公等功能。

“一园”即位于泾渭三角洲洲头生态较为敏感的区域，不宜进行过多建设，因此设计以泾渭文化为主题，结合植物收集、保存于迁地保护，打造科普、展览、生态、游憩为一体的现代化植物园。功能上包括西侧陆地植物园区及东侧水域植物园区两部分。

结合两岸洲头植物园与外扩的滩涂、泾渭分明观景点、观鸟道等生态景观节点，设计泾渭步行桥一座，连接渭河两岸，风格现代，既是人行路线上重要的通路，也成为具有标志性的景观节点。

“一校”指渭河南岸的党校，整体建筑风格平坡结合，传承中国传统园林意向，通过多进院落及院落组合，形成中国传统意趣与现代风格相结合的校园空间。

“水创岛”组团城市空间意向

临安之翼

——临安区青山湖城市客厅

张晶

一、基本概况

临安区青山湖城市客厅首发区块位于临安区滨湖新城滨湖控制性详细规划单元内，基地大致范围是：北至德义街、西至集慧路、南至朋来街、东至具美路，研究范围约37.8公顷。

基地南侧为青山湖，北侧及西侧为城市客厅，二期规划商业商务及住宅区块，东侧为公园绿地。基地北侧德义街、东侧具美路、西侧集慧路均为在建道路，南侧青山湖绿道已建，现状基本为空地，地势平整。本项目交通设施为上下分层的道路交通体系。

基地背靠自然山体，面向青山湖面，场地视野开阔，景观资源良好，湖光山色尽收眼底。

二、规划布局

伴随城市发展及生态、文化要素挖掘，临安区已从曾经的都市边缘，逐步融入城西科创大走廊，形成了“青山入城、六水归湖、一轴五心、一环三城”的空间结构。本次设计的青山湖城市客厅是连接杭州主城区与临安传统城区的关键锚点，是发展活力湖城的核心。

基地背山面水，负阴抱阳，山水一体，生态资源丰富。

设计因地制宜，以“破茧化蝶，绽放活力”为理念，力求山水形胜、群体取胜，寓意临安城市建设突破老城束缚，迸发新的生机。

设计顺势而为，在大地书写，形成“中”字形

立足山水的活力湖城规划设计

整体构架，组成一廊、一带、一街，双核（山水景观廊，建设沿湖文化带、活力内街、商务总部与文化客厅核）的复合城市客厅。

在“中”字结构基础之上，设计以三大策略实现多维立体空间营造。

山水相连，沟通人文与自然。

立体构建，因地制宜全方位立体融合。

多维复合，打造全天候休闲城市客厅。

山水相连，生态融合。

场地背靠自然山体，面向青山湖，设计以绿色廊道引入山间绿色，直至湖岸，构成以绿色生态为主干的共享空间，并向左右伸出串联区域关键节点的根脉，将首发区块织入青山绿水的生态系统。

设计优化上位规划，将绿轴一侧的单塔中心地标调整为绿轴两侧双塔对望，强化中轴，建筑形态向两翼舒缓跌落，与群山相得益彰，形成融入自然的城市天际线。建筑形态高低错落，为每栋建筑提供了最佳景观视角。双塔南侧的文化艺术馆与会议展览中心如书写在大地上的“一”字。蚕头燕尾，遒劲有力，中部下沉，反宇向阳，形如从城市客厅张开的两个臂膀，拥抱未来。前后两组建筑层次分明，分别勾勒出正反两条天际线，阴阳相生，山水相融，沟通人文与自然。

三、因地制宜，立体构建

顺应自然地势，整合现有基础设施资源，构建全方位立体交通。

一是交通空间立体化。设计聚焦现有交通资源，以科技大道为主干道，发挥德义街立体交通优

青山湖天际线打造

会展中心室内空间

文化艺术馆室内空间

工作模型研究1

工作模型研究2

城市客厅片区沿湖效果

势，协调周边道路，解决东西两侧地势收缩造成的交通阻遏问题，区分车辆类型，连接上下游交通。

以朋来街现状为基础，确定地面标高，以堤顶路为基准确定平台标高，建立地面层为车行、平台层为人行的立体交通体系，形成双首层立体空间格局。地下层为汽车库，通过各地块地面层出入口与城市道路连接。

二是交通组织模式立体化。设计充分考虑以人为本的原则，将各地块主要车行出入口布置在沿德义街与朋来街一侧，一层设计在用地中部的青柳街，仅作为连通性道路，设置商业落客区。真正在平面维度与立体维度做到人车分流。

三是生态绿化立体化。发挥自然生态优势，建筑形体依山而生，打开绿道，修复湖岸，傍水而兴，从地面到平台，从平台到屋面，将绿化融入建筑，营造新时期绿色之城。

四、多维复合，全时客厅

设计不金局限于空间范畴，更通过多维要素的耦合重构，重新建立人、城、自然的秩序，打造新型城市客厅。植入多维复合的功能模块，织补产业与自然生态。

会议会展、酒店、商务办公等会客功能与商业、娱乐康体等公共文化功能于一体，通过湖岸活力文化带和休闲活力内街相串联，打造活力休闲城市客厅。这个项目的立体化的空间结构为实现多维度的活力空间创造了条件。平台层作为城市客厅所在层，构建纯步行系统，打造真正属于市民的活动主层；文化艺术馆与会议展览中心的临湖公共厅作为文化艺术的活力空间；在商业裙房屋面，游客可以观湖望山，这里成为市民的休闲阵地；超高层的空中大堂，设置观光的功能，由内而外，由上到下，营造立体活力之城。助力滨湖新城成为建设山水湖城新典范、科创服务新高地、生态文旅新景区。

五、主要建筑设计

1.文化艺术馆和会议展览中心

D、E地块分别为会议展览中心和文化艺术馆。

会议展览中心主要包含常年论坛、主题会展、科技发布会、大剧院；文化艺术馆包含音乐厅、青少年活动中心、图书馆、科技馆。两个文化设施坐落于山水景观廊两侧，共同围合城市客厅活力空间。

设计以“临安之翼”为立面设计理念，通过唐宋风韵南北融合的设计风格，结合山水相连、城市聚场的规划原则，塑造柔美流畅，潇洒飘逸的空间。隔水远眺，湖岸边的场馆如潮水涌动，蕴含无限力量；如水鸟羽翼，振翅欲飞；如出水芙蓉，清新淡雅，引人沉醉。

整体设计充分考虑城市人流方向与滨水景观，以沿湖界面作为文化艺术馆和会展中心的城市形象展示窗口，设置城市广场，使其作为市民休闲放松的活动场所。同时结合室外广场和滨水室外剧场功能，共同构建临安城市客厅。中间景观廊道融合生态、文化、交通等多方要素，形成复合多维的城市活力公园，缝合东西片区。

文化艺术馆和会展中心作为片区未来新地标，可提供具备承办省市级会展活动条件的配套设施，举办各种类型的展览活动与商务活动，紧密结合酒店设施，通过内环组织人流、外环组织货运交通，以实现人车分流。

文化艺术馆和会展中心均以公共临湖观光厅

串联各功能单元，实现公共区域共享，减少运营成本，打造全时活力空间。会展体块单元化组织，可分可合，便于灵活布展。

2.商务办公（B、C地块）

设计优化上位规划，将绿轴一侧的单塔中心地标，调整为绿轴两侧双塔对望，强化中轴，建筑形态向两翼舒缓跌落，与群山相得益彰，形成融入自然的城市天际线。建筑高低错落，为每栋建筑提供最佳景观视角。在"空中大堂"远眺青山湖景色，建筑群与会展中心围合形成内街，构成滨湖新城。

酒店地上面积达47 500平方米，可满足各种会议期间和商务活动的住宿需求及餐饮活动，结合空中露台及设立景观良好的风味餐厅，并采取多家酒店团队运营，可灵活高效利用宴会厅及会展空间承办多样的文娱、主题酒会、婚庆等活动。裙房部分通过平台连桥与会议展览中心联系，共享融合，以多类型设施承载多等级活动，形成聚集效益，切实带动区域功能共享。

近来，中国的高层建筑如同雨后春笋，迸发勃勃生机。设计完善山水生态格局，构建活力城市客厅，描绘城景交融画卷，诠释生态、复合、立体的亲自然滨水生活。我们希望以复合的多维城市轴与绿色开放的城市客厅，驱动创新的发展引擎，创造富有地域特色的现代化片区新形象！

3.星级酒店（A地块）

A地块与其他地块相对独立，地块呈三角形，北高南低。北侧与智慧路相接，设置人行出入口和应急车行出入口，南侧与有为路相邻，设置平时车行出入口和酒店主入口。

根据地形关系我们沿湖布置酒店客房空间，向南逐层退台，为旅客提供最佳景观视野。沿高架路一侧设置高层客房区，两个体量相互错动避让，将内院与湖光山色融为一体。两个主题建筑共同构成一个倒放的"V"形空间，形成主入口空间，从柳林街向北，酒店形成商业内街的尽端对景。底层裙房设置餐厅、宴会、会议、咖啡、健身等酒店配套服务空间。在沿湖客房区的顶部平台设置无边泳池。

建筑立面设计如同航行在青山湖的游轮，曲面轮廓与地形一气呵成，整体与D、E、I地块的沿湖建筑气韵相接，如同蓄势待发的弓箭，极具张力。

4.商务办公（F、H、I地块）

F、H、I商务办公地块设计遵守总体设计理念，延续B、C地块商业裙房流线关系，通过连桥和地面层共同营造活力商业内街。

塔楼设计依据城市设计要求，建筑以山水景观廊为中心向两侧依此降低，塔楼位置成"品"字形构图，相互避让，为各个塔楼办公空间争取更大范围景观视野。

办公楼立面设计注重整体性，采用简洁的单元式设计格局，不断重复形成韵律，体现挺拔现代的设计特点，建筑造型根据定位，总体造型强调现代风格，清新自然。建筑造型方正简洁，利用模块化设计，可实现标准化生产，提高装配率和施工效率。商业裙房立面以横向线条为主，建筑层层挑台变化丰富，形成复杂多变、立体多元的商业和办公空间。建筑群整体横向穿插连接，极大地丰富了立面效果。轻盈的构件，体现一种飘浮感，给人空间的延伸感。酒店建筑层层退台结合屋顶花园创造了丰富的第五立面。建筑群整体立面设计简洁大气，凸显建筑的时代感，材质色调搭配和谐自然，与周边地块建筑风格和而不同，独具特色。

港湾洲屿，曲折多姿，林木花草，茂密艳丽，水鸟浮沉，天水一色，钟灵毓秀，人杰地灵。

常言道："上有天堂，下有苏杭"，然而苏杭中的苏杭，非临安莫属。

临安，曾是省城时代的都市边缘，如今,随着城市建设的发展及生态、文化的挖掘，临安已经融入城西科创大走廊全域空间布局，逐渐形成了"青山入城、六水归湖、一轴五心、一环三城"的空间结构。本次设计的青山湖城市客厅，则是处在连接杭州城区与临安老城区的关键点，是活力湖城的核心。

隔湖远眺，前排场馆如同涌动的潮水，蕴含无限的力量；又如出水芙蓉清新淡雅，使人陶醉。后排的高层建筑如同雨后春笋，迸发勃勃生机。可以预见临安滨湖新区将在首发区块的引领下，破茧化蝶，羽化新生。

书院精神
——首都师范大学良乡校区规划设计

王鹏超

良乡大学城地处房山新城良乡组团东南部，是房山新城良乡组团向南拓展的核心地带，始建于2003年，目前已有中国社会科学院大学、北京理工大学、北京工商大学、首都师范大学、北京中医药大学等高校陆续入驻。首都师范大学项目是大学城的收官之作。

4月初到北京，我踏寻了老校区和新校区场地。老校区中的红砖是学校给我的初识印象。校园不大，但精致，书香气息浓厚。良乡校区中南地块已有公寓楼、食堂、科技楼、艺术楼、教学楼及配套用房。北区尚未建设，中间有一条规划的景观带隔离了南北校区，项目需在原有基础上进行再规划和改建提升，延续老校区的文脉和如何有机联系良乡南北两校校区是本次设计竞赛中的巨大挑战。

一、总体规划布局

本次设计秉持传统书院精神，着重塑造校园特

校区总体规划

校区总体规划

色，尊重并利用现状、节省投资，促进校城融合。设计目标是使新建校区成为良乡大学城新的标志与典范。为即将迎来建校70周年的首都师范大学带来新的发展契机。

首都师范大学良乡校区“一校两区”的用地，自然形成相互对望又相对独立的基地现状。南校区的建设规模更大，在校园总体规划的层面需妥善处理新与旧、南与北、主与次、校与城的关系。

二、设计理念

校园规划采用经典的“品”字形模式，通过这一母题的拓扑演变，在北区形成“一主四从”的布局结构，两区之间以“人”字形长桥连接。通过游廊、长桥、合院、泉水、花木等传统园林意象描绘校园诗意，营造属于首都师范大学全体师生的“家园”。

三、利旧创新，重建秩序

为学为师，立德树人，我们将校园秩序的建立作为整体规划的第一步。

尊重南校区相对集中的既有建筑，利用文体主楼和东西教学楼组团，整场地共同构成“品”字形布局。中心绿地、文体主楼与运动场地，共同构建南北轴线。

位于中央的校园主楼以德才并重、文体兼修的理念，完善了图书馆、体育馆、会堂、师生活动中心等复合功能。以简洁的“一”字形长卷布局成为南校区的核心，和既有建筑形成良好关系，也通过会堂的局部扭转，形成空间上的呼应与连接。

北校区布局采用“一主四从”的经典模式，以两座坡屋顶风雨廊，形成串联整体的长廊。集校史展示、师生作品展览、生活服务、日常活动等复合功能于一体，构成极富活力的“教师之家”。

一虚一实两条轴线，一横一纵的标志性建筑统领南北校区，建立起校园新秩序。

四、校城融合，活力高效

设计过程充分考虑校园与城市的关系，以南校区作为校园主校区，南入口端正大气，与隔路相望的大学城拓展区形成良好的空间关系。通过校园礼仪广场与两侧的教学楼组团，形成层次分明、秩序井然的校园主轴线，正对长卷中央的图书馆，给师生进入校园留下深刻的第一印象。

北校区主要考虑城市轻轨站方位，“教师之

校区北入口设计

校区南入口轴线空间

家”长廊正对北校门。展现简洁的现代坡屋顶形态，取自北京传统坡屋顶建筑的表象，以红砖立面延续首都师范大学传统的校园风格，塑造极具特色的入口形象。高耸的屋顶对仅一街之隔的良乡大学城地铁站的人流，具有明显的引导作用。

跨越中部绿地的连桥仿佛一个大写的“人”字，寓意以人为本，位于场地中央，既沟通了南北校区，也便于融合交通系统（步行、骑行），兼有

健身漫步、休闲观景等功能。由中部公园扩展开来，这里既是城市绿心，也是校园活力之心。

连桥北侧自然延伸至长廊的二层平台，与教师之家相连，并串联起北校区多维立体的复合功能，形成校园的主干。

生活区的运动场、食堂、学生公寓通过连桥与长廊相连。教学实验组团的重点实验室、院系教学楼，可从连桥进入；行政办公组团下层的校史展示功能，串联起流畅的参观流线。

一条充满活力的天街连接文体与艺术、教学与生活功能。

连桥南侧自然分为两支，一支与面向公园的新学生公寓相连，利用桥面下空间及一层裙房，形成南区食堂与留学生服务中心。顺桥而下，到达南校区的活力中心，开放广场与大台阶共同围合成校园的生活中心。

连桥另一端延伸至运动场地，形成全长1.4千米的慢跑系统，将运动健康的理念贯通校园南北两区。

五、主从有序，灵活可变

百年来，党和国家始终把师范教育视为教育事业发展的基石。现代高等教育也在不断地更新与变革。因此，未来校园的弹性与韧性设计是方案考虑的重点。

校园的核心功能——教学和实验实训用房占本次校园建设总量的约35%。

经典院落布局和规则的建筑形态，提供标准化实验室和教学空间，可在不同学科、不同院系间灵

活调整。既可满足分期建设对各院系的使用需求，又能应对未来多样化的教学实验需求。

校园与城市一样，大量的建筑以背景形式出现，影响空间氛围和品质。设计通过尺度合宜、层次分明的院落空间，演绎着中国传统空间造型，形成校园整体静谧平和的基调。将校与园、动与静、主与次、显与隐的关系，蕴藏于校园肌理中。

在两校区与城市交界处分别布局三块分散的预留用地，既不影响各自界面的完整性，又充分预留未来的建设用地。既可根据需要扩建生活及教学实验区，增加校园容量，也可新建独立的学术交流中心、书院组团等，完善校园功能顺应未来发展。

面向公园的预留用地，将来可布置展览馆、小型报告厅等功能，促进大学与城市活动的交互渗透。

校园规划南北两区功能完备、设施齐全，空间组合灵活，预留足够用地。可以满足校园分期建设过程中的正常使用。

六、低碳共生，园苑相融

规划设计尊重既有建筑特点，以两校区现有路网为基础，局部延伸和增加环路，以完善校园道路系统。对已建成的内部道路进行局部降级和断面改造，形成便于分时管理、人车分流的交通系统。设计保留利用现有道路绿植和舒适的林荫道。

设计充分利用地下空间，满足停车、设施设备和后勤附属空间的配置要求。为校园开拓更多绿地，营造绿意盎然、自然生态的绿色校园。

对既有建筑空间进行功能置换与空间重构，优化提升建筑立面。通过恰当的局部改造，激发校园活力。

在原有的本科公寓周边合理配置新学生公寓与运动场地，实现场地利用的最大化。

城市中央绿轴向校园两侧延伸渗透，通过运动场、景观绿地、廊桥组合等共同形成校园的公共空间系统。面向公园的建筑因地制宜、顺势而为，展示出灵动的校园风貌，形成面向公园的良好校园形象。

绿色建筑的理念贯穿设计始终，通过院落布局优化校园微环境，优化自然通风与采光，教师之家长廊通过太阳能光伏发电、双层屋面等多种技术措施实现绿色节能目标，营造校园舒适的空间环境。

校园场地在尽可能保留原有重点绿化的基础上，通过水体系统、下凹式绿地及场地铺装等实现景观与生态的完美融合。景观设计注重植物搭配，做到四季常绿，三季有花，为师生营造“春有百花秋有月，夏有凉风冬有雪”的生态校园。

校园规划采用经典的“品”字形模式，通过这一母题的演变，在北区形成一主四从的布局结构，两校区之间以“人”字形长桥连接。通过游廊、长桥、合院、泉水、花木等传统园林意象描绘诗意校园。

七、结语

首都师范大学是培养教师的摇篮。我们的设计力图打造教师之家的氛围，使新建校园建筑塑造首师大的精神内核，校史馆、体育馆、图书馆、活动中心、校训琮，南区轴线和北区轴线共同贯穿其中。红砖的记忆与教育的基因，为首都师范大学续写新的华章。

教学区轴线空间

山城天开　大地书写
——重庆工业职业技术学院南川校区概念性规划设计

徐晓捷

一、项目背景

重庆工业职业技术学院南川校区选址于南川区中医药产业科技园，总规划占地面积约69.27万平方米，地上总建筑面积约36.2万平方米，校区将满足1.2万学生的学习生活需要。

重庆工业职业技术学院南川校区主要功能包括教学实训用房、图书馆、室内体育用房、行政办公、会堂及大学生活动用房、学生宿舍、单身教师宿舍、食堂、交流中心、后勤及附属用房等。南川校区方案旨在形成“一带、双街、多组团”的校园格局。

二、总体布局、设计原则与策略

1.绿色——生态

（1）尊重自然环境，划定永久保留山体区域

现状场地整体西北高，东南低，为重庆典型的山地地形，场地内山体植被茂密，山形优美，同时高差与坡度均较大，建设开发难度较大。因此从生态与工程两方面进行综合考量，需保留山地，形成绿色校园的特色景观。通过对地形的坡度、坡向及高程等信息进行详尽分析，确定永久保留山体区域，面积约33.48公顷，占总用地的48%。

（2）妥善布局建筑，最大限度满足通风要求。

校区整体规划

重庆市主导风向为偏北风及东南风，校园所在区域依据独特的山势，形成明显的西北——东南方向对流风。在建筑布局方面，充分考虑重庆当地的主导风向，建筑以南北向为主，最大限度利用穿堂风，提高通风效率。位于校园核心地区的教学主楼，长约450米，是整个校园最具标志性的建筑，其朝向与主要风向呈垂直关系，在冬季可以有效阻挡山风向校园前场区域的扩散。在其他季节，通过开窗等被动式方式，从形成对流风，最大限度利用通风条件。同时将化工学院及校医院这类容易形成污染的建筑布置在场地下风向，即西南角，通过山体与校园主体相隔，确保其对校园其他区域功能影响最小。

2.集约——高效

（1）局部场地改造，疏密有致，集约用地。

在划定永久保留山体区域的同时，还需考虑场地中部的山体破碎、植被条件差、土地裸露等问题。因其位置重要，将校区用地分割为东、西两部分，中部通过狭长的山间窄径进行联系，若保留原始地形，会浪费道路建设和设备管线。因此考虑将场地中部的局部山体进行平整，与主要的平坦用地相连。在永久保留山体以外，形成成片的建设用地。整体校园布局疏密有致，其中52%的建设用地容纳了大部分校园功能，形成高效集约的校园格局。

（2）合理布局功能，动静分区，联系不同校区。

根据不同功能之间的使用关系及主要使用人群流线，在校园西侧和东侧分别设置生活组团，核心区域布局主要由教学、实训功能组成，形成生活区环绕教学区的功能布局。

校园核心位置联系东、西两校区，布局公共职能，包括一组教学主楼、公共教学、图书馆及会堂功能结合实训组团及运动场馆，最大限度降低山体对校园功能空间的割裂。在主楼前侧布置礼仪广场，广场两侧分列实训组团及交流组团，突出校园特色。通过两条“S”形的交通干道和生活主街，串联核心教学功能和师生日常生活功能。

（3）分期

对校园进行整体规划，形成整体性的校园布局。同时通过不同建筑的合理分期，分别满足分期实施的目的。

其中一期建筑需配置必要的校园功能，分布于校园前场。教学主楼包含主要的公共教室、会堂和图书馆，与位于主楼南侧校园主入口广场东侧的实训楼共同为满足基本教学和实训功能奠定基础。同时，与主楼东端相连的一期生活组团，可以满足5 000名学生的食宿要求。主楼北侧的体育场，满足学生基本的运动需求。另外，根据任务书要求及主导风向，在校区西南地块布置化工学院和校医院组团。主入口广场西侧通过一组折坡形式的会议中

主楼立面效果

总平面

功能分区

心，满足一期校园整体的功能需求。

二期校园布置学生宿舍、单身教师公寓、实训、交流中心酒店等功能，进一步完善校园布局，基本形成校园整体框架。满足二期校园3 500名学生的使用需求；

三期校园主要利用西侧用地，通过学生宿舍、实训组团的建设，满足三期校园3 500名学生的使用需求。

（4）建筑功能整合，集约高效使用。

重庆市自古有逢山开路、遇水架桥的传统，也被称为“桥都”。位于校园核心的教学主楼西侧与山体相接，如同一座桥梁，贯穿东西，形成校园东西向主轴，形成西侧校园—山体—核心教学组团—生活街的交通系统。学生可以绕过蜿蜒曲折的交通干道，通过与山路相连的主楼屋面层，便捷地到达校园其他区域。主楼内部通过学术街串联起各公共教室、会堂、图书馆等功能，为学生提供集中、高效的日常学习环境。

3.科学——合理

（1）竖向设计与场地标高。

根据原始地形高程，根据土方经济性和地库适用性，将可开发区域在土方平衡的前提下，主要以3~6m 为高差做台地处理。对应竖向道路，形成科学布局。

（2）场地汇水及海绵城市。

根据原始地形汇水分析，在山上通过生态旱溪引水，在浅山地带及平地，以雨洪沟、雨水调蓄池、下凹式绿地拦截形成校区水系。

4 人文——意境

（1）校园层次，移步异景。

概念取自中国传统山水画，山有三远：自下而仰其颠曰“高远”；自前而窥其后曰“深远”；自近而望及远曰“平远”。校园通过建筑群前后组合，形成前景、中景、后景关系，与传统意境相映。建筑与自然共同建构重峦叠嶂的景象。

（2）建筑特色，大地书写

建筑设计从巴蜀图语中汲取灵感，建筑形态自然地生于大地，虽由人造，宛自天开。

三、结语

苍苍缙云山，泱泱嘉陵水，从中可以窥视巴渝文化在千百年来发展的脉络。似雾非雾，似烟非烟的雾都，成就了多少诗人关于巴山渝水的千古名作。通过本次重庆工业大学南川校区方案设计，我们再一次认识重庆，以新的思考、新的角度展开设计，希望建筑自然地生于大地，如大地书法，从巴蜀图语中汲取养分，虽由人造，宛自天开。

高铁新城北客站南广场片区规划展厅建筑设计

张颢辰

一、项目概况

高铁新城南广场作为宣传展示西安“国家中心城市”形象的重要窗口，规划面积42平方千米，2023年6月，为了确保高铁新城北客站南广场片区规划开发工作顺利开展，全方位展示西安市经开区及高铁新城的片区发展前景，拟建高铁新城北客站南广场片区规划展厅。项目基地位于西安高铁新城北客站南广场片区内，北临元鼎路，南临北三环，东接文景路。建筑主要有城市规划展厅、餐厅、办公、会议等功能。

二、地域文化特色的表达

在总体布局上，将城市客厅横向布置在基地最北侧，南部的大面积用地为预留用地，后期将建设高层办公与商业。建筑沿北侧展开布置，将主入口设在基地北面，可以避免对东侧城市主干道文景路的干扰，保障城市交通的通畅。将建筑的主要形象展示在较次一级的城市干道元鼎路上。室外功能区主要为水景、运动场、景观绿化、停车场及辅助用房。我们通过前期的方案集体探讨，最终选取了两个设计方案进行深化。

方案一：凤凰涅槃。地上建筑面积为5 428平方米，建筑分为两部分，东侧二层建筑为展厅功能，一层通高大厅设有沙盘展示区及水吧，二层为贵宾室及餐厅；通过室外连桥连接西侧的建筑。西侧建筑为七层，主要为办公会议功能。建筑以凤凰涅槃为主题，东西两侧建筑由一个舒展飘逸的屋顶联系在一起，中间连桥部分下凹的曲线如同凤凰翱翔的

方案一鸟瞰

方案一透视

方案一透视

身姿，金属面板从屋面一直延伸到高层办公楼的立面，整体一气呵成，结合采光需要，立面上开有大小不等的圆孔，如同凤凰羽毛上的纹饰。建筑整体造型如一只振翅高飞的凤凰，象征着高铁新城在新的规划与发展中，如同浴火重生的凤凰，将高速发展腾飞。

方案二：展翅腾飞。地上建筑面积为4 124平方米，建筑主体共三层，其中一层为展厅，设有沙盘展示区及水吧，辅助用房设有员工餐厅及厨房；二层为行政办公区；三层为会议中心、VIP多功能室及观景平台。设计的出发点为简洁的平面布置原则，中部为主入口，南北两侧分别为主展示厅和办公服务。在城市功能上，希望创造一个从地面到各层屋面连续的外部公共空间，在满足展陈的基本使用功能的同时，也为市民提供一个丰富的室外活动场所。在理性的内核下，我们以“城市之翼”为灵

方案一鸟瞰

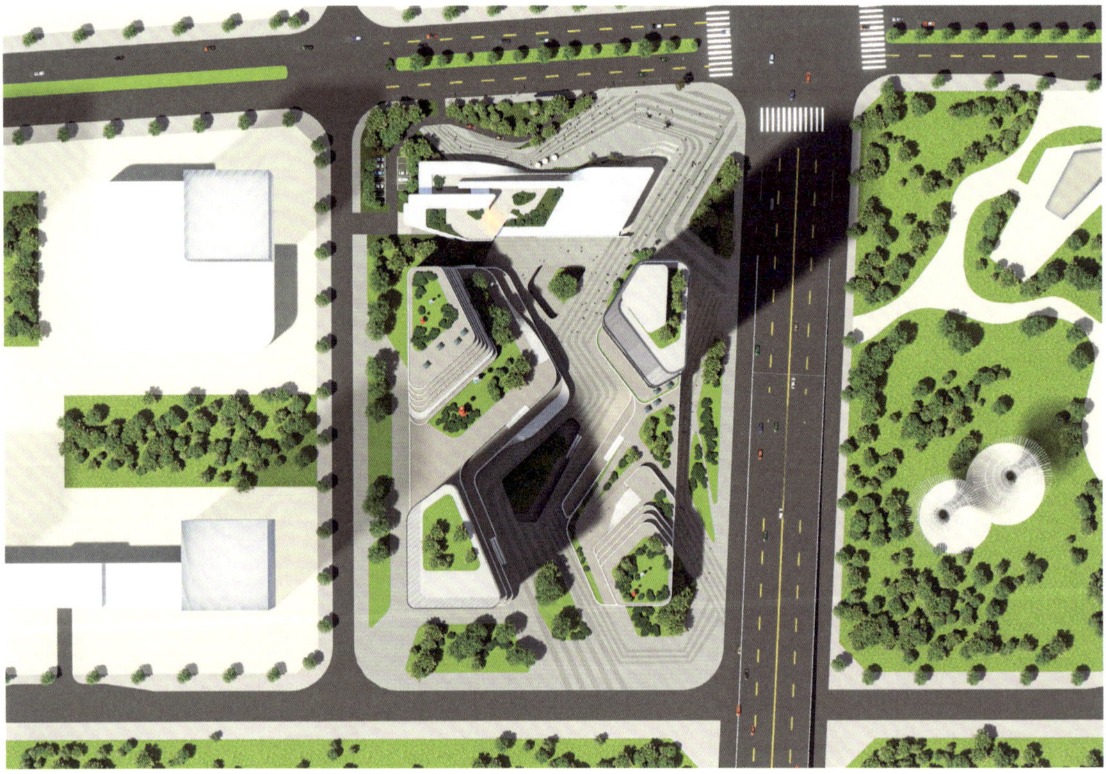

总平面

感，为其赋予一个“浪漫”的表皮。立面以扭转的板片为母题，通过变化与重复，结合实际功能，让建筑仿佛两片伏于大地振起欲飞的翅膀，简约而灵动。

三、总结

“四海迎宾客，八方汇长安”的高铁新城，将面向海内外客商展现其多元化服务体系，展厅的建成将迅速提升片区热度，快速增强投融资机构对该片区发展的信心，对推动片区经济加速发展有着重大意义。每个项目的设计都基于建筑师个人对项目的理解，不同的理解成就了建筑的多样化。高铁新城城市客厅的设计力求以简洁的方式完成设计目标，将功能与建筑造型立意适度地结合起来，让建筑回归真实的本质。

城市中心的绿色复兴
——金华五百滩

张佳璐

2023年我们有幸与荷兰BIG事务所、中衡设计集团合作，共同参与了金华五百滩活力文化岛的竞赛投标。

金华是金星、婺女双星争华之所，物华天宝、地灵人杰之地，枕山临水，营城素有“两浙城池，惟婺为首”之称。我们主要设计范围为五百滩，其位于金华三江汇流、城市轴心之处，古有文人墨客在此写下“闻说金华渡，东连五百滩”“闻说双溪春尚好，也拟泛轻舟”的妙语。

五百滩在金华漫长的发展过程中占有十分重要的地位，古时为重要渡口，近代五百滩曾是金华最为繁华的南市街。随着时代发展，五百滩上规划建成了一座大型的商业综合体，但由于种种原因，这座巨大的建筑未能投入使用，五百滩作为城市轴心的江心岛未能完全发挥其潜能。

在这次设计中我们希望以“生态打底、人文造境”的方式续写五百滩的故事，还绿于民，返璞归真，打造一个“蓝绿交织、城绿互融、古今交融、活力交响”的都市聚场。主要的建筑设计内容包含洲头音乐厅设计和商业综合体改造，使其成为一座城市文化综合体。

一、金华五百滩全岛规划策略

在“浙江之心、锦绣金华”城市发展愿景和“浙中会客厅、文化活力岛、中央水上花园”片区功能定位要求下，强调绿色生态、文化艺术、休闲活力三要素的高度融合，提出“交织、交融、交

文化综合体设计

顶层古生物展厅

现状建筑实景

活力岛总平面

活力岛城市功能置入

响”的规划理念，以“生境三江渡、声动五百滩”为规划愿景，将五百滩建设计成极富“文化承载力、艺术感染力、活力凝聚力”的城市绿心。

1.山水轴心，绿色复兴

《金华府志》中载：“诸山蜿蜒起伏，回峦列嗽；郭外双溪莹带，众水流衍”。山水是金华的城市基调，我们以绿色为基础，重建城市山水的关系和秩序，还城市青山绿水，回归自然生态本原。音乐厅，以绿丘为基，延续湿地景观；既有建筑化整为零，削弱体量，广泛种植各种树木和草坪，打造一个以绿色为基调的城市共享公园；规划建设长坡绿谷，消隐其固有形态，打造观景平台引人登高。改建黄宾虹公园，进一步强化其文化属性。重塑岸线，增补游园道路，打造多维度绿色场景。

2.显隐相彰，三“元”开泰

作为“五瓣聚心”的重要城市节点，秉承“绿色消隐”“隐显结合”“回归自然”的原则，塑造城市未来的地表环境。音乐厅，独立舟头，提纲挈领。绿坡之上，自然馆宛如悠悠船篷，潜龙出水，美术馆则如江面上一朵浮动的山茶花。于大处隐，又于小处彰；三处建筑和而不同，宛如绿色河岸上一串遗珠，将五百滩打造成一个绿色、现代的都市核心。

3.都市聚场 文艺乐活

以文博表演为核心吸引力，塑造自然之中的文化休闲群落，融合金华的自然特色、人文特色、艺术特色，依托各种形态的文化活动打造不同的城市聚场，构建全时段、全空间的独特体验场景，以空间和事件激活五百滩，为城市提供具有丰富公共活动内容的山水公园、文化聚落。从集聚活力角度出发，延伸城市文化空间，丰富艺术内涵，增补都市文体、秘境花园和亚洲艺术市集等文化服务功能，打造核心城市空间。

4.交通梳理 焕活全岛

方案以交通优化突显“以人为本，串城聚活”的理念，对外加强五百滩与北岸铁路文创板块及南岸南市水街的交通联动，完善公共交通服务，提升场地的通行性和可达性；对内结合建筑设计及景观空间，优化交通动线，构建休闲景观慢行体系，重焕五百滩交通空间活力。

金华美术馆

二、音乐厅

音乐与建筑，自然与人文，传统与现代能否相生相惜，成就一种和谐共鸣的状态。坐落于金华市中心以及三江汇集的交点，金华音乐厅将成为金华人公共生活的心脏地带，象征着和谐元素聚集时可能发生的转变。

金华音乐厅的设计以传统中庭建筑的组织为基础，采用现代表达手法唤起空间的仪式感。'中庭'和门厅位于正中，周围以场馆环绕，主厅部置于岛的中轴线伴随两侧对秤的副厅。

在各场馆之间，鼓励景观融入建筑之中。为了实现从建筑到岛周边环道的平顺且不间断的过渡，景观策略性地将场地不同高低无缝衔接在一起。公园因此可从四面八方接触，并能在景观中提供精心策划的访客抵达经验。建筑与景观之间独特的互动不仅实现无缝整合，还为公众提供了多样开放空间和开阔的视野。

金华音乐厅巧妙地与周围自然环境融为一体。建筑立面的舞动是音乐所赋予的物理形式。所有场馆由一层铝制金属管所构成的连续幕帘整合于一起，一截截的管状单元唤起在风中摇摆起伏的竹林形象。金属构件元素从垂直、倾斜到几近水平的渐变，从而框景室外金华城市风光，同时揭露公共生活和室内演出的一角。立面金属幕帘为环绕中庭的场馆以及其所形成的半室外空间提供遮阳与庇护，促进公众生活于此展开并与音乐厅的演出相互呼应。

与此同时，拱形开口和类飞檐线条也与其汲取灵感及组织原则的传统庭院建筑轮廓产生对话。这个同时具有经典和现代，自然和建筑，音乐性和生活感于一身的金华音乐厅，其轮廓将成为一个新的标识，代表金华转型和悠久历史的和谐共鸣。

三、文化综合体

岛上既有建筑，现存体量过大，立面过长；我们以“留、拆、补改”为原则对其进行改造。结合其建筑结构，将其中部拆除，化整为零，使其建筑地上部分成为较为独立的东西两部分，分别作为主题博物馆和美术馆。同时将建筑现状存在的两个“峡谷”缝补，成为大型公共空间。

整体设计以较小的拆改代价重新分解了原有建筑的巨大体量，让博物馆，美术馆以大气灵动的姿态，跃然浮现于金华这卷自由恣意的山水画卷之上。

四、主题博物馆 闻说双溪春尚好，也拟泛轻舟

1.寻脉赋形

在对建筑的诊断中，我们发现其中西侧部分的形态中蕴含着一段优雅的曲线，与斐波那契螺旋线非常契合。这也让人想到了万年前，上山文化中所出土的大量贝类。我们拆除二层以上的建筑，随之赋形在原有建筑焕发出新的意义。这段螺旋曲线，源于自然界，与自然科学博物馆主题非常契合，充分体现自然之美、艺术之美、数学之美。

建筑下部尽可能多地采用各种绿化形式，将原有建筑的巨大体量掩藏于绿茵之下；以婺州民居屋檐为题，沿黄金螺旋曲线设置天穹，沿江面望去，宛若一叶轻舟，又似一段生物骨骼，漂浮在婺江之畔。有效地改变原有建筑对城市的压迫感，充分体

金华音乐厅

整体改造规划效果

现公园中的建筑消隐的特色。

2.螺旋上升 生态闭环

我们以对生命的探索为契机，自下而上组织观展流线，潜入自然秘境，通过盘旋而上的叙事展线，在建筑空间中展示了自然、艺术、科学、人文的螺旋闭环，完成了建筑空间与展陈叙事的完美融合。

入口门厅空间自由洒脱、高耸灵动，与中部浙江之心展厅通过时空隧道相连接；浙江之心展厅利用既有建筑的高大空间，以时间为线螺旋上升，展金华“百万年的人类史，一万年的文明史，五千年的文化史及百年的当代科学史”；儿童探索中心和临时展览设于序厅两侧，可分可合，便于经营。

顶层的古生物展厅利自然采光，打造真实的自然生态景观，动物标本坐落其中，充分还原生物生存环境，游人拾级而上，到达博物馆最高观景平台，游目骋怀，信可乐也。

五、美术馆 闻说金华渡，花开五百滩

1.赋当代之形

宇宙万物，道法自然。美术馆取山水流动之形，汇市花“山茶”之意。通过精妙的曲线和流畅的形态，将建筑与周围的自然景观融为一体。设计将原有建筑的巨大体量掩藏于绿坡之下，核心的展览空间在绿坡的环抱中生长而出，犹如一件艺术作品浮于天地之间，体现出生命的蓬勃与生机。这不仅是对建筑美学的追求，更是对自然之美和人文精神的致敬。在这里，建筑与自然交织，人与环境和谐共生。

2.串城聚伙，活力金华

在寻求自然之美的设计理念下，建筑造型现代简洁，“山茶”般自然生长的形态，述金华“五瓣聚心”之意，使建筑与自然融合又不失独特的标识感。逐渐生长而出的花瓣配置图书、培训等功能，同时形成高低错落的屋顶花园，丰富的活动场所得以由地面向建筑进行延伸，并在不同的方向上构建起回望城市的视觉轴线，近观滔滔江水、远望万佛塔、回眺尖峰山，城市与自然在此对话，历史于未来在此连结。

我们以对艺术文化的探索为契机，同时秉持着较小拆改代价的原则，利用原建筑的室外空间，构建新的结构体系，支撑起主要的高大展览空间，人流通过南侧主入口进入建筑中心，中部环形的坡道顺“花蕊”盘旋而上，内部的艺术展品和外部的自然景观如长画卷般依次展开，最终可在屋顶展场回望金华，城市、自然、艺术品在此交织，共同构建起流畅、趣味的参观路径。

五百滩文化活力岛是金华的新核心，是浙江的新名片，是未来城市文化综合改造发展的新旗帜，是对未来公共文化生活，新的想象！

西安高质量发展示范区城市设计

毛宇帆

2023年底，针对西安城市东部地区的高质量发展示范区城市设计竞赛正式开展。本次竞赛第一阶段以工作营的形式开展，来自全国各地的九家单位对西安城市东部片区进行调研之后，对整体提出发展策略研究。随后综合九家单位的成果，形成共识，第二阶段的工作将基于此共识分板块展开。

一、第一阶段

在这一阶段，我们所在的中建西北院团队作为参赛单位中唯一一家以建筑师和城市设计师为主体的参赛团队，在竞赛之初就深知自己的优势与短板，因此希望基于专业特征，与各位规划行业的同人共同努力，为城市发展做出自己的贡献。

我们从城市东郊的发展历程切入，纺织城是新中国成立初期我国知名的纺织产业基地，也是当时代表着高科技和高新技术的产业，在产业带动之下，城市建设也逐渐完善，“新城”由此应运而生。这里汇集了来自全国支援西北地区的工人及家庭，共30万人，人口的聚集带来社会生活的繁荣，

重要节点城市场景营造

奥体核心板块

这里一度被称为“西安小香港”。但如今，随着纺织业的衰落，城东片区整体城市建设较为停滞，灞桥区的人均国内生产总值（GDP）也低于全市平均水平。

见微知著，纺织城从繁荣到衰落的过程，证明了著名咨询公司盖特纳的一个对城市发展规律的认知：任何一个产业，都会经历生老病死的过程，这是不可避免的规律。关键是能不能在前者衰落前，迭代出新的产业。城市发展实际上是这些曲线叠加起来的结果。显而易见，如果没有新的曲线产生，城市发展就会停滞。因此在第一阶段，我们对城市发展能够总结出的核心问题在于产业。而面向未来最适合城东片区的产业类型定位为硬科技、智能技术和高端制造生产服务业。

产业发展与人才资源密不可分，据统计，西安交通大学2023年毕业生去往汽车及航空航天相关企业就业人数占当年毕业生总数的15%以上。而同时，西雅图、图卢兹、斯图加特等国际知名工业城市发展都是由汽车业和航天业引领的。

进一步，从产业到城市形态，我们提出改变城市的“使用方式”这一设计思路。直接从城市场景出发，为人群和企业定制城市空间。最终形成了如下五个城市场景：以超级工厂和创意研发为主导的未来智造场景；以科技总部、科创园区、测试场景形成的科技总部区；针对陆港和窑村机场代表的空港，远期规划双港口联动，提升港口能级；以城市为背景扩展会展场景；营造小尺度亲人化街区，激发街道活力，打造城市生活街区场景。

第一阶段，在总用地面积190.27平方千米的土地上展开研究，随后西安市规划院综合九家参与单位的成果，形成如下共识：该区域定位为“西安高质量发展示范区（西安新中心）、西安现代化城市实践引领区、西安对外开放和国际交流中心与西安新质生产力承接区”。

二、第二阶段

第二阶段，我们选取了奥体核心板块作为研究对象，对奥体中心在全运会之后的发展，提出了更高的要求——塑典型、激活力，而这一目标与我们之前的想法非常契合，因此这一阶段的总体设计延续之前塑造城市场景的思路。

我们延续奥体中央绿轴，自西向东，由文化到产业，由生态到生活，依次展开如下城市场景。

以奥体中心、长安云、长安乐、长安书院等公共文体设施为引擎，以艺术演绎、运动生活、文化科技为主题，塑造都市美学空间体验。增设各类室外展览、演出场地吸引人气。增设步行桥，联通两岸，实现路径成环，提升两岸步行可达性。在云月之间增设小尺度建筑，配合节庆期间的流动商亭、复合公共服务与商业属性，营造绿树掩映中的新消费场景。第五污水厂提升改造，将滨水界面改造为工业场景下的餐饮酒吧街。以独特的水岸商业，提升室外空间的服务功能，带动新消费。

灞河西岸，绿轴两侧配置办公楼、soho公寓、酒店等；中部形成集初创企业办公、餐饮、画廊、艺术家驻地、艺术教育为一体的特色空间；以两栋高层塔楼作为轴线收尾。尊重原有的斜向城市肌理，以长安书院为核心，打造两条尺度宜人，环境舒适的“City Walk”线路。从地铁北辰站出发，穿过创意园区，形成可玩可购的书院之路；向北联动长安书院与未央大学城的文化氛围，串联各住宅区与社区中心，探索新型社区模式，为居民提供舒适惬意的生活之路。

通过特有的艺术范与烟火气塑造西岸多元的艺术氛围与生活方式，与大师建筑共同构成了有归属感、艺术感的生活美学平台。

高楼林立、地铁交会、道路纵横、城市级立体公园为新型活力商务中心奠定了空间基础。随着多元复合功能的植入，不断丰富商务中心的天际线，新企业总部逐步入驻，中央商务区不断生长、丰富。

新增服务式公寓，导入常住人口，避免中央商务区常见的朝夕式人流，即使在非工作时间也生机勃勃。华灯初上，经过改造的建筑环境构成西安首

奥体核心板块高质量发展规划设计

灞河西岸绿轴延伸

个夜间数字化交互的主题街区，仿佛联通元宇宙的出口，承载着世代年轻人对未来的想象。基于数字经济的沉浸式消费与体验业态在立体的空间中不断拓展，刺激技术与研发的持续更新。

绿轴东端实现城市空间全维度提质扩容，设计提出文化扩容、道路扩容、绿地扩容、产业扩容四种路径，提升城市利用效率，服务、吸引新质生产力。

用城市空间演绎历史文化，更新新寺遗址公园，挖掘区域历史文化要素。以港务大道为试点，缩小道路断面，在原有货运路一侧扩展可建设用地，塑造宜人的城市尺度。灵活利用现有公园，通过政策突破，在保障绿色空间效能不减的同时，以绿色建筑的形式开发产业办公、公共服务、运动设施等小尺度建筑，为小微企业提供办公场所。配合周边地块的人才公寓，在绿轴末端建立一个为西安年轻人搭建的低成本创业的舞台。

临近绕城高速，联系两港，以产业功能为主，塑造智慧未来城。地块尺度结合现代仓储物流、标准化厂房等联运必备的产业功能，同时保留引入超级工厂、企业超级总部的用地条件，促进工业现代化集合。利用道路作为智慧车辆道路测试区，结合入驻企业建设汽车赛道等城市实验场。以城市服务产业发展，吸引未来企业入驻。

中央绿轴两侧，以分阶段生长的理念，配合发展不同阶段的需求，保留城市烟火气氛围。近期保留现状的两处活力点——华南城与城中村，连同新寺绿谷，以低成本空间、烟火气氛围，为年轻人、新市民及初创企业等提供生长空间，助力区域发展。

城中村片区以微改造的方式提升区域品质。疏通道路，与城市顺畅连接，修建停车场，拆除违建，改善内部交通。通过点状织补，提升居住环境和城市品质。华南城片区近期推动商城立面改造，重塑边界形象；梳理内部交通，加建停车楼，打造街区共同体，焕活区域活力。远期两片区逐步搬迁，以新型居住社区、产业组团等逐步填充，推进产业提质，让低效用地更好地融入城市。

沿中轴公园向两侧用地辐射，以不同类型的居住产品填充未建设的居住用地，创造属于西安、属于浐灞国际港的“好房子”实践区，既配置配套健全的安置小区、人才公寓等低成本住宅，也为高收入群体提供酒店式公寓、高端住宅等产品，实现居民共享滨河景观。

将15分钟生活圈植入复合社区中心，完善医疗、教育、交通等公共配置。利用现状绿地，提档升级，开辟儿童老人可共享的活动空间，营造安全、便携的慢行氛围。在全域内打造全龄友好社区和街区。

通过两轮竞赛角逐，我们最终荣获奥体核心板块设计第一名，也与其他单位合作，继续参与片区的详细规划工作，在规划过程中也从广州深圳等规划单位学到了很多经验。而作为设计者，无论从建筑还是规划的视角，我们的核心目标始终是推动区域更好发展，在城市新的发展阶段，面向未来吸引人才与企业，促进城市良性发展。

15分钟城市生活圈

太子城冰雪小镇国宾山庄建筑设计

张晶

本次设计任务是我第一次跟随赵元超大师参与中国建筑学会组织的大师工作营。工作营是由中国建筑学会邀请工程院院士、全国勘察设计大师等国内知名建筑师团队共同组成，为2022年北京冬奥会张家口赛区配套设施建设征集设计方案。各团队在规定时间内完成设计方案，并由建筑学会组织专家进行方案评审，未通过评审的团队退出工作营，通过评审的团队进入下一轮评比。新颖的工作模式为我们提供了很好的交流、学习机会。各大师团队之间相互切磋，也必将成为一次高水平的设计竞赛。

一、背景

北京2022冬奥会张家口赛区核心区位于崇礼太子城地区，分为云顶、古杨树和太子城三个组团，并以太子城高铁站、奥运村为中心，连接云顶、古杨树以及延崇高速出口。规划建设太子城冰雪小镇，为赛时提供保障，赛后为地区服务，实现冬奥遗产的传承与发展。国宾山庄区域属于太子城冰雪小镇组团，位于组团西南方向的一处山谷，环境静谧，风景优美。沿着山谷向南延伸，依次规划18栋元首别墅，承担赛时

中式风格半山酒店方案

东方乡土特色的建筑造型

中外领导人接待任务，赛后将作为特色酒店面向社会为游客提供服务。

二、基地

国宾山庄区域规划依山就势，建筑沿着山谷依次排布，每块用地各不相同，面宽、进深、高差各有差异，周边环境也随山谷自然景色不断变化，为创作不同风格、不同体验的别墅空间提供了天然条件。

设计用地由各个团队抽签确定。虽然各个地块都独具特色，但是大家对抽签的方式还是很感兴趣，心中还是充满了对未知的期待。我们运气不错，抽到了处于山谷中局部内凹形成的尽端用地，面积充裕。用地南北高中间低，是两个面对面的坡地，有山间小溪穿流而过。用地北坡等高线分布均匀，没有大型植被覆盖，南坡相较北坡坡度较缓，场地被成片白桦树覆盖。

通过对场地的实际踏勘、模型分析，确定了建筑集中布置在北坡的基本思路。建筑坐北朝南、靠山向阳，南坡的白桦林自然成为建筑的景观。依据地势变化，将建筑分为若干单体，不同体块平行等高线逐层布置，以群体布局顺应地形变化，犹如书写在大地上的书法，自由舒展，与地形环境完美融合。

三、方案

方案从中国传统山地建筑出发，依托崇礼当地自然景观与人文价值，借鉴中国北方古典建筑的院落形式，融合东方乡土建筑特征，以中式建筑风格，营造独具风韵、闲静幽雅的东方居住空间。

方案在空间营造上考虑的不仅仅是建筑本身，更多的是建筑之间的空间，“无庭不成居”所体现出的“闲寂、幽雅、朴素”是东方居住意境的精神内涵。方案根据功能需求将建筑分为五部分，每部分作为一个建筑体量平行布置在不等高线上，其中一个体量南北向垂直等高线布置，串联其他4个体量，形成“丰”字形基本布局。开通过体量的错动组合形成3个“U”形庭院，院落3边与建筑相邻，一边开口，与环境融为一体，与传统以庭院居中形成轴线的空间布局方式形成鲜明对比。同时，设计充分利用建筑的角度、轴线、序列变化，形成建筑与场所的对话以及和地形高差相融的多层级空间体验。

通过“崇礼大厅”这一公共空间连接不同功能体块，在功能布局上传承传统建筑“前殿后寝”的排布方式，会见接待等公共性较强的空间置于建筑群体前部，居住休憩等较为私密的空间则退至后部，随从居住和总统居住分设在公共空间两侧，形成动静分区、

与自然地形融合的多层次院落

公私分明、主次有序的空间布局。建筑立面材料通过提炼北方传统元素，取当地材料如石头墙、木格栅、坡屋顶等，配以山间清泉与周边山林，透过材料、线条、语汇的简化，体量、面块与空间的延伸，凝聚成大器庄重，典雅静谧之气，书写独具东方气韵的建筑诗学。

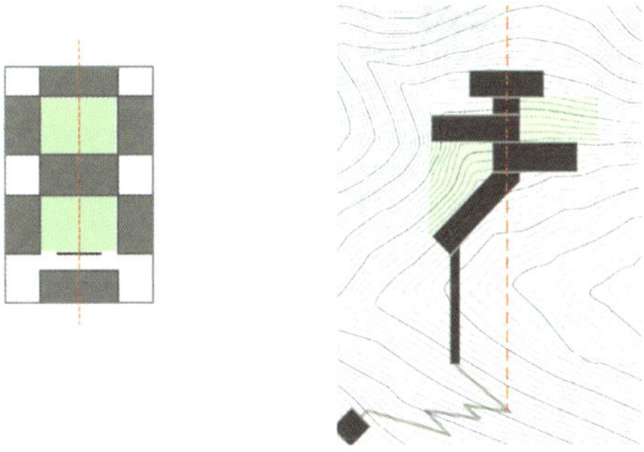

构型分析

四、结语

工作营的工作持续了两个月，在这期间最让我印象深刻的是两次方案汇报。开放的工作方式和激情的工作团队给我们所有参与人员带来了一次沟通学习的机会。这次方案征集如同大学期间的一次课程设计，有组委会的耐心答疑，有团队之间的激情碰撞，也有专家们的指点迷津。与其说是一次方案征集，不如说是一次方案设计的头脑风暴，这时候几十个大师团队融合成了一个真正的工作营，私下的交流沟通更有利于思想的碰撞与灵感的激发。期待今后有更多这样的机会，让我们有机会与全国热爱建筑的优秀设计师进行交流学习。

竖向设计

鄂尔多斯博物馆

张佳璐

鄂尔多斯博物馆群的基地位于康巴什区文化旅游产业规划片区内，总用地面积为183 000平方米，计划在其中设计16个当地文化主题的展览馆。基地毗邻民族团结公园、康镇、文化活动中心等重点旅游项目，距离伊克昭敖包2.2千米；东侧为占地约200公顷的雷家坡湿地公园。基地周边城市环境具有浓厚的地方文化特色以及得天独厚的自然条件。

作为片区内重要的文化建筑，如何将现代建筑的语汇融入当地风物和自然环境，是我们需要解决的主要问题之一。其次需要考虑的是如何统筹16个博物馆的形态以及开发时序。针对这些问题，我们提出了以下设计策略。

一、公园式布局

在对鄂尔多斯文化背景的研究中，我们注意到“鄂尔多斯”被翻译为“八间白屋”，一般翻译为“大量的宫殿”。相传八百多年前，成吉思汗率领大军西征，路经鄂尔多斯高原，顿时被这美丽的景色所陶醉。成吉思汗坐在马背上，沉吟了片刻，赞美道：“这里是衰亡之朝复兴之地，太平盛邦久居之地，梅花幼鹿成长之所，白发老翁安息之地。我看这个地方很美，死后就把我葬在这里吧！”于是部下将他的马鞭掩埋在地下，上面立起敖包。在八间白屋里，成吉思汗和几位王妃的棺椁被供奉在3个房间。成吉思汗用过的马鞍、弓箭、牛奶桶、史料书籍和被成吉思汗册封的转世白马被供奉在另外5个白色房间。

以此为触发点，我们在设计之初尝试在这片开阔的场地上以草原“宫殿”既分散又成组团的布局形式为蓝本，设计16个展览馆。

博物馆群的设计结合整个雷家坡湿地公园，使博物馆群成为公园的一部分。同时也将造园的手法运用在整体布局中，移步换景、步移景异。设计依山就势，不同的建筑星罗棋布地分布在不同标高的场地内。使得建筑借了山势的同时，也节约了开发成本。

二、预留视觉通廊

整体设计在满足博物馆要求的同时，也最大化地将视线设计融于整个方案。我们创造了多个可以远眺

城市结构分析

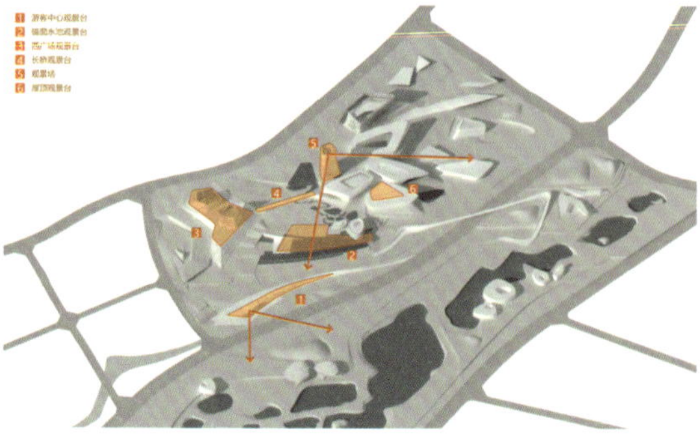

组团式空间布局

“万马奔腾”的公园建筑

敖包与雷家坡湿地公园的多个观景台。

三、万马奔腾

有血性的风物养育有血性的人。对蒙古人来说，血性是一种自觉，一种习惯。马是这样，人亦如此，蒙古马成就了成吉思汗，成就了马背民族。在建筑整体形象的设计上参照蒙古草原上奔腾的野马的动势，以简练的线条，赋予建筑一种奔腾的气势。场地中心的观景塔外形由马头琴抽象而来，似马而非马，神似而不拘泥于形。这是艺术的最高境界。

四、连贯的绿化平台

草原与天空之间，山石与土地引出了连贯的绿化平台概念，成为“博物馆群”的基石。这些平台呼应着鄂尔多斯的历史与草原文化遗产。

五、功能与分期开发

博物馆群集陈列收藏、修复加工、学术研究、拍卖交易、服务配套、体验互动、休闲娱乐等功能于一体。包括16个主题馆，意向展品包括鼻烟壶、马具、蒙古族服饰、蒙古族祭祀用品、生活用品、宗教文化、蒙古族乐器、蒙镶艺术文化、革命题材、蒙古族军队、蒙古族兵器、蒙古包制作家具毡帐文化、丝路文化、非遗传承和饮食文化。

方案的设计充分考虑到分期开发的要求。16个博物馆分组团布局，在杂乱中寻找规律，在统一中力求变化。

这是在遗址旁进行设计的一次创新，是用世界语言讲述中国故事的伟大梦想。这万马奔腾的博物馆群终将携带着蒙古人的历史观和生活观，轻松而不失文雅、自信而不张扬地嵌入鄂尔多斯的熠熠历史星河。

建筑形态与自然的融合

大寨博物馆

张佳璐

大寨镇隶属于山西省晋中市昔阳县，位于山西省昔阳县中部，距县城12千米。大寨镇总面积185.31平方千米，总人口32 699人，耕地4 533万平方米。

由于长期风蚀水切，地域形成了“七沟八梁一面坡”的地貌。新中国成立后，在毛泽东思想的指引下，以陈永贵、郭凤莲等为带头人的大寨人决心改变落后的面貌，艰苦奋斗，治山治水，在七沟八梁一面坡上建设了层层梯田，改变了靠天吃饭的状况。1964年毛主席发出了“农业学大寨”的号召，全国掀起了“农业学大寨”的高潮，大寨精神得到发扬，大寨经验得到推广。大寨精神、大庆精神、雷锋精神等伟大精神，是新中国成立后我党培育的时代精神，曾影响了一个时代人的精神风貌。

大寨博物馆定位于突出展示英雄的大寨人民的奋斗历史，建设主旨在于通过博物馆的建设挖掘整理大寨的历史，强化大寨的时代记忆，诠释大寨奋斗精神的时代意义。

项目位于山西省晋中市昔阳县大寨镇大寨村入口，红旗广场对面，征地面积4.7公顷，总建筑面积1.06万平方米。

项目场地紧临进入大寨村和虎头山的唯一出入口，距离大寨村口约100米，是大寨景区的重要门户。根据大寨景区旅游总体规划的构想，大寨景区未来将打造成为融红色旅游、自然观光、民俗风情、康

博物馆设计效果

入口近景

养度假为一体的综合型旅游景区。

一、设计理念

1.一方璞玉，道法自然

大寨精神，包含了人们在艰苦的岁月中不屈的抗争和奋斗精神。大寨人民在大寨村党支部的领导下，突破极限、克服艰苦的环境，不懈努力，在极其艰苦的条件中充满热忱地建设家乡。这样质朴的精神，就如同一方未经雕琢的璞玉，又如同山间坚定的毛石，有着坚毅的信念和劳动人民最为淳朴的美好。因此博物馆以山势为基础，将建筑基底部分与自然地貌融合，倚山而建，这是新时代对大寨山水的再一次雕琢；建筑顶部将一个完整的方形体量嵌入山间层层梯田，如同一方璞玉生于山间，这样不加藻饰的形态和粗犷的建筑气质象征着大寨人民质朴的精神与力量。

2.锚固场地，多维观景

大寨博物馆选址在红旗广场对面的开阔区域。基底部分建筑形体与坡地咬合锚固，形成了独具特色的地景建筑；顶部方形主体作为整个景区门户的重要标志性节点，统领整体建筑气质，形成视觉中心。在游客拾级而上的参观流线之中，设置了多处景观平台，完成人与周边环境、自然景观，在视线上的交流互通，在精神上的时空联系。

3.层层梯田，多重流线

“七沟八梁一面坡,层层梯田平展展”是大寨人民艰苦奋斗的见证。博物馆结合地形成5个独立的标高平面，巧妙地通过竖向分区，实现各个功能的独立划分，使游客能够灵活自主地选择适合自己的游览线路。同时在景观设计上，设计利用地形修建梯田花圃，形成完整的室外流线。

二、总体布局

基于对文博类建筑特点的研究，以及基地自身的自然生态条件，我们首先确定在基地红线之内，以紧临红旗广场的开阔平缓地带，作为游客集散的迎宾空间，在此设置步行广场、停车位及落客空间，既与现有游客中心形成了便捷通达的交通联系，又在大寨村口这一门户区域，形成了良好的标志性场所营造。

在选定入口空间的基础之上，我们勾画出一条沿自然坡地拾级而上的游客流线，让游客自然而然地走上高处，其间体验步移景异的场所变换，在与自然环境亲切交流互动的过程之中，完成游览序列；游历过

城市界面的打造

总平面

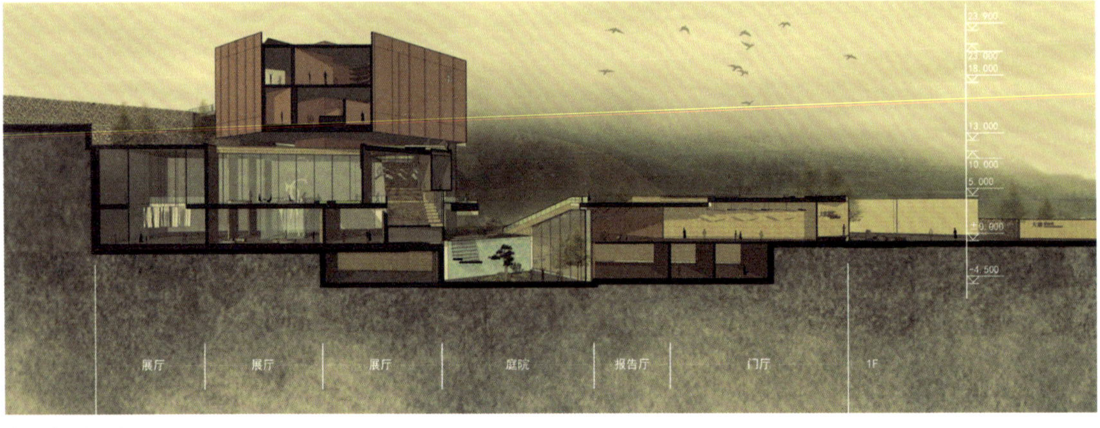

空间序列设计

程中，人们的感官体验可以在人文历史和自然环境中自由切换，也可将两者的时空关系进行结合，完成丰富的空间体验。

室内游览流线的终点设于高地之上，与原生态的大地景观无缝衔接，游客在室内流线完成之后，可以自由选择在生态公园中继续游历，抑或返回迎宾广场。场地开阔，景观层次丰富的生态公园作为联系博物馆和大寨村各类文保遗址的室外空间，起到了“绿色纽带”的作用。

三、建筑功能

博物馆与自然地形融合，起伏上升，共形成5个标高平面。其中地下一层平面主要功能为管理办公、文物研究以及文物保藏功能，整个区域以一个梯形的下沉庭院为中心，引入阳光和空气，使得半地下空间也能充满生气与活力。

首层作为游客入口层，与城市道路标高相近，保证交通的便捷与通达性，游客通过平面西北侧的门厅进入之后，沿“之”字形的展廊游览“大寨的故事”综合展厅与中型主题展厅。设计利用曲折的空间界面，回溯大寨艰苦卓绝的历史印记。与此同时，考虑到人员的集散便捷性，将多功能厅及放映室也放置于首层空间。

通过首层的大台阶（坡道），可到达建筑二层区域，本层主要功能为临展，在平面的东北侧形成一处开敞的室外景观庭院，可作为室外展场和本区的独立出入口。

三层和四层位于建筑顶部的方盒之内，分别布置“学大寨展厅”及“郭凤莲个人展厅”，利用形体的扭转，塑造一处极具标志性的建筑形象，在空间和视觉上，也与一路之隔的红旗广场完成了巧妙的时空对话。

室内流线的终端直接面向开阔的生态公园，形成了从人文到自然的无缝衔接。

四、结语

从1964年毛主席发出了“农业学大寨”的号召，到2019年大寨入选第一批全国乡村旅游重点村名单，这片土地在几代人的努力与奋斗中“旧貌换新颜”。而大寨博物馆“显隐相生”如同融入山间梯田的一方璞玉，是这伟大变化的见证与纪念，也是一枚属于大寨人民自己的纪念章。

小景观营造

中国院子·天空之城

——中国特色的雄安建筑设计竞赛（综合办公类）

王维

每个人心中都有自己理想的乌托邦，每个建筑师心中都有自己的理想城市，而我心中的理想之城是一座空中方城。

提起“方城”，或许是我的一个地域情结。

作为一名年轻的建筑师，我成长于西安，工作于西安，西安这座城市的文化已经深深地烙在了我的心里。无论是方形的隋唐长安，还是方形的明清西安，甚至是棋盘式的西安现代城市格局，还有成千上万座以方形为基本型的建筑，可以说“四方之城”是西安这座城市最鲜明的底色。

众所周知，《天空之城》是日本建筑动画大师宫崎骏的传奇之作，那座漂在空中的小城让其中的人们仿佛过着世外桃源般的生活，浪漫而又惬意，令人神往。现实城市建设中对于“天空之城”最精彩的演绎莫过于新加坡的滨海湾金沙酒店和重庆的朝天门来福士空中花园了，而这两个项目均出自加拿大建筑大师摩西·萨夫迪之手。受这两个作品的影响，一个方形的空中之城在我的心里埋下了种子。

2020年伊始，还没有完全进入工作状态时，我们便收到了关于“高质量背景下中国特色的雄安建筑设计竞赛”的通知，而我很荣幸地被分到了“综合办公类”设计组，于是，对于心中理想之城的探索便开始了。

经过反复构思和讨论，我们将“中国院子·天空之城”的方案作为最终的竞赛深化方案。该方案充分体现了我心里那座“空中方城”的基本形态，“方

天空之城整体规划

空中方院

形”是对“中国院子”的生动表达。

“院子”是中国传统建筑的核心空间，也是中国传统城市的基本肌理，无论是最大的院子——具有600年历史的故宫，还是最小的院子——北京四合院、晋陕民居、陕北窑洞、河南地坑窑、江南民居的天井、云南民居“一颗印”，甚至是福建土楼，都是建立在院子的肌理之上的，院子不仅传递着中国人民上下几千年的营城智慧，更代表着中国人在院子里共同生活的哲学理念。本方案以“院子”这一基因作为出发点，从最小到最大，从地上到空中，从具象到抽象，用现代的建筑语汇将传统的院子文化融入雄安的城市设计之中。

（1）淀上城。《周礼·考工记》中提到，匠人营国，方九里，旁三门。国中九经九纬，经涂九轨……奠定了中国传统城市“方城”的基本营城制度。俯瞰壮美的白洋淀，那一座座漂浮于水面上的芦苇荡，恰似一座座方形城市，人们划着小船游走于芦苇荡之间，也正如漫步于传统的城市街巷之中。方案以此为灵感确定“方城”的基本形式，试图在白洋淀上营造一座具有中国传统城市格局的“淀上之城”。

（2）城中院。院子是中国城市肌理的基本构成单元，大大小小的院子里演绎着人生百态。本方案的四个地块统一规划，每个地块都以一个小院为中心。与此同时，一个空中大院又将4个地块串联起来，不仅实现资源的共享，更是中国传统院子的现代表达，4个地块的办公人群在空中庭院的联系中形成共同的院子记忆。

（3）院中巷。如果说“院子”是中国传统城市的细胞，那么“街巷”便是让整个城市有机运作的血脉，凯文林奇的《城市意象》中更是将“街道”定义为现代城市的重要组成要素。本方案将街巷空间有机地融入4个地块底层的城市空间中，形成了尺度适宜的城市开放街区，街道空间节奏变化有序，移步易景，富有趣味性，营造了一条空中方城之下的充满活力的街道空间。

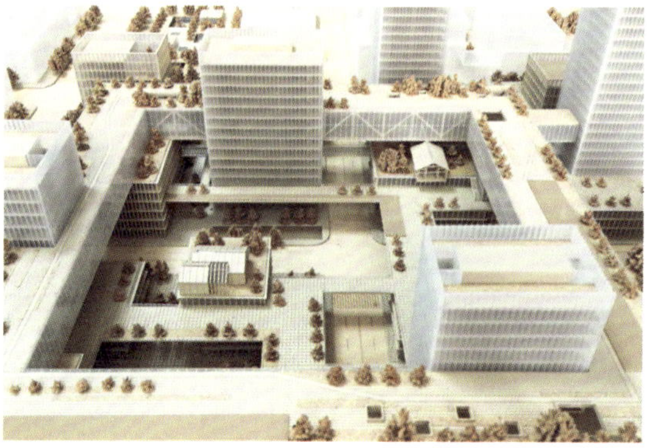

工作模型

立体的交往空间

本方案建筑功能分区明确，布局合理，疏密有致，高低错落，将复杂的建筑功能归为商业、商务办公、创意办公、酒店、居住式公寓5大类。对各部分功能的竖向和水平向进行合理布局，力图使各部分功能间产生协同，形成高效复合、灵活可变、充满活力、舒适人性的功能空间，塑造一个供近万人使用的功能齐全、业态丰富的社区形态，能够满足一个办公人员及其家庭一天的工作生活需求。

首层的街巷空间与城市空间接驳，采用非闭合式的街区布局，合理安排场地，塑造高品质的城市公共空间。特色商业内街采用“回”字形布局，简单明快，同时起到串联内外的作用。场地内设置下沉广场，增强空间趣味性的同时，丰富市民生活。

三、四层建筑的屋面通过连桥与垂直交通，形成一个连续的交往平台，并组成丰富而有趣味性的公共活动空间。其上设置配套休闲商业服务功能，为人们的交往活动提供了场地。坡屋面木质结构以及玻璃幕墙的混搭使用为立面提供了更多的可能性，也让人们有了更丰富的视觉体验。

空中环廊不仅提升了地块的商业综合价值，同时设置了丰富多样的、多层次的活动交往空间，提升了消费者的购物品质。“回”字形的形态让空中环廊在

方案整体通过水平、竖向交通体系的合理布局，形成协同共生的立体街区与高效的立体交通环境。地下空间设计统筹考虑，亦将空中环廊的理念应用其中，形成联系4个地块的地下交通环廊，实现资源的共享，综合利用，互联互通。

方案设计充分考虑绿色、环保、智能化等设计理念，以创新的空间形式，努力打造“夏日凉城、冬日暖城”的人性化绿色生态城区。

本次大赛历时半年，共有700多个方案参赛，经过两个阶段的严格筛选，共有60个方案分获一、二、三等奖，“中国院子·天空之城”也是西北地区唯一进入决赛并获得大奖第二名的作品。

以下是赛后赵元超大师的几点评述。

近几年来我作为运动员、裁判员和观众的不同角色，分别参与了建筑风貌的研讨，抽象好说，具象难做。

本次评选，即使是大部分一等奖作品，也未能在雄安地域特色上给出恰当的回答，评选原则仍是要优先考虑结合地域环境，塑造优美空间，合理表达传统，总体构思新颖的作品。

中国传统文化的表现走过了具体形象模仿、抽象器物联想和整体氛围意境表达的阶段，我们所处时代已很难在第一种模式中寻找，更多是第二、三种模式的结合。

建筑不仅是形式的问题，这一观念已被大部分建筑师认可，大家的视野更多的是从社会、从城市的角度发现新的灵感。

周边办公建筑之间起到了良好的纽带作用，有效地将各部分功能串联起来。

环状的屋顶花园以“淀上风情”为主题，从景观层面再次体现地域特点，给工作的人们提供了一个良好的休闲放松的场所。其上设置的景观水池、景观芦苇与周边自然景观相契合，阳光农场与生态绿廊丰富了市民的活动空间，采光天窗为下部的空中环廊提供了良好的自然采光。漫步于屋顶之上，向南远眺便是生机勃勃的白洋淀，水面在阳光的照射下泛起的波纹，与高层办公的波纹幕墙遥相呼应，令人心旷神怡。

项目剖面图示

水岸林间

——重庆交通大学双福校区西大门图书馆片区概念方案竞标

徐晓捷

苍苍缙云山，泱泱嘉陵水，从中可以窥探巴渝文化在千百年来发展的脉络。似雾非雾，似烟非烟的雾都，成就了多少关于巴山渝水的千古名诗。而重庆交通大学就坐落于此，重庆交通大学（双福校区）位于重庆市江津区双福街道，距离重庆市区约30千米，项目位于重庆交通大学双福校区内西门和南门交汇处，东侧为李子湖水体绿地，气候适宜，环境优美。双福校区远眺缙云山脉，融山水神秀、人文史记于一体。

有幸参与此次项目竞标，通过几次对项目的实地勘察，我们发现校园内的自然资源可谓得天独厚，有水体充盈的李子湖与绿意盎然的植被。我们对立交桥下、墙面之上随处可见的“爬墙虎”印象尤为深刻，这也是这座城市独特的自然景观。因此，一个融合地方特色景观的建筑概念方案便在大家脑海里初步形成。伴随时代理念的进步，环境意识对规划设计的影响日益增加，世界一流校园建设更加注重建筑与自然生态环境的协调融合。基于这种理念，我们展开了一轮新校区图书馆、行政楼及研究生楼等建筑组团的方案设计。我们的目标是要让自然与功能区域混合并置，与学校的文化底蕴产生联动，并向学生们展示建筑和自然之美。

设计的初衷是为校园提供一处学习、交流与活动的场所，同时营造校园新中心。我们以大象无形，大匠若拙的设计理念，重构一片场地，将建筑融合于校园自然环境之间。为营造优美高雅的景观空间及人文环境，我们提出以下几点设想。

一、结构梳理，重构中心

本方案结合校园原有空间结构：一轴，生态景观轴；一环，车型交通环道。以拟建图情中心、行政楼、研究生教学楼建筑组团，共同构筑新的校园中心，形成新的校园礼仪轴。同时，加强与李子湖东西岸空间连接，从而形成，“两轴、一环、多链接、新中心”的空间结构。

场地位于蜿蜒的河岸支流旁，被一片高低不平的山丘所包裹，外部空间并没有明显的界限。校区内现有建筑的布局结合自然环境，因为没有形成整体的空间结构。所以方案延续李子湖生态轴线，顺势而为，沿着水岸景观形成独立的人文生态圈。同时在平面动线设计上采用了“人车分流”的交通架构，针对人行交通设置了独立的流线系统，并结合已有车型环线，增设自行车通行道和步行漫游道。流线的设计结合河岸形态展开布局，合理组织车行环线与人行流线，形成循环的活力链条。“两轴、一环、多链接、新中心”的生态结构，环绕与贯穿了新校区，形成统一完整的校区空间结构。

南大门空间设计

校区整体规划

二、生态保护，林苑共生

学校拥有得天独厚的自然生态资源，设计意图结合自然地貌之势，保留场地南侧山坡以及现有植被，在场地内置入新的“竹林”，以营造林苑共生的校园生态景观，此外，还充分利用河岸景观，沿河建筑以曲面形式呼应蜿蜒河岸，并结合竹林，共筑水岸林间的空间效果。

建筑设计也呼应自然生态环境，图书馆、行政楼及研究生楼建筑组团立面通过曲面形态，形成流动变化的美感。同时，建筑外通过巨构网架围合形成灰空间，结合自然景观的营造，形成融入自然活力的公共活动的场所。位于建筑中心的图书馆中的学生们也将是整个生态网络中的一部分，创造出具有活力的人文气息。

三、即分又合，若隐若“显”

本项目主要包含三大功能建筑，方案设计形成“品”字形空间布局，自南向北分别为研究生教学楼、图情中心、行政楼的建筑空间布局相互独立。同时，设计利用顶棚网架将三栋独立建筑合并形成一个组团，既可以有效组织各建筑流线，又有利于构筑整体空间组团，突显校园新中心形象，形成既分又合的建筑形式。

为突显建筑形象性，设计利用构筑的巨型框架以及西侧减弱西晒的幕墙，形成简洁而大气的建筑组团形象，在视觉上网架将整个建筑区域包围融合，形成

夜景效果

强大的张力。为解决建筑与环境的融合关系，网架内部采用如“竹林”般的自由柱网，藤蔓顺杆而上，形成绿意盎然的自然景观，从内而外地创造出与周边山水生态相结合的建筑语言。并利用整体框架统一了不同功能的建筑立面形象，从而达到若隐若“显”的设计意图。

四、校园场所，城市印象

设计的初衷，是为校园提供一处学习、交流与活动的场所。从西大门步入校园，通过层层叠进的绿化广场，映入眼帘的就是包容三栋建筑的大片“竹林”。再往前，可以看到图书馆大门石阶上的山地景观。建筑局部采用底层架空形式，并开设内院，有效解决通风采光的基本需求，同时营造视线通廊。进入建筑，还可到达多层次的空间平台，丰富的空间层次以及绿化平台，为学生更多的学习、交流与活动的场所。

当夜幕降临，华灯齐放，灯火倒映在湖面上，银光闪闪，把校园点缀得十分迷人。灯光照映下的图书馆，如一座知识的殿堂，竹林间星光点点，将成为莘莘学子体验校园生活的最佳场所。这就是重庆带给我们的印象，这也是我们为校园营造的意象。

本方案设计，通过构筑一片“竹林”，统一建筑形象，突显校园中心，重构一片场地，营造一处场所，将建筑融入自然环境，步向林苑共生。巴山苍苍，渝水泱泱，重庆交大，巍然东方，构建山水城市与美丽校园。

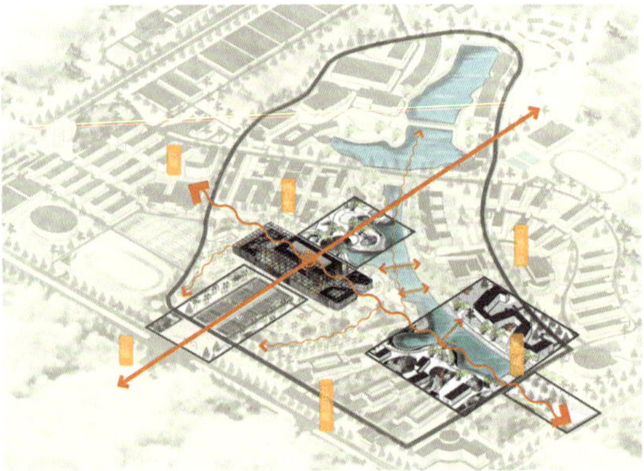

校区空间结构

自由柱网空间

塬谷复合，生态之“城”
——西安东站建筑概念设计

陈一辉

西安东站位于城市东南角，地处秦岭余脉白鹿原和少陵塬所形成的峡谷地带，长安八水之一的浐河从谷地蜿蜒穿过，千百年来这里都是长安的风水宝地。新建的西安东站，紧临城市三环和绕城高速，站房选址处在城市总体规划三条主轴之一生态发展轴最南端，区位优势极佳。

本项目的规划以塬谷复合、两塬缝合、站城融合为理念，塑造国际化大都市的生态门户。

一、规划理念及设计策略的5个要点

1. 视觉通廊

遵从城市整体规划、从杜陵塬到白鹿原霸陵之间视觉通廊的控制要求，尽量保护地域山川地域的自然风貌。

2. 站、城一体

从本区域城市设计的角度思考站房与自然、站房与城市的关系，以适宜的站房形式、最小的建设定位与城市多层次融合，设计中重新梳理高铁片区功能，进行用地红线以外更大范围的城市设计，明确“山水交融、站城融合、商业复合”的规划理念。配备更高效的城市路网，疏解高铁站房的交通压力，凸显高效的站、城一体设计，使其成为便捷畅通的综合交通中心。

3. 桥路结合

西安东站项目场地条件复杂，站场断面东高西低，车站轨顶标高介于大填方与大开挖之间。结合现场自然条件，本方案将高于场地的西渝车场改为桥式车场，其他车场保留原路基设计。此设计体现

站城一体化设计

站房及站前广场

了对自然地貌的尊重；有效节约工程造价；创造可观的轨下空间，供各相关功能充分利用，并有效缩短旅客的换乘距离。

4. 景观之道，生态之廊

在保证进出车站人、车高效使用的前提下，站区设有多层次的室外绿化平台、丰富的步行游览和观景空间。步道东接白鹿原，西通浐河，将车站与山水融为一体，形成眺望城市与山川的景观通廊；步道边的景观、花园、自然蔓延生长，为城市居民和休闲旅客提供了独特的舒缓步行系统，延续塬谷复合、站城融合的理念。

5. 精简车站建筑本身的形体

车站按现代功能，采取最集约的功能流线与最简约的建筑形式对话环境，使站房建筑有机地嵌入生态环境中，在站房两侧所形成的城市配套功能，犹如两条绿色飘带连接原与城，更具生命力与自然的绿意，车站整体方正平直的线条凸显秦人刚正率直的性格特点，建筑风格也直抒胸臆、表里如一。

按照田园都市的理念设计，严格控制项目周边地块的开发强度与高度，通过多条不同标高的绿轴实现核心区建筑群与城市多标高、多层级的顺畅连接，让市民能够快速到达周边功能空间、更高效、便捷地使用建筑。强调以火车站为中心塑造城市山水及建筑的新格局和新秩序。

二、造型与创意

西安的山是雄壮的，水是婉转的，人是豪迈的。从心底里吼出的秦腔体现了宁折勿弯的正气，正符合了西安的气质，我们试图在设计中表现长安文化。在西部城市做建筑，诗性是灵魂，野性是核心。

一个城市应有不同的表情，传统文化也应向现代和创造性转型，在此我们摒弃了简单的模仿和矫揉造作的伪生态做法，重点处理建筑与白鹿原的关系，用诗性和野性表达新长安的特质。建筑传统的回纹与现代的体块穿插，质朴的清水和透明的玻璃，大气的平屋面和屋顶园林，在时间上建立历史与当代的联系。

本次创意主要概括为3个方面。

1. 四方九宫城

《周礼·考工记》中记载：“匠人营国，方九里，旁三门。国中九经九纬，经涂九轨。”

从沣河畔的丰镐二京，到隋唐的长安城。都透露着中国人的价值观，西安东站与功能结合后继承了这独特的城市形态，采取九宫式布局，呼应这座千年古城与自然共存的深层哲理。

2. 站、城，原河

本片区规划设计重点解决站房与城市、城市与白鹿原、白鹿原与车站的站城融合关系。车站除了

中央大厅

充分解决城市主方向各功能流线的同时，还须兼顾白鹿原几十万常住人口的交通需要。设计站房东侧广场设置缆车与电车的换乘厅，多方位增加与白鹿原的交通联系。

3. 以人为本的城市客厅

站房西侧面向城市，设计人员通过设置标志性极强的城市交通核，联通地铁站厅、地面广场、城市客厅层，通过建筑标志性来强化旅客的位置感，并实现多平台的便捷联系和无风雨换乘，同时作为观景阳台、凸显回望城市满眼皆绿理念，并在极端客流下提供充足的潮汐平台、备用空间。

三、功能布局及流线组织

西安东站将标高448.91米的广场层定位为本方案的正负零标高，本层设有侧站房、城市通廊、出站厅、快速进站厅、公交车场、长途车场、出租车场等功能；10米标高为站台层；20米标高为高架层，本层包括高架候车厅、腰部进站厅、停车楼及适量物业开发；27米标高为高架候车厅商业夹层；负10米标高为地铁换乘厅；负17米标高为地铁5号线站台层；负24米标高为地铁13、15号线站台层。

本方案交通规划以上进下出、桥下换乘、多向分流为原则，通过小型车高架层落客进站、广场层公交、地铁、近域汽车及步行旅客进站、地下层针对短时进站旅客设置了快速进站厅进站。

出站旅客到达中央市政通道后可以便捷到达桥下各种换乘厅，快速分流至地铁、广场、公交、出租等交通设施。

流线创新点：设计机动车的送站流线除了可以直通高架层的落客平台，也提供车辆直接驶入高架长时停车所用的停车楼，做到站台雨棚高效利用。

创新的增加高架步道，旅客可以直接进站或通过本层步道直达周边办公、商业建筑内部，竖向避开广场层复杂客流；步行平台下既是广场的风雨连廊，又设置适度开发的商业街，平台下的地铁中庭多层通高，周边各附属功能与地铁公交等换乘空间多层联通，形成醒目又快捷的城市交通换乘核，公交和长途车场布置在站房两侧轨下空间，方便与城市道路出入联系，在站前入口旁设置落客区，实现“下车即进站”，减少旅客行走距离。

地铁旅客流线：在广场层城市通廊中部设有换乘集散厅，联系地铁站与快速进站厅，可实现快速进站。

总之，车站整体功能流线的设计策略是通过竖向设计，做到延续生态，人车分流，商旅兼顾、站城结合。

白鹿原上的农民经历了从辛亥革命到新中国成立的波澜壮阔的50年，一直不变的是骨子里的义气和正义。中国建筑发展也走过了一段从浮夸到理性，从单体到城市，从视觉冲击到实用美学的演变过程，至今仍在不断前进，大型交通建筑也是如此。几十年的发展历程也到了建筑回归本原，回归城市的时刻。

南国之争，全面历练

——中石化海南自贸大厦国际竞赛

王鹏超

2020年的最后一场投标，使所里异常繁忙，每个人都肩负很重的设计任务，没想到这个大型的竞赛突然落到了我这个入职没多久的新人手上。满怀兴奋的同时也伴随着巨大的压力，此次竞赛有国内外多家顶级知名设计公司参加，OMA、日建、GMP、英国查普门，美国赫勒曼纳斯分别联合国内北京建筑设计研究院、中国建筑科学院、上海建筑设计研究院、广东省建筑设计研究院共同参赛。我们是唯一独立参与的中方团队。在整个共同参赛设计过程中，我全身心地投入，视之为一次全方位的锻炼。最终，我们的方案进入前三名，设计获得了评委和专家的认可。

与以往做设计不同，本次要全盘统筹项目进度并有效协调和分配工作。此次竞赛的深度要求很高，并需要其他专业密切配合，这一切都是全新的挑战。

一、多义的形体

本项目选址位于江东新区起步区中央轴线西侧，设计从城市语境出发，充分考虑场地与城市的最佳视域及周边关系，在确立建筑体量后，通过对中银、兖矿及周边的建筑形体及高度的研究，来把控功能体量与建筑造型的转换。并且考虑到气候与地域影响，采用局部架空、出挑的方式适应海南的气候。同时首层以阶梯式开放活动空间联系城市绿轴、联通地下人行通道，将城市景观自然地融入场

方案整体鸟瞰

地吸引人流，创造出开放、包容、具有活力的公共交往空间与地标性城市形象。整体建筑造型用虚怀若谷之姿怀抱大海、呼应老城，融入城市空间，以稳健刚毅的力量感塑造具有标志性的新城天际线，同时也以建筑造型暗喻中国石化“SINOPEC”的品牌形象，提取油枪、钻塔、油罐等产业元素，巧妙地融入形体表达。

在中国石化的标识中，一轮朝阳般的红色圆环将其各部分连接，寓意中国石化是经济运行的血脉。因此，我们也提取“环”作为本建筑的空间组织脉络与核心。整体设计从引领、创新、绿色、智慧的价值理念出发，提出以“云环”作为核心的建筑空间组织方式，以立体的三维“环”连结交易中心、会议中心、企业办公三大主要功能空间，置入“云中厅”“员工加油站”“艺术展廊”等多样化的功能场所，并且衍生出三大“云端花园”作为区域间的联系与节点，结合垂直绿带，形成与外部造型高度统一的立体环形空间组织形式与流畅的通达路径。

二、高效的“云环”

建筑将企业办公功能体块分设于150米、100米两栋塔楼。150米塔楼服务于总部办公，顶处设置“艺术展廊”，100米塔楼服务于交易中心办公区，顶部设置云端花园。两栋塔楼与云环相连的21层处设立“云中厅”，由“总部大厅”“交易中心”构成。会议中心功能体块则主要分布在裙房二、三层，同样以顶部云端花园形式连接两个办公区。建筑可提供400平方米的多功能厅、2个200平方米的大会议室、两个120平方米的中型会议室、四个60平方米的小会议室以及多媒体展示厅，可供三大功能区的办公人群高效共享。裙房下设置“交往公园”“员工加油站”等休闲、健身、餐饮场所。避难层则分设于12层与21层。

整体流线设计也依从“云环”构成，用“云环”让区域与区域之间保有沟通与串联的属性，人群在“环”间高效地流动、汇聚、交往。

高层办公区与中低层办公区之间设有垂直流线，既以“云环”划分，也以“云环”联系，垂直流线交汇于“云中厅”，在飘浮于空中的总部大厅进行流线的转化，便于公司内部员工进行便捷、高效的上、中、下层级沟通。

会客之时，来客通过观景玻璃面观望外部海阔天空的风景。

休憩之时，三两好友汇聚于云端花园，远眺水天一色，碧海微波，感受片刻宁静的自由时光。

娱乐之时，下班的人们结束了繁忙的工作，从两栋高层塔楼沿着“云环”而下，穿过云端花园进入低层的餐饮、休闲空间，在“交往公园”“员工加油站”内健身、休憩，享受美食，“为美好生活加油”！

底层开放的城市空间

建筑单体效果

城市夜景

三、建筑中的技术

椰树繁茂，海风习习，海南是深得阳光雨露偏爱的一片宝地。这里四季花开不败，艳阳高照。因此基于生态与气候因素，设计选取了具有优越通风效果的锯齿形幕墙形式，立面遮阳设计合理选择遮阳构件角度。通过模拟分析，设计方案能够有效地降低太阳辐射热，经过计算，太阳辐射降低幅度在28.32%~38.11%之间。因此可大大降低空调负荷，达到绿色节能的效果。起伏的线形锯齿幕墙如同涌动的波浪，通透的玻璃映照着碧海青空，带来丰富的光影效果与明快韵律，映衬着种植屋面的葱葱绿意，以“云端花园”扩大了可使用的绿化面积，降低了建筑对热量的吸收，创造出更加宜人的建筑环境。

结构形式则采用钢桁架高位连体的框架核心筒结构形式，核心筒采用混凝土剪力墙结构，框架柱采用型钢混凝土柱，高位桁架为钢结构。这种结构形式具有良好的受力性能和内部空间灵活布置的优势，可有效地抵御风荷载及地震荷载等。

四、结语

琼州万里，天浴海色，中国石化的入驻以这座自贸大厦的出世开启序章，“源”入琼州，乘风破浪，中国石化自贸大厦将沉稳、从容地矗立于海南这颗中国南海的明珠之端，它将引领江东新区的发展，驱动创新发展引擎，成为南国片区现代化新地标！

建科院改造

李媛

陕西省建筑科学研究院成立于1954年，是一个以应用开发研究为主的综合性建筑科学研究单位。其主要任务是以工业与民用建筑及各类构筑物为载体，重点研究建筑科学理论与使用新型技术，解决建筑技术难题，编制国家、行业、地方有关技术法规。项目地处西安市莲湖区，环城西路，毗邻古城墙西段。建院六十余年，建科院见证了环城公园的修建完成，形成了完整的“城墙—护城河—环城公园”景观资源。

院内荟萃了一批具有坚实理论基础和丰富实践经验的科研人员，现有职工二百余人，逐渐出现院内办公环境紧张、老旧办公环境与新型现代办公需求矛盾等问题。为改善办公环境、扩充办公空间，拟在建科院原址进行改造设计。在接手项目后我们进行充分的调研，给人深刻印象的是较为局促的用地；基地夹杂在城中村附近，周边环境复杂；基地具有优越的城墙一线景观。如何在改造中解决用地问题以及充分利用景观资源成为设计的重点内容。

一、背景与问题

（1）复杂多样的城市环境与高效简约的功能需求之间的矛盾。

（2）日照问题与面积最大化之间的矛盾。

（3）紧凑的用地与多样化的现代办公需求之间的矛盾。

（4）新、老建筑与城市融合之间的矛盾。

建筑立面

体量最大化的建筑形态

二、任务与设计理念

（1）对内，改善与住区的关系；对外，融合城市。

（2）研究日照，保证新建或改造部分不会对现有日照状况造成不利影响。

（3）置入庭院、开放式办公区等新一代办公空间。

（4）新建建筑在气质上与老建筑相匹配（材质、布局等），新中见旧。

三、策略

本次方案的研究策略从日照入手。我们首先将园区内老旧建筑现有状况下的日照条件通过众智日照软件模拟出来，得到初始设计条件。（因年代久远，老建筑的退界、对周边住宅的日照干涉通常并不符合现行规范，改造只需不加剧现有日照状况即可。）

同一策略，不同应对：针对从日照入手的解题策略，我们尝试给出了不同的方案，形成台、院、城三种方案。

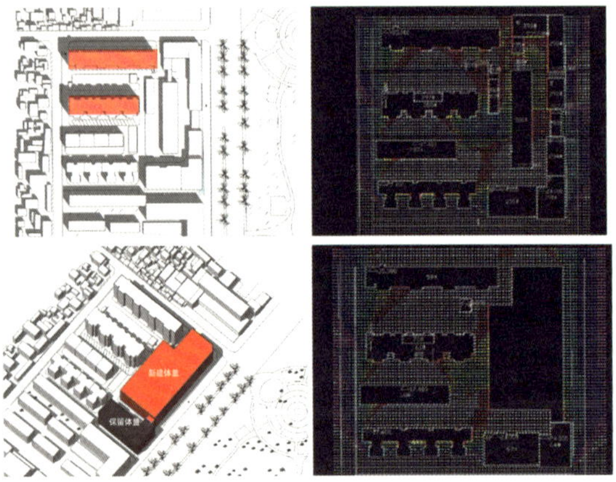

日照因素限制

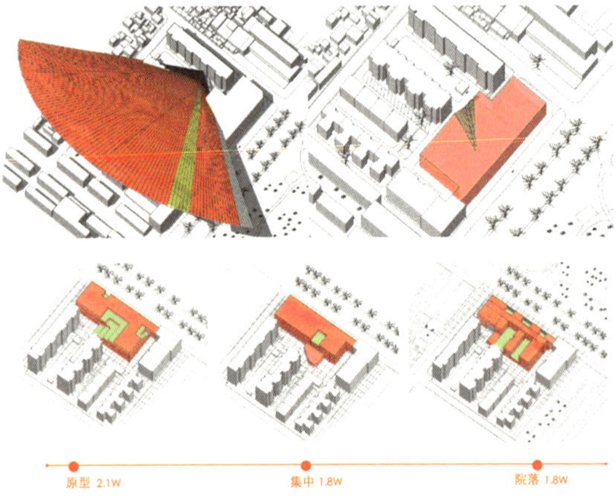

建筑规模分析

（1）现状日照条件。

（2）基于24米限高及城市退界可建最大体量。

（3）通过对照拆除前日照情况，对日照不利点进行日照曲线反推。

（4）得到符合日照条件的最大建筑体量，可以进行各种不同形体演绎。

1.台

以日照模型为原型，将切削体量处理为层层退台，形成一系列叠落的种植平台，面向住区，一方面给家属区住宅提供了良好的景观视野，同时退台削弱了公共空间中办公楼带来的压迫感。游人通过平台可升、行、驻、望，踱步至屋顶平台，古城墙盛景一览无余。

2.院

第二种思路为庭院式办公，在集中的建筑体量中置入庭院，使得每间办公室都能亲近自然。相比于集中式的布局，庭院式以鱼骨状展开交通空间与功能空间，失去了高大丰富的中庭空间，以集约的交通组织各个空间，更加注重办公环境的直接体验。同时获得了大部分办公空间坐北朝南，通风采光更优。

3.城

最后一种策略同样是集中式，通过架空体量来打通环城公园与园区内公共空间，使得公共空间得到延续。打破了办公园区封闭、完全对内的刻板印象，也为家属区住户提供了生活便利，可以顺畅地自由穿越，以最便捷的路径到达休憩公园以及沿街商业。提倡自由、开放、共享的新型办公理念。

四、小结

在确立设计策略后，我们发现整个设计过程变得非常理性，体量不再是体块构成的推敲，而更接近于一种运算的结果，从而获得一种较优解。这种设计思路对于问题导向的方案来说，十分有效。当然设计方法有很多种，因人而异。虽不能说此次方案设计思路适用于各种基础条件的案例，却也提供了一种设计思路。而开放思维，开拓视野，丰富的想象力中捕捉到落地的线索也正是设计所需要的。历经此设计阶段，我们更觉设计之广博有趣，也更有无穷的探索欲想要深耕此片深厚的土壤，从中汲取营养。

高台碑院

——碑林博物馆设计拾遗

李玺　高冬妮　侯国栋

六百年的城墙如今让你随便触摸，西安的小吃足够让你变成吃货。

随着自媒体的发展，西安成了网红城市。说到西安的“网红”更多的是小吃，其实西安的城市魅力更多的源于文化。

关中人给人的印象是“生楞蹭倔”。简单说就是嘴上吃着泡馍，圪蹴在城墙的旮旯，嘴上说着天地玄黄，指着脚下告诉你曾经埋着王孙显赫。

每个来西安的游客，不仅是为了触摸600年的城墙，也是感受这八百里秦川上生活的长安城市氛围，听他们讲述董仲舒和下马陵的故事。感受他们的文化，感受他们的傲慢，感受他们如何言传身教，把几千年前先人们的文字与文化守护与传承至今。

这是西安的魅力。碑林就是这千年古城的文化图腾，是西安现在精神文明的聚集地。平常这里聚集着众多文化爱好者，琴棋书画，文房四宝，这是他们的日常生活。随着时代的发展，碑林博物馆扩建工程进入了设计的阶段。都市中心的建筑师们有幸承接了此项设计任务。

碑林周边的建筑建成年代不一、风格各异，建筑肌理细碎。主要体现为环境布景化、杂乱化。场地条件复杂，缺乏公共开放空间。周边的三学街与东木头市，又有大量的历史风貌遗存，最南侧是城墙，端履门。整个地段十分重要，文脉深厚，现状冗杂。

新馆的设计工作前前后后经历一年半时间。我们有幸能与全国的多位建筑设计大师同台竞技。大家绞尽脑汁，所里一半的设计人员都参与到设计的讨论中，方案换了一次又一次。几十个方案反复推敲、研究。最后，我们把问题集中到以下三个点，作为设计的突破口。

一、风貌问题

碑林博物馆新馆毗邻老馆，位于西安城墙内的唐皇城务本坊，与三学街、书院门相接。周边建筑主要以传统的中式建筑为主，是最能体现西安文化氛围的区域。在这重要的区域做这么大体量的现代建筑，如何与城市尺度相协调、与城市文化相呼应成为设计师主要考虑的问题。

我们认为城市的最高美学标准是和谐，坡屋顶不一定表示传统，平屋顶也不一定代表现代。整体而言，我们西安的传统文化风貌韵味还是差了一点儿，南门以及碑林片区应该有一批坡顶建筑，各类保护宪章也有此类要求。从实践来看，坡屋顶的案例也是成功的多，风险相对较小。我们认为平坡结合是在这一区域，最稳妥也是最和谐的设计方式。既符合时代精神，也有中国传统文化韵味。

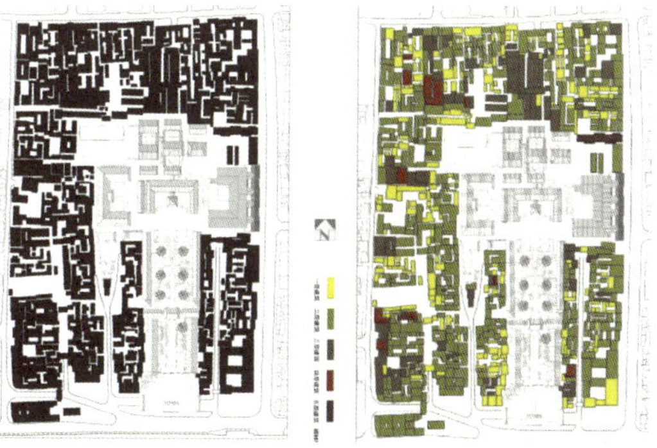

建筑图底关系

院落空间1

院落空间2

融入周边的城市肌理

北立面图

二、形象问题

时光荏苒，这里叠加着不同时代的文化图层。我们采用“竖向分层”的策略。在剖面上表达为三个层面：屋顶是“空中里坊”，首层和负一层是展览功能，其下是藏品，最底层是停车场。“空中里坊”是一个全天候向市民开放的广场，是城市的会客厅，也是国学爱好者的讲堂。讲堂是空中里坊的主体建筑，位于高台正中、轴线之端，是对碑林这一经典中华文化的致敬。这里可以举办国学讲座，甚至婚礼和发布会，东西侧院可用作教育培训、游客服务。这样的开放性让博物馆不再是高高在上的殿堂，而是百姓生活的舞台。建筑上下层间通过花园天井传递光线、交换视野，我们称这种方式为高台碑院。

三、使用主体

新馆不仅仅服务于游客，同时还传承着中华文明千年历史。背诵着开成石经，一边对着昭陵六骏讲述历史故事，一边蹲在门口喋着面，住在西安边四方城里的人祖祖辈辈讲述着碑林的故事，传承着中国的千年文化。

高台碑院的高台就是一个对城市全天候开放的城市公共平台，包含会议，培训，露天展览，讲座，集会等功能。高台空间独立于传统博物馆的室内展览流线。作为城市广场，城市公园，城市会客厅，城市的课堂，这里让西安市民和游客可以体验书法艺术，也是展示西安文化魅力的舞台。露天布置的石碑（复刻），使市民在地上随时临摹书法作品。每逢春节，大爷们可以在这里写春联。相比于600年的城墙，生活在城墙下的人们，记录的何止是六百年的历史。正是这些人的存在，碑林的文物才是有灵魂的文物。

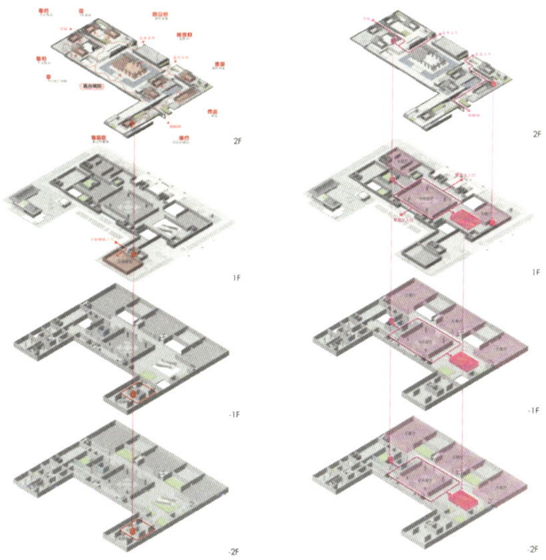

室内功能叠加示意

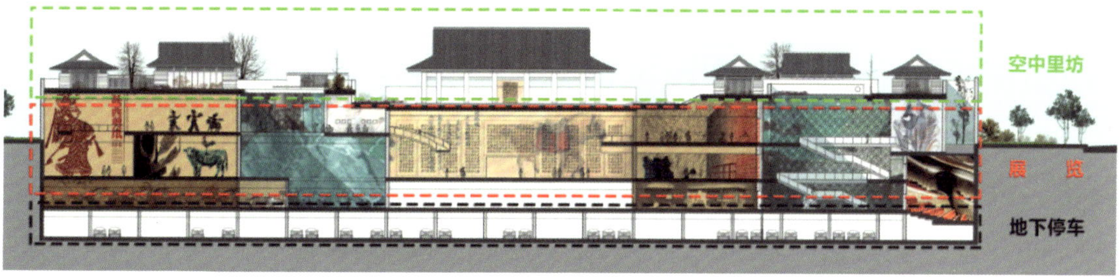

室内功能叠加示意

一方台：慢生活，慢文化，慢更新
——苏州西百花巷4号改造更新设计

王鹏超

2021年9月，第三期苏州古城复兴建筑设计工作营的启动仪式在苏州举行。正值秋季，走在苏州的老城巷里，舒适惬意。我们选取的原苏州戏剧戏装厂的基地，位于苏州古城东北角西百花巷内。周边历史遗存众多，基地的南侧是中国苏绣博物馆，本地块在原潘曾玮旧居基址上，历经多年兴废更替。这座老宅不仅仅具有建筑的文物价值。潘氏家里族名人辈出，为这个宅院增添了更多的历史价值。历史、戏剧、戏装、苏绣、字画、工艺品、老城生活在此地共同交织。我们不禁也体会到一个真实而温婉的苏州。这里一切都如旧时模样，慢的生活，慢的文化，老城同样需要通过“慢”方式来新陈代谢。

本设计在苏州老城传统肌理的背景下，旨在创造弹性空间，形成无限可能，以应对场所中不断的变化。通过织补策略，在连接场地路径的同时，也连接人和生活，形成丰富的场所体验，展示有价值的场所及生活；整合功能、空间、流线的同时聚焦文化，引入多元业态，用慢更新的方式，营造暖空间系列，传播文化，使居民回归本真生活。

本次设计的概念为“搭台”。场地内部局部架空，衔接整合城市散点资源，形成通达透的首层动线；通过构建邻里平台、屋顶露台、生活舞台三个层次的空间，搭建多元生活平台，形成双首层多维立体流线，拓展屋面空间，形成可持续的有机生活圈；重新组织山墙立面及屋面，创造重要交通组织及观景空间，汇聚人群，打造开放型、可持续性、公益性的文创新地标。

（1）通过拆改置换，留出空隙，使致密的总

保持城市肌理的“微改造”效果

院落空间改造

环境品质提升

入口空间改造

园区活动置入

体，产生活力，把有价值的场所“亮”出来。拆除了潘曾玮故居前的3号楼，转而换成一个庭院，在庭院前搭起一个平台，与文物空间联系起来。

（2）7个院子和屋顶空间。整合场所文化及空间功能，重新梳理原有建筑的总体关系，将原本杂乱无序的空间变得更通透、易达。通过对院子的改造，提升整体地块的品质。同时也联系起南侧的苏绣博物馆和北侧的故居，南北巷道也被打通。

（3）通过搭台，形成双首层立体空间。首层形成公共社交的场所，打破原有封闭的空间感受，形成“通、达、透”的场所感。上层则主要营造安静的氛围，以展览及办公为主。功能上我们保留原始的店铺及员工的工作场景和文化追求，建筑一层为店铺提供了展示销售空间。我们希望在潘曾玮故居内搭出一方戏台，为院里提供源源不断的文化活力。

深聚焦当下生活，而不是一味追求复古或美丽的空壳形象。文化与建筑应当统一，通过切合实际的更新方式才是老城的更新之道。设计上，我们采用方台，上演一座城的故事，也是对苏州老城的慢生活与慢文化，进行了一次深层次的“慢更新”。设计完成到现在已有三年，很遗憾，工程还没启动。但是苏州古城的复兴设计工作依旧在继续，这在老城更新上无疑是走在了全国的前列，这次设计经历给人带来的更多的是文化上的震撼以及对历史的尊重。在这里，设计师的对园区的改造方案应该是谦虚的、忘记形式的、充分发掘文化潜力的合理创造。

融入周边建筑肌理

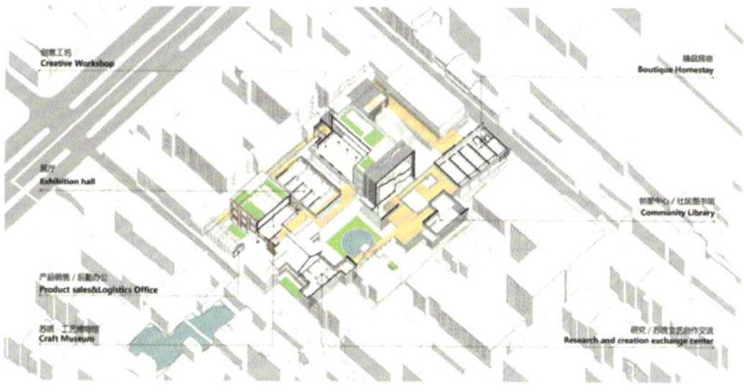

功能置入

西安市委党校新校区规划设计

杨安杰

西安市委党校新校区的建设是历届市委领导十分重视的工作。因此都市中心在这个项目设计工作投入了巨大的努力。

一次次地换基地，一次次地重新做方案，到一次次地汇报方案，一次次地修改方案，我们希望能突破常规范式，寻求百年经典的建筑内涵，洗尽铅华见其真。党校的设计要能经得起岁月的洗礼。最终，2022年9月中旬，方案得到了市委领导的认可。然而，方案通过之后，又因其他原因而搁置。方案的落地可能需要等待下一个契机。

西安国际港务区是陕西省“十一五”重大建设项目，地处西安市东北部灞渭三角洲，交通便利，区位优势明显，是西安经济社会发展和城市建设“北扩、东拓、西联”的前沿区域。西安市委党校新校区选址位于西安国际港务区灞渭河两岸滨水公共服务带及奥体中轴组成的“一横一C”，如“弯弓射箭”的城市结构北端，建成后必将成为城市建设“北扩”的重要标识性节点。

党校北眺泾渭分明、八水归一，南观骊山北折、回龙望祖。山环水抱，得天独厚。项目北临渭河南路（西通宝鸡咸阳，东达临潼渭南）；东接鹿苑大道（北至高陵，南连港务区纺渭路）；南临安

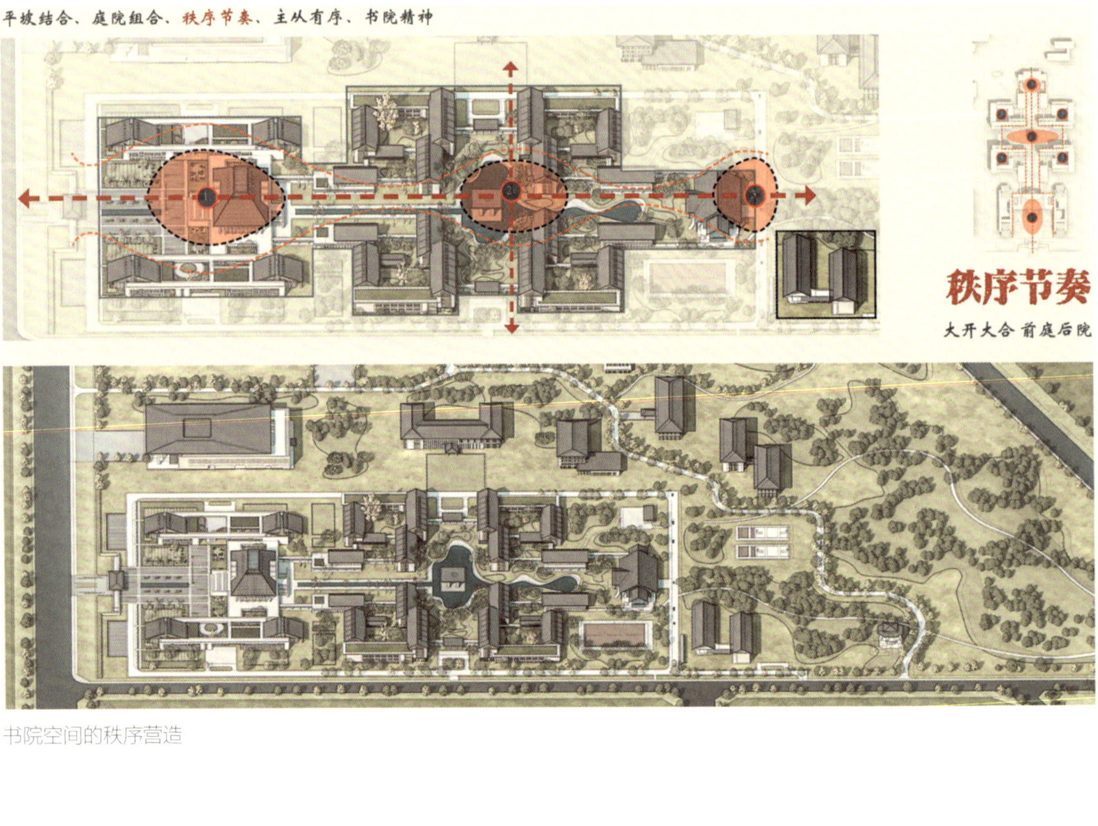

书院空间的秩序营造

党校礼仪入口

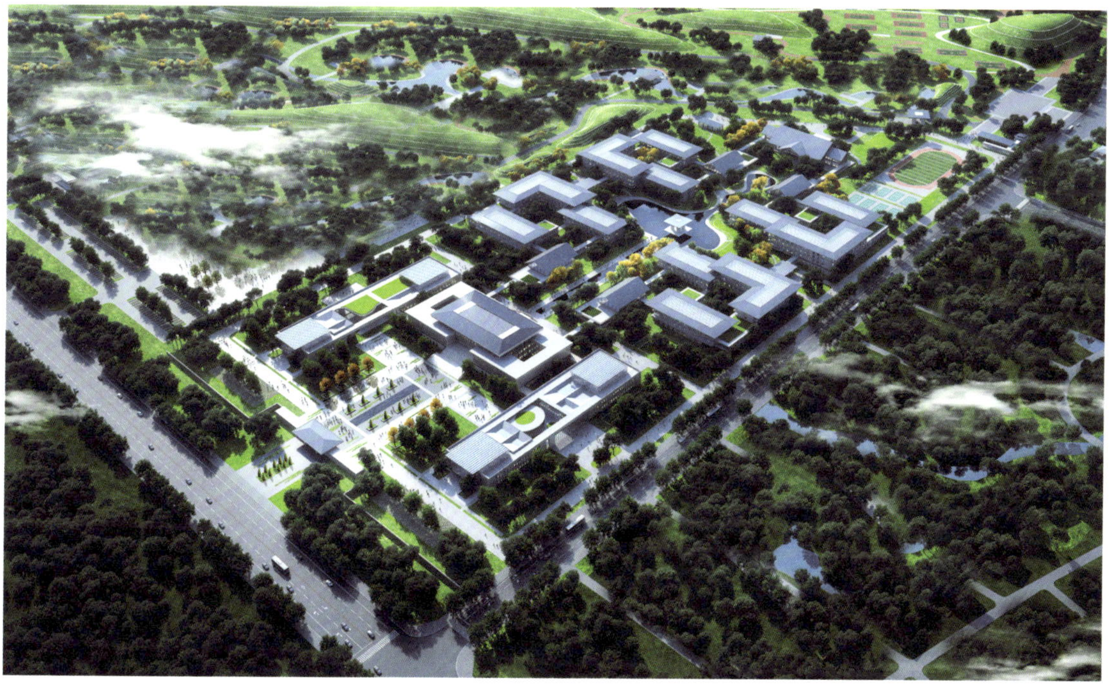

党校整体规划

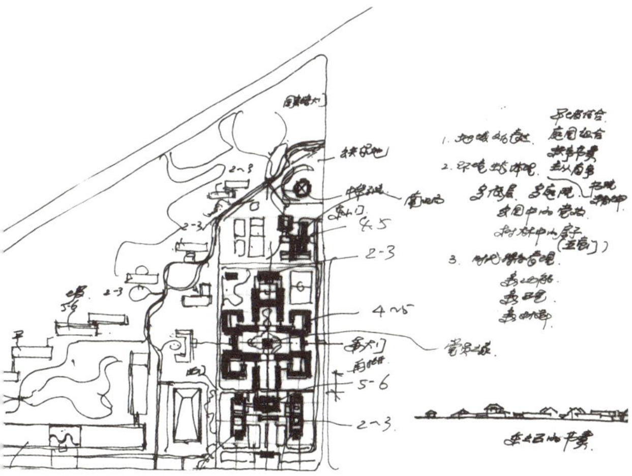

大师设计草图

澜路（西连奥体大道，东止京昆高速）。同时，地铁7、21号线规划经过东侧鹿苑大道，交通便捷高效。党校占地约18万平方米，总建筑面积约12万平方米，其中地上面积约9.3万平方米，地下面积约2.7万平方米。方案追求经典永恒，注重传统文化、地域文化的表达，突出自然环境。生态园林中的党校，树林中的建筑，历久弥新，成为精神高地。人、建筑、环境相互融合，恰如党、国与群众之间的紧密联系。同时，项目也与时俱进，运用适宜的新功能、新工艺、新材料，更加注重功能性、舒适性、文化性、政治性、生态性等多方面的提升。

方案总体布局礼乐相融，林苑共生，前紧后

校区西向鸟瞰

松，逐步过渡渭河湿地自然景观。建筑风格朴素典雅，灰墙黛瓦。环境景观取于园林，情景交融，山水从林，建园于苑。设计注重地域文化、传统空间的表达：方案秉承书院精神，打造现代党校“礼”“乐”“仁”的书院格局；方案平坡结合、庭院组合、主从有序、大开大合、秩序井然。设计突出环境生态：建筑整体以低层为主，融于深深庭院，时空一体，天人合一；连廊抬升主体建筑地坪，防潮通风，解决渭河洼地的天然劣势，同时方便快捷地联通校园各个功能组团。

项目南侧以一组“U”形公共建筑组团，形成大气舒朗的党校入口仪式空间。建筑功能中部及西侧，以教学会议为主，称为“中苑”“西苑”；东侧临路，以文体餐饮为主，称为“东苑”。中苑建筑整体造型舒展，平坦开阔。建筑以传统“三段式”的构图，诠释党校的传承精神。底部基座，回望中共一大石库门的立面元素，同时结合延安窑洞的典型形象，运用砂岩材质，打造质朴厚重的基石意向。中部是垂直的柱廊形象，现代简约，干净利落，典雅精致。顶部屋檐以梁头出挑的形式，出于传统，显于现代。东苑、西苑外整内放，外侧与中苑和谐统一，平整方正，内部以不同大小庭院组合，空间灵动。一体化的院落灵动地布置于公共建筑组团之中，同时有机地串联整组建筑，空间丰富、氛围亲切，打造党校自然轻松的办学氛围。

穿过中部主体建筑，北侧是党校的四个住宿组团单元与社会主义学院。各个组团建筑通过连廊进行连接，形成党校中心“十”字形大庭院。党员之家雕塑矗立在庭院中央，整体形象以四根粗壮的砂岩柱子鼎起倒置的覆斗，简约而有力量。庭院由南到北，空间由严正秩序到自由灵动，过渡自然。住宿组团通过围合、打开、错动、高低、平坡的设计手法，形成多层次、不同尺度的院落空间，丰富住宿空间的形态。组团主要以双坡屋顶为主，营造“家”的温馨氛围。社会主义学院位于最北侧，叠落的双坡屋顶，营造郁郁葱葱、平静优雅的党校意境。

总之，在西安市委党校新校区设计中，我们秉持从传统走向未来的设计策略，坚持质朴典雅的建筑风格，追求礼乐的总体格局，打造园林中的党校、建筑中的百年经典。新的党校必将历久弥新，成为共产党人的精神高地。

学员生活区景观

唐顺陵博物馆方案设计

王康宇
设计合作单位：PES-Architects Ltd.

一、唐.顺陵

唐顺陵是女皇武则天之母杨氏之墓。随着武氏政治地位的变化，顺陵经历了三次加封、两次诏废的传奇历程，形成了三重布局的独特形制。迄今，整个陵区保存较为完整，1961年被列为第一批全国重点文物保护单位。

唐顺陵的石刻艺术堪称唐陵之冠，其天禄、石狮、石羊整体造型饱满，雕刻手法洗练，神情动态生动自然。其间雌雄两走狮阔步缓行，阔口半开，观者如闻其震撼山林慑服百兽之音，被誉为“东方第一狮”。雌狮形态不落俗套，体型略小，而威严更胜于雄狮。这正是唐朝，作为中华文明的“青春期”，体现了兼容并著的风尚与超然飞跃的气度。其复制品再现了唐风典范，镇于陕西历史博物馆门厅。

二、文脉

昔，大唐盛世，万国来宾齐欢聚。墨香音妙诗满城，眼界无穷天地宽。

时光荏苒，王朝更迭，唐之气象风韵早已融入中华血脉。世人对长安恢宏的想象，由西安这座十三朝古都，最早的世界之城所承载。

顺陵，两次加封扩建的传奇正是唐时兼容并著风气的体现：筑陵者女皇武瞾，与顺陵主人——杨氏，其气吞山河的气度，今天仍被后人所叹服。

史书云，女皇革故鼎新，以承载对宇宙想象的“河图洛书”建顺陵。来访者不禁想象，沉睡的大唐盛世是何等的流光溢彩。

室外水景营造

室内展示空间

今，机场与千年顺陵相遇，沉睡的问天种子再度萌芽。历经千年的封土与石像生，目睹古都焕发生机，当航班划过星河，万邦宾客再相聚。古今对无垠广阔“天”的向往会于当下，世人得以一眼千年。

1.顺

顺，理也，从页，从川。

顺势而为。在新老两条轴线的交汇处，博物馆设计顺势以顺陵“第四次扩建”的思路统合机场，顺陵，作为空港新城核心区的收官之作，完成渭北新空间序列。在飞机起降过程中，来宾可俯瞰这一笔关于“天”的大地书写。第一眼可刷新对古老西安，乃至古老中国的认识。

顺其自然，浅卧于水面的明月，是对顺陵历史遗迹的礼让，也是对世界的邀请：留存千年的封土与博物馆浅露水面的月牙，都只是对大唐世界绮丽丰盛的惊鸿一瞥，万般精彩留待来访者潜入水下探寻。

顺天应人。在繁忙的机场前区，以水月伴人。水面映照星河闪烁，云卷云舒。淡然的场域，来客一洗旅途劳顿，回归到天地间月色无边的温润中。

2.翌

唐，中华文明的青春期——斗志昂扬，积极向上，兼容并蓄，海纳百川。这也恰似当下的时代精神。顺陵博物馆与之一脉相承，既是唐的丰碑，也是新时代的颂歌。是文化基因的再萌发，民族复兴的新地标。

设计方案以方形延续顺陵布局，并将其西轴延伸到天翼大道上。地上建筑的形体以怀抱之势的明月为主意向，收束机场城轴线。

扩建后的唐顺陵的“月”与指向“空”的机场T5航站楼，代表“日”的航空博物馆，共同形成日月当空的布局。从顺陵天禄的翅膀到T5百鸟归巢的新含元殿，千年宇宙梦，今朝终圆满。这个古今交汇点上的博物馆，压轴完成古都空港枢纽与渭北公共文化商业中心的双核心。

3.月

月，朗朗当空，普照万物。女性包容而坚韧，根植大地的生命力，跨越古今。月，也是大地母亲，是一个伟大王朝绚烂的盛放背后，浑厚的能量来源。

月的崇高地位，来源自中华文化独有的旷达超脱。千百年对月的咏叹是深刻的民族记忆，是对宇宙变幻体味的具象化。明月怀抱前方如明镜般的圆形水面，“眉如远山含黛，目似秋水横波。”亦是阴晴圆缺，千年如白驹过隙。今人不见古时月，今月曾经照古人。

明月反宇向阳的形态，借用自传统屋面与天对话之宽广胸怀。镜面水池与勾勒建筑轮廓的方形天窗协奏出“天圆地方”的宇宙观。

三、空间

1.月门

沿顺陵西轴步入水下，眼前是古代城市壮阔的遗存，是对恢宏大唐世界，浮光掠影的呈现。以石像生与唐仕女为原型的巨柱在瑰丽的水下光影中若隐若现，诉说传奇。其后的展厅外墙，以女皇偏爱的神都洛阳龙门石窟为原型，开放式展廊如切片般展示渭北风光，古今辉煌的层叠：周的礼乐文明，秦的铁血长平，汉的中华之基到大唐幅员万里的盛大与繁华；今天，在世界顶级遗迹带，展现当代工程师完成咸阳国际机场扩建这个超级工程的雄心与气魄。

2.月宫

一窥精彩，缓缓向前。月门后的顺陵封土逐渐清晰，来宾可游览遗址公园，亦可停留于博物馆门厅。公共空间以皎皎月光为主题，来宾似入广寒宫般清冽剔透。亦可沿丝路般坡道缓缓下行，潜入唐宫世界，饱览一窥其瑰丽玲珑。

3.展城

顺应时代脉络，创造前所未有的观展体验。以当代抽象的方式创造新的大唐街景。邀请世界来客回到唐时立坊街市，一日看尽长安花。

展厅的布置提取唐三彩与考古现场共有的叠合意向，力图再现消失的城市，城市也意味着没有终点，应对不断变化的社会需求，展陈空间可不断重塑。

明月的曲面为展厅创造下沉式室外展场。在此，结束室内参观的来宾从绚烂的唐世界回到当下，再带着“唐”的记忆去往世界各地。

四、布局与流线

1.览胜

顺陵博物馆是机场的文化引擎，同时服务机场、城市、顺陵三方向的来宾。贯穿的体验轴是城市公共空间，联系天翼大道与顺陵西阙，将重要城市功能与博物馆公共空间串联在一起。

围绕核心主体展陈功能布置游客服务、管理办公、文物修复室及库房、地下车库、后勤辅助等配套功能。主要功能设置于同一标高。无论是参观、管理和文物流线均便捷高效。

2.阅城

唐顺陵博物馆的活力取决于能容纳多种展陈类型的能力。顺陵博物馆设置两大类展厅：黑盒子与光盒子。黑盒子在历史展厅中使用，以深色的唐三彩颜色为内壁，指引观众。光盒子则适用于艺术展厅与部分主题展厅。这些大小与高度不同的展厅组合成灵活的整体。其开放度、观展路线均可依据展陈主题调整。

3.博物

展厅盒子与地面下沉的休息区、互动区和开放式展陈区层叠相依，营造动态宜人的参观体验。来访宾客通过博物馆门厅进入展厅，并在参观结束后通过室外展场回到门厅。展盒与石像柱结合，塑造出独一无二的展览空间，同时也重构了观展流线，形成新体验。

展陈间各自独立，亦可连续串联，有机重组，形成自由流动的空间和灵活可调整的观展流线。

当代博物馆是在传统的固定展陈功能之外，文化研究、保护和交流等功能的比重越来越大。办公空间拥有独立门厅与车行入口和内院。文物修复室与展厅紧密连接。

明月当空，普照大地。万邦来客，古都问天。

地下展示空间

隐于景观的建筑形态

纪念王泰吉革命纪念馆

杨安杰

一、项目背景

王泰吉革命纪念馆是以王泰吉烈士的事迹为基础，宣传北田镇革命文化的建筑，有重要的政治教育意义。建筑的设计要承载革命的意志，对革命精神要有一定的回应。王泰吉，字仲祥，1906年出生于陕西省临潼县北田镇尖角村。1933年7月，他率骑兵团2 000余人在耀县起义，成立西北民众抗日义勇军，任总司令，并恢复党组织关系。8月，任中国工农红军陕甘边游击队临时总指挥部总指挥。11月任红26军第42师师长，率部开辟以南梁为中心的陕甘边根据地。1934年1月被派往豫陕边做兵运工作，途经淳化通润镇时被捕，3月3日在西安就义，年仅28岁。

北田街道，隶属于陕西省西安市临潼区，地处临潼城区西北，渭河北岸。尖角村是西安市临潼区北田街道下辖村。2021年6月，中共西安市临潼区北田街道尖角村支部委员会被授予“西安市先进基层党组织”称号。抗战时期，尖角村是远近闻名的红色村，诞生了王泰吉、王岳东、王明钦、王卫星四名将军。红色血脉是融在这片土地之中的。

项目基地位于北田镇尖角村泰吉广场的西侧，原基地现状是一栋三层砖混结构的小楼，是北田街道党性教育基地。在这栋楼的后方，是一个初具规模的纪念公园，经过南、北各一道牌坊即可进入公园。公园内部有王泰吉纪念碑亭及其他两位烈士墓。公园里松

纪念广场

柏成列，绿植繁茂，从简单的灰砖铺地，串联起烈士陵墓和其他休息区，逐渐形成缅怀先烈的环境氛围。2015年，这里被命名为临潼区爱国主义教育基地，每年都有许多青少年来此学习革命传统。因此，我们怀着敬仰之心，开始了这次王泰吉革命纪念馆的设计。

二、设计思路

在总体的设计思路上，我们认为北田镇尖角村拥有浓厚的革命传统，整个村子应该成为爱国主义教育村，而广场、公园和纪念馆应成为统一的整体，形成村子革命教育的核心片区。所以，纪念馆的设计并不是简单的建筑设计，更多的是对周边环境的梳理与提升，从而形成整体效应，达到“1+1＞2”的目的，增强革命纪念馆的纪念性。环境与建筑进行一体化设计，将其打造成一个集尖角村文化、集会、运动、休闲于一体的社区公共服务中心区。

1.广场

设计首先是对广场进行提升。广场入口设置于南侧，由村委会、戏楼、老民居、现状党性教育基地及邻近民居围合而成。据此我们进行了几点处理：①梳理泰吉广场周边树林，进行广场绿化铺装的设计，增强参观的仪式感，减少广场对村民的影响，满足集会追思的需求；②拆除原有品质较差的戏楼，将其重建并提高其安全性，从而构建小型文化舞台，打造集戏楼、纪念碑、老民居、纪念馆等建筑的广场组团；③王泰吉纪念馆的设计。

2.建筑

其次是纪念馆的设计。基地的现状楼是拆是留，是首先需要解决的问题。我们在设计之初想保留它，然而现场考察后，发现现状楼体结构存在安全隐患，加固改造成本较大，且建筑为近代建设，无历史价值，品质较差，经评估我们确定将其拆除，然后在原址新建王泰吉纪念馆。接下来就是设计出适宜的建筑。我们团队为此进行了三个方向的概念解读：圣殿、丰碑、展望。圣殿方案过于神圣恒定，缺少革命的先锋感。展望方案有很强的现代性与未来感，却缺少厚重感。通过与甲方的研究与沟通，我们基于丰碑的方案进行深入设计。

丰碑方案设计之初，是想通过大台阶基座为村民提供室外休闲的场地。然而，通过讨论研究，我们认为大台阶对于一个1 000平方米以下的小建筑过于隆重，且公园、广场已经提供了足够多的休闲空间，

城市空间策划

存在功能的重复。因而，我们放弃了大台阶基座的设想。我渐渐地明白大台阶是过度设计，也体会到适宜、得体的建筑设计的含义。最终，底层以深色花岗岩的柱墩顶起红色的丰碑成为纪念馆的主要形象，设计充满力量的同时又有很强的纪念意义。丰碑下悬挑的灰空间，游人在此可以自由穿越，为瞻仰革命烈士提供灵活布展的室外空间及便捷流线。深色的花岗岩上可以展示事迹、诗集等。革命纪念馆如同一块基石，象征革命年代的闪闪红心，似燎原之火。一层流线结合公园进行环形展示，入口设于南侧。入口低矮压抑，强调庄重肃穆的氛围。二层流线重点营造氛围：民族微光、救国觅光、革命星光、信仰知光、共产追光、东方现光（王泰吉一生的写照）。

3.公园

最后是公园的更新。①空间的梳理与规划：梳理景观空间格局，打造外围展示区（连接纪念馆与广场）、休闲区、内核陵墓区、纪念区；增加半围合式展廊，限定陵园区域；取消原有中轴线，形成环形流线；打造重点节点，诗集展廊、王泰吉碑亭、烈士陵墓 、东方大道、纪念长廊 、艰苦奋斗长廊、不忘初心广场 、功成园。②小品与建筑更新：重新修补牌楼，增加厚重感；新建纪念碑，正面以“三面红旗”为形象，侧面营造“革命火炬”的意向；对亭子进行精细化处理；清除墓边杂草，形成祭奠区；墓碑修缮；拆除党员之家，打开碑亭轴线，合理组织纪念活动；城市家具以自然朴素的风格为主。③硬景：采用青砖，黑石子，青石板，裸露混凝土材质。④软景：最大限度保留现有树木；删除过密植被，打开景观视野；增加优质草皮；增加景观树木层次，乔木与灌木相结合。

经过整体提升，我们希望营造更具纪念性的片区，从而完成我们对革命精神弘扬与传播的使命。方案在多轮轰轰烈烈地讨论和调整中不断成熟，设计任务也顺利完成。然而，它的最终落地实施却不尽如人意。

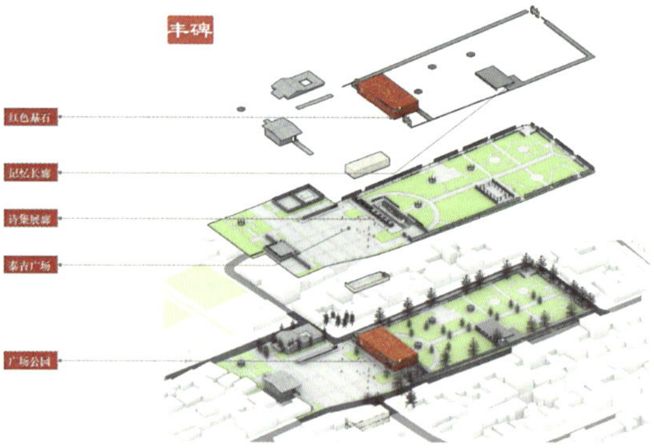

功能置入

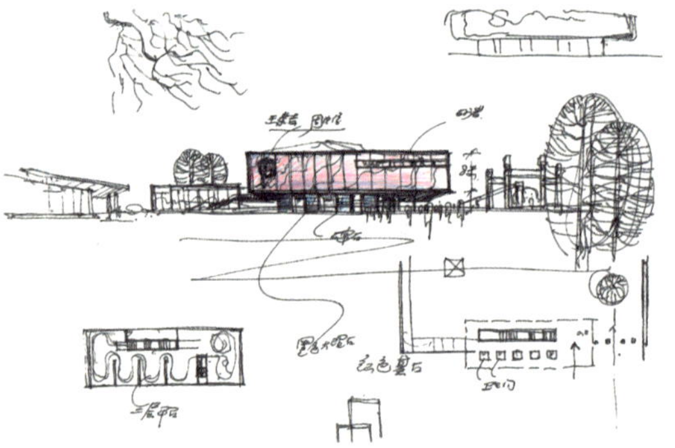
大师设计草图

纪念馆与园区空间组织

沣之脊

——与自然城市环境相结合的都市聚场

王康宇
设计合作单位：汤桦建筑事务所

2022年9月，为进一步提升西咸新区总体服务能级，建设高品质大西安新中心新轴线，西咸新区决定加快推进秦创原·金湾科创区市民中心建设，发布国际竞赛。希望打造出具有国际影响力的城市会客厅、大西安新中心新轴线上的重要展示窗口、湖畔水岸的市民活动聚集地、城市文化新地标。都市中心联合汤桦建筑设计事务所及PES建筑事务所共同投标，各团队进行多方案比选，历时六个月，最终决定以“沣”为意，以“脊”为形，给大众呈现一个融合自然与城市的都市聚场。

中国现代建筑创作历经简单模仿、器物象征，再到追求意境、回归理性的不同阶段。造成了当下城市空间依旧存在诸多矛盾：人工与自然、功能与形式、时代与永恒等。我们以此为契机力图寻找答案，整合资源，弱化矛盾。

一座西安城，半部中国史。金湾市民中心应表现出中华民族青春时代的朝气蓬勃与积极向上，同时具有地域文化积淀与北方的豪迈气势。我们以文化自信

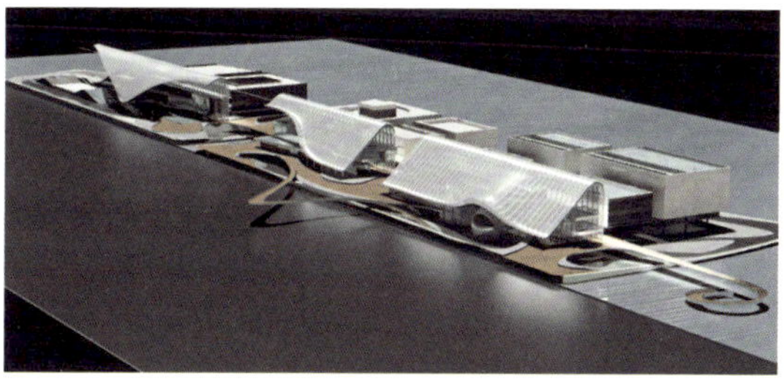

工作模型效果

室内公共大厅

沿河项目鸟瞰

的视角重新审视这片沃土，努力理解场所环境，回归城市生活，追寻意境，寻找恰当的设计理念及策略，努力创造出属于金湾，又走向未来的经典作品。

一、连接城市——寻找金湾生命线

昔，“荡荡乎八川分流，相背而异态”。

“八水”顺流而下，沣河绕长安之西，见证着古都的历史变迁，孕育了灿烂的长安文化！

今，“丰水东北流，经丰邑之东，入渭而注于河”。

八水绕城，千年古都。西安，这座充满魅力的城市，沿着文化和自然的脉络，发展出西、中、东（灞河）三条重要的城市轴线。金湾三中心位于沣渭两河汇集之处，也是沣河文化走廊和城市西轴线的交会。

我们努力寻找属于金湾的生命线，发掘出一条重要的城市序列。

生命线顺应河岸自然伸展，向南衔接东西绿廊，向北延伸沣渭湿地公园。通过多维度链接城市不同的功能，打造充满生机的共享型文化综合中心。

它映射秦岭、南接十里沣水，北收西咸大轴线，锚固金湾，直入沣渭，融合山水城田。

二、展开建筑——书写自然沣之脊

这一现代城市设计用地形状狭长，我们设计将建筑群以线性展开，顺应场地，融合山水地脉，自然书写出一条大地长脊：秦岭是中华之脊梁，也是西咸之脊！以“脊”来凸显生命线，将呼应用地西侧轻盈自由的建筑体量和东侧对话城市的分散方正的体量，通过活力街廊连接起来，就像自然和城市密不可分的关系。

新建建筑总体与水岸相连，一气呵成，形式沉稳，典雅豪迈，其建筑风格流动奔放，又有云横秦岭之势。方案构思源于传统屋脊，风格律动成势，起承转合，富含中华风韵；总体和而不同，相似而立长脊恒定，一统多种功能空间序列。

该方案以谦逊内敛的姿态融入城市环境，建筑与城市一体化设计。

生命线自然生长，缝合两岸：与对岸的“一塔四馆”和滨水重点建筑，共同构成金湾文博区的标志。并与周边城市资源产生联动，构建起新的金湾游览线路。

新建筑通过二层公共平台，与河堤高差自然形成双首层：南接东西绿廊，北通沣渭湿地，于城市一侧

沿河建筑立面

地景建筑造型

展览大厅空间

多样形式的屋脊
Multiform ridge

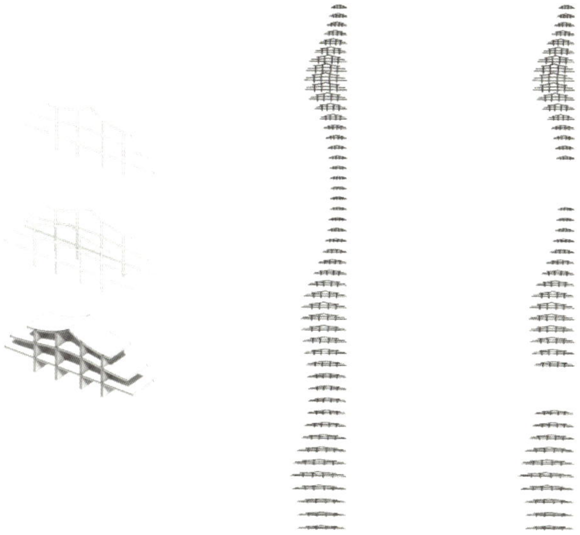

建筑构型分析

沿河远眺城市形态

衔接地铁站、中央商务区、生活区等。通过多维度空间连接城市的不同功能，形成共享型新都市文化圈。

设计方案在任务书原有功能的基础上，对其进行完善扩展：通过一条活力街廊，将不同功能有机排列，混合并置，形成连绵起伏、错落有致的科技体验、文化艺术、运动休闲中心；灵活的功能布局，适应未来发展，也将原本庞大的综合体，分解成有机的小单元，并具有宜人尺度；结合双首层设计形成立体街区，创造更高的商业价值。

新建筑矗立于沣畔，犹如一条人流的海洋，也是一个生机勃勃、永不落幕的城市客厅！

三、感悟文化——伴水伴城伴乡愁

沣河，不仅是一条“文化河”，更是我们的“母亲河”，承载了我们最为自豪与难忘的记忆。相较西方，中国是具有圆融写意的文化：设计以“望得见山，看得见水，记得住乡愁”为蓝图，追寻一个只属于金湾的建筑意境。

芦苇轻荡，小舟轻摇。

近观，恰如“蒹葭苍苍”。

远眺，亦有“落霞与孤鹜齐飞，秋水共长天一色”的胜景。

建筑一半融于自然，似水柔情，海纳百川；另一半属于城市，灵活理性，适应未来。建筑沿河一侧自由活泼的退台与自然景观充分融合，城市一侧从分散体量打造亲切宜人的街区尺度。“人与水、城与田、礼与乐，直与曲、实与虚”的空间氛围都能在这里得到回应。

设计从自然到科学，从田野到城市，从封闭到开放，从传统走向现代；建筑是与自然环境相结合的都市聚场，借助一系列流动错落有致的“城市阳台，”融入多样化的生活体验，演绎一座城的生活故事！

它映山为势，以水追意，融城为伴，是沣水边一条繁荣的文化长廊。

四、三种性格——沣眼、书谷、流川

1.沣眼——科技中心

如今在满布钢筋混凝土的城市里，天文馆是难得集科幻与浪漫于一体的空间，“眉如远山含黛，目似秋水横波”！以沣眼为意，建筑就像母亲河缓缓睁开眼睛，静观人间烟火。从两种不同属性的开放空间回应城市环境不同展览需求。中庭与街区、开放展厅与常规展厅，服务与被服务空间都分设在生命线两侧。

2.书谷——文化中心：学海无涯，书山有路

在这里可以书丛漫步，相遇林间，这是一个可以让人们慢下来的观演场所！

开放空间设置书谷，如同在知识的峡谷中游走，封闭空间放置剧场，多功能厅等封闭观演场所。

3.流川——体育中心

在流淌的沣渭河畔，疾驰飞略过关中平原的高铁一侧；以秦岭连绵群峰的意向，承载各种体育活动。

秦岭的南坡相对平缓，群峰连绵、峰峦叠嶂，其间分布着山间台地；北坡则更为陡峭，千崖竞秀、壁立千仞，因而翠华山、太白山、终南山、骊山、华山等一众名山多位于北坡，俯瞰着关中平原。

峰脊与叠嶂交融，如白云笼罩山间，借以山水之势，完成这一笔古老而绵延大地书写。

“三中心”和而不同，在整体设计的指导下，根据功能的差异又产生独特的性格。

“山之脊，水之曲，城之心。”

方案既有云横秦岭的气势，又有蒹葭苍苍的浪漫诗意。圆融城市与自然，平衡城市矛盾，总体亦映射秦岭，山水恒定。十里沣河，人水相亲，城田相依，以期重现昔日盛世长安的繁荣景象。

昔，“丰水东注，维禹之功”。

今，西咸之脊，醉金湾，更长安！

从城市与企业共同需求出发的设计

——记“陕煤铜川产业中心”设计

毛宇帆

一、设计背景

2022年11月，我们开始了陕煤铜川产业中心的设计工作。

铜川市紧临西安市北部，历史悠久，人文荟萃，有耀州窑等辉煌的过往，诞生了孙思邈、范宽、柳公权等各个行业的翘楚，照金更是著名的红色基地。但发展至今，铜川市人口外流严重，常住人口仅70万左右。因此，我们希望通过本次设计任务，不仅为企业，更为城市探索更好的发展方式。

城市的发展依托其对人才的吸引，企业发展的核心动力也始终在于人才培养。因此在营建一座面向未来的产业中心时，我们将人才的引入作为城市和企业发展的重要途径。

铜川市是新中国成立后诞生的第一批工业城市，传统能源基地的荣光带动这里成为闻名全国的“铜城”。路遥《平凡的世界》中所言“铜城”即现实中的铜川。陕煤集团成立于2004年。隶属铜川矿务局，陕煤与铜川一同迎接着行业的“黄金十年”。但伴随着传统资源的耗竭与生态污染严重，

项目整体鸟瞰

区域地块规划

城市发展一度陷入困境。

回望千年前，北宋画家范宽以照金山水为原型，留下传世之作《溪山行旅图》，让我们对遥远的时空产生无尽遐想。如今，在绿色发展和“双碳”目标指引下，产业格局转型，是城市和企业共同面对的发展机遇。

铜川市丰富多元的自然、文化资源，启发我们应营建一座独属中国的山水自然间的现代城区。

二、人才与发展

人才引入与绿色发展是我们分析城市和企业需求后提出的设计重点和理念。

在人才与发展的部分，我们以陕煤集团最初希望落地的“八大中心”功能出发，结合铜川的城市定位与优势，以教育培训这一职能为核心，延伸构建企业大学的设想，联动其他功能，打造陕煤集团人才培养、再教育与终身发展的基地。

三、环境与布局

基地位于一片大型城市公园附近，整体设计联通周边公园、绿地，建筑大小尺度相融。东侧简洁的巨构建筑纵贯南北，统领全园，与城市公园互相渗透。西侧灵动的建筑肌理，自然错落，共同围合出自然绿谷，与城市公园犹如两颗城市绿肺，营造清新绿色的城市环境。

根据空间特点对原来“八大中心”功能进行重组与细化，形成以企业大学联动总部办公、产业办公、会议会展和相关服务设施的组织方式。东侧科技研发长廊于城市“双肺”之间，最大化利用景观资源，组织企业内部核心职能。企业大学位于南端，由公共教学、交流讨论、研发实验等功能组成教学院落；首层是学院街区，通过两侧外廊串联起丰富的交流与服务空间。西侧园区围绕自然绿谷的公共服务核心自由布置会展、会议、科研办公、产业孵化、企业别墅等建筑体量，采用标准化的空间设计模式，便于后续运营中的功能置换与对外租赁。

四、弹性与韧性

基于产业办公类建筑在功能上的不确定性，我们也充分考虑了功能上的灵活性，从弹性和韧性的角度对场地及建筑进行设计。

首先遵循城市建设的规律，采取由南向北渐次发展策略。先期着力打造南部主入口，一方一

园区空间打造

曲，形成面向城市建成区与高速方向的标志性城市形象。中部建设根据城市环境及企业需求灵活推进。远期在园区北端面向新城核心区，以超高层企业总部与星级酒店构成园区新标志，形成城市未来轴线。

具备不同特质的标志空间，兼顾灵活分期与形象营造，与城市共同生长。

单体建筑亦兼顾多元使用需求。多样化的办公与教学空间采用标准化模块，可灵活调整用途。会展中心在展会间歇时兼具运动场馆功能，持续激活区域活力。为当下与未来、企业与城市、日常与临时转化提供弹性可能。

设计从企业与城市共同需求出发，构筑以企业大学为核心、培育人才的路径，联动总部核心职能。绿色自然、多元韧性的园区，将引领铜川新区未来发展，也必将成为陕煤集团不可替代的区域产业中心。

五、结语

这次的项目设计是一次难得的同时面对企业和城市的投标，陕煤集团对铜川具有重要的影响力，同时铜川也需要通过一系列产业措施来提振发展。尽管最终的投标结果不尽如人意，但对比其他设计单位方案，我们对功能的策划与自然绿色的设想，依然是站在城市发展和企业发展的角度经深入思考的成果。这次对于产业中心的创新设计也将为未来的设计积累宝贵经验。

多元建筑设计

榆阳文化艺术中心

张颢辰

榆阳文化艺术中心项目开始于2022年10月中旬，项目位于榆林市榆阳区，地上面积约50 000平方米，主要功能包含黄土艺术博物馆、文体中心、黄土艺术酒店。项目希望打造成榆林的城市文旅名片，一个服务榆林市民的区域级文化中心。最初拿到甲方的设计要求后，大家设计热情高涨，在所里进行了一轮方案征集活动，共有近16个设计方案，经过多轮讨论筛选形成了最终三个方案。

方案一：红峡映日

以长城为界，南是“山舞银蛇，原驰蜡象”的高原沟壑；北是“大漠孤烟直,长河落日圆”的塞外草原。建筑整体造型自由流畅，如奔流不息的黄河水，如延绵起伏的丹霞地貌，推陈出新、振奋激昂、大气高亢、明快自由。流动的建筑造型是一种现代的表达形式，也是对黄土地的依恋。红色流畅的形体如同舞动在黄土地上热烈的缎带。建筑总体布局顺应地形，连绵起伏一直延伸至公园，如同书法一般抑扬顿挫，行云流水般书写在新区的大地之上。

方案二：高台城苑

建筑造型是对榆林著名的镇北台的写意表达，建筑设计语言大道至简，以自由灵动的核心空间，

方案一造型

统领三个明确的建筑体量，分别设置黄土艺术馆、文体中心、黄土艺术酒店。以包容和开放的姿态为所有人提供一个特别的、有吸引力的城市空间，而不仅仅是一个建筑雕塑。建筑立面采用夯土肌理的石材，体现地域文化特色，端重经典。

方案三：文化卫城

建筑首层架空，将绿地还给城市，底部打造黄土风貌公园，塑造充满活力的城市空间，黄土艺术中心融合于公园之中。将酒店与运动中心等功能放置于连绵起伏的公园之上，宛若漂浮的卫城。通过光伏玻璃顶棚打造封闭的室内温室，保证文化中心的全季节活力，也为少年儿童提供自然科技的博览体验。并在“漂浮的文化卫城”中复原部分榆林老院子，保留城市记忆。通过塑造特色空间建造一座榆林新城与老城之间漂浮的“文化卫城”，一个开放的全民活动场所。

方案二造型2

方案三造型

草原上的冰凌

——呼伦贝尔历史博物馆

李家翔

呼伦贝尔博物馆项目设计任务是由中国建筑学会组织的一次建筑师设计工作营发起的，邀请了中国建筑设计研究院、同济建筑设计研究院、华东建筑设计研究院、哈尔滨工业大学建筑设计院等国内知名的设计团队，我们能够有这样一次交流切磋的机会，实属难得。

该项目位于呼伦贝尔市海拉尔区“六馆一湖”区域，建设用地面积约4.62公顷，历史博物馆规划建筑面积约4.2万平方米。区域定位为呼伦贝尔市中心文化区，区域内已建设市级大剧院、科技馆、规划馆、群艺馆，规划建设青少年宫、国际会展中心以及历史博物馆，建筑群环抱着中心湖区。

初踏场地，深深为呼伦贝尔这座“草原古堡”的城市尺度所震撼，宽阔的街道、大尺度集中式的建筑，如草原人民的性格般豪放。大剧院、科技

建筑方案生成

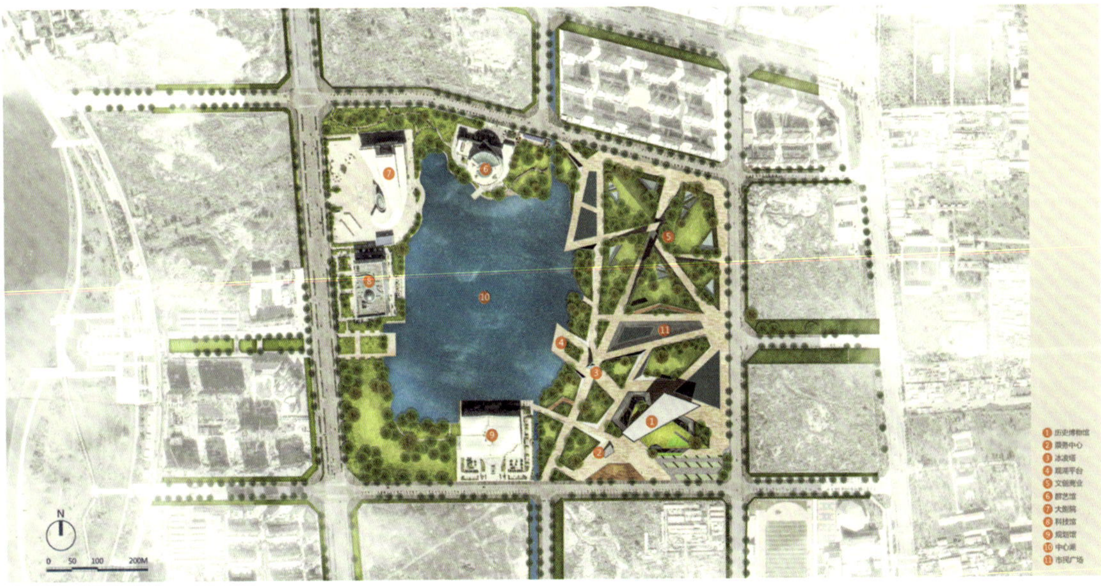

湖区总体规划

历史博物馆设计方案

历史博物馆设计方案

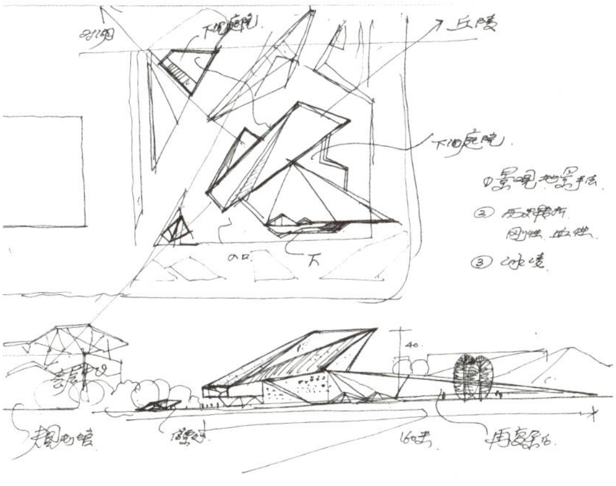

大师设计草图

馆、规划馆、群艺馆，几座重点建筑各具特色，从建筑风格来看，分为高技派、象征主义、伪地域主义等，现状多为形式主义建筑的大杂烩，杂乱无章。因此，本次竞赛重点关注的是从城市设计维度，在三馆一湖区域建立建筑组群秩序。

设计首先统一中心湖区以东规划中的历史博物馆用地、公共绿地、文化配套设施用地，分析场地出入口设置与人群活动路径，构建以群组为表现形式的建筑、景观图底。其次，结合区域内关键节点之间的对视关系，对地块进行二次切分，找到标志性建筑与景观环境之间的对话关系。对历史博物馆与文化配套设

剖面空间设计

方案整体鸟瞰

公园人视点建筑效果

公园人视点建筑效果

施已经杂乱无章的片区环境，而是整体采用景观地景的处理手法，实现建筑与环境的最大限度融合。最终形成由点及线、再到面的区域空间架构。

历史博物馆的设计采取大道至简的设计手法，以意代形。呼伦贝尔除了以草原著称，更有深厚的冰雪、冰雕文化。本次博物馆设计取义“冰凌”，以两个简洁有力的体块堆叠咬合，形成建筑主体量。体量的倾斜与悬挑，赋予建筑力量感，如同草原上的冰凌，坚韧有力。建筑内部流线回环上升，正如历史的发展进程——曲折前进。流线的终点设于面向中心湖面的大玻璃幕墙处，实现建筑与景观环境的对望，同时也是历史与现代的对话。

汇报前夜我们鏖战至凌晨四点，然而遗憾的是方案最终未能从竞赛中脱颖而出。多年以后，回忆起得知竞赛结果的那天下午，我与喜哥在北京西站的麦当劳，就像满怀期望的孩子，被泼了一盆冷水，失落之情，难以言表。这或许也是建筑师成长中的必修课——屡败屡战，永不言弃。

洪都灯塔

——南昌市图书馆（新馆）建筑方案设计

马列

书籍是人类文明的象征，是指引人类前进的灯塔。

南昌市，人杰地灵，钟灵毓秀，千百年来形成了亘古未有的文化特色。它不仅是一座山水之城、英雄之城，更是一座文化之城。文化是一座城市的灵魂，图书馆是点亮未来的灯塔。

2023年3月，都市中心开启江西省南昌市图书馆的项目方案设计，为期三个月的实地考察与方案细化，最终呈现出“水天一色、洪都灯塔”的空间意境。

一、整体规划

新馆项目位于青山湖东岸，规划用地30.47万平方米，沿湖岸线总长度为2 400米。基地西侧紧临湖滨西路，向西与东湖意库创意街区隔街相望，东南环水，北侧香樟丛生，自然景观得天独厚。

随着新城发展，城市公共设施跟随城市资源也向新城集中，位于赣江东岸的老城区公共设施则相对匮乏。通过实地踏勘，发现问题有：基地周边城市风貌杂乱，缺失地标统领；湖岸失修，缺失亲水慢步系统；基础配套不完备等。

基于以上研究，我们提出：山水相连，生态融合；统筹风貌，重建秩序；多维复合，全时客厅的规划理念。规划将公园空间划分为：生活休闲区、运动娱乐区、自然生态区、图书文化区。图书馆位于南端的图书文化区，与公园渗透融合，突出城市区域的功能性、文化性、标志性、地域性和时代性。

青山湖岸建筑鸟瞰

图书馆东侧鸟瞰

1.基地选址

经过对用地实地踏勘和综合分析整体，发现用地南端东西宽约200米，从南端向北约200米植被开始茂密，香樟成林成簇，疏密有致，自然环境优美。因此，拟将图书馆规划在用地最南端。图书馆人行入口与滨湖广场畅通连贯，形成公园南端主入口。

2.规划、建筑设计概念

图书馆设计从南昌历史文化和传统建筑中汲取灵感，依托人文地理资源优势，立足多元、开放的时代特征，传承高台建筑特色，构筑高台，台上筑阁。建筑屋面写意婺源民居，进行创新性转化和传承，立面玲珑剔透，如同青山湖畔的城市灯塔，呈现提出新江南建筑风格。

图书馆临湖布置，与湖滨西路相邻一侧设置开放空间，形成前广场。从广场向北延伸，设置“L”形公共平台，图书馆主要空间置于平台之上，四周形成环形通道，可供市民观景漫步，打造24小时城市观景平台。

图书馆西侧，形成城市景框，与东湖意库隔街相望，对话城市空间。建筑东侧平缓，屋面西高东低，呈现层次丰富的现代坡屋面。从湖面观看，营造出层峦叠嶂，山水相融的水墨意境。

图书馆通过景观平台，连接北侧独立使用的报告厅，并延伸至公园主路，形成建筑与环境相互渗透、有机融合的理想之城。

室内空间以西南至东北方向的公共大厅作为核心，形成空间主轴。西南向呼应老图书馆，东北面向宽阔的青山湖，与对岸丹霞岛形成对景，图书馆建筑内外情景交融。

作为现代图书馆，我们为读者提供了多样化的学习、交流、雅集、新媒体阅读和工作空间等。设计采用太阳能光伏发电、呼吸式幕墙和智能化控制系统等先进技术措施，打造低碳、绿色的智慧型图书馆。

建筑平面灵活实用，流线合理清晰，动静分区明确，多尺度空间复合。图书馆不仅是一个动态的公共区域，更是一个开放、包容的精神场所。

经过对南昌地区地域历史、地形地貌的分析以及对图书馆建筑文化来源及其发展演变的研究，我们认为本次设计应当以历史文化和地域建筑特色为设计依据，依托人文地理资源优势，立足于时代特征，设计功能完备、合理的新的文化交流、资源储备、学术研究场所。人们常说书籍是心灵的灯塔，图书馆正如一个城市精神的灯塔，因此我们以“城市灯塔”为立意，在规划设计理念方面总结了以下几点。

（1）功能性：现代图书馆要求建筑具有更加强烈的集约性和开放性，我们以80米×25米的矩形空间构成图书馆的公共空间，两侧设置图书馆的主要阅览区和会议展览等其他功能，功能上可分可合。集约的部分充分集中，开放的部分更加开放，方便管理，具有阅读公园的环境氛围。平面以“H”形为基本组织方式，建筑朝向南北，功能分合自如。

（2）标志性：由于城市新区的快速发展，造成许多主要的公共资源从老城流失。本方案着力打造老城区域文化中心，周边城市风貌不够统一，缺少秩序，而本项目又独处于公园之中，因此方案追求较强的标志性，以一个中心活力点统领周边区域。建筑设计首先设置公共平台，将主功能区抬高至二层以上，首层与公园景观相结合，组织安排公共空间和需要对外的功能空间，建筑屋面用写意手法描绘江南民居连绵起伏的坡屋面，立面采用玻璃幕墙和金属幕墙，建筑整体如同矗立在青山湖畔的城市灯塔，为城市发展照亮未来。在周边环境衬托之下，具有极强的标志性。建筑处理上，直与曲、透与隐，虚与实、有与无的哲学含义和简约的空间处理，使这一建筑卓尔不群。

（3）文化性：无论何时何地，图书馆都应担负起传承文化的作用。中国建筑文化有庙堂文化和民居文化，还有被大家所忽视的山居文化，也就是“士文化”。庙堂文化过于官气，民居文化过于俗气，只有山居文化才具有文人雅士的返璞归真和回归自然的品位。

中国历史上的四大名楼及四大藏书阁均与环境和谐一致，并具有无穷的意境。“先天下之忧而忧，后天下之乐而乐”的士大夫情怀，“落霞与孤鹜齐飞，秋水共长天一色”的意境是中国文化建筑不朽的经典。

本方案如同淡雅的山水画卷在人的视线中渐次展开，透过树林或隔湖望去，建筑如城市中的一座灯塔。建筑于自然环境相得益彰，在浓妆艳抹的城市中显得淡定和宁静，突出了其“宁静致远”的文化建筑特性。

（4）地域性：在这个城市资源随着新区发展而流失的城市区域，我们设想了一个与周围环境持续对话的图书馆。图书馆不仅是储纳书籍之处，更是传递知识、激发创新和培养多元文化的市民体验中心，成为老城复兴的活力点。

首先我们根据场地条件，尽可能保留场地树木，发挥自然环境优势，假坡成台，台上建阁，构成传统建筑高台建筑意向，同时提取江南民居连绵起伏的坡屋顶建筑语汇，通过现代手法演绎，使图书馆如同青山湖畔的一盏明灯，连绵起伏的坡屋顶如水墨写意的江南印象，多边形的平面形式使建筑更加自然地与周边环境相呼应，巨大的玻璃幕墙如同景框对应基地周边最佳景观朝向，与北部城市和公园自然衔接，融为

入口广场坡地

一体。建筑整体如同精心雕琢的一块美玉，它既是中国传统文化的体现，也体现了现代风格，坡地公园为读者提供了一个公众阅读的场所。

（5）时代性：建筑的另一个特征是时代性。我们的时代也应留下相应的足迹。时代性的表达首先在于理念和功能的时代性。方案充分考虑当代图书馆的特性，读者可以在公园中读书，在漫步中交流。图书馆建筑的十大准则是：人本、开放、实用、高效、灵活、舒适、安全、经济、文雅、绿色，这些在设计中均有很好的体现。它不是一个独立的建筑，而是这一区域的文化中心、公共绿化中心和活动中心。建筑的表皮不仅具有一定的文化和地域表达，还根据不同的日照进行开孔的计算，以达到最佳的节能效果。打破对称，以功能布局所构成的“现代之阁”的大地艺术及非线性的表达本身也是一个现代的表现手法。

3.建筑功能

通过图书馆案例分析和实际需求研究，我们将图书馆的五大功能区作出如下布置。

（1）文献服务体系：读者导航服务区位于1层；普通文献服务区（含普通中文、期刊、外文、少儿视障等阅览区）位于建筑主楼的底层、1层~4层；主体与特色阅览区位于主楼的2、3层。

（2）数字资源服务体系：位于主楼建筑底层。

（3）文献储备保障体系：文献储备库位于主楼底层和夹层及地下1层；古籍与民国文献服务区位于主楼4层。

（4）公共交流服务体系：位于建筑底层平面。

（5）运行保障服务体系：读者休闲区位于建筑底层，业务工作及行政办公位于建筑主楼4、5层；人防及车库位于建筑地下1层。

4.生态节能设计

方案设计在确保建筑内部空间高度的舒适性基础上，注重运用低碳节能策略，降低建筑物能耗，减少对环境的不利影响。除了提高建筑围护结构的热工性能外，方案设计具有以下特点。

（1）简洁集中的形体布置：建筑形体集中高效，亦可取得最佳的体形系数的最优化，建筑主要使用房间均为南北朝向，创造良好的采光通风条件。

（2）屋面使用光伏发电：建筑屋面结合造型采用太阳能光伏发电技术，优化建筑能源构成结构，减少能源消耗。

（3）铺地的透水砖：项目外部环境中除软质草地之外，尽量使用透水率达到40%以上的透水砖作为铺地材料，保证良好的地表水循环系统。

（4）铝板遮阳结合高性能玻璃幕墙：建筑上部体量主要由高性能玻璃幕墙和金属幕墙构成，玻璃幕墙局部采用铝板遮阳系统。

（5）节能照明、节水洁具：建筑内部最大程度选用节能照明灯具和节水的洁具，以减少能耗和水资源消耗。

公园空间营造

湖岸夜景效果

湖岸夜景效果

湖岸夜景效果

5.景观设计

景观设计从“以人为本”的角度出发，重视人的舒适度、安全度、参与度，考虑市民出行行及健身运动，打造城市中的森林。以《滕王阁序》中对豫章故郡的描述为设计手段，将自然山水融入城市景观。公园由南向北，用造景的手法隐喻从人工走向自然，分为文化体验区、自然风致区、运动娱乐区、生活休闲区四个区域，并设置六个景点：飞槛求索、洪都灯塔、行舟唱晚、飞阁流丹、青云望渚、骛起长洲。文化体验区是整个滨湖公园的迎宾之门，这里是迎接四方来宾的第一站。以图书馆为主题，形成文化广场。自然风景区以飞阁流丹为标志，表现自然之景与人文之境。运动娱乐区以四个五人制足球场和骛起长洲为意向的羽毛球馆为核心，配备其他休闲健身设施和湖滨码头“青云望渚”，为市民提供丰富多样的娱乐设施。生活休闲区位于居民生活区之间，形成区域街心花园，为居民日常生活提供休闲散步，聚会社交场所。公园自南向北设置多处出入口，与湖滨西路紧密联系，使景观与城市生活融为一体。

书籍就像黑夜里的一盏明灯，为我们指明前进的道路，新图书馆的建设将为老城的复兴点亮灯塔，为城市发展照亮未来。

室内阅览空间

室内交通空间

叠山竹影，白鹭逐溪

——竹溪县山二黄大剧院建筑设计

杜钊

湖北省十堰市竹溪县，这个坐落于鄂、渝、陕三省交界之处的古朴之乡，犹如一幅未干的水墨画卷，蕴含着秦楚文化的深沉底蕴，承载着楚歌秦音的共鸣。在这片山川秀美、人文荟萃的热土上，孕育出一种独一无二的戏曲瑰宝——山二黄。宛若箭竹随风低吟，清丽幽雅；又似白鹭翩翩于河畔起舞，洒脱精悍；质朴中见神韵，激昂里现细腻，成为竹溪引以为傲的文化瑰宝。

为传承发扬这份非遗珍宝，竹溪县政府决心倾力打造一座集文化展示、休闲娱乐于一体的山二黄大剧院，规模宏大，可同时容纳800余人观赏。项目选址于尚未雕琢的竹溪河畔，这里不仅拥有天然的山水画卷之美，更蕴含着东部城区未来无限可能的城市布局。总体建筑面积约为11 000平方米，其核心目标是构建一个集现代风尚与深厚本土气息于一体的表演殿堂，为山二黄这一独特剧种提供繁荣发展的平台。设计始终贯彻"以人为本"理念，从观众视角精心打造一个既现代化又深入挖掘地方文化特色的剧场。

项目用地面积28 996平方米，辖区内已建成竹溪县档案馆，新剧院将与之构成"三馆一场"的格局。届时，档案馆、科技馆、规划馆及剧场将共同组成一个文化、艺术与科技的综合体，为竹溪注入勃勃生机，成为大众了解这座城市的多维度平台，有力推动文化交流、科技创新和城市发展。

剧场的设计风格独树一帜，建筑师巧思"叠山竹影，白鹭逐溪"的创意理念。他们希望通过建筑艺术

沿河整体鸟瞰

剧院沿河立面

的形式，将大自然与当地深厚人文交融共治，使剧院如同大地孕育出的生命体，成为新城区核心地标。设计核心贯穿了社会责任与人文关怀，追求建筑与环境相融共生，激发文化创新活力。因此，这座大剧院被赋予全面传承发展山二黄艺术的重任，内设非遗展厅、培训中心、传播与创新中心等多功能区，全方位推进山二黄在新时代的发展。

"叠山"设计源于对地域特色的深刻理解，建筑与层峦叠嶂的山脉自然呼应，观众置身其中仿佛身处生动立体的山水画卷；"白鹭"寓意生态与艺术灵感交融，弧线元素的灵感来自白鹭轻盈飞舞姿态，整个剧院犹如一只振翅高飞的白鹭，传递山二黄艺术飞跃历程；"竹影"则寄托了竹溪深厚的竹文化底蕴，立面编织竹节线条如山间阳光洒落竹影，内部则通过光影渲染出竹影摇曳的静谧氛围，让人们身临其境地感受竹文化的独特魅力。

剧院空间布局采用立体联动结构，与周边文化设施紧密融合，形成一体化文化集群，丰富层次感。剧院分三期建设，首先主体剧院，其次，是公共平台和天桥，最后是绿地景观，逐步构建充满活力的城市文化核心。建筑师运用"加法"策略叠加改造现有环境，确保建筑与周围环境的和谐统一，无论架空平台、旧建筑更新还是立面装饰风格统一，无不体现了打造展现地域特色且促进文化交流的城市新地标的决心与创新精神。

内部空间设计旨在表达“山水相连，自然共生”的主题，将自然景致融入演出空间，使观众在欣赏演出的同时也能领略大自然之美。剧院配备国内外先进设备，专业音响调音系统随时根据需求调节优化音效，确保观众在任何位置都能体验到高品质的演出。舞台采用升降式乐池设计，能够灵活切换舞台布景，搭配专业舞台机械设备，实现多种特技效果，为观众呈现出视听盛宴。除演出功能外，还有贵宾室、会议室、休息室和商业设施等配套设施，并贯彻节能环保理念，为观众和驻场剧团提供舒适便捷的优质服务。

更为独特的是，项目设立山二黄非遗展厅、培训中心、传播中心和创新中心，分别承担展示文化、传授戏艺、推广传播和鼓励创新的重任，成为全面传承和发展这一非遗瑰宝的综合平台，让其在新时代环境下重焕生机。

设计方案既尊重自然生态，又深度挖掘和激活了地方文化内涵，将竹节、竹影、山水、白鹭等元素巧妙融入建筑的肌理之中，赋予其生机勃勃的气质。建筑师利用地形高差打造观景台和公共庭院，将建筑与环境完美融合；从山二黄艺术中提炼出音乐节奏、表演风格和乡土气息等元素，细腻地渗透到每一处设计细节，如立面弧形与箭竹白鹭的呼应、竹影的巧妙运用等，无声诠释着艺术独特魅力，体现了寄托情感、

沿街建筑立面

建筑入口空间

激发诗意想象的追求。

这座大剧院如同一株坚韧挺拔的翠竹扎根于乡土，面向未来。它将为当地民众提供一个饱含文化回归意味的精神家园，同时也为世界打开一扇了解、欣赏山二黄艺术的绝佳窗口。建筑师们如同智慧匠人，用心血浇灌出了这颗深深扎根于乡土、面朝现代的文化种子，它必将在竹溪这块丰饶的土地上茁壮成长，熠熠生辉。

二里头华夏之源探索之旅

——夏商文明考古研究中心

王维

在2024年中最美的四月天，我们踏上了前往中原地区的一次“寻根”之旅。

此次设计任务是要在二里头博物馆西侧的原游客服务中心北侧扩建一个考古研究中心。

遗址和博物馆都位于美丽的乡村田野之上，在当地工作人员的带领下，我们参观了二里头博物馆，游览了遗址，走访了考古人员的工作场所。我们都被二里头博物馆的端庄典雅、乡村田野的美丽旷达和二里头遗址的神秘伟大所感动，这是一片神奇的大地，那一刻，似乎无数创意已经在脑海里涌现。

经过现场踏勘和与考古人员的深度交流，对他们用毕生心血深扎遗址探寻文化根源的精神所感动，常说考古人员是“叩问黄土，仰望星辰”，带着内心深处的感动和对他们的敬仰，我们将设计原则确定为为他们营造一个温暖舒适的“考古之家”。

漫步于遗址之上，似乎能感受到一股神秘华夏之源的气息正在从大地的深处散发出来。正是由于考古人员日复一日的艰辛挖掘和守望，几千年的文明才逐渐浮现天日。我们看到了最早的宫城、最早的秩序、最早的院子以及最早的文明。洛阳自古有“天下之中”的说法，二里头则是“最早的中国”，那么不禁会发问“何以最早中国”。答案或

项目改扩建整体效果

景区主入口打造

许仍然是朦胧且神秘的。对于建筑而言，我们摒弃传统的以某种礼器为具象的形式语言，以一种包容、大气的姿态，营造“传统、现代、未来、神秘”的气象，以此体现对华夏文明的探索。

创作伊始，本着凸显遗址，不与博物馆争辉，不破坏美丽的田野环境的理念进行本方案的构思。本方案的总体布局从夏代宫室复原图中汲取理念，延续原有游客中心的空间序列关系，形成具有中国传统韵味的环抱式庭院格局，布局轴线感强烈，主次关系分明，与原有建筑和谐一体。

本方案设计首先树立了一个守望者的形象，矗立在西侧静静地守望着博物馆和遗址，立面上巨大的开洞犹如一个窗口为世人打开了几千年前的“文明之窗”，它似乎是考古人的化身，每天迎着朝霞，顶着四季的酷暑严寒，背着落日，坚守在二里头这片土地之上。总体的建筑高度控制在18米以内，最高点基本和博物馆的屋顶平台标高持平，以突出博物馆的主体地位。这个标志性的“文明之窗”内的功能为考古实验室，可对外开放，使游客参观，游览人群在室内参观完之后则可以在室外平台通过“文明之窗”这个窗口回望博物馆，远眺遗址。

二里头遗址是中国最重要的遗址之一，随着遗址被不断地发掘，二里头博物馆恐怕难以承担起如此重大的文旅重任。对标三星堆遗址文化公园，本次设计提出“博物馆群”的理念，将“华夏考古研究中心”打造成二里头的第二个博物馆，为参观人群提供继参观完博物馆和遗址之后，又能深度参观文物修复的场所，进一步丰富游览层次，完善参观流线。

用地的西侧主要是科研办公场所，它犹如一个隐秘的花园藏在“文明之窗”身后，这样隐秘的姿态正如考古人员常年在幕后默默付出的精神，充满着神秘感。总体设计延续了原游客中心空间序列，在内部形成中心庭院，同时也延展到地下一层的下沉庭院，犹如一个大型考古坑，这样一个“空”的庭院正和东侧的博物馆形成阴阳互补的对话关系。经过这种布局，建筑总体上形成了东西两部分的动静分区，东侧的动区面向博物馆，同时对外开放，西侧的静区则是考古人日常的办公场所，营造出静谧的空间环境。东侧代表了“精神象征”，西侧代表了“文化象征”。此部分平面肌理更是将考古现场的肌理移植其中，将环境恶劣的考古坑转化为环境优美的建筑内庭院，为办公空间营造舒适的物理环境。

怀揣激情和梦想经，我们过两个月的方案研究，抱着不破不立、再破再立的严谨态度，却在投标中遗憾折戟，获得了第二名。后来得知，根本原因可能是低价竞标，业主方最终还是选择了设计费最低的单位。在经济下行的背景下，这或许就是建筑师的无奈，更是设计的无奈，这亦是建筑师征战沙场的常态。但我想这并不会磨灭我们每一次出征的信心和对专业的激情，在建筑师的行列里，目前我们顶多还是“小学生”，未来的路一直在脚下，华夏文明会指引我们永远向前。

金城守望 山河之歌
——黄河文化艺术中心设计探索

李彬

一、设计背景

黄河远上白云间，一片孤城万仞山。

甘肃省兰州市，古称“金城”，地处中国西北地区，中国大陆陆域版图的几何中心，是丝绸之路的重要交通要道、商埠重镇，悠悠黄河之水穿城而过，让兰州成为真正的“黄河明珠”。山、河、桥、路共同构成了兰州故事的舞台，以兰州为轴，河西走廊就像脊梁支撑着两条臂膀，拥抱着青藏与新疆，兰州城的故事就在这里上演。

该项目位于兰州城中心的七里河区，周边老城建筑诉说着兰州城市的发展与变迁。用地距离黄河仅一千米左右，用地周边老旧住宅环绕，在项目用地西侧，亦有城市中心区域的步行街，与用地不远处新建的兰州中心共同构成了兰州发展的时代缩影。

项目用地狭长，最长处168米，最宽处62米，原址为甘肃省演艺集团建设的长征剧院及演艺集团杂技团训练场地，2015年因长征剧场建筑破败，存在较大安全 隐患，于同年10月份被拆除。新建项目

方案一沿街立面

方案一建筑主入口

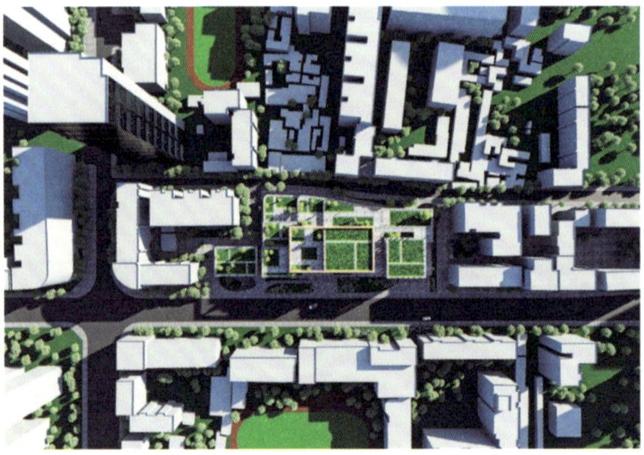

区域城市肌理

在原址上重建800座剧场及相关配套培训、商业等内容，但剧场建筑高大，对周边住宅日照影响较大，同时剧场建筑体量较大，如何在狭窄的场地上满足日照条件、剧场需求是本次设计需要研究的重点课题。

二、设计愿景

在艰难的场地条件和环境下，设计团队力求满足各项规定及指标，在这片土地上打造出一个属于兰州市民的城市文化艺术中心，用“剧院+艺术+商业”的全新运营模式，充分开发地下空间及屋面空间，以城市立体花园为依托，创造兰州市集“文化、演艺、博览”为一体的艺术生活聚落。

我们以艺术文化爱好者、青年群体、优质游客为目标群体，以建筑城市立体公园的空间聚场形式，打造黄河文化博览园、文博演艺的现代聚落、沉浸式演出的观演园区，为热爱文化艺术事业的兰州人提供一个具有演、博、文、教、商的复合型观演产业建筑群落，打造黄河文化艺术中心的知名度。

三、设计方法

设计团队以800人剧场为建筑设计核心，通过核算日照情况，按照最大可建面积形成建筑的基本形态，充分利用场地的宽度与进深，满足剧场建筑的使用需求。我们力求建筑形体简洁与实用，充分利用建筑空间现状，以硬朗坚韧的建筑形态回应兰州金城铁马秋风的城市风貌。由日照条件形成错落有致的建筑屋面成了市民活动的天然广场和立体花园，填补城市公共空间的缺失，为片区增加了公共文化活动的聚集场所。

黄河文化艺术中心总建筑面积为25 600平方米，内部西侧设置800座剧场，以戏剧、话剧、杂技为演出核心，后台设置武戏排练厅及化妆间等功能；东侧设置甘肃省演艺集团杂技团的排练厅及演出培训相关

方案二鸟瞰图

方案二效果图

方案二屋顶露台

的商业内容，地下室区域设置下沉庭院，将人流引入地下商业。东侧设置开敞楼梯，直通建筑屋面，屋面顶部设置室外演出空间及室外展示空间。地下二层空间为地下车库及辅助设备用房，设置车位100个。

建筑形体简洁有力，以敦厚挺拔的建筑体量，呼应嶙峋的黄土群山。建筑立面整体分为两段，上部突出建筑形态以剧场台塔和内向商业为主，顶部建筑体量厚实庄重，周边辅以石材，宛如环绕兰州城的黄土群山，建筑下部设置开放商业空间及剧场入口，建筑立面以玻璃幕墙为主，幕墙的划分细腻灵动，如流淌的黄河水，波光粼粼，建筑周边连通屋面的楼梯及廊桥也呼应了兰州城跨越黄河水的道路与桥梁。整体建筑形态以兰州城市精神为设计核心，在建筑设计中凸显了兰州城市的山、水、路、桥等元素，用自身的形态，重新讲述了兰州金城的故事。

四、小结

金城守望，山河之歌。黄河文化中心的建筑设计，用简洁的设计手法，克服了场地现有条件不足等诸多困难，也回应了兰州的城市风貌和城市精神，同时也结合了现代商业剧场的发展趋势，探索性地创造出演出与商业的结合模式。

黄河文化艺术中心的设计最终虽然没有落地，但在设计过程中解决问题、探索场地与城市关系的过程，充分锻炼了设计团队如何在技术与艺术中取得平衡的能力与技巧。止于至善，争创一流！

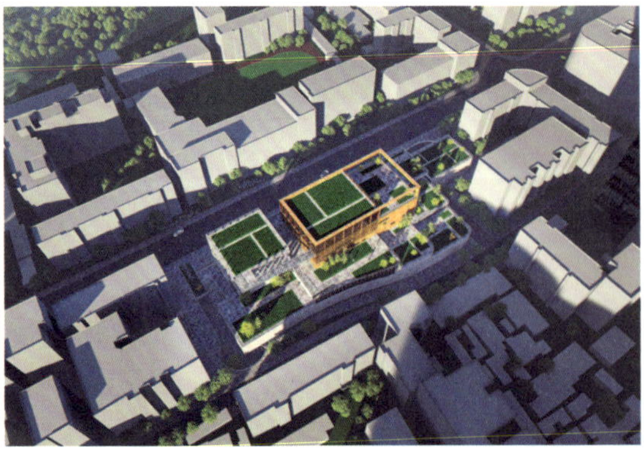

方案二城市空间置入

大千世界，万象归一
——武汉世界自然博物馆建筑设计

秦皓宇
设计合作单位：PTW建筑设计事务所

一、设计背景

湖北省拥有丰富的自然地质特色及全国重点科研教育基地，尚缺乏现代化、集中式的自然博物馆展示平台。同时，当地政府要求力争到2025年，把武汉打造成人民体质明显增强、人才培养全国领先、体育产业发展壮大、重大赛事效益显著、体育文化氛围浓郁的具有国际知名度的活力之都、健康之城。

基于此背景，该项目于2023年6~7月开展了一次世界范围的投标竞赛项目。项目建设场地位于规划武汉新城中心片区，用地面积约87公顷，其中世界自然博物馆建设用地位于地块一，用地面积约15公顷，武汉新城体育中心建设用地位于地块二、三，占地约25.4公顷。武汉新城城市山水主轴由南至北贯穿场地，长岭山势顺延城市绿脉，由西向东直至场地内部，也是新城山水城市主轴与城市中心干道——高新大道交会处，是武汉新城中心中的核心，具有彰显新城风貌的标志性作用，场地区位十分重要。在这人杰地灵的山水之地，将建成世界自然博物馆和武汉新城体育中心及体育公园，结合自然风貌、南北山水主轴与东西山水廊道，统筹考虑场地内古姆山山体、水体修复利用、景观及建筑室内外场地的整体规划。

该项目是与澳大利亚PTW事务所合作的项目。同时也是传统设计院与海外事务所的一次合作。都

自然博物馆

博物馆与体育馆设计

市中心和PTW事务所发挥各自的优势，多次沟通、探讨，对整体规划达成一致，双方分别负责自然博物馆和体育中心设计。

一、整体设计策略

1.山水纵横的生态格局

该项目东西连山，江湖相望，呈现山横水纵的生态格局。对比纽约中央公园，规划延山通水，横向联合场地东西地块，衔接南北生态休闲轴，聚山水于城，打造新城生态枢纽。

2.蓝绿相间的诗意场景

基于场地生态现状，聚山汇水，湿地渗透，塑造丘陵起伏、水岸蜿蜒、层次丰富的湿地公园。重塑山道水路与岸线，使人们轻松便捷地进入场地，打造多维度的休闲场景，与中国传统三山五园的意境结合，将自然的诗情画意带回到城市公共生活空间。

3.依山傍水的景观建筑

建筑形体采用高复合的集约策略，以“桥”为功能本质，以“大象无形”为形态原则，最大限度地保护场地的生态环境，依山、伴山，建筑成为景观的一部分；卧水，栖水，山水融入空间。

4.游山玩水的休闲体验

项目的整体运营策略以“文博体演”为吸引力，以塑造生态性丰富的公共休闲场景为生命力，以矿山、地质文化的融入强化差异性，为城市提供有丰富公共活动内容的山水公园。

二、单体建筑设计

“龟蛇静，起宏图。一桥飞架南北，天堑变通途！”

作为自然博物馆的设计方，我们秉持着“大千世界，万物归一”的设计理念，用最洗练的手法营造空间。坚持道法自然的设计理念和大道至简的原则，采用人工与自然对比的设计手法，建筑以简单的长方形体块嵌入山体，东侧架空，临水抱山。

整个场所一湖两山，绿植环绕。我们顺势而为，将建筑主体嵌入山体。在纵横交错的环境，呼应南北山水主轴与东西山水廊道。南侧自然衔接地铁站、地质公园，形成主要慢行交通系统。北侧广场设置主要车行落客区，南北汇聚，在首层形成主入口空间。外部总体与场所一气呵成，形成可漫步至屋面的路径，并布置休闲餐厅，这里将成为全天候游览的观景平台。

同时，我们根据武汉的气候特点，在建筑外部

项目设计研究范围

提供了遮阴的公共开放空间，在建筑内部则提供绿色生态花园及峡谷，突显自然博物馆的特色。底层入口如同一个倒置的山水，反转自然，独具特色。

在长达近两个月的设计研究中，经过多次推敲和多方案比较，最终确定设计方案：建筑形体融入自然山体，减少对山体、水体的破坏。总体如同盘龙城遗址，规整有序。

设计中，我们希望赋予建筑与山水相融的新关系，建筑从自然中生长而出，将是新城的城市阳台，市民与参观者在此闲庭信步，望楚天云卷云舒。

对于室内空间，我们以对自然生命的探索为契机，自下而上组织观展流线，如同“潜入”自然秘境。充分考虑自然博物馆的多功能展示要求，提供了若干大小不同、层高各异的黑匣展示空间，地方便未来的运营。建筑形体简洁有力，把中国书法画理融入山水之中，具有卓尔不群的气势。入口的溶洞空间、峡谷、倒影，让参观者拥有穿越的体验感，引人入胜。建筑本身即是最好的博物、阅城课堂。

主入口空间汇聚人流，桥下湖畔空间映射山水与地脉；大厅设计生命之树，探索自然缘起。游客穿梭在现代化展陈空间里，同时也能沉浸在自然的幻境中；屋顶处可登高望远，遥望长江孤帆远影。

三、参与感悟

武汉世界自然博物馆项目是都市中心2023年第一次走进武汉这座城市，不同于西安一马平川的沃野，它是一座拥有着热辣与江湖气的英雄城市。这里的城市发展格局也与北方城市不尽相同。把握这座城市的气质和特性，成为项目初始最首要的任务。其次，对于和明星事务所的合作，都市中心也在一次次的探索中渐入佳境，也找到了工作方法。随着经济的发展，对于建筑设计，我们逐渐开始思索曲线建筑在城市肌理和自然景观中的共存是否相得益彰，建筑是否应该用夸张的手法获得关注。自然博物馆用最简洁有力的形体回归功能的设计，也是一种设计回归本真自我的尝试。

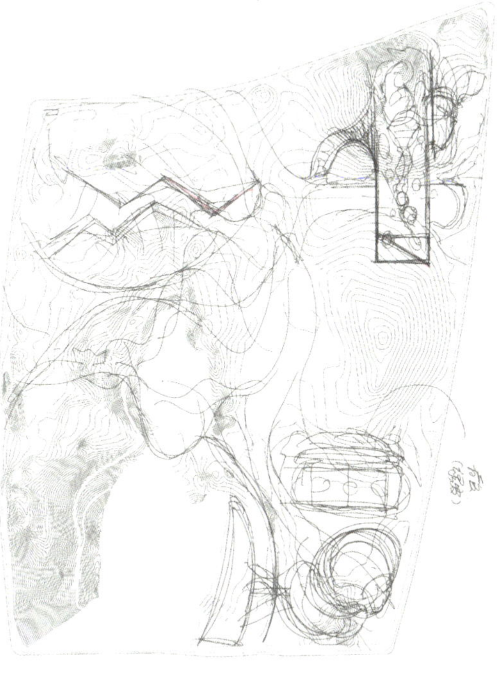
大师前期规划草图

新建郑州南站站房及站城融合设计

高令奇
设计合作单位：中建西北院第三建筑设计院

“华夏之中、觥筹交错、宾朋天下。”

中华大地，物华天宝，孕育了非凡的华夏文明。黄河之滨，诞生中华文明的第一缕曙光，河南，地处九州之中，中天而立，被视为“中国之处而天下之枢”。“天下之中”的地理位置以及中华民族自古对“中正”的探索，决定了郑州南站雅正和疏朗的建筑气质。

有朋自远方来不亦乐乎！迎来送往，相聚别离，永远是车站不变的主题。中国人血液里觥筹交错，宾朋天下的豪迈与热情，在车站这样特殊的场所也被放大。

觚，源于商代的酒器，宋代发展成装饰器具。从餐桌的推杯换盏到家居陈设，这始终是中华儿女对家归属感的寄托。车站，便是回家的第一站。

南站建筑采用标准化的伞形结构，形似树，也包含鼎、觚的意向，无论进站空间还是出站空间一律按此设计，具有极强的韵律及空间的连续性。整体给人以城市朝气蓬勃的意向，彻底打破常规车站与城市分离的模式。

设计引入城市客厅概念，便捷高效的立体换乘交通方式并置于站房南北两侧，使人们透过它感受这座因铁路而蓬勃发展的城市之美。

南站建筑作为商业和交通换乘的复合中心与周边地块产生联系。将部分商业从站房剥离并分区，这些商业空间将与周边地块相连，以郑州南站为中心、南北两侧绿轴为脉络，共同激发郑州南城的核心片区的商业活力。郑州南站将成为城市绿轴延续的节点，而非阻隔。在雨篷标高增加南北向城市公

进出站大厅室内空间

郑州南站区域城市设计

共通道，在这两条轴上，设置点状的商业空间激发两侧活力。同时，在出站标高架起景观和功能性的连桥 联系周边地块。这样不仅强化了步行系统，增加了周边地块的可达性。

贯彻站城一体化的理念，推进车站与城市空间紧密融合、城市功能与枢纽功能互联互通。论证了采用线下式站房和不设高架车道和腰部进站的合理性，优化室内净高。线下候车室采用模数化结构柱网，降低地面高度、优化管线、无吊顶装修、局部夹层区域采用加密柱网等措施，进一步改善各功能空间高度。

引入自然采光通风。局部加大站场区，均匀设置3条10米宽的光谷，顺轨方向贯穿站台，并在站台层设置可开启采光天窗，将光线引入桥下候车空间，保证候车室有效通风、采光与排烟。

设置线上城市连廊及商业业态，使之具备泛候车、潮汐候车功能，满足春运等大客流客车需求，同时连接周边区域，兼顾城市服务，也为旅客直接下至站台做了预留。

站场线下的中部区域为国铁站房，站房南北侧设集散广场，规划4条城市轨道引入枢纽，东西站台下设小型及大型车场。在站房四角的八个地块布置一体开发的城市超高层综合体，设置跨越铁路站场的线上开发空间，活跃站区活力。

首层流线以地面进站为主，其中地上3层，地下3层，候车厅两侧利用地面层和站台层之间的空间设置出站夹层。

首层中部为候车厅，其两侧为城市道路，外侧为配套交通场站及商业服务设施；地面夹层为出站层，可方便到达周边交通站场和开发地块，地上二层为国铁站台层；地上三层为商业空间及城市通廊；地下一层结合地铁和地面城市通廊设置地下开发空间；地下二、三层为地铁线站台层和区间。

合理引导和组织交通枢纽集散人流，重点设计快速接送站，形成了以轨道交通、公交、出租、社会、网约车为辅助，实现步行换乘，地上地下人车分流、快速集散的高效步行换乘空间。

一体化的商业开发理念使枢纽布局更立体、空间更紧凑、通行更便捷。

郑州南站片区从政策、空间、运营、数据四位一体的理念出发，打造交通设计、城市设计、景观设计、智慧设计为一体的多专业综合体系，建设“品质+智慧”城区。

在大数据时代，推动智慧交通的发展，提高交通系统的智能性已是大势所趋。以数字孪生技术构建“平行世界”,并赋能现实世界城市交通的发展。通过人工智能等技术手段，利用城市用地人口、经济产业、公交轨道IC卡、互联网导航、视频监控等多模态大数据，挖掘出行链信息，从而掌握交通出行需求态势。未来交通系统将无缝融入生活空间，东城片区将进一步推动智慧城市和交通技术体系协同创新，开展基于数字孪生的城市交通运输网、设施网、信息网、能源网、应急网“五网融合”关键技术攻关，积极推进未来战略性新兴产业集群的创新融合发展。

车站片区基于“数字孪生+智慧交通”，构建片区微交通体系，通过室内外交通导航一体化，盘活车位资源，包括错峰、共享、预约及停车系统建设与运营一体，让东城片区交通运转更安全高效。

工作拾遗

这是一个快节奏的时代，也是一个充满智慧的时代，每一个项目的过程中都有若干的难题，每一座落地的建筑，都彰显着独具匠心的设计。在都市中心，我们热爱生活、追求梦想；在都市中心，我们努力坚持、拼搏成长。日复一日的忙碌，提示我们身边点滴的美好；跌宕起伏的故事，启迪我们内心的平静。拥抱时代、拥抱未知，投身于都市建设，我们义无反顾。

工作随笔摘抄

——写在都市中心成立15年之际以寄语团队青年

冯仕宏

我心中的都市中心

团队理念：重原创、树品牌、干事业、出人才、谋管理、创效益。
团队文化：注重学习、勇于创新、健康发展。
员工状态：执着地追求、快乐地工作、幸福地生活。
价值趋向：事业有成、同事和睦、阖家幸福。

一、责任·态度篇

在赵总的引领下，应该说我们每个人都有发展的机会和平台。若干年后，我们能否有所建树、成为某一项或某些方面的专家，就需要看我们是否还保持着那份激情、那种追求、那样的付出和那样一种锲而不舍的精神。对此，我本人有十足的信心：因为我心目中的都市中心年轻人起点高、悟性好、有理想、有抱负、有追求、勇拼搏!

珍惜在赵总身边工作的机会，我们做的项目中有许多具有“标志性”“唯一性”“一号工程”的项目。希望年轻同志能尽快成长，承担起更重要的工作，让赵总从琐碎的事务中解脱出来。

随着团队的不断发展壮大，团队发展、队伍建设、生产技术管理、日常工作都需要有相应的纪律和制度，纪律是一个团队的形象、精神面貌和团队的象征。团队的纪律应牢记在心，这是一个团队共同遵守的底线!

要学会及时调整心态、主动快乐工作：做一件事，苦也要做、乐也要做，调整好心态，你会发现，同样的付出，结果却截然不同。

不要轻易把自己职责范围内该解决的问题、该处理的工作推到上一级去处理。要通过自己的用心学习、思考或请教等办法来解决。

二、工作·学习篇

建筑师要注重学习，不断扩大自己的知识面，要求太广了！并不限于专业技术、政治、经济、人文历史、自然科学、地理风水，有时甚至是八卦的。要注意知识积累，关注业内发展动向。

取得全国一级注册建筑师、工程师资质证，仅仅代表具备了一种从业资格。要想成为一个满足时代要求、真正合格的建筑师、工程师，我们只有不断努力提高自己。

要在方案创作和方案推介上下苦功夫。

要重视施工图设计及过程。包括图纸的深度、表述的重点、页面的布图（包括字体）、节点和详图等；重视对规范的理解、研究和应用；重视和各工种、甲方的协调配合；尽量多抽时间去工程现场。

记住一点：只要全身心地投入，办法总比问题多。设计师的智慧体现在对项目难点的创造性解决。

学会举一反三。同类的问题，经常去问老师，会留下不用心的印象；对设计、校对、审核、审定所发现的问题，要自觉联想到其他地方可能发生的连带问题、同类问题。记得要及时把变更图纸的内容及时通知其他专业。

如有时间，要尽量主动参与方案的设计与构思，这是一种挑战，是实战经验的积累，坚持数年，必有好处。如有时间，就去旁听一下方案讨论，吸取众人的智慧，这一过程的性价比是极高的。

处理好几个关系：我们要正确处理好甲方和乙方、方案与施工图、土建与机电、工作与娱乐、个人和集体、个人与家庭等关系。

工作成果至少要达到、最好能超出客户的预期值；工程中发现问题、遇到问题时，团员成员要互相提醒、及时沟通、相互谅解，及时找到解决办法比什么都重要。贬低团队的个体实际就是在贬低自己。要时刻牢记我们团队中的任何一员，在客户眼里代表的是西北建筑设计研究院、代表的是都市中心。我们是一个团队。

进步取决于工作态度。工作中千万不能沾沾自喜。如果不用心、不敬业，等你干完这项工程，你就会发现你的进步和收获并没有想象的那么大。做任何项目都会有进步，进步的大小，关键取决你对待工作的态度。取决你是否用心去干事、是否真正弄懂了这件事。

要学好统筹学，以应对多头事务。有时候工作没有满足客户或工程整体的要求，并非执行力差，而是没有注意工作方法，没有判断好工作的轻重缓急；或是前松后紧、导致影响总体进度，要学会统筹安排好自己的工作时间。

永远记住山外有山、人外有人。千万不要因为工作有点积累、有点进步就沾沾自喜甚至翘尾巴。老子说："知人者智，自知者明。"既要充分发现自己的长处、优点，也要认清自己的短处与不足，只有这样，才能扬长避短，取得更大的进步。

沧海横流方显英雄本色。经受得起大浪淘沙的考验，才会由必然王国走向自然王国。

三、养成良好的工作习惯

今日事，今日毕。

要认真研究问题的处理方案。要拿出自己的处理意见和最佳解决方案；不能只提问题，还要提供解决

2022年摄于西安

问题的途径。

养成良好的成本意识，要懂得节约的重要性。如前期方案的外协、打校审图、购物、旅差、文印、交通等各种费用。虽说钱是挣出来的而不是省出来的，但开源和节流同样重要。钱一定要用在刀刃上。

学会关心集体。譬如见到地上脏了顺手擦一擦；力所能及地参加一些公益劳动；讨论完方案随手收拾一下电脑、整理一下桌椅等。

没有任何必要24小时开着西北云，我们的工作业绩、劳动报酬等不是通过打开西北云得来的。

管理上的疏漏，我是主要责任人；但也侧面反映了我们的同舟共济精神、自我约束能力、相互学习、相互促进的团队氛围。

感谢11年来赵总对我的支持和包容，感谢我人生中这段最值得回味的美好时光有大家的陪伴！让我们跟随赵总的步伐，亲如一家，坚持创新、勇于拼搏、追求卓越，去实现一个又一个梦想！

以上是本人多年的工作随笔，只言片语、没有成文，希望能对团队的发展和青年朋友的成长有所帮助。不妥之处，敬请指正！

结构融合于建筑

韦孙印

建筑是人类活动要求生存空间的体现，注重功能实用性，但随着人类实践的发展与建造技术的进步，建筑越来越具有审美价值。结构就是解决如何有效形成空间问题，并且保证其稳定性、耐久性、可实施性、经济性。建筑师可以走在创造美的前端，站在舞台中央尽情展示自己的才华，用他们的优秀作品装扮着大地，为城市勾画出一幅幅美丽画卷。结构工程师则站在幕后，不敢肆意渲染自己，却一心默默守护建筑艺术之美。

结构重乎理，建筑逸于情，如果把建筑物比作一个人，建筑形态相当于人的容貌、体型、气质，风度，而结构则重在体现人的骨骼、力量、寿命，健康状况，以此突出结构对于建筑的重要性。建筑的造型、空间关系，都依赖它的骨骼支撑保障其稳定性。结构骨架不但要承担竖向自重，还要承担风雪荷载、温度作用、地震作用等外力作用，如何保证建筑稳定是结构师要面临的难题。不同的建筑也有着不同的结构形式，越复杂的建筑造型，结构支撑关系就越复杂，尤其是位于地震高烈度设防区复杂的建筑结构，保证其结构体系安全、合理、经济是非常困难的。但是结构是为建筑服务的，建筑的表现是靠结构实现的。可以说，没有结构骨骼，就没有美的造型，也就不会形成有效空间，也成就不了建筑艺术之美。

建筑的根本在于建造。结构师设计的根本在于创造与建筑契合的融合关系、运用现代物质条件和结构理论知识、概念设计原理创造合理的结构骨骼系统和建造机制。其目的是保证建筑结构安全可靠、经济合理，最终更好地满足建筑功能要求。

当代建筑发展日新月异，同时，当代的科学技术发展也取得了空前的成就。建筑结构技术的发展今非昔比，在与形式结合方面演化出各种新的结构形式，又有先进的计算软件来助力结构设计，使得复杂结构得以实现。好的建筑作品力求与结构艺术完美融合，二者之间的跨界交流非常重要。

目前，许多建筑师与结构设计师处于以一种相对独立的状态，彼此间缺乏沟通和信任。创作前期没有交流，后期产生很多矛盾。设计过程中妥协，甚至将就，使建筑与结构都处于不合理的状态。一名优秀的建筑师必须具有一定的结构概念，善于表达结构之美，甚至是残缺之美。同样，一名优秀的结构设计师也应具有建筑美学修养，了解和理解建筑师的追求，要创造性地提出解决问题的办法，有创造美的觉悟和本领。结构设计不能拘泥于“本本主义”，不能拿到建筑方案就迫不及待地利用计算机软件进行分析，盲目套用规范，随意调整，没有整体推敲，没有结构创意，遇到问题就头疼医头，脚疼医脚。这样的设计过程违背了结构工程师的职业素质，更没有投入“情感”，导致设计成果缺乏一种精神、一种美感、一种合理性。虽然勉强实现了建筑造型，但对结构来说是代价巨大甚至存在安全隐患。国际上著名的建筑作品大多是建筑艺术与结构技术完美结合的典范，我们只知道赞美却不愿付出努力去实践。不同的建筑方案需要不同的结构方案去融合，生搬硬套永远不可能产生共鸣，也不可能产生经典。

其实，不管是建筑师还是结构设计师，都属于工匠，复杂的结构派生出一系列结构问题，建筑和结构融合统一才能成就一个好的、健康的建筑。以“力学”和“美学”、“技术”和“艺术”的统一为目标，强调表里如一。结构设计实质就是把结构应有的状态巧妙地表现在建筑上，需要建筑师和结构师密切配合，从结构布局到细部构造，表现出结构所创造出的美感，营造出和谐的空间关系。合理的结构形态是力学规律的外在表现，以结构技术手段来参与、表达建筑形态构成，能为建筑形态赋予合理的内涵、展现出崭新的面貌，让结构构件和建筑表达融为一体。

2022年摄于西安

汶川地震造成的悲剧仍历历在目，也让建筑师和结构设计师深思。地产商、房屋使用者都对其开发或使用的结构有了新的要求，安全高于一切，建筑必须结实、稳定，不能过分追求美感。然而，仅仅过了几年，这样的理念便被抛在脑后，忘记了伤痛，忘记了责任，追求低造价，一些对建筑结构不合理的要求又重新出现。建筑采用某种表达结构的方法，以自己理解的结构形式来体现建筑物所需要的技术要求，不顾结构自身的逻辑，仅仅把结构变成一种可读的符号或者成为建筑的附属品。

赵元超大师对建筑艺术追求始终抱有一颗赤诚之心，他是注重实践的建筑大师，其艺术审美和卓越的设计功底令我佩服。他对工作始终保持着，认真、坦诚、执着、追求完美的态度，深深感染着我这个结构工作者。源于对艺术的敬仰，以及对科学的态度，我们一起奋斗，一起探索，一起分享成功带来的快乐！

经过这些年的耳濡目染，我也喜欢品评建筑并享受建筑，当然，我更执着于创造性地为建筑注入结构的力量。对于结构有很深刻的理解，喜欢与具有挑战性的建筑结构对话，乐意为项目全身心忘我地投入。同大师一样，认真是我对待事物的基本态度。结构设计师必须有高度的社会责任心与严谨、认真、负责的工作态度，不能把设计工作当作儿戏，任何一处马虎都可能造成不可挽回的损失。

设计过程就是从感性到理性的过程，建筑师思维活跃，其天马行空的想象也会给结构设计带来困扰。有时喜欢无柱空间、无梁结构，有时偏爱轻盈的细柱，有时对大悬挑长度情有独钟，有时又希望结构构件不影响建筑功能，希望建筑表皮骨架就是结构承重构件等，其实这样的要求并不过分，但建筑物的安全性始终是结构设计的出发点和底线。同时结构必须满足方案需要，避免张冠李戴、画蛇添足，使建筑失去自己的灵魂。结构工程师也一样，不能强行把不合理的要求强加于建筑，要真正坐下来沟通，深刻领会建筑内涵，运用科学态度解决问题。

结构定案，是我最基本的工作和职责，培养后备力量是我的责任。多年来，我游走于团队之中，把一个个新人培育成团队的中坚力量，亲传亲授，我特别喜欢爱钻研、思索的年轻人，喜欢把经验分享给他们。在做好设计审图的同时，对设计质量的把控上始终不敢松懈，从严要求，从定案到设计、校对、审核、审定各个阶段都认真对待，稳步提高团队设计质量，从而培养一支具有丰富创造力和战斗力的队伍。态度决定一切，对业主负责、对社会负责、对工程负责，所以，遵循优中选优、多方案比选、力求更合理地为业主创造更多的设计价值。

我很重视与建筑师密切的配合，这也是二者融合的最好途径。把结构概念设计融入方案创作之中，为建筑撑起骨架，为建筑创新提供结构支持，把建筑美用力学原理通过工程设计表达出来，让结构展示自己的存在意义。好的结构构件是建筑美态元素表达的。设计阶段中建筑的不确定性会制约其创造性的发挥，结构工程师介入可以助其合理地实现构思，是结构成就建筑之美的真实体现，也是把结构设计贯彻到建筑方案之中。建筑结构其实就是一个空间里各种构件巧妙结合的有机体，结构概念设计就是把这些构件有效合理组成能抵抗外力的结构体系，寻找最佳的荷载传递方式，让建筑和结构“情投意合”。有了彼此间的信任，创作便会少走好多弯路，否则，如果缺少这些过程，即使勉强完成方案，后期也会因进行大调整而陷入被动，建筑效果也差强人意，结构超限不合理，甚至调整方案使建筑效果大打折扣。

融合才能达到统一，优秀的方案不是建筑结构各自独立的产物，而是你中有我，我中有你。把结构智慧体现在建筑作品上，使二者能在合理范围之内能创造出完美的建筑作品，那便是建筑与结构的完美结合。西班牙建筑师圣地亚哥·卡拉特拉瓦便是代表人物，他的作品更是经典。这也是我们所一直追求的。

“设计创造价值，建筑改变生活”，这个理念一直激励着我们不断前进，配合建筑完成每一项结构设计任务，解决好每一个结构难题。伴随着一个个项目落地、获奖，我们同样感到自豪。一个优秀的结构工程师，不单是对照建筑方案套用规范、让计算机成为决策者，而是利用结构理论知识、力学原理和概念去做设计，把建筑师的创意完美实现，把结构融于建筑来成就建筑之美。

“春风得意马蹄疾，一日看尽长安花”，仰望长安云、长安乐、长安谷、长安书院这些建筑艺术作品，徜徉于我们“都市”人亲手栽培的“长安花”，美景令人心旷神怡，给我们带来更多信心，更多激励，更多希望。

光阴如梭，岁月催人老去，即将离开这个充满希望的、有活力、有温度的团队，我的心中难免有几分苦涩，也有诸多不舍，可我相信设计团队的光辉历程会一直伴随着我。

西班牙

乐于其中，创于其实

——都市中心成立15周年有感

王洪臣

不知从什么时候开始，心绪变得如湖面之縠纹，轻盈、恬静而柔韧。寒暑易节，白昼交替，如不刻意，难有感受。沉心而思，究其原委，时间为之。匆忙与充实之间，它于无形、无痕中固执而坚定地改变着人生活、工作、学习中的一切状态，让我们有了成就感或者是落魄感，同时也毫不客气地对各类事物进行着修饰雕刻，使其具有年代感和沧桑感。

站在时间轴的零点位置，前看为正，后顾为负，其实，前后线段的长度相同，没有哪一段更长，哪一段更好。在走走停停的历程中，零点的相对位置不断变化，引起前后位置的交替变更。所以，于每个恰当的零点，梳理与考量，是切实而必要的。

在都市中心工作的第15年，应是一个合适的零点，让我得以驻足而歇。

一、建筑的文脉

一直认为，优秀建筑应具有文脉，否则难以存世百年、千年，只有“文”可传世如此长的时间，即使名人有传世之名也靠“文”。人之无文，其行不远，而传的时间长了，便形成了“脉”。千百年前的建筑，至今时代感不减，就像两千年前的“文”传至今，生命力依旧旺盛，是因为文脉的存在。观察了很多传世建筑，无一例外具有一个典型的特征，就是和谐舒展的外观肌理，与充满艺术感的承重结构，完美地结合，几乎完全融为一体。即使是非专业人士，站在屋下，仰头打量这些陌生的柱梁拱椽，也能明白一二。“肌”与“骨”的高度结合，形成了一种赏心悦目的自然美，正是这种毫无造作的自然美，构成了这些建筑得以传世的“脉”。所以，我们结构设计师追求的最高境界，应该是能尽量学会“把脉”吧。

二、带好团队

“团队”是管理学的名词，通俗地讲是在统一安排下，多人分工协作，团结一致，合力完成任务。多人，应是三人以上，都市中心结构组共有12人，是真正的团队，字面上理解这些话很容易，但带领团队真正运作起来，难度很大。人员少、任务重、时间紧、难度大等，是对现状真实而客观的描述。其实，这些都是目前所有行业的运行常态，不是结构专业的“专利”。因为近5年社会变化，社会整体的运作步伐明显加快，很多人还没来得及思考，机会、机遇已经擦身而过，已经快跟不上时代

摄于上海

前进的步伐了。

思维前瞻、行动迅速、工作高效是我一直以来的带队宗旨。现在大型设计任务的设计过程像是在打仗，如果等所有的工作准备好，再拉开架势，事情早就结束了。原来没有接触过的新技术，要快速学会、即刻应用；看似不合理的工程进度，在目前的时代背景下，其实就是最合理的，几年后可能会更紧迫，因为社会已经进入智能化时代，与设计和施工有关的新技术、新手段日新月异，过去几天才能完成的事情，现在几个小时就做完。作为组织管理者，需要有极强的综合能力，工作量的评估、项目组的人员架构、技术问题的罗列与解决、各方的对接协调等，上述所有事项都要在很短的时间内处理，特别是技术难度极高的政府工程、重点工程，安全责任和政治责任重大，必须万无一失地保证其质量。

2016年的西咸金贸起步区工程，建筑细致70万平方米，全部为公共建筑，一大半为钢结构，设计只有一年多的时间，而且要同时进行其他工程的设计，在当时看来这是不可能完成的。体量巨大、技术难度高、对外配合事项繁多，这种大面积的钢结构工程从来没有进行过（含超限工程），即使每个人分配两个子项，设计人员都不够。我接手这项工作后，对项目进行了仔细的梳理、推敲，合理安排人员，每人要穿插项目开展工作，担任多种角色并担，工作进度要精确至每张图的完成时间，技术问题决不拖泥带水，讲求概念清晰，做法科学简洁，尊重客观条件。所有设计人员高度协作，步调一致，最终按时完成了这一巨量工程的设计任务。

长安云项目施工现场

长安书院项目施工现场

三、积累沉淀

做到这四个字不容易，时间是主线，坚韧是前提，需要沉下心，静下气，稳扎稳打，这是一个长久奋斗、充满艰辛的过程。在快节奏的今天，沉淀看似与之相悖，因为成就不是快节奏的必然结果，其实，成就是需要根基的。一直认为，积累沉淀如夏之荷花，花靓枝俏，随风摇曳，其实，花之靓，完全靠枝干供养，而俏枝之下、淤泥中的粗大藕根，这才是根本。

都市中心结构组的成长，已经有15年时间了，现有成绩，还是非常显著的。任何光彩夺目的人或者事，都不能只看现在，不讲过去。起步晚，底子薄，根基浅，是我们成立之初的客观状况，那时的项目构成以多层公共建筑为主，复杂建筑涉猎不多，队伍组成也不完善，人员少（结构组只有我一个人），技术力量弱，是真正的“势单力薄”。但从2016年开始，结构组的发展构架雏形已初具规模，延安大剧院、西咸金贸区、沣东科创中心、西安火车站改扩建、88工程等，包括大跨、复杂、超限多种结构要素，这些工程让我们稳扎稳打地从横向维度一步步迈向了纵向维度，横向维度只在一个同等水平的层面扩大，而纵向维度则让我们有了更高水平层面的发展。应该讲，每一次纵向晋级，都是一次挑战，晋级的成功就是踩在前一次挑战的肩膀上，这就是积累沉淀。

积累沉淀，如生命成长一样，是需要周期的，很多过程是不可逾越的。但在这个过程中，果实的大小及结果的速度却不是线性增长的。前期，可能需要5年才能达到某一高度，到后期，可能只需要两年，沉淀的重要性就是如此。2020年6月开始的长安云工程，总长近400米（结构不分缝），总建筑面积为15万平方米，从某种意义上讲，不再是晋级，而是升华，刚性连体跨度达到150米，并且地处抗震设防八度区，62米的长悬挑，作为全国超限审查工程，主体总施工周期只有9个月，含设计周期的5个月，是典型的“三边”工程。客观地讲，接手这样的工程，需要相当大的底气，因为没有退路和商量的余地，这个底气就来自前10年的技术积累和管理沉淀。如果说长安云是前10年的积累，那么2021年元月开始的长安书院工程，同样面积为15万平方米，只需要长安云一年的积累，主体工期只有5个月，含设计周期，其36米的跨度、27米的悬挑，无法与长安云相比，但它的跨层不等高通高柱的计算、与空间球形曲面屋盖共同作用，至今仍是业界的一个难题。通过团队艰辛的努力，在全国超限委专家的多轮指导下，方案往往一次次修改、试算，最终，长安书院在十四运开幕式期间完美呈现，这就是对积累沉淀作用的最好诠释。

按中国的纪年方式，如果说天时是不可控的客观因素，那么“人和”应是我们可控的主观因素，我们非常自信能承担好下个15年的设计任务，因为理性的积累让我们充满信心，沉淀让我们有足够的加速度，加速地并入时代前进的快车道，挥洒汗水。

三、前方之路

近几年，建筑业作为我国的支柱产业，得到了快速的发展，不同功能、各类造型的建筑层出不穷，最完美、最大贴合度地实现这些功能、造型，是一名优秀结构设计师的职责。而完成这些工作的主线，就是材料、结构体系、构件布置，这只是传统的设计思路，让人能一目了然。其实，事情已在悄然改变，前方之路变得有些让人难以把脉，忧患感倍增。

作为建筑材料，钢筋混凝土至今只有一百多年的历史，这一百多年里，建筑高度、跨度、体量都有了质的飞跃，人们基本生活在钢筋混凝土丛林之中，而存在千年的砖石土木难觅踪影。材料的变革，在一百多年里使千年的秩序被完全打破。

当我们还在应用钢筋混凝土时，发达国家却在慢慢转使用入钢材，但他们所采用的是几十年前的钢材，也就是说，他们开始使用循环钢材了。结合国家的“双碳”目标，可以预测，未来几年，应是钢结构建筑大发展的时代，这是一个不可逆转的潮流，也是建筑材料变化的必然结果。

都市中心大规模的钢结构设计是从2015年开始的，到目前为止，进展顺利且富有成效，都市中心目前已设计了接近百万平方米的各类复杂建筑，人员素质和技术水平得以大幅度提升，鉴于此，院里的钢结构研究中心也落户到都市中心。但从技术全面性上来看，我们还有一些结构形式没有接触，如大跨拉索结构、弦支结构、空间索膜结构等，需要我们迎头赶上。

如果说这些技术补充是看得见的硬件，是可把控的，那么看不见的软件，则是借助智能化、遗传算法的结构设计。国内某超限地标工程在进行结构分析时，在很短的时间内对七百多个结构模型进行了比较，这是人工无法实现的。要达到这样的水准，需要技术思维的脱胎换骨，人才是重中之重。这也是我们在下个15年内真正的工作目标，是我们在未来几年内需要完成的技术提升，其难度是非常大的。

15年，从时间跨度上来看不短，但在这个竞争激烈的时代，要用15年时间就取得非常好的成绩，却是非常困难的。台上一分钟，台下十年功，其实，这也是我们结构专业最真实的写照，而行业的发展，需要我们再缩短“练功”的时间，但功夫却不能“缩水”，还要不断进步。

我们的竞争对手早已不仅局限于西北区域，而是来自全国甚至国际，一大批西部重点项目都能看见他们的身影。要与之竞争或合作，客观对待，取长补短，其实，强大的对手才是最好的老师。

只有如此，我们才能有更大的生存空间，更好的生存质量，下一个15年，我们才会做得更加出色。

记一次建筑师的碰撞
——西安车站海关综合业务楼早期方案设计

李照

2020年3月，我接到了西安车站海关综合业务楼项目，项目面积不大，但设计功能要求齐全，设计过程中收获很多经验。然而正是这个项目，让我感受到设计工作的复杂性，并不仅在于方案设计，更在建筑师与甲方博弈与合作的关系。

一、地理区位

项目位于西安港务区，南临潘骞路、东临西巡路、西临港务大道。用地东西宽125米，南北长145米，合计用地面积为1.73万平方米，要求建筑面积为18 600平方米。基地周边为大规模的仓储用地。

二、甲方简介

1981年，国务院批准开通西安至香港航线，设立西安航空口岸，同时批准设立西安海关。1984年5月1日，中华人民共和国西安海关经国务院批准正式成立，关区范围最初为陕甘宁青四省区。1989年9月，关区调整为陕西省。海关不同于其他单位，直属国家管理。

西安海关（总关）位于科技二路和唐延路交界处，2000年由西北院设计，是一座颇具当地时代特征的高层建筑。建筑面积为14 000平方米，地上12层、地下1层、裙楼3层，建筑风格为复古欧式风格。

原设计建筑立面

建成效果

西安车站海关是西安海关（总关）的下属单位，选址于港务区，最重要的原因是西安市港务区是中国第一个不沿江、不沿海、不沿边的国际陆港，是陕西省“十一五”重大建设项目，更是中国西部最大的综合物流园。西安海关应港务区管委会邀请，在此进行选址建设。

三、方案构思

早期的海关建筑多为新古典主义风格，从汉口海关大楼、上海海关大楼可见一斑。随着时代变迁与社会发展，青岛海关已经有了现代建筑的样貌，北京海关大楼则是长安街上“新而古”的代表，厦门海关等完全体现了现代建筑的简约风格。同样属性的建筑，为什么会有如此不同的建筑风格？究其根本、海关建筑应是时代和地域的产物。

从政策上理解，我们认为西安市港务区是西安市为打造内陆改革开放新高地而设立的经济先导区，也是大西安东部城市的新中心。作为西安市民，我们为港务区拥有良好的生态环境而引以为傲；同时，基地周边建筑不多，对设计的限制条件非常少。经研究后我们一致认为在这里的新建建筑，应该是能体现时代风貌的现代建筑，应具有鲜明的时代感，并且能够体现一定的公开、公信力。

然而设计的难点在于，基地面宽小，容积率低，想要做出颇具气势的建筑形态并不容易，在这种要求下，我们给出两种大致的设计思路：一是窄面宽，做高层，利用竖向高度突出主体建筑；二是做院落、利用围合的内院，把主要功能置于体现在主干道一侧。

与以往任何时代不同，当代办公建筑更加注重空间环境的品质，除了满足采光、通风这些基础要求，还要关注使用者良好的空间体验和使用感受。院落式的建筑比封闭式建筑更容易满足人们的需求。而多层建筑在这些方面体现出高层建筑无可比拟的优势，尤其是在使用人数有限的条件下，多层建筑的便捷性更是人性化，同时也能降低建筑能耗。

为此我们精心准备了一个方案，并预留了后期发展的可能。

四、矛盾爆发

3月底，我们第一次向两位副关长汇报，甲方认为方案很好，要求我们回去继续深化。

4月中旬，我们再次向关长汇报，这是一位颇具基建经验的领导，他认为方案一不错，但是和总关及同级单位建筑风格不一致。会上，我们竭力阐述新方案的种种设计考虑。会议结束后，我们继续深化方案。同时，我们按甲方思路又设计了一个偏古典风格的高层建筑，以及一个一体化布局的现代建筑。希望通过切实的对比和直观感受，帮助甲方做出正确的决策。

不久，甲方登门拜访，同时带来了一个西安海关（总关）的公文袋，指着上面的形象图片说，我

汉口海关

上海海关

们就想要这样的建筑，总关是什么样子，下属单位必须是相同的样子，即“一个模子”刻出来的。之后的一个月，我们多次与甲方沟通，他们还是坚持自己的意见。

5月，甲方给出了明确的意见，依据前期提供的三套方案，确定第二套方案为基本设计方案。这对我们无疑是最后一道通牒，但是我们仍然不想轻易放弃，建筑是文明的象征，建筑师有责任为当下的生活方式提供更适宜的环境建设。我们还是想从专业的角度，引导甲方认清这个问题。

7月初，我们在院落式多层方案的基础上，对方案的入口形式进行了优化，仍怀有一丝希望，将新方案发送给甲方。

之后很久没有回音，我又接了一个抢工期的项目，后面也没有继续参与这个项目。据说，最后甲方还是做了那种“一个模子刻出来”的建筑。2024年，当再次看到这个项目时，建筑已经基本建成，期待使用者的检验和反馈。

五、写在文末

回头看看，站在建筑师的角度，我们应该研究判断什么样的风貌形态对城市是和谐的，什么样的建筑布局是适合的，什么样的功能空间是高效的、有品质的。站在甲方的角度，可能对于造型有自己的判断，是否要一脉相承，又或是独立创新。答案没有对错，只是双方的出发点不同，目的也就不同。我们尊重甲方，也必须有在专业的问题上用专业素养去引导甲方，这也是身为建筑师的责任。

在此，摘一段书中的经典片段，与大家共勉。

……如果对基于设计的程序有疑问的话，那么即使与所给条件有若干不吻合，也应有勇气去重组框架本身。这时建筑师有必要向社会表明自己的主张，正像我刚才所讲的那样，近代草创时期的建筑家们都是这样得到社会认可的，这一点不应该忘记。但一旦选择这样的道路，结局大抵迎来的都是失败，所花费的时间、精力、金钱无论多么庞大都归于零。把搞建筑作为生活基本来源的我们还必须考虑到事务所的经营状态，迷茫是当然的，取胜当然好于失败，特别是当前社会的严峻局面，投标的中与不中事关生死。光以中标为目的的话，一个建筑师是没有前途的，但一败再败的话建筑事业本身也进行不下去，这正像一种赌博，既不安全，风险又很大。可以说，这是和自己在战斗。我们必须拼命思考，去维持理想与现实的平衡，直到最后关头，如果不随时保持紧张感很容易在一瞬间败阵。如果决心以建筑为生，就必须忍耐这种矛盾。

——《安藤忠雄连战连败》

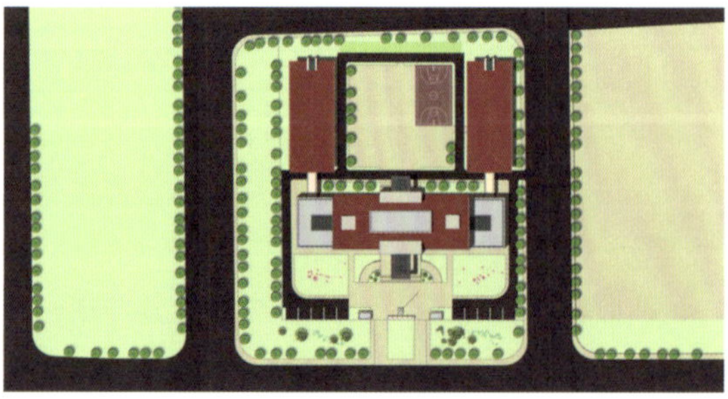

平面图

基于建筑造型的结构实现方式

——长安乐

郭东

经过一年多的建设，中华人民共和国第十四届运动会前夕，“一带一路”文化交流中心——长安乐项目以婀娜、灵动的身姿在灞河东岸、奥体中心西南侧熠熠生辉，与全国人民一起迎接着十四运的到来。

长安乐项目由花瓣状布置的5个建筑单体通过东侧的中央大厅连接在一起，从南到北5个单体建筑功能分别为传媒港、歌剧院、音乐厅、多功能厅和电影院，其平面大小有别、形状各异，空间构成连绵起伏、错落有致，且建筑外形似船舸风帆，灵动而豪迈，空间呈曲面状。在兼备常规建筑以层作为功能空间的同时，剧院、音乐厅还赋予建筑室内大空间、多层次等特点。除划分结构单元、搭建结构体系，以直接或间接的手法构建建筑室内外造型、表达建筑的设计思想是长安乐项目结构设计的重点。

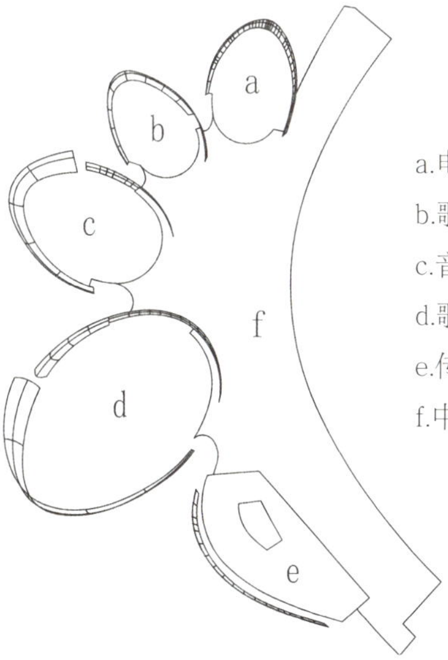

长安乐功能组成

长安乐功能组成

同建筑单体划分，长安乐项目地上结构通过设缝划分为6个独立的结构单体。各单体地下室与车库部分连为一个整体，地下室顶板作为地上结构的嵌固端。歌剧院作为各单体中体型及高度均最大的单体建筑，大屋面结构标高为23.4米，大屋面以上有两个小屋面，最高处的小屋面结构标高为37.0米；传媒港屋面结构标高为8.2米；音乐厅大、小屋面结构标高分别为22.8米和28.2米；多功能厅和电影院屋面结构标高分别为21.9米和17.1米。歌剧院和音乐厅为型钢混凝土柱楼面钢梁+钢筋混凝土剪力墙结构，局部悬挑部分布置为钢支撑，传媒港采用钢框架支撑结构，多功能厅及电影院为钢筋混凝土剪力墙结构，中央大厅位于项目东侧，从南到北布置，弧线长度约316.0米，采用钢框架结构。

作为连接各个单体的中央大厅东侧为入口广场，面向奥体中心，大空间、长悬挑及坡形建筑是建筑形态的主要特点。通过采用大跨度钢梁及钢管混凝土柱实现大空间的同时，入口广场处采用矩形钢梁出挑，悬挑长度最大约10米，楼面梁板标高随建筑坡度连续变化。

传媒港沿中央大厅在项目南侧布置，三层以上在中央大厅坡向地坪的同时向南端挑出，最大悬挑长度约38.5米。为了减小结构构件对建筑使用空间及建筑造型的影响，采用钢结构桁架实现大悬挑造型，主要受力桁架沿外轮廓轴网布置。

歌剧院是项目中体型及高度最大的一个单体，舞台及观众厅是重要的室内空间。观众厅为一层池座加两层楼座，包括观众厅顶板结构在22.8米高度空间排布。室内为大空间且关系复杂、多变，室外造型尺度大，体型多维度变化是其建筑造型的主要特点。结构实现两层楼座及耳光室悬挑，主要采用了悬挑钢梁及钢筋混凝土梁的形式，以变截面及变标高的方式实现观众厅室内造型。

歌剧院外轮廓为椭圆形，且每层大小都不同。相对外圈框架柱，二层以上最大悬挑长度约12米，而且悬挑端作为大屋面造型幕墙的支座，承受较大荷载，结构设计时采用悬挑桁架作为主要受力构件，悬挑桁架沿径向轴网布置。由于建筑外形为空间曲面，所以每榀桁架悬挑长度及斜杆布置方式均不同。首先，找出每榀桁架轴线方向与建筑外形的空间曲线，在结构构件不超出建筑造型的前提下，采用折线代替曲线的方式布置外侧桁架竖杆。为了准确定位桁架及楼面梁空间位置，将建筑空间造型平面化。首先按照结构楼层标高确定边梁轮廓，以边梁梁底与悬挑桁架的交点作为桁架空间位置的控制点。

音乐厅平面呈椭圆形，周边外挑结构形式采用钢桁架，且悬挑端同样作为出屋面幕墙钢结构的支座。多功能厅及电影院钢筋混凝土楼面梁沿周边径向挑出，幕墙钢结构依附于主体结构，与楼面梁的预埋件连接，局部突出屋面较高处布置斜杆与屋面主体结构拉结。

“帆”幕墙造型是本项目建筑形体的重要组成部分。根据建筑设计意图及使用功能要求，结合

门厅施工现场

室外施工现场

传媒港外挑38.5米

大剧院楼座

项目建设进度安排，幕墙结构分为两部分：常规幕墙结构和屋面以上“帆”形钢结构。常规幕墙采用幕墙龙骨与主体结构相连的形式，兼做建筑外围护墙体；“帆”幕墙钢结构在传媒港、多功能厅、电影院单体结构构件上外挂并向屋面延伸最高约10.0米，歌剧院、音乐厅的“帆”钢结构幕墙在23.4米标高以上布置，整体走向呈空间双曲面，出屋面最大高度约24米，采用整体空间双层网架结构，下端铰接于屋面，上端采用拉杆与小屋面外圈钢环梁拉结。以歌剧院为例，幕墙钢结构布置及整体造型示意如下。

对于一般建筑来讲，结构的实现方式有多种，除了考虑科学、合理的结构体系，建造成本、建设工期等条件也是决定因素。长安乐项目的结构实现基于建筑造型，以简化的处理手法，综合考虑经济、工期等影响因素，为项目主体在十四运开幕前夕顺利建成提供了保障。同时，长安乐项目等建筑为都市中心的12年发展刻下深深的印记，或许，其结构实现方式仍有不足，但在都市中心的下个纪年里必将做得更好。

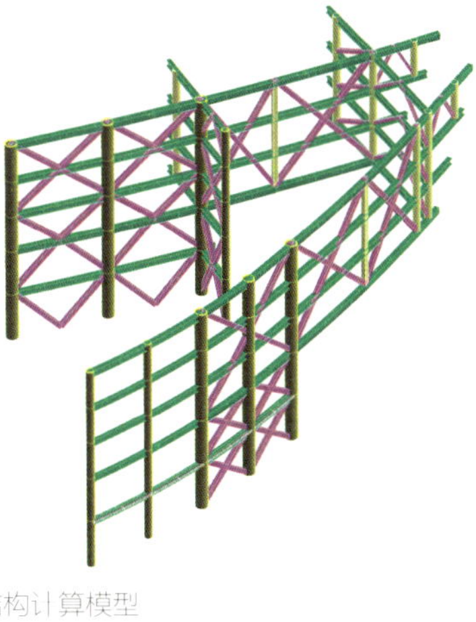

结构计算模型

初探结构超限设计
——西咸1A楼

张涛

西咸1A楼高处的3层整体向东、南方向突出，体块交错，结构体系复杂，具有偏心布置、尺寸突变、竖向构件不连续等特点，属于特别不规则的建筑，是目前国内第一个采用纯钢框架—中心支撑核心筒—悬挑桁架的结构体系项目，体系新颖、结构抗震性能优良。该工程于2017年3月通过了全国超限高层建筑工程抗震设防审查专家委员会的审查，2018年底竣工并投入使用，目前已成为西咸新区地标性建筑。

西咸1A楼是都市中心自成立以来遇到的第一个全国超限结构设计项目，对中心结构组技术发展意义重大，实现了结构组在全国超限项目设计方面从摸着石头过河到具有丰富战斗经验的完美过渡，实现了从常规项目设计到复杂工程设计的“涅槃重生”，是一次技术提升、更是一次设计突破。此后，结构组再接再厉，先后顺利完成了沣东科创1号楼、长安云、长安书院等大型公建项目的超限结构设计。

在结构组韦总和王老师两位领导的悉心指导和结构组齐心协力的努力之下，我们从确定结构方案，到顺利通过超限审查会；从与建筑同人的密切配合到结构施工图的完成；从深化确认、工地配合进而到1A楼的顺利落成，期间我们经历了很多，有茫然，有挫折，有挑战，有艰辛，有喜悦，也有满满的收获感。另外，在本次设计过程中，我的个人职业素养、专业能力和业务水平也有了很大程度的提升，收获颇丰。谨从本文，作为都市中心结构组发展中的一次技术总结和历史见证。

一、工程概况

西咸新区1A楼为超高层办公楼，位于西咸新区能源金贸区内，北临能源三路，南临能源二路，东侧为城市主干道上林路，西侧为金融一路。项目总建筑面积约为5.81万平方米，为一类高层，建筑总高度150米，地上30层，地下二层，其中1、2层高6米，标准层层高4.2米，在11、22层设置2个避难层。基础埋深11米，基础形式为桩筏+平板基础，桩基采用700毫米直径的后插筋混凝土灌注桩。建筑功能地上主要为办公，地下室为车库及配套机房。建筑设计的最主要特点为地上23~25层平面整体西北侧凹进（凹进尺寸为12.4米）、东南侧外挑（外挑尺寸为10米），形成了一个高位体块交错的标志性高层建筑形象。这种体块交错形成两处大的悬挑，造成了整体结构竖向不规则，故结构体系选择及悬挑楼层的设计最为关键，结构不规则项目较多，为超限高层结构设计。

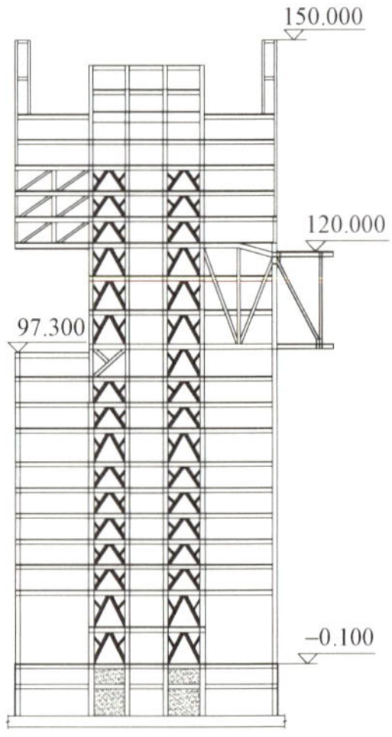

1A楼超高层办公楼设计

建成夜景

建成实景

的使用功能和效果要求，因为时间很紧张，工期要求高，所以工作量及工作强度都很大。经过一系列结构性能指标和综合造价的对比，方案最终选择了“钢框架＋中心支撑＋悬挑桁架”的结构体系。

筒体结构采用了中心支撑核心筒，即采用钢中心支撑与钢管柱形成的核心筒；外围框架由钢管柱与“H”形钢梁组成；外围框架梁柱之间、外围框架梁与内部支撑筒体间均采用刚接，形成钢框架—中心支撑双重抗侧力结构体系。结构方案的闪亮点在于：①支撑仅布置在建筑交通核心区，对建筑平面功能和外立面效果没有任何不利的影响。②高位悬挑部分楼层，悬挑钢桁架与内部核心筒钢支撑框架间实现相同材性联接，并对悬挑端外力提供相应的平衡，利于悬挑外力向内的传递。③通过调整核心筒四个角部支撑的刚度，能够很好对结构楼层的偏心布置进行相应的调整，减小刚度中心与质量中心的偏离，从而大幅减小结构的扭转效应。④钢中心支撑核心筒的结构自重比钢筋混凝土核心筒的自重轻很多，综合考虑钢中心支撑核心筒刚度减小的因素，最终地震作用下底部剪力大约减小三分之一，这对于实现整个结构高标准抗震性能目标至关重要。

核心筒平面为方形，尺寸为18.6米×18.6米，

二、结构方案与布置

2016年下半年，我们首次拿到建筑方案，高位体块交错、犹如积木错搭的建筑造型深深地震撼了我，很佩服建筑师的大胆创新。对于毕业之后一直做惯了常规结构设计的我来说，有幸参与这么复杂、极具挑战性的项目，心里既新奇、兴奋，又多少有点畏惧和茫然，不知从何入手设计。幸运的是，都市中心结构组有两位好领导和老师（韦总和王老师），经过他们的悉心指导，我们终于顺利完成了结构的布置和方案选型。特别是韦总，在前期整个设计过程中，他每天都搬个椅子坐在我的旁边，看着我布置结构及设计计算，碰到不确定性的问题时，他都能及时给予我指点和帮助，这让我深受感动，同时也感慨一句“有领路人真好”。

项目设计的第一步是整体方案的确定，这个阶段需要大量的结构模型计算以及指标的对比，但更重要的是对受力体系和整体概念设计的把控。当然，结构布置中还涉及与建筑、水、暖、电等专业的大量配合，不仅要满足结构受力，更要满足建筑

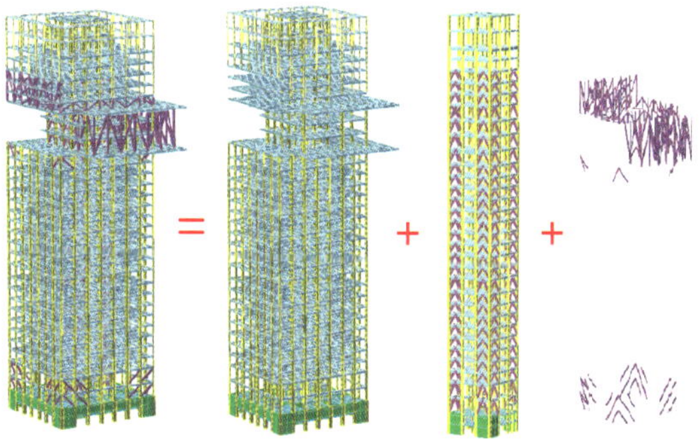

结构计算模型1

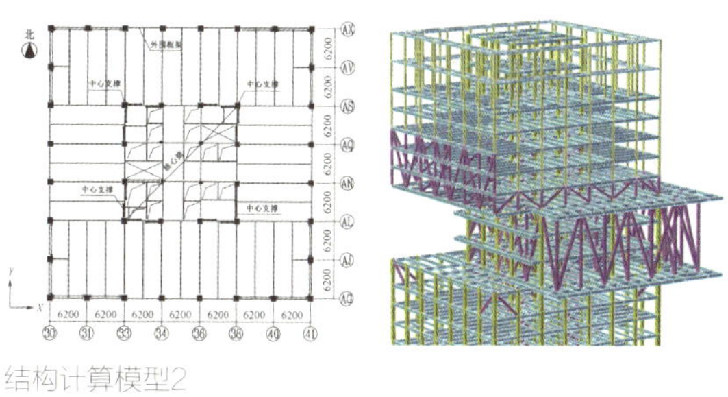

结构计算模型2

悬挑部分桁架

建筑施工现场

建筑中部异形设计

建成实景

高宽比约为8.1。核心筒自基础顶面上下贯通，采用“人”字形中心支撑，考虑自核心筒直接外挑楼层的传力要求，核心筒局部采用“十”字形交叉支撑，充分发挥钢材和混凝土两种材料的优势。

结构布置采用，另外一个关键点是如何实现建筑高位体块交错的立面效果。这个过程既要体现建筑、结构力与美的完美结合，更要实现简洁大气、轻盈通透的建筑造型。基于以上两点要求，最终采用悬挑桁架为主结构。结构存在两处高位长悬挑，分别是23~25层悬挑和26层以上的整体5层悬挑。

23~25层悬挑部分楼层，采用四榀平面桁架来实现，外悬挑部分采用斜拉杆，三层通高设置。

26层以上楼层的悬挑，采用三层转换桁架来实现，通过三层转换悬挑桁架以支托桁架上部的钢柱，桁架自核心筒悬挑12.4米，在25层核心筒角部设置十字交叉中心支撑，以便均匀地将上部荷载传递至下部竖向构件。

三、超限设计

结构布置及结构方案大体确定之后，下一步的工作就是对不规则项、结构超限项的判断。对照超限审查技术要点表格，结合工程的各项指标，主楼具有偏心布置、尺寸突变、竖向构件不连续等三条不规则项，至此，确定本项目属于需要进行超限高层建筑工程抗震设防专项审查的项目。

超限确定之后，就是针对不规则项的加强处理及各种抗震分析了，这个阶段是超限设计的重难点，由于首次遇到超出了现有规范规定的项目，加之大家都没有相应的设计经验及计算经验，需要查阅大量的资料文献，参照其他大院已有超限项目、仔细琢磨研究设计思路和对策。具体采取如下应对措施。

（1）采用比常规结构更高的抗震设防目标，重要构件采用中震或大震下的性能标准进行设计。采用多种空间结构计算软件对比验证，并通过弹性时程分析对反应谱的结果进行调整。

（2）控制结构自身的刚度，避免出现剪重比过小的情况。同时控制外框架的刚度，提高外框架在地震荷载下承担的水平剪力，充分发挥外框架作为二道防线的作用。

（3）对于结构体形外挑和收进的部位竖向构件及水平悬挑构件进行加强处理，增大了悬挑楼层的楼板厚度，楼板采用双层双向配筋进行加强。在桁架下弦悬挑位置的楼层处，设置水平支撑。悬挑位置的桁架在构件计算时，采用弹性膜楼板假定计算，并考虑楼板可能开裂对面内刚度的影响，采用平面内零刚度楼盖假定进行验算。

（4）采用有限元分析软件进行结构大震下的弹塑性时程分析，控制大震下层间位移角不大于1/50，并对计算中出现的薄弱部位进行加强；采用有限元分析软件，对重要的节点进行详细的有限元分析。

（5）主要构件的抗震等级为一级，主要的竖向构件中均设置钢管混凝土，并严格控制竖向构件的轴压比。

上述的应对措施看似简单，其实过程很不容易，需要进行海量的计算和调整，性能化设计需要确定合理的性能目标和指标参数，主要针对悬挑桁架以及悬挑桁架直接相连的竖向构件提出更为严格的性能要求。这也是超限设计的重点工作，一边计算分析，配合调整修改，一边编制超限审查报告，两方面的工作同步进行。经过长达两个多月的艰难探索和高强度工作，我们最终成功完成了第一轮超限报告。初步的超限报告完成后，为了确保超限审查能顺利通过，结构前期跟全国超限专家进行了两三轮的沟通和咨询，对不合适的处理以及欠考虑的内容进行相应的修改和补充。超限专家都是全国勘察设计大师，行业最领先的前辈，能有这么好的机会向他们请教和学习，是我的荣幸，也收益颇多。期间超限专家提出了各项宝贵的意见，下面分享最后一次的意见及结构设计针对的措施。

全国超限专家对方案提出以下意见：①悬挑桁架应补充防连续倒塌验算；按实际计算长度复核三层通高钢桁架腹杆的承载力；②“人”字形中心支撑的框架梁应复核其承载力；③进一步复核外框钢框柱二道防线要求；④竖向地震作用应取竖向时程分析结果与规范方法的较大值。

针对超限专家的意见，我们采取了如下的应对措施：①运用YJK软件进行了防连续性倒塌验算。②“人”字形中心支撑的框架梁不平衡力的设计中压

收进部位桁架安装过程

局部夹层与桁架连接实景

耗能人字撑连接细部

杆考虑50%的临界力进行验算，以满足不平衡力的验算。③为详细准确地统计外围框架柱承担的地震剪力，对各层模型中的外围框架柱地震剪力进行单独的统计并相加汇总，以此确定外围框架柱的二道防线的调整系数。④进行竖向地震作用计算时，取竖向时程分析结果与规范方法的较大值。

经过结构组大半年的探索和努力，2017年3月，超限论证审查会正式在北京建筑设计研究院成功召开，一次性顺利通过超限审查，至此都市中心自成立以来第一次全国性超限结构设计圆满完成。这次设计技术的突破，对中心结构组技术成长和发展意义重大，实现了从常规项目设计到复杂工程设计的“涅槃重生”。

体型外挑部位桁架安装

钢筋桁架楼承板完成

支撑下部与楼板的连接实景

四、结构创新点

西咸1A楼设计通过对悬挑楼层进行合理的结构布置和构造加强，确保悬挑桁架在大震下变形和承载力符合规范的要求。采用结构性能化设计方法，验证结构性能目标的合理性，在兼顾结构经济性的同时，有效保证了结构安全。

在结构设计过程中，主要有以下几方面的创新性工作。

（1）采用竖向地震波对高位悬挑结构进行时程分析，对悬挑部位的竖向加速度分布和悬挑部分构件轴力的竖向地震效应等内容进行研究，从而对设计使用的竖向地震作用作定量的分析，给出悬挑部位的竖向地震效应的设计值。

（2）结构布置中，创新性地采用了“中心支撑+耗能梁跨”的概念，结构具有优异的耗能机制和二道防线功能，可以对地震能量进行有效的耗散，保证结构的整体安全。同时，为详细准确的统计外围框架柱承担的地震剪力，进行了一系列的汇总统计及多模型计算对比，确保结构二道防线的有效性。

（3）结合建筑效果及功能要求，对悬挑桁架的形式及位置进行了合理的布置，并采取多项加强措施，保证结构安全。

（4）“人”字形支撑的框架梁不平衡力的设计，突破高钢规中7.5.6-2条的要求，考虑实际支撑的破坏程度和构件性能对压杆考虑50%的临界力进行验算，取得了良好的经济效益。

（5）钢结构施工中，楼板及楼梯后浇，必须设置大量临时楼梯作为竖向施工通道，效率低，造价高。本工程核心筒楼梯采用预制梯板，大大提高了施工效率，降低了成本，实现了全楼100%的装配。

钢结构具有优良的装配能力，现场安装及施工速度非常快，从钢结构深化加工到建筑整体竣工不到9个月的时间，在保证质量和精度的前提下大幅度缩短了施工周期。另外，本工程的钢结构主体与通透幕墙系统有机结合，不仅凸显了建筑的美感与品质，小尺寸的杆件更使得建筑效果格外震撼。

参数化结构设计初探

卢骥　张颢辰

近些年来，参数化建筑设计以快速的发展态势对当代建筑设计产生了巨大的影响。参数化设计本身是一种基于算法思维的设计方法，它将各方面设计因素有效组织起来，通过定义算法规则来实现最终的设计意图。结构设计在建筑设计专业进行参数化变革的同时，也需要同步提升结构专业的参数化设计水平。

参数化结构设计是以结构为设计对象的参数化设计。Rolvink等指出，参数化结构设计为直接洞察结构设计变化带来的影响，能够依据建筑师所做的几何设计变更快速调整结构设计。本文所理解的参数化结构设计是以形态参数、拓扑参数等结构方案参数为设计对象，以结构性能要求、建筑设计要求等作为设计意图参数，借助基于几何学、结构设计理论和优化算法等多领域混合的算法规则，实现全自动或半自动化动态智能设计的多学科交叉设计方法。

建筑与结构两个专业在设计过程中相互影响，以迭代循环的设计模式实现最令业主满意的设计。这种相互影响的设计模式也同样存在于参数化建筑设计和

德国慕尼黑奥林匹克屋面（1972年）

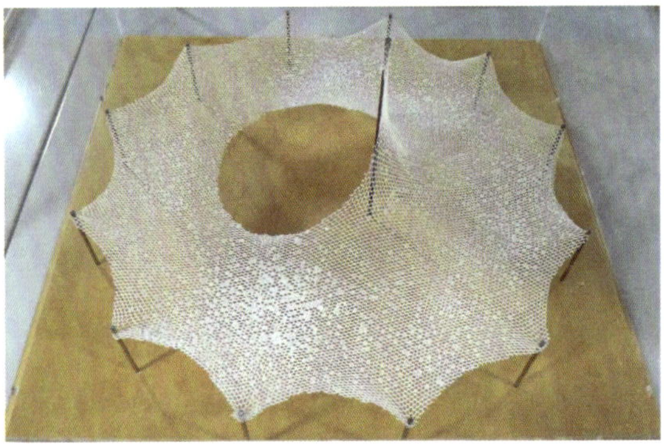

张拉找形试验

日本东京国立代代木综合竞技场（1964年）

参数化结构设计之间。

一、结构成就建筑之美

建筑是人的行为与周围环境因素共同作用的产物，是一种人与自然和谐相处的媒介。结构成就建筑之美是指结构工程师主动希望通过发掘结构的建构及美学价值来增强建筑的美学表现力，此时建筑设计意图与结构设计意图具有高度的一致性。德国建筑师、工程师弗雷·奥托（Frei Otto）一生致力于轻型建筑的研究，他所参与的大部分项目都是通过制作模型的方法进行设计，这种依据物理模型的设计方法本质上是一种基于结构实现建筑方案的设计过程。

日本结构大师坪井善胜曾说：“结构的美存在于少许偏离结构合理性的地方。”作为一名结构工程师，坪井善胜不仅可以在力学上提供适合建筑师造型的结构形式，而且从建筑设计整体的视野推动了整个项目的发展。体现“结构之美”的建筑方案并不一定是结构上最合理的，但确实是最能令各方面均感到满意的。

二、参数化结构形状生成

参数化结构形态生成可以理解为利用参数化技术进行结构找形的过程。在该过程中，“态”作为设计要求输入抽象的生成机器，并依据特定的算法规则输出结构的几何形状。这种算法规程可以是大自然的规律，也可以是依据数学和物理原理编制的程序代码。按照生成原理的不同，参数化结构形状生成的算法可以分为：实验法、动态平衡法、几何刚度法、有限元分析法和语法类算法。

下面介绍较常用的动态平衡法和几何刚度法。

1.动态平衡法

Grasshopper 软件中的kangaroo插件是当前较为流行的找形工具，基于粒子弹簧系统，通过动态平衡法寻找稳定状态。使用kangaroo插件进行找形的过程包括：网格的建立、锚点的确定、结构张力以及外荷载和施加动力迭代生成形状工4个过程。

下面以长安云南馆屋面采光穹顶为例进行说明。

本案例为拱形采光顶，首先通过在平面内设置

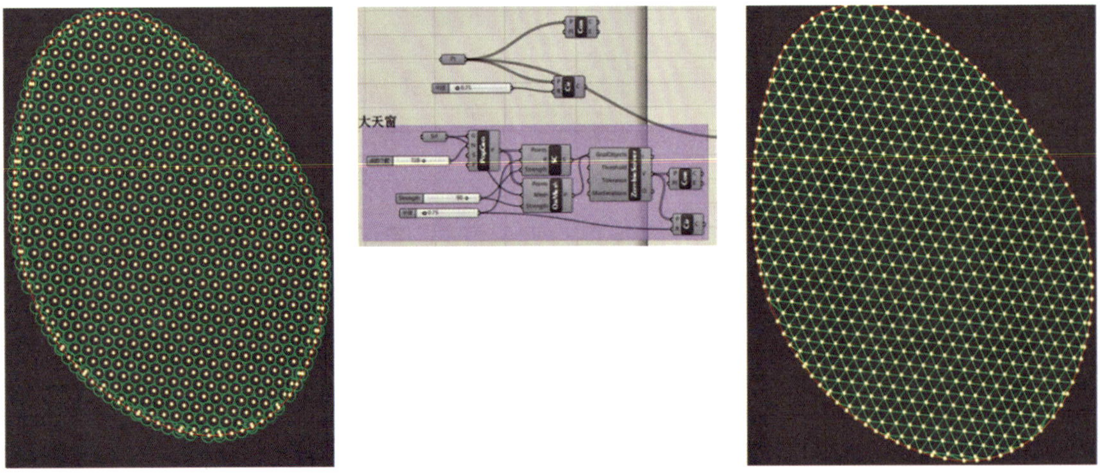

长安云南馆屋面采光穹顶网格划分

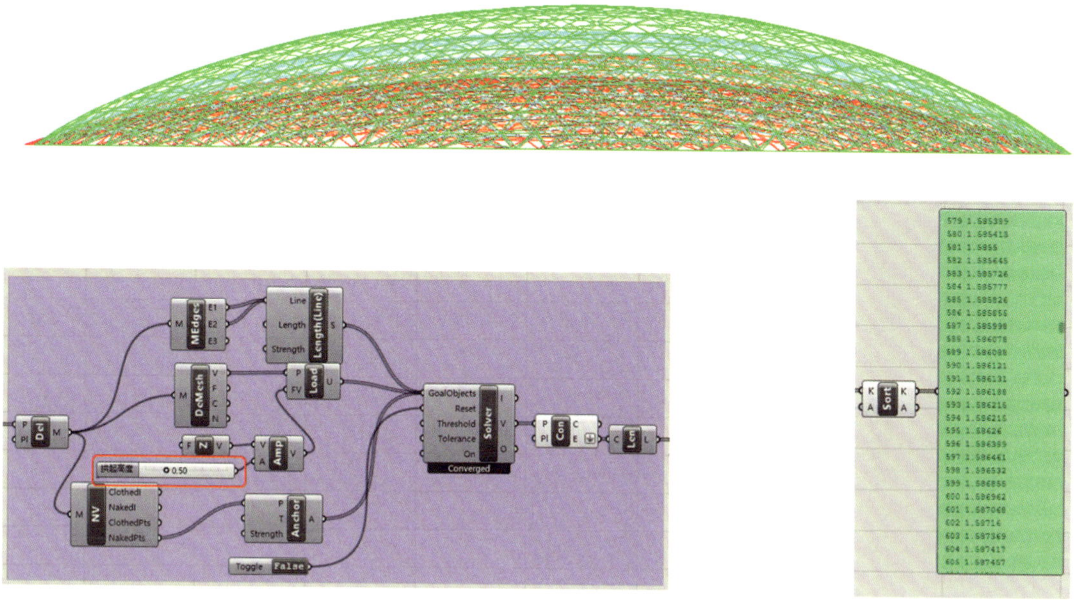

长安云南馆采光顶形态优化

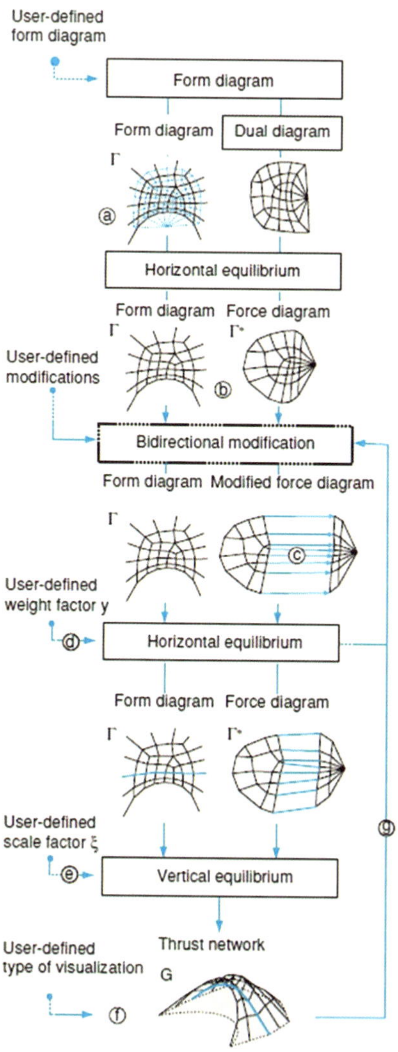

结构拓扑优化设计方法

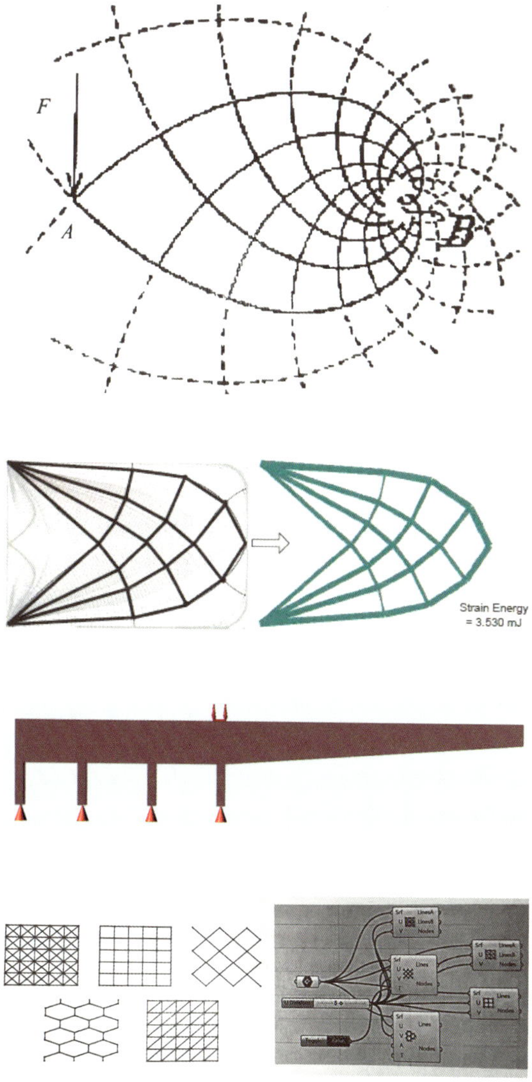

结构拓扑优化设计方法

无数相互外切的等直径圆，连接各圆心后，完成网格建立；根据周圈边界情况设置锚点，设置合适的结构张力以及外荷载和施加动力迭代生成形状。

在使用kangroo插件进行结构生成时，可以清楚地看到结构由振动状态逐步达到稳定平衡的状态，演示了利用动力平衡方程解决找形问题的思路。在Grasshopper 软件中通过参数化的控制可以轻松得到所需的各种不同荷载以及材料性质下空间结构，使得结构找形过程简单便捷。

2.几何刚度法

几何刚度法与材料属性无关，只考虑结构的几何刚度。静力图解法和力密度法是两类典型的几何刚度找形法，而推力网格分析法（TNA）则将两者的概念相结合，主要解决纯受压结构的交互式快速找形问题。

TNA法的基本原理是借助静力图解法的基本原理得到离散化的拱壳结构在水平投影面上的平衡状态，然后根据力的平衡和投影关系，结合力密度建立线性平衡方程，从而得到节点竖向坐标和纯受压拱壳形状。基于TNA法开发的Rhino、VAULT因易于理解的原理和友好的交互方式受到众多设计师的青睐。

参数化结构体系优化生成。结构体系的优化属于拓扑优化的范畴，是以在特定荷载、边界条件下以系统性能最佳为目标，在给定的设计空间中优化材料布置的数学方法。1904年，Michell用解析分析的方法研究了具有应力约束和单点荷载作用下的悬臂结构，得到最优桁架所应满足的条件，后称为Michell准则。符合Michell准则的桁架被称为Michell桁架，也称为最小重量桁架，这项研究工作被认为是结构拓扑优化设计理论研究历史上的一个里程碑。

最经典的拓扑优化实现方法是对各构件进行添加或删除的操作。这类拓扑优化是基于单元参数的拓扑优化，本文介绍两种算法：变密度法和局部模块参数化法。

变密度法是以连续变量的密度函数形式表达单元相对密度与材料弹性模量之间的对应关系。密度法中的相对密度是材料特性的一种直接反应，相对密度大则意味着材料性能强，反之则材料性能差。

Altair、NASA等公司或机构开发了OptiStruct、Tosca、Nastran和Solidthinking等商业软件，所采用的基本方法就是变密度法。

以长安云单榀悬挑桁架为例，展示优化的成果。

设置原始构件的材料特性、荷载情况、支座约束，通过给定条件的优化目标（刚度最大、质量最小等），通过软件优化生成拓扑优化结果。软件内部有较方便的3D建模软件，可以将离散化的杆件重新建模，完成从优化结果到实际杆件的还原。

局部模块参数化法。将建筑整体形状或局部区域的形状作为设计意图参数，以模块参数作为设计对象，生成特定的结构体系。例如：对于相同的矩形平面，利用Grasshopper 软件中的lunchbox插件快速形成多种网格形式。上述网格生成电池常常被用于高层建筑的外框架几何成分的生成。将此方法用到伸臂桁架、环带桁架中，可以快速地生成各种形式的桁架。

中央礼品文物管理中心项目结构设计概述

王磊

2011年，我研究生毕业后加入西北建筑设计研究院，2017年加入都市中心，从那刻起，设计任务变得异常繁重，项目类型也丰富起来，几乎每个工程对我来说都是新的挑战和学习的过程，受益良多。在都市中心成立12周年之际，选择中央礼品文物管理中心项目，做一个结构专业的总结简述，算是对这几年自己在中心的工作留下一个印记。

沿街建成实景

一、工程概况

中央礼品文物管理中心项目位于首都中央政务区内，祈年大街与西兴隆街西北角，与天坛比邻相望。占地约1.8万平方米，总建筑面积为6.73万平方米，地上4层，地下4层。项目集文物馆藏、文物研究、陈列展示、外事活动和爱国教育为一体，是一座综合性文博建筑。

主楼设计采用集约的方形重檐廊式构形，传承了新中国成立以来共和国传统建筑的范式，同时也吸收了西方古典建筑的特点，中西合璧，古今交融。温润如玉的白色石材体现了中国彬彬有礼、君子坦荡的大国形象，包容和合的建筑语言反映出礼仪天下的大国胸怀。设计继承了中西方千年传统文化，表现出经典、简约、时尚的特色。

主楼建筑高度约为23米，标准层平面为矩形，一层至三层展厅为无柱大空间，东、西、南侧为通高柱廊。

博物馆建筑的设计使用年限为100年，结构安全等级为一级，主体采用钢筋混凝土框架—剪力墙结构。本工程已于2021年5月通过竣工验收并投入使用。

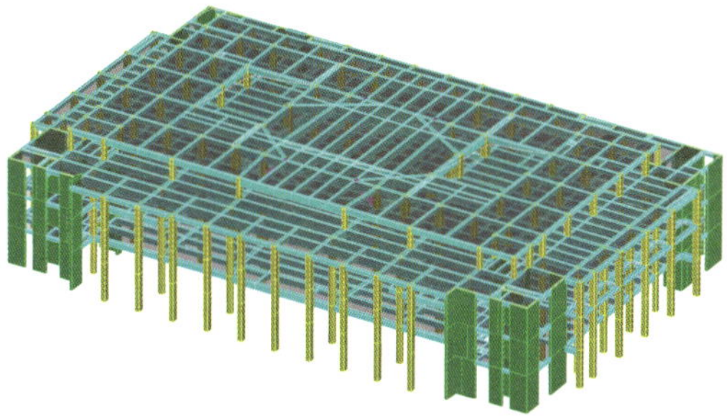

结构计算模型

二、结构设计

1.结构体系

结构选型考虑了几方面的内容，最主要的是结构布置的合理性和使用维护。本工程主要功能是重要礼品的展陈和存放，对防火的要求很高，布展完成后，大范围改动的可能性不大，而钢结构的后期维护频率和难度比混凝土结构要高一些。经过一系列的结构方案比选，综合考虑经济性和后期布展时结构的包容性，最终采用钢筋混凝土框架—剪力墙结构。剪力墙主要集中在四角交通核范围，中部加设四组剪力墙，中间区域设置尽量少的框架柱，这样既可保证结构的整体刚度，又能最大限度地为布展提供充足的、连续的、完整的空间，同时在百年使用期内可以有最高和最灵活的空间利用率。

框架柱底部倾覆力矩比例X向为36%，Y向为29%。框架抗震等级为二级，剪力墙抗震等级为一级。因为要同时满足底部大空间和整体限高的要求，顶层办公楼部分的框架柱为梁抬柱，局部另加设斜撑，满足转换要求。

2.大跨梁设计

三层及屋面结构平面，因展厅的大空间要求，存在较多大跨空间，使用荷载大，且每层大空间位置错开，没有规律，跨度为20米～33米，经过方案比选，综合考虑耐久性、楼板振动舒适度、建筑净空要求、设备隔音等因素后，选用后张法预应力混凝土梁来解决挠度和裂缝问题，梁截面高度1.3米，预应力钢绞线直径15.2毫米，抗拉强度标准值1 860MPa。同时，对大跨范围楼板的竖向振动舒适度进行验算，楼盖竖向自振频率不低于3Hz，楼盖最大竖向加速度为$0.13m/s^2$，小于$0.15m/s^2$的限值要求。

3.转换构件设计

由于限高要求，博物馆主楼建筑高度不能超过23.95米，为保证展厅高度要求，顶层办公层层高很低，只能在顶层增加柱减小跨度以控制梁高。所以出现竖向构件不连续的问题，本工程采用两种方式来解决此问题。一种是直接采用梁上起柱的方式，计算时相关梁、柱定义为转换构件，抗震等级提高一级；另一种是在不影响建筑功能的前提下，局部增加斜撑，采用“八”字撑。本工程按100年设计基准期确定抗震参数、荷载取值后，大幅度提高抗震效果，如果采用传统的整跨转换桁架，刚对整体的刚度影响很大，且扭转效应明显。局部框架柱难以匹配桁架刚度，受力性能非常差。经过分析对比，最终采用“八”字撑，其对结构刚度影响很小，不会引起刚度突变，且传力途径明确，同时施工难度大大降低。

4.钢连廊

配合建筑充分利用空间，在南侧门头内加设连廊，设计中，为保证建筑正面幕墙的通高要求，同时尽可能保证连廊的使用净高，采用钢结构吊挂形式，减小自重。

5.梁上开大洞设计

顶层为尽量增加使用净高，屋面层暖通管道按

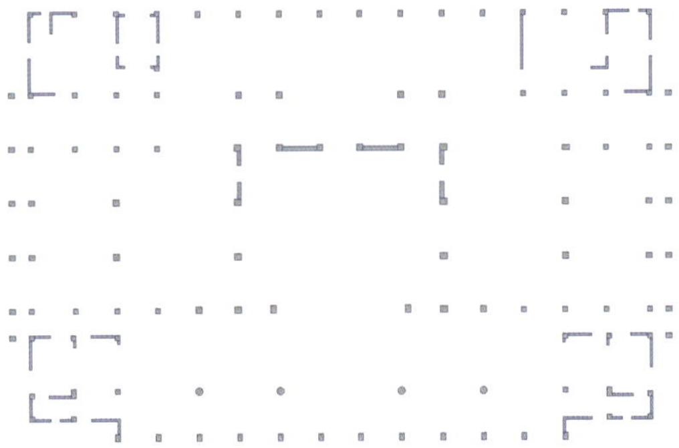

结构计算平面1

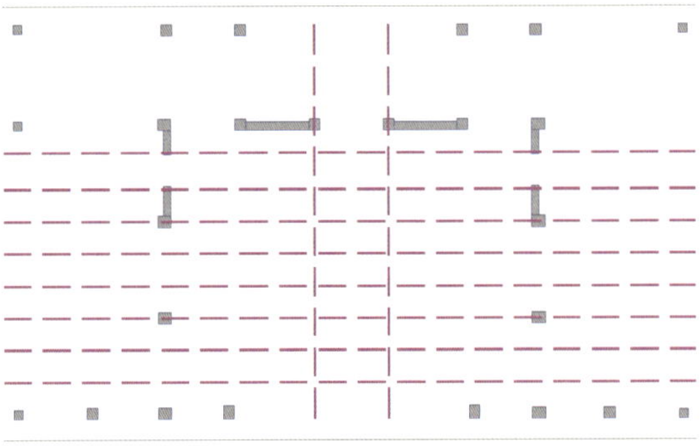

结构计算平面2

施工现场1

施工现场2

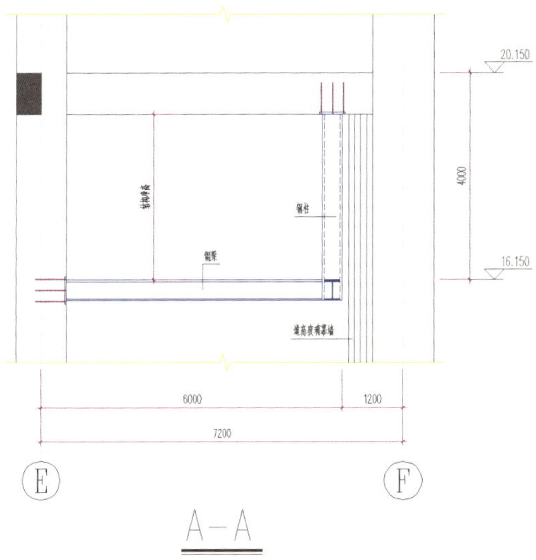

结构计算模型1

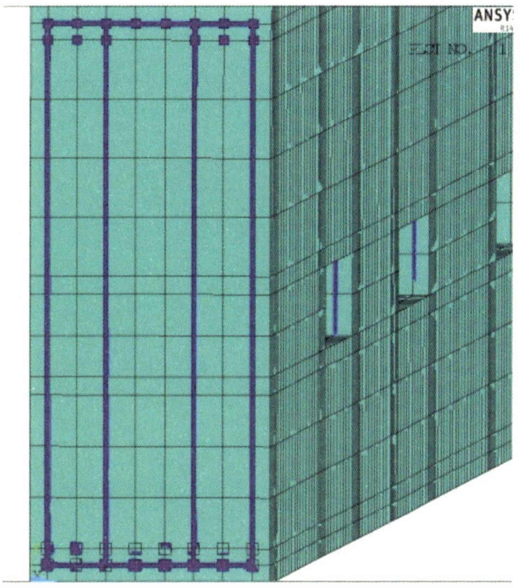
结构计算模型2

穿梁设计，洞口尺寸较大，位置集中，且洞口周边有很大的次梁，使用设计手册方法计算补强钢筋配筋图后，再通过有限元软件受力分析，对薄弱部位复核及做加强处理。

三、结语

中央礼品文物管理中心项目地处北京城市核心区，是举行建党100周年系列庆祝活动的重要场馆之一，也是承办国家重要外事活动的场馆之一。建筑挺拔的柱廊、硬朗的线条，强化了空间仪式感，反映出多元包容的特质，中正大气的整体形态、集中高效的功能布局，体现出大国之风、和平之气。百年奋斗，梦圆今朝，场馆展示的是惊涛骇浪中的舵手意志，风雨无阻向前进的奋发姿态。

极高的工程定位决定了本场馆“与历史对话，天人合一”的建筑设计理念以及百年使用的特殊功能需求。在具体的设计工作中，实现建筑物的功能要求是首要任务。

在结构设计过程中，主要完成了以下几方面的工作。

（1）在当前行业内尚无抗震设防烈度八度区100年设计基准期相关规范说明的条件下，本工程以现行50年设计基准期规范为基础，通过量值上调，对抗震设防烈度八度区100年设计基准期进行专项计算，包括荷载取值、抗震参数等，建立了适用于抗震设防烈度八度区100年设计使用年限建筑的设计方法，充分保证了结构安全性和可靠性，为同类条件下建筑物的结构及建筑设计提供了可靠的借鉴依据。

（2）综合采用大跨双向混凝土预应力梁、转换结构、斜撑桁架及钢结构吊柱等方式，最大程度地满足了建筑对空间使用的要求。

（3）对超长结构，尤其是双向超长的地下室进行了专项的抗裂及温度应力计算和分析，从定量和定性两个方面采取了有效措施，满足了结构的耐久性要求，保证地下室对博物馆高级别收藏的要求。

中央礼品文物管理中心项目建成以来，使用方给予项目完全肯定和高度赞扬，项目气势恢宏，简洁大气，这里已经成为党员干部接受党性教育的重要平台，面向社会公众、展示党和国家辉煌历史的爱国主义教育基地，充分发挥了中央文物在加强党史国史教育、爱国主义教育、革命传统教育中的重要作用。

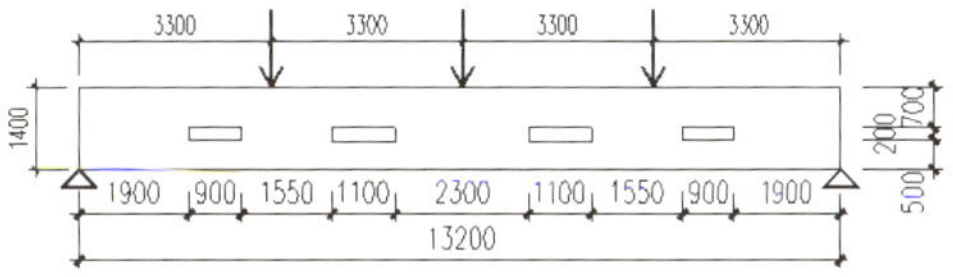

结构计算平面

预留穿梁洞口设计

迟到四年的缘分　柴源

2018年，我在共青团陕西省委挂职结束，迷茫的我还在苦苦求索着工程师这个职业的发展方向。农历新年一过，一切都仿佛明朗起来。优秀的集体在招募人才，怀着忐忑不安的心情，我发送了简历，感谢领导们对我的认可和期待，我如愿加入新的集体——都市与建筑设计研究中心（以下简称“都市中心”）。

我从小一直生活在西安南郊，对西北院的认识就是从钟鼓楼广场开始的，上了大学以后就在南门广场。千年古都厚重的历史，在这里与世人相遇，而这两个地标性的建筑与规划，让我了解了西北院的张锦秋院士和赵元超大师。2019年，在入院四年后，我有幸加入了这个有着优秀建筑师和工程师的大家庭，在倍感荣幸的同时，也怀着一份忐忑。

初来不久，我就遇上了工作以来第一个公共建筑——行唐博物馆。行唐博物馆位于行唐县县城。在这个具有上千年历史的地方建设一座博物馆，对我来说是荣幸也是挑战。在缺少经验技术的情况下，独立完成这么一座公共建筑难度很大，建筑平面变化多样，功能复杂，地质条件不利，钢结构大悬挑屋盖等，对我而言都是“难啃的骨头”。但幸运的是，在王洪臣王总的亲自指导下，在卢骥卢师兄的帮助下，我仅用一个月就完成了所有结构施工图纸，保证了总包单位的工期。完成的那一刻，我

2020年年会于西安

行唐博物馆

外表平静，内心却激荡汹涌，王总看出我的心思，在总结时候跟我说道："咱们中心的建设项目百分之九十以上都是公共建筑，普遍具有工期紧、难度大的特点，需要大家齐心协力共同完成，希望你尽快成长起来，广阔天地，大有作为"。这番鼓励鞭策的话语，至今使我记忆犹新，而这之后的三年工作经历，更是验证了这句话。

从车张佳园到西工大翱翔小镇，从西安市第八保育院到今年的六盘山长征精神研学基地、榆林党校以及南泥湾工匠学院，这三年里，我吃过苦头，也遇过挫折，但是在领导和同事们的关心和帮助下，历经了这些重要项目的洗礼之后，我更加深刻地明白了集体对于个人的意义。领导的谆谆教诲，前辈耐心的指导，使我快速成长起来，从一个操心梁板配筋的结构"菜鸟"，到现在可以独立完成中小型项目的工程师，个人的成长离不开都市中心对我的培养和给予我的机会。

犹记得2020年的年会上，赵总说过一句话："不管你是学士、硕士、还是博士，你首先得是一名战士"。都市中心的项目，难度大，挑战多，必然要求所有参与的建筑师工程师要像解放军战士一样英勇与顽强，团结与奋进。三年工作生活让我对都市中心这个集体的认识越来越清晰，越来越深刻。优秀的团队，必然有一个坚强的领导班子，在以赵大师为中心的领导班子的带领下，建筑、结构的前辈、同事们，同心前行，凝心聚力，必将创造出属于都市中心的下一个精彩的十五年。

行唐博物馆入口

心中印记，我的历程

尹龙星

光阴荏苒，岁月从指间悄然流逝，我在都市中心这个大家庭中不知不觉已经度过了十个春秋。还记得刚入职时，恰逢《都市印迹》第一部的开启，其中记录了中心成立五年间所做的项目，展示了中心的发展历程与业绩，我也以一篇“新起点新篇章”的文章开启了自己在都市中心的设计生涯。

转眼间，都市中心迎来了自己的12年庆典，这个年轻的团队已经成长为一支敢打硬仗的队伍。在建党百年普天同庆的日子，同时借全运会举办之际，都市中心完美地呈现了一次建筑作品展，这是一次检阅、一次总结、一次汇报，也是一份献礼。都市中心在祖国大地留下了自己的印记，我也借此机会回顾下自己的工作历程。

还记得刚来设计院的时候，感受到茫然与无知，虽然心中很激动，但也掩盖不住内心的迷茫。刚开始接触工作的我，事事带着一份谨慎，处处带着一份细心，满怀激情投入到工作中。在成长的途中，有过错，有成绩，有心酸，有欣慰，非常感谢在成长中为我指路并督促我前进的领导和前辈们，你们的教导让我收获良多，同时也感谢陪伴我的同事和朋友，你们的帮助让我在前进的途中不再孤单。

这几年，随着中心的不断成长与壮大，我也在工作中更加成熟稳重了。除专业知识在不断地积累，还增强了沟通处理问题的能力，来自甲方、施工单位、其他专业人员的问题更加灵活、更能分清主次、轻重缓急，在按时保质保量完成项目的同时，提升了对项目的整体把控能力，担负起更多的责任。干了结构设计这一行，就有学不完的知识，需要随时保持学习的精神与态度。

下面就以时间为主线，按项目、分阶段记录下工作的点点滴滴，在回顾中总结所得，找出不足，展望未来。

一、第一阶段项目回顾——开始

回头看，才发现自己的设计生涯始于“金延安”项目，也算是为红色革命圣地的建设做出过一点点贡献的。延安圣地河谷的钟鼓楼、东街、南街、西街、北街都留下了我的设计。

每一个结构设计人员无一例外都从楼梯和梁板配筋开始，但想要一次做好其实也不是很容易，设计不同于理论的学习，需要了解规范的各种要求与经验的判断。经过自己的努力与前辈们的指导，我最终还算比较圆满地完成了结构设计的“入门”工作。

在跟大家配合了一段时间后，我迎来了自己第一个完整的设计项目——延安新区高级中学宿舍

金延安南街

金延安南街

楼，从基坑开挖、地基基础到平面布置、梁板柱配筋，我系统地学习了各个阶段的内容及需要注意的问题，找到了自己“全权负责”的感觉。

接下来我接到了空间关系及节点最复杂的“南街”项目，项目建筑面积约10万平方米，是由九个院子组成的古镇类建筑。虽然空间关系错综复杂，但是现在看来当时的设计时间相对比较宽松，从与建筑的配合到结构校对审核都非常细致，一步步地解决了所有问题。这个项目给我最大的收获就是细心与耐性的培养，对结构设计来说，这是必不可少的基本素质。

除了延安的相关项目，印象深刻的还有 科技综合楼项目和贵阳的汉唐馆项目，这些项目的完成丰富了我的专业知识，促使我向着更高的层次迈进，但我也意识到，前面的路还是很漫长的，需要不断地努力和奋斗。

二、第二阶段项目回顾——发展

2016年，我感觉对都市中心，尤其是对结构组来说，是一个快速发展的阶段。都市中心接到了西咸丝路贸易中心及金融服务港项目，60万平方米的规模以及多种多样的建筑结构形式，虽然创作过程充满艰辛，但最终让大家在专业知识的提升及成果的积累等各方面获益良多。还记得设计刚开始，结构方案与建筑碰撞的阶段，充满了各种“争吵”，为了使建筑获取最佳的效果、结构为了获取需要的安全性。当时对其中一个简单的四层建筑，我尝试了从框架到框剪、从框剪到框架+隔振到最终的钢结构等各种设计，设计过程也充满了曲折。整个项目大面积采用了钢结构，结构人员既看到了进步与机会，也感受到了前所未有的压力。大家在一起共同讨论，钢结构的一些设计重点难点，及时查阅资料，分工明确，共同努力解决困难，最后在保证进

金湾文化公园

西咸中心

度的前提下，圆满地完成了设计任务。每次去工地看到自己设计的楼一栋栋地建成，感到所有的付出是值得的。

2017年，以都市中心方案为主体，院里接到了“幸福林带”百万平方米级的大型工程。施工图阶段中心最终负责其中的C段，我有幸成为其中“示范段”的先行者。设计开始阶段最大的感触就是协调与配合的难度，院里三个所同时进行设计，各所的设计方法不一致，这时候就需要坐到一起协商，经常需要按别人的标准再画一次，这也是一件很痛苦的事情。示范段结束之后，大的原则性做法基本确定，这时候其他人陆陆续续参与进来开始全面配合剩余部分的工作，另一个问题就出现了，就是时间的紧迫性。因为此时工地已经大面积施工，图纸跟不上施工单位的进度了，为了不耽误现场施工，我们继续细分段数，一部分图纸内容确定后，施工单位就立刻将其取走并施工，利用这个空当我们再做剩余几跨结构的设计。这样做肯定是不合理的，会出现工作量反复现象，但在当时看来这种工作模式也是合理的。另一方面，设计人员的工作内容，除了画图之外，项目的现场服务要求比较高，设计人员基本一直在待命，随时准备出发。有一段时间甚至给设计人员设置了工位，我在那里上了快半个月的班。总体来说，我还是克服困难，并在院项目部综合评选中获得了表彰，能获得这一荣誉，一方面是大家对我工作的肯定，另一方面也是一份沉甸甸的信任，我会将它当作今后工作的鞭策和动力，努力地做好每一件事。

2018年，印象深刻的是浐灞丝路文化中心和西安火车站配套相关工程项目，浐灞项目我在前期扩初阶段负责了除剧院的全部地下室工作，后期施工图阶段负责了其中的一部分工作内容。从这个项目开始，我了解了BIM设计工作，感受到了其改图、出图的快捷性，对整个项目的配合与协调起到了促进作用，但对结构本身的设计来说反而增加了一定的工作量。希望自己在熟练掌握BIM的基础上找到适合的方法，提高结构设计的工作效率。西安火车站改扩建工程在这一年正式启动，我承担西安站东配楼的设计工作。东配楼下部地质条件复杂，角部被地裂缝贯通，地基的处理、基础的形式和结构的布置需要反复推敲确定。地下空间关系复杂，建筑与地铁站房的联通处理、与地铁隧道的施工顺序，都是需要考虑的问题。改建后的新站不但是一座集铁路、城市轨道、城市道路交通于一体的交通综合体，也是一个典型的城市综合体。周围与之配套的火车站北广场综合改造项目和DK5配套项目也随后启动，火车站相关项目的落成为推动大西安建设起了带头作用。

2019年，我经手了两个比较重要的项目，一个是沣西文化公园中心剧场，另一个是88工程。沣西剧场采用360度环形表演形式，每座剧场可容纳1 350人同时观看演出。剧场的主体为一座72米×72米的方形大空间建筑，中央设计一座可旋转观众席，四周设置四个表演区。屋盖72米×72米下部空间没有柱子支撑，整个屋盖为大跨度屋盖。目前国内基本没有此类跨度屋面，对结构设计提出了较高的要求。除此之外，其中一个剧场完全位于垃圾土上方，下部最厚处垃圾土深度可达15米，对于一个大跨主体结构来说具有一定的设计难度。项目选址已经难以更改，此时需要我们快速地拿出结构方案以供现场进行施工准备，我们经过多次对比试算分析，确定了相对合理的设计方案，既能满足现场的施工需求，又能随时配合设计进行局部调整。随着现场下部主体结构的施工逐渐展开，上部的大跨度钢屋盖也需要马上完成设计并进行钢结构准备工作。此时，除医务人员外所有工作人员全部进行了居家隔离，但是国家的经济不能完全停滞，人们也需要坚守自己的岗位。封闭期间，赵总带着设计团队的主要人员对建筑和结构方案进行最终的敲定，算是中心的第一批“逆行者”，有了面对面的交流和沟通，提高了工作的效率，做到了设计不耽误工期。88工程（国家礼品馆）是国家重点工程，是为中国共产党成立100周年献礼工程。接到项目之后，整个结构组加班加点，与建筑保持同一个节奏，完善施工图，给校对、审核、审定工作留出足够的时间。整个项目给我的感觉是虽然中间过程有多次调

沣西文化公园

整，但是最终给出的施工图中的错碰漏缺是相对较少的，这是大家的共同努力和领导的严格把关的成果。我第一次去工地是参加基坑的验槽和地下室图纸的交底工作，这是各方密切配合的过程，尤其是建筑专业工程师一直常驻现场，确实体现了工程的重要性和设计人员的工匠精神。自己再次去北京的时候，是和都市中心的设计团队共享设计成果，并提前参加了礼品馆的展览，收获满满。

三、第三阶段项目回顾——成长

2020年，是西安市全力建设的一年，也是都市中心全力奋斗的一年，一切都是为了第十四届全国运动会的顺利举办。年初，中建西北院都市中心在西安奥体核心区域国际设计竞赛中胜出并定位实施方案，四大重点建筑围绕奥体中心建设，分别是长安云、长安乐、长安书院与长安谷。长安系列的设计与建成，是都市中心的一次成长、一次飞跃，对于参与项目的团队与个人来说也是一次重要的成长经历。

我首先接触设计的是长安云项目，长安云建筑功能为城市展示中心，由规划馆、科技馆和空中连桥三部分组成，为超限结构。该项目体量大、造型自由，顶部65米的悬挑与150米的空中连桥是结构的技术难点，为实现幕墙参数化非线性形体，需要和结构主体密切配合。

5月建筑方案与前期资料基本准备完毕，结构开始进入上部的方案阶段与下部的实施阶段。面对体量如此复杂的建筑，设计和施工仅有一年的工期，对于各方的压力都特别大，但这是政治任务，必须完成。我清楚地记得，6月15日我们给现场发了第一版开挖图，这时候有些东西还不是很成熟，但是在各方压力下不得不出图。我负责地下室的开挖、基础与平面设计工作，同时还有上部北馆的整体设计，因为南馆相对复杂与不确定性，甲方与施工单位对北馆及地下室部分拼命赶工，基于每天都会催促设计进度，设计压力非常大。7月5日提交基础备料图、7月18日提交基础正式图、7月22日提交墙柱插筋图、8月1日提交地下一层平面、8月5日提交一层结构平面。中间还穿插了设计上部主体结构的钢结构备料图，几天一个节点的工作节奏非常有压迫感，不能有一刻的松懈，否则就赶不上节点、耽误工期。回头顾，从6月15日到10月1日，这期间我没有休息过一个整天，连休息半天的次数都很少。

从技术层面来看，长安云是都市中心做的第二个超限结构项目，其中涉及的超限点达到了7项。在北京召开的结构超限专家咨询会中，专家对项目整体可行性进行把控，并给出了针对性的意见，推进了项目的实施。在听取专家的意见和与专家的讨论过程中，我不仅学到了所需的知识，同时开阔了视野。在与北京建筑设计研究院合作交流过程中，也了解了对方的工作方法，学习了对方的优点，弥补了自己的不足。总体来说，长安云项目让我在各方面都得到了一定的成长。

长安书院项目的开展相对靠后，我接手其中的部分内容时已经到了年底。长安书院主要功能为大型市级图书馆、美术馆，另含艺术交流中心。工程分为四个建筑单体，建筑地下两层，地上3至5层，上部屋盖为空间曲面造型，屋盖形式采用双层网架结构，最高点结构高度约为47米。结构为超限结构，需要进行超限审查。

同为全运会展示项目，长安书院设计工作的启动较晚，决定了它在节奏上比长安云更为紧凑。自己负责了两个单体的上部主体结构及对应区域的地下室平面和配筋工作，因为有了长安云的历练，在

长安书院

长安云

经验上和节奏把握上可以从容应对。长安书院是个跨年项目，工作的紧迫性让大家都没有休假，在初三的时候都市中心团队在赵总的带领下就集结完毕进入工作状态。我们抓住假期的时间完成了部分工作，既保证了工作的顺利向前推进，又让甲方和施工单位看到了我们的工作态度，为我们赢得了赞誉和尊重。

2021年的另一个成长是我作为负责人完全掌握两个项目的经历。都市中心今年接了两个宁夏的项目，一个是红二十五军遗址保护利用工程，另外一个是六盘山长征精神研学基地项目。考虑到两个项目体量不大，同时为方便管理，领导让我同时负责这两个项目。第一次在设计图纸上盖自己的注册章，心里有些许的激动与紧张，于是打起了十二分的精神。红二十五军项目是由三个独立的小单体组成的，游客中心、景观廊和景观塔的建筑面积仅二千多平方米。麻雀虽小，五脏俱全，小的东西适合做到精益求精，游客中心用结构构件完成了部分古建的椽子，下部的大跨结构与上部屋盖的分层悬挑，让小的结构具有局部的复杂性。这个项目给我的另外一个感触是程序的严谨性，项目前期完成了扩初并召开了扩初评审会，之后进行施工图的设计，图纸完成后并不急于施工，而是等待所有证件齐全后才开始动工，当然这是正常的，但现在的项目想做到这样也很难了。图纸现场进行了一次交底、一次验槽、一次验收基础，还有最后的主体验收，对于一个外省的项目，能做到这样实属不易。六盘山长征精神研学基地项目，属于节奏比较紧凑的项目，当时同事已经做了部分前期工作，我接手时施工单位已经进场，马上需要开挖并向他们提供基础图，这时候上部的单体一个人是无法完成设计的，结构组马上把任务进行细分，基本每人分一个楼进行模型调试，我根据大家的模型快速完成了图纸设计工作，保证了现场的不停滞。后期我主要负责与现场的协调工作，还有部分主体的图纸校对工作，真正认识到如果图纸出现了错误，就要及时去现场解决这个问题，尽量使问题在出图前解决，这是自己一直紧绷着的一根弦。

回忆是短暂的，也是漫长的，同时也充满了酸甜苦辣。回忆过去，我们为了找出存在的不足并提出改进措施。“天下难事，必作于易；天下大事，必作于细”，在日常工作中我对细节方面的处理做的还很不够，遇事后习惯直接找解决办法，很少能够多思考一步，多注重解决过程中的细节问题。细节往往更能折射出一个人的智慧和品格，认真做事只能把事情做对，用心做事才能把事情做好。随着工作时间的增长，感觉自己掌握的知识，不够用了。知识储备是一个长期的过程，要合理规划，利用好工作的碎片时间。另外，我的沟通协调能力还有待提高，有时我不能正确理解他人的意图或者不能高效地让他人理解自己的意图，需要进一步提高。一是要尽量主动去沟通与协调；二是要提高自己的表达能力，多从对方的角度考虑问题。

这些年来在中心领导的关怀指导下，通过自己的不懈努力，取得了一些成绩，但我也清醒地认识到成绩只属于过去，我所做的离都市中心对我的要求和我对自己的期望还相差甚远，还需要加倍努力迎接挑战。新的一步，又将是一个新的起点，今后我会积极总结经验，改进不足，不断学习专业知识，加强自我修养，提高自身业务和水平，在未来的人生道路上更加努力地去拼搏，与都市中心这个大家庭共同成长和进步，为中心的未来贡献自己的力量。

长征国家文化公园（宁夏段）隆德红二十五军遗址保护利用工程

六盘山长征精神研学基地

感恩遇见

武红姣

时光匆匆，转眼已是来都市中心的第十个年头，在感叹时光流逝之快的同时，回望过往，太多的感慨与感恩涌上心头。

感恩参与的每一个项目。作为都市中心的一员，参与的每一个项目都是帮助自己成长汲取经验与阅历的阶石。2015年以来，我有幸参与了西安站东配楼、西安火车站北广场配套项目DK3、DK5地块，沣西新城文化公园项目，西咸新区1A-1地块建筑工程设计，西咸商务中心，延安圣地河谷文化旅游产业园区“金延安”板块，西北大学长安校区东学楼，西学楼工程，国际科创商务广场项目1号，西安市第八保育院改扩建项目，西安领事馆区丝路国际文化艺术中心，延安大剧院，西安市幸福林带建设工程，88工程，陕西省地质科技综合楼建设项目，陕西学前师范学院附属幼儿园，六盘山长征精神研学基地项目，联合国妇女儿童教育中心，长安书院等项目。每个项目的完成都是一次、技术能力成长的见证。在伟大的中国共产党成立100周年之际，能够参与革命圣地的延安南泥湾劳模工匠学院项目，我倍感荣幸。

延安南泥湾劳模工匠学院一期项目位于延安市南泥湾红色文化旅游景区西北侧红色教育组团区内，场地西临农垦酒店，东临居住商品房，南邻延壶路，北侧以河为界。该项目包括综合楼、文体楼及车库（含动力中心），1号公寓楼及锅炉房，2号、3号公寓楼三个子项，均采用钢筋混凝土框架结构。地基采用1：6水泥整片换填，基础采用条形基础。综合楼、文体楼及车库（含动力中心）整体平面形状不规则，通过设缝将平面分为两个较为规则的结构单元，该子项存在转换梁柱、局部单跨框架、极大跨梁等复杂节点，标高关系较为复杂且使用功能多样，考虑到其重要性，故抗震等级提高一级。1号公寓楼为超长结构，通过设缝将其分为三个结构单元来消除温度应力对结构产生的不利影响。2号、3号公寓楼平面较为规则，各为独立的结构单元，屋顶采用预制拱。为体现南泥湾时代背景与特色，彰显延安精神与劳模精神，该项目建筑外饰面以青砖及面砖为主，辅以格栅、锈蚀槽钢等，同时穿插各类拱构件、弧形外立面等，细节之处颇具匠心。作为结构设计人员，在保证安全合理的前提下，我们最大程度地理解建筑师的创作意图，积极配合沟通，最终保证建筑能够完美呈现。作为结构专业负责人，从扩初阶段到施工图阶段，在制图设计人员的分配，工期进度的控制，与建筑、水、暖、电、景观等各专业之间的配合，与甲方、监理、施工单位的沟通协调等方面都应很好地把控。由于项目工期紧，边设计边施工，以及我作为专业负责人经验的欠缺，在这个项目的配合过程中，有时会力不从心，深感仅仅画好图纸是远远不够的，各专业之间的沟通

沣西文化公园

金延安保育院剧场

交流显得尤为重要，要学会换位思考，尊重理解彼此的诉求，坚守自己的底线，并以饱满的热情来应对每个项目中遇到的难题。

感恩都市中心这个奋进、温暖、充满活力的平台。15岁的都市中心已初露锋芒，蓄势待发。在赵大师和王所长、冯主任的带领与大家的共同努力下，都市中心已完成了一大批优秀的作品。工作期间我总能收到集体带给我的温暖和关心，能跟这个有爱的集体共同成长我感到十分荣幸。

金延安保育院剧场

感恩领导。结构组的领导更像是我们的师长，工作上毫无保留地传授经验和技术，并关注每个人的发展。结构组人员少、任务重，领导会根据每个人的情况合理安排生产任务，并强调团队协作意识。2020年，居家办公期间，在领导的统筹布局下，大家按时保质保量地完成工作任务。2021年春节无休，领导带领我们加班完成长安书院的施工图纸，保证工地的施工进度。每次接到艰巨的任务，我们总能在掌舵人的指挥下并肩作战，顺利完成的任务。

南泥湾劳模工匠学院

感恩同事，每次遇到棘手的问题请教各位同事，大家都会耐心指导。经过多年的相处，大家更像战友、兄弟姐妹，一起探讨技术难题，一起熬夜加班，共同见证着彼此的成长。

感恩遇见，每一段际遇都让我重新审视自己，发现不足，加以修正，不断成长。要想成为一名合格的结构工程师，我会不忘初心，不敢懈怠，努力提高自身技术及沟通能力，不断积累，时刻准备迎接新挑战，为下一个十年积攒力量！

南泥湾劳模工匠学院

为梦想工作
——成长和快乐

周文兵

我自2017年硕士研究生毕业加入中建西北院，工作已满7年。一路走来如幼童成长，从步履蹒跚，到大步流星，而我也步入而立之年。立身、立家、立业。对于立业，我的事业就是毕业时导师的那句教诲，把论文写在祖国大地上。

入院伊始，我参加了在新员工入职培训班。作为那一届唯一一个结构专业的新员工，我忐忑地问培训老师："结构工作需要多长时间的培养才能独当一面？"老师说结构专业作为一门实操性很强的专业，需要有丰富的经验和大量的项目积累，个人成长与悟性和接触的项目有很大关系，正常情况需要三四年才能入门。当时自己正踌躇满志，准备大展宏图，听说需要这么长时间的积累，还是有不小失落的，同时也提醒自己要静心学习。

一、扎实积累，不断进步

很幸运的是加入都市中心这个充满朝气又干劲十足的大师团队，优秀的前辈同事、经验丰富勇于担当的总工们对工作热忱和认真的态度深深地鼓励和鞭策着我。每一项丰富而新颖的建筑方案和落地成果，都让我觉得工作充满了挑战和成就感。这些年里，我积累了各种结构类型的设计经验。感谢同事与前辈的帮助和领导的关心和指导。如西部云谷三期的1~7号楼，作为公寓酒店办公和厂房的典型代表工程，我主要负责前期的方案试算以及1号和7号楼的施工图设计。通过这个项目，我积累了多个高烈度地区框架核心筒和多层框架的设计经验以及大量的混凝土结构图纸表达方式。又如长安公园的综合服务中心项目，四朵花的建筑造型充满了美感，对结构计算和施工图表达提出了较高的要求。我主要负责建模计算和施工图设计。在这个项目中，我积累了异形混凝土结构建模和异形结构三维图纸表达的经验。凯瑞G座改扩建项目，虽然面积不大，但麻雀虽小、五脏俱全。工程位于某产业园的核心生活区，要在不影响周边已有建筑的基础上展开设计，地下复杂的管网现场踏勘和避让贯穿于整个项目中。基坑支护中用到了护坡桩、土钉墙和边坡喷浆。基坑开挖时，受周边建筑基础的影

西部云谷三期效果图

西部云谷三期沿街效果图

响，新项目的基础在不到50平方米内有三个标高，有种“螺蛳壳里做道场”的感觉。

二、极限挑战，勇攀高峰

对我成长帮助最大的要数港务区的长安系列项目。有幸参与了长安乐的两个单体和长安书院的三万多平方米的屋盖设计。特别是长安乐项目，总面积近15万平方米,参与这种大体量复杂钢结构的代表工程，极大地提高了我的钢结构设计水平。建筑和结构作为“相爱相杀”的矛盾体在这个项目中得到了很好的体现。长安乐的两个单体中，歌剧院和音乐厅对声场有严格的要求，从视听效果出发，主体适合采用混凝土材料；从项目复杂程度和工期以及施工便利性看，主体适合采用钢结构形式。经过近半个月的专家论证和实地考察，采取了折中的钢混结构，即声场的核心区域采用混凝土材料，解决隔音了问题；声场以外区域用钢框架形式，解决了工期紧张和高位支模的问题。长安乐各单体由贯穿的大厅相连，结构可采取大底盘多塔整体计算方案或各单体设置结构缝两种方案。大底盘多塔方案虽完美契合建筑造型和功能需求，但是结构计算复杂且超限，需要走漫长的超限流程，时间上来不及。建筑设计人员通过巧妙的遮挡和防水节点设计，解决了结构缝对建筑整体效果的不利影响。项目实施过程中的最大特点在于设计方、施工方需要完全按照既定的时间节点推进，混凝土施工与钢结构交叉作业，需要大量的协同配合。我的主要工作为预估设计节点，按照设计意图审核深化图纸。为解决沟通障碍，钢结构深化需要驻扎在设计现场，逐个完成结构构件的深化和设计审核工作。经过将近三个月的加班加点，项目顺利完成。最终的收获也是巨大的，我积累了钢结构从备料图、加工深化图审核确认以及钢结构与混凝土主体交叉作业的现场问题处理经验，也为今后工作提供了参考。

三、心怀感恩，砥砺前行

7年的时间忙碌而充实，一路走来，满怀感恩。感谢同事和前辈的帮助，感谢领导的信任和培养，感谢都市中心这片沃土，让我不断成长进步。作为城市发展的建设者和见证者，能够从事国家和社会需要的设计工作就是最大的光荣。作为中国建筑的青年力量，我在未来的工作中，将始终秉持初心，立足本职工作，聚焦关键技术攻关工作，从实际出发做好、做精结构设计，发扬前辈们的优良作风，砥砺前行，为续写中建西北院的辉煌历史不懈努力，把国家的发展、中国建筑行业的发展、单位的发展和自身事业紧密结合，为实现更大的进步持续努力！

长安乐建成实景

长安乐建成实景

长安乐施工进行中

都市印“乡”

田金

一、相遇都市，是我的幸运

大学校毕业后，我离开了西安，在异地漂泊了8年，终于在2022年10月如愿月加入都市中心这个大家庭，对此我感到万分荣幸。第一次走入办公区，看到的是领导和同事们暖心友善的笑容和整洁的办公环境，这就是我理想工作的岗位。接下来的经历更让我坚定了这个想法，我见证了部门取得多项佳绩，见识了领导及前辈们的精湛技术，体验了同事间和谐的工作氛围和团队生日会的温馨，更为我能够加入都市中心这个优秀的集体感到由衷的荣幸和自豪。

二、都市初体验

转眼间，我在都市中心工作已经两年多了，期间，我结识了许多同事，熟悉了工作流程和工作方法，在领导和同事的指导和帮助下，逐渐进入工作角色，不同程度地参与了多个项目的结构设计工作。西咸二号地D楼、丝路创智谷人防、陕西自然博物馆黄陵馆、蓝田体育中心，随着这些熟悉的字眼在每天的工作中交替出现，我感到自己的每一天都过得很充实。

新工作与我之前的工作有很多不同，从最基础的设计软件、表达方式、细部处理，到工作流程、工作方式，再到工作氛围都有诸多差异，其中感受最深的有以下几点。都市的小伙伴，尤其是项目前期的朋友们都像“拼命三郎”，你追我赶，大家在良性竞争中不断超越自我，都市中心的领导更像是工作“狂魔”，这些都基于大家对工作的热爱和想要把项目做好的决心。因此我看到的是一个充满朝气、充满斗志的团队。在这里，大家有着共同的理想和奋斗的目标，这个氛围深深地感染着我。在工作中，领导给予了我们很大的信任，只要方案合理可行，在设计上我们有足够的自由度和很大的发挥空间，可以尝试更多不同的实现方式，这无形中督促我们必须不断学习，快速成长。这两年来，我阅读的知网文献数量大概超过了我过去工作中的阅读量总和。结构组的每位前辈都是我的老师，他们强大的专业素养和丰富的工程经验都让我望尘莫及，有太多东西值得我学习，每每遇到困难，三五个人在一起讨论交流，最后总能理清思路，拿出切实可

2024年8月于陆港第八小学工地现场

行的解决方案。在这样一支优秀的团队中与大家并肩前行，我感到非常荣幸。

三、“痛快”地成长

结构设计师的工作是枯燥的，整日与计算和数据打交道；结构设计师的工作是严谨的，容不得一丝马虎；结构设计师的工作是烦琐的，尤其是随着方案的不断完善，许多反复性的修改工作在所难免；结构设计师的工作是有趣的，尤其是在做复杂项目的时候，通过不断突破和创新，使设计变得更有新意；结构设计师的工作是欢乐的，有一群志同道合的伙伴，在每一次挫折中共同努力，并一起取得最后的胜利；结构设计师的工作是富有成就感的，虽然我们总是站在建筑专业的背后，但每每看到已建成的作品，心中的自豪感油然而生，一切努力都是值得的。

看到建筑专业的小伙伴夜以继日地投标，在感叹大家辛苦、敬业的同时也深刻体会到市场竞争的日益激烈和经济环境的下行压力，可以预见在未来一段日子里项目竞争会越来越激烈，这里面有太多不可控的因素。对于结构专业而言，接手项目时已是项目的施工图阶段，其中饱含着同事们的辛勤付出，我们要加倍珍惜建筑师的劳动成果，积极努力地做好配合设计工作。在设计过程中，也要严把经济关，尽可能把结构做得更加精巧，不但能降低造价，也能更好地展示建筑效果。

世界正在日新月异地发展，“ChatGPT”“建筑机器人”等的发明也许在不久的将来会让世界发生巨大的改变，技术革命可能使生产力产生极大飞跃。我们要立足于当下，更要放眼未来，及时关注行业前沿动态，多做知识储备。“设计+”的时代已经到来，但机会总是留给有准备的人，当我们羽翼足够丰满，假使真的有风浪来袭，我们的团队也一定能够成为那条坚持生存到最后的“船队”。

四、快乐工作，快乐人生

王敏总在一次谈话中指出，工作一定是快乐的。这一点我深感认同。我们每个人大部分时间都与工作为伴，若从事的工作不能使自己快乐，又怎么会有快乐的生活与快乐的人生？另外，我想只有在快乐的气氛中工作，才更能激发我们的设计灵感与智慧，才更能让我们有力量坚持下去，才更能有利于将工作上升为事业。

曾看过一篇文章，其中提到，金字塔一定是一群快乐的人建造起来的，这个观点很新颖。理由是建造金字塔的巨石，每一块都严丝合缝，精度极高，如果不是一群极其认真负责、对建造金字塔有着强烈的愿望的人是不可能建造成功的。虽然我不知道金字塔到底由谁建造，但我想，快乐工作一定是提升工作质量的重要保证。感谢都市中心给我提供这样的机会，让我在这个充满欢乐的大家庭里工作，希望无论遇到什么困难，我们都能够快乐工作、快乐生活。

五、写在最后

从前，都市中心的优秀都是出现在同行的话语中与简介的文字里，当我在中心工作两年后，我认为都市中心的优秀存在于每个都市人的心中，已经成为一种信仰：我们是“都市人”，我们用作品打造自己的品牌，书写都市中心的未来。在这样一个充满了使命感与荣誉感的团队，我相信无论前方有多少荆棘，我们定会成为最难被困难击倒的团队。

感谢部门能够在百忙中出版《都市印迹2——中建西北院都市与建筑设计研究中心作品档案（2015—2024）》，并且给每个人撰文的机会，这是个非常好的记录当下的方式。我在想，多年后的自己再翻看本书时会不会轻轻地笑出声来。

从规划视角浅谈什么是好项目及如何讲好项目

毛宇婕

从2022年5月来到都市中心也有两年的时间了。在这两年中，我的工作更多的是辅助建筑专业做一些规划和景观方面的配合工作，虽然没有参与传统意义上完整的城市规划项目，但我仍然想从本专业的角度谈谈，对于规划来讲，什么是好项目，并且如何来做好项目。也许这对建筑专业的同事会有一些工作上的启发。

一、什么是好项目

1.确立正确的观念

规划设计的价值观要正确，与时俱进也很重要。规划要解决的是十年及以上的发展问题。我们做项目的时候需要考虑甲方诉求，但又不能受制于甲方，要结合社会经济的发展趋势和政策导向提高站位，对甲方的战略方向和思路进行引导。

2.发掘真实的问题

规划设计分析的问题一定要真实，有时候分析的问题只是你想象中的问题或者只是表面的问题，只有梳理出项目的重点问题，才能避免用常规套路解决问题，才能结合项目特色，因地制宜地解决实际问题。

3.进行透彻的思考

在规划实施评估时，需要透过表面现象看本质，找到产生问题的根本原因。有时不要觉得规划执行的偏差一定是简单的违规造成的，要更多地思考规划执行中的各种因素，有可能是规划本身出了问题，或者是一些外部条件发生了变化，才导致了规划的调整。只有思考透彻，才能解决最本质的问题。

4.注重科学的方法

规划面对的是复杂的现状，具有复杂性和不确定性，它不是简单的线性变化。思考的过程一定要避免简单的线性思维，要基于人居环境科学，借助多元学科的方法论、新技术等手段来进行科学的研究和思考，通过多情景模拟来解决复杂性和不确定性的难题。规划不可能解决所有的问题，需要抓住主要矛盾，结合可能的手段和方法，对复杂问题进行有效求解。在学习和总结的过程中，要重视方法论的提炼，很多项目万变不离其宗，掌握了方法论，做项目的时候才能更有自信地解决问题。

5.重视规划的逻辑

项目规划要尽量避免主观臆断，或随意下结论。在掌握了前面四项工作重点的基础上，形成清晰的技术路线，并坚定、有逻辑地提出系统化解决方案。通常从以下三个维度来建立项目的逻辑性。

（1）问题导向：存量时代，更要重视问题的分析，要针对特定区域、特定问题，提出针对性解决方案。

（2）目标导向：要树立正确的规划价值观，明确总体发展的战略，理清定位和方向。

（3）实施导向：规划要好用、管用、能用。

这三个导向不是独立的，相互之间要建立起较强的逻辑关系。如果规划方案不是经过严密推导产生的，过于主观或缺乏深度思考，方案自身的完整性就很难保证，很容易被提出各种修改调整意见，甚至被各方面的意见左右。

6.加强项目的组织工作

不同的项目应探索不同的组织方式，尤其是面对大型复杂的项目，组织工作非常重要。项目运作过程中，要避免闭门造车，要针对不同的项目特点，高效、开放、差异化地组织设计队伍。外地的项目还需要跟地方团队和其他行业企业进行广泛合作。如何从更多元的视角来进行更充分的商议讨论，如何进行全过程的质量把控，避免被各种汇报节点分割项目，造成工作的被动。不同阶段工作的组织方式和重点也要有差别。调研阶段，要准备充分，摸清情况。前期研究阶段，要打开思路，以开放的思维做项目，要在全面沟通交流和充分研究的基础上明确技术路线和主要框架。中期阶段主要解决如何按照前面确定的技术路线来稳步推进工作，形成相对完整的方案。后期主要是进行项目规范性、完整性的审查，以及意见征求和方案修改完善。

二、如何讲好项目

对于一个项目来说，我们工作的首要目标是把项目做好。如何做好项目，重点从以下几个方面进行探讨。

1.突出正确的价值观

强调项目要符合当前政策要求和发展趋势，一定要把价值观是什么，大势是什么讲清楚。有些项目回答的是生态文明如何落地的问题，有些项目谈的是开放的趋势，每个项目所展现的价值观是不同的。不能局限于项目本身讲述项目，要把项目放到一个大的区域范围内来谈定位和其本身的重要性。

2.突出因地制宜

要明确项目的特色和差异性，只有把核心问题找出来，后面谈应对策略时，才能真正解决问题。其实现在做理论创新的项目很少，例如15分钟生活圈是创新性的，后面的设计很难在理论上创新。很多时候，创新就体现在是否找到了项目真正需要解决的问题，提出的规划路径和方法是否能够真正地解决问题。

3.突出规划深度

项目设计时一定要突出思考内容与规划深度，要避免罗列项目成果。汇报时，更重要的是体现思考的深度和内容。

4.突出科学方法和工具

在项目中运用大数据等新技术已经算不上创新，不能简单罗列使用了哪些方法和工具，关键是要讲清楚使用了哪些新方法和新工具，为项目找到了什么新路径，解决了哪些采用传统方法解决不了的问题。

5.突出特色和亮点

项目汇报要避免罗列一些自以为是的创新点，避免盲目地拔高亮点，要找到真正的项目创新点。比如说一些前沿性课题，在理论或类型上有创新，有的是工作方法和技术手段上有亮点，有的是项目组织有特色，需要我们在过程中找准创新点并总结出来。不同类型的项目讲述的方式和重点是不一样的。

6.突出项目的组织特点

面对复杂的大型项目时，如何能够协调好多方参与，是组织工作的特色。比如更新类、社区类项目，公共参与就是组织亮点；比如有些项目的全过程管理，也可以作为亮点。

以上就是我从规划角度讲述自己从工作中总结出的一些见解，希望规划和建筑专业在工作中能够相互渗透，相互学习。

规划设计方案图示

都市中心作品展回顾

秦皓宇

一、2021年西北院作品展

都市与建筑设计研究中心在西北院举办的展览是第一次对外作品展，于2021年8月举办。这次展览不仅是都市中心向外界展示建筑设计作品的重要机会，也是对西北院长期以来为都市中心提供支持和帮助的感谢之举。

展览以“都市中心十二年”为主题，展示了都市中心在过去十二年中所完成的多个重要项目，包括西安市行政中心、西咸中心，筑梦新长安系列等多个代表性建筑。这些项目不仅在设计上具有创新性和前瞻性，同时也在实际应用中取得了良好的社会反响。通过这些展示，行业内外可以更加深入地了解都市中心的设计理念和实践经验，感受到都市中心对于城市可持续发展所做出的贡献。

随着行唐博物馆，正定博物馆，中央礼品文物管理中心，山西潇河国际会议会展中心的落成，都市中心开始聚焦山水，聚焦秦岭之外。这不仅有助于拓展

模型展示

展示空间

中建西北云中庭

都市中心的项目布局，也有助提升其在国内外的知名度和影响力。在未来的发展中，都市中心将继续秉持创新、协调、绿色、开放、共享的发展理念，为推动中国现代建筑事业的发展做出更大的贡献。

展览吸引了众多专家、设计师以及业界同人的关注。他们表示，这次展览不仅展示了都市中心在建筑设计领域的专业实力，同时也为西北院和都市中心提供了一个对外宣传的平台，有助于进一步以更稳健更扎实的步伐为中国建筑的发展做出贡献。

二、2022年西安建筑科技大学都市中心作品展

2022年6月23日，都市中心在西安建筑科技大学建筑学院东楼建筑广场举办了第二次作品展。同时也是都市中心第一次回归高校的作品展示。展览由都市中心、西安建筑科技大学建筑学院以及中国建筑学会乡土分会共同举办，旨在向公众展示都市中心成立十三年来所完成、未完成和正在尝试的建筑与城市设计项目。

开幕式于上午九点召开。首先赵总为西建大建筑学院的领导和老师详细介绍了都市中心这十三年来的精彩项目。

西安建筑科技大学展厅

随后，西安建筑科技大学校长王树声先生和赵总分别为开幕式致开幕词。王校长在致辞中表示，都市中心是西安建筑科技大学的优秀合作伙伴，双方有着深厚的合作基础和合作关系。他希望通过这次作品展，能进一步加强双方的交流与合作，共同推动城市可持续发展。随后赵总开幕致辞。他向到场的老师与同学表示欢迎，并感谢大家对都市中心的支持和关注。赵总在致辞中说："都市中心一直致力于探索城市与建筑之间的关系，通过创新的设计理念和技术手段，为城市的可持续发展贡献力量。今天在这里展示的作品，不仅是我们的成果，更是我们对城市未来的展望和期许。"

到访的来宾和学生观展和简单的茶歇后前往报告厅参与由赵总以"大地书写"为主题的报告。报告中，他分享了都市中心如何在土地上书写城市的美好篇章，强调了绿色发展、文化传承和人文关怀在建筑设计中的重要性。他说，城市是一个有机的整体，每个部分都需要相互协调和融合，才能创造出一个宜居、宜业、宜游的城市环境。因此，在设计城市空间时，我们需要考虑到自然环境、历史文化和社会需求等多个方面的因素，以实现城市的可持续发展。赵总的报告引起了在场学生和老师们的强烈反响。大家纷纷表示受益匪浅，对于如何将设计与城市发展相结合有了更深入的认识。

值得一提的是，都市中心有近一半的同人都毕业于西安建筑科技大学。对于校友来说，回到母校进行作品展示，不仅让他们重温了校园时光，还让他们感受到了自己与母校之间的深厚情谊。他们与同学们一起欣赏着建筑模型和展品，分享着彼此的经历和感受，回忆起了那段充满激情和梦想的岁月。

最后，作品展还为同学们提供了一个与前辈交流的机会。如建筑师座谈会、学生作品展示等，让老师

学术交流

参观作品展

学生们有机会更深入了解都市中心的工作和项目。这次作品展也为学生们提供了一个与同行交流的机会，让他们能够更好地了解行业动态和趋势，拓展自己的视野和思路。

三、2023年本土设计——城市更新巡展

继“本土设计——城市更新巡展”首站在重庆成功举办之后，第二站来到西安，于2023年7月12日召开。本次展览及学术研讨活动在国家级重点文物保护单位易俗社举办，由中国建设科技集团中央研究院、中国建筑设计研究院有限公司、中国建筑西北设计研究院有限公司主办，《建筑技艺》杂志社、上海风语筑文化科技股份有限公司承办，西安建筑科技大学、西安市城市规划设计研究院协办，150余名专业人士现场参会，活动全程直播，在线观看总人次超过6万。

全国工程勘察设计大师、中国建筑西北设计研究院首席总建筑师赵元超主持开幕式。中国建筑设计研究院有限公司（以下简称“中国院”）党委书记、董事长、总建筑师宋源，中国建筑西北设计研究院有限公司（以下简称“中建西北院”）党委副书记、总经理彭浩等人代表主承办单位致辞。他们提到：中国院和中建西北院等设计团体多年来致力于推动西安的城市有机更新，在保护历史文化街区、综合治理老旧城区等方面不断实践、探索，为西安这座城市的发展贡献新的智慧。希望此次巡展不仅能够推动和业内同行的交流，还能推动城市更新理念的普及，向社会大众展现城市发展的美好前景。

一同出席开幕式的还有中国工程院院士、中国建科首席专家、中国建筑设计研究院有限公司总建筑师、展览策展人崔愷；原陕西省住房和城乡建设厅副厅长郑建钢；原陕西省住房和城乡建设厅副厅长，陕西省勘察设计协会会长张文亮，书记茹广生等。

在崔愷院士和赵元超大师等的导览和讲解下，一行人参观了“本土设计——城市更新巡展·西安展”。参展项目共61个，现场以标准脚手架模块作为展览支撑体系，通过展板、展布、模型表达作品信息。项目涵盖历史街区、工业遗产、乡村建设、城市重点地段等不同类型的城市更新。以各种更新项目介绍中国建筑设计研究院有限公司和中国建筑西北设计研究院有限公司以及其他兄弟单位的城市更新实践及思考。

观展后，还举办了以城市更新为题的学术讲座，由中国建筑设计研究院有限公司副总工程师、第一建筑专业设计研究院院长景泉主持，6位专家进行了精彩分享。崔愷院士就城市绿色更新提出五点思考，提出增绿、绿改、共享、微增、混搭五种措施。赵总则

人民剧院学术交流

崔院士讲解展示项目

赵大师开幕致辞

城市更新巡展——西安站现场

分享了基于城市更新背景下的西安实践，他以西安人民大厦，西安南门广场，西安火车站改扩建项目和幸福林带为例介绍了在西安城市更新的理念和原则。之后，北京大学建筑学院张杰教授，西安建筑科技大学建筑学院刘克成教授，同济大学章明教授等业内大咖们均做了有趣而生动的分享。

当前，国家“十四五”规划已明确提出要实施城市更新行动，这是对城市建设领域做出的重大战略决策部署，是今后一段时期我国推动城市高质量发展的重要举措。“本土设计——城市更新巡展”给全国的建筑人们一个交流学习的机会，了解不同城市背景下的城市更新原则和方式。

四、2023年武汉设计双年展

2023年11月1日，第七届武汉设计双年展在武汉武昌区四美塘文化公园盛大开幕，“在水一方”大师邀请展向公众正式开放。展览邀请了4位院士和14位大师，作为当今设计界中坚力量的一方代表，他们用各具特色的设计语言为武汉这座新晋“世界设计之都”带来了一场视觉盛宴。

全国工程勘察设计大师桂学文、赵元超、崔彤、冯正功、孙一民依次作了深度的专题分享，同济大学建筑与城市规划学院教授李振宇作为本次“在水一方”大师邀请展的策展人，主持了本期专题对话。

这个展览的两大目的第一是表现当今中国设计界的一方潮流。参展的18位院士大师，大多是“50后”和“60后”，都是改革开放以后学习专业的中生代设计师。他们几十年不断积累，长期活跃在工程设计第一线，成为国有大型设计院、高校设计院和设计工作室、大中民营设计机构的领军人物，是新世纪中国设计界的潮流和水准的一方代表，既有鲜明的个人特色，又能反映出群体和时代的特征。

第二是通过展览的作品，呈现出设计与水的关系。在各个具体的设计作品中可以看到对水的态度。或矜持的尊重，不打扰自然的存在，“惟见长江天际流”（唐·李白）；或适度的借用，因水而制宜，“晚吹划开三面碧”（宋·丘濬）或充分地加工，把水作为设计的材料，这可以给人一个完全不同的设计感受。

赵总在分享时首先说：“武汉是近现代中国的英雄城市。希望大武汉能够成为中国发展的脊梁再次腾飞”。其次，他以西安南门广场综合提升改造项目为例，强调了自然大于人工、城市高于建筑、品质重于风格、适宜胜于创新的理念。

不管自觉不自觉，设计都将成为社会文化的印

武汉设计双年展现场1

武汉设计双年展现场2

武汉设计双年展现场3

记，生活故事的容器，经济技术的载体，个人和群体意匠和口味的凝聚。希望通过这个“在水一方”的展览，能为新时期中国设计的源流留下或浅或深的印痕。

深圳建筑公署作品展现场

五、2024年深圳建筑公署作品展

2024年7月，由深圳市建筑公务署人力资源处主办，设计中心和署建筑专业组承办的以“大地书写”为主题的作品展和讲座，在深圳深铁置业大厦的七楼隆重召开。此活动不仅是赵总作品和思想的展示，更是一次对城市发展与建筑文化的深度探讨。展览分为三大主题：“都市情”“西部风”以及“未来梦”，每个部分都通过不同的作品和方案，向访客展示了十五年来赵总和都市中心所遇到的挑战和不断的探索，也展示了这个年轻的团队未来城市生活的梦想与展望。

深圳建筑公署作品展现场

“都市情”区域，展品主要聚焦于北京，西安，太原等中心城市，都市中心在十五年内走出西安，在不同城市的文化背景下设计出符合当下和在地性的建筑。“西部风”的作品聚焦于西北，结合西部的自然环境特色，探索具有时代特色的新有机主义建筑，长期扎根西部，从西安到银川，从内蒙古草原到陕北高原，创作了一系列具有强烈西部特色极强的文化特征，与环境结合的新有机主义建筑。“未来梦”的作品是以长安系列为首的一次大胆尝试。他提出了地域建筑创作的多种途径，努力把西部的环境与悠久历史结合，与环境融合，与文化对话。他的建筑创作，注重功能，朴实无华，在平凡中追求卓越。

深圳建筑公署作品展现场

赵总说尊重土地就是尊重人类的未来，大美是自然，返璞而归真。任何建筑活动都会对环境造成不同程度的破坏，建筑师的责任在于最大程度的呵护环境，提升土地的价值，重塑场所精神。建筑设计的最高境界是无痕设计。

公众号工作展示

李照

2020年12月，都市中心重启微信公众号，这是我们向外界展示设计作品、发表学术观点、分享创作心得的平台。在这个平台上，我们以时效性、准确性、客观性为原则，跟踪报道我中心的设计项目，包括方案作品、实际工程；公布中标喜讯，分享中心的学术讲座与活动，并在重要的节日发送贺卡和祝福。

城市是有生命的、不断生长的，建筑实践往往陪伴着建筑师的5年、10年甚至更长时间的工作生涯。我们公众号的报道也是持续更新的一个过程，每一个项目从方案构思到施工落地、从内装概念到景观竣工等多角度来跟踪和分享其设计过程。

未来，我们将精益求精、不断完善公众号的框架建设、丰富报道内容，与公众进行更广泛的交流。

西北院都市中心12年作品展

都市与建筑设计研究中心

回首向来萧瑟处，笑问长安少年时。

中国建筑西北设计研究院都市中心转眼已是12岁的少年，十二年是这支年轻团队茁壮成长的阶段，他们扎根西北，汲取地域营养，坚守设计一线，在全国工程勘察设计大师赵元超的带领下，他们开拓视野，用精进的专业素养，在祖国大地书写创作篇章。

2021年8月中旬起，都市中心12年作品巡回展正式开展，本次展览回顾性展示过去12年中都市中心的各类项目，包括落地及未建成作品，项目类别涵盖博物馆、行政中心、大剧院、规划馆科技馆等重点公建以及各类城市设计项目。

目前展览第一站正在中国建筑西北设计院主楼中庭盛大开展，让我们跟随镜头一起来看展。

点击下方，在线看展

庆祝祖国73周年华诞 / 潇河国际会议会展中心及配套酒店主体框架及室外幕墙竣工

都市与建筑设计研究中心

2022年9月30日，山西潇河国际会议会展中心及配套酒店主体框架及室外幕墙竣工。本项目方案于2020年在山西潇河国际会议会展中心及配套酒店国际竞赛中拔得头筹。历时两年，在赵元超大师的带领下，经过都市中心、山西分院、上海分院和当地建筑设计院以及建设方的同心协力、精诚团结，取得了阶段性的建设成果。值此国庆佳节之际，我们以此实际工程为祖国母亲送上最真挚的祝福——热烈庆祝中华人民共和国73周年华诞，祝福祖国繁荣昌盛。

西北院都市中心向新中国72华诞致敬！

都市与建筑设计研究中心

万里新河山，神州大地繁华似锦；

上下五千年，祖国长安乐曲如潮。

国际博物馆日｜跟随博物馆建筑 感受“博物馆的力量”

都市与建筑设计研究中心

今天是第46个国际博物馆日，今年的这一博物馆界的盛会以“博物馆的力量”为主题，国际博协这样诠释今年的主题——博物馆拥有影响人类世界的巨大潜力和强大能力，可以改变我们周围的世界，并呼吁各界共同建设更美好的未来。

博物馆建筑作为承载着城市发展和历史记忆的载体，在每座城市中都具有标志性和重要意义。在今天这个特殊的日子里，让我们伴随着都市中心的以下建筑作品，领略博物馆的魅力，从中汲取力量。

01 中央礼品文物管理中心

设计时间：2018年

竣工时间：2021年

用地面积：17 756平方米

建筑面积：67 800平方米

建设地点：北京市

获奖情况：中国建筑集团股份有限公司优秀建筑方案设计一等奖

新作 / 陕西自然博物馆黄陵馆项目建筑设计及园区规划

都市与建筑设计研究中心

1.总体规划：公园一体

陕西自然博物馆黄陵馆距西安市140公里，位于延安市黄陵国家森林公园南入口。周边群山环抱，植被茂密，水系丰饶，自然环境优越。项目占地33000平方米，建筑面积约10000平方米。建筑以人文展厅、藏品仓库、办公培训等为主要空间载体。

西安再添新名片！明珠闪耀灞水边

都市与建筑设计研究中心

近日，西安浐灞保利大剧院（西安浐灞丝路国际文化艺术中心）首演圆满落幕，中国爱乐乐团以大型交响音诗《千里江山》奏响灞上明珠。浐灞丝路文化中心是我中心在浐灞三角洲设计的一系列作品之一，是浐灞中心建筑群的最新代表。浐灞中心包括一期的行政商务中心，二期、三期的办公建筑及丝路文化中心，从方案到竣工共计历经十余载，是全体设计人员与参建人员智慧与汗水的结晶。

本文全图为公众号部分宣传稿展示

这么远、那么近

——重走洪青之路婺源行活动

卢颖

2018年4月，已经在都市中心工作几年的我，经过赵元超大师的“点将”有幸作为随行人员，加入“重走洪青路——婺源行”的队伍，同行的大多是西北院和兄弟院的建筑老总们，还有一位是洪青先生的儿子洪涛老师。

洪青先生是中建西北院第一代总建筑师，虽然我自豪地称自己是“院二代”，但离洪青先生还有一段距离，因为1979年他英年早逝时我尚未成年。但自从我学了建筑学专业，毕业后也进入西北院工作，才得知洪青先生设计的建筑作品贯穿了我的整个少年生活。

1964年我父亲从华南理工大学毕业后，响应国家号召支援大西北的发展建设，义无反顾地从岭南来到西北，就在北门外的西北设计院上班。在我上小学低年级时，他每天上下班都顺路接送我，我总是东张西望，看着两边的街景和街上有趣的人。记忆最深的就是夕阳下归巢的燕子们在北门城楼和陕西省建筑工程局大楼的大屋檐下飞进飞出，它们互相追逐，盘旋飞舞，漫天的彩霞和欢快飞舞着的燕子让大楼的那一排大红柱子和大屋檐都变得漂亮、生动极了！

每逢重大节日，爸爸妈妈就会带我和妹妹去兴庆公园游玩，到兴庆湖里划船是最重要的活动，小小的人儿穿着最爱的花裙子坐在小小的木船上，把小小的手放在清凉的湖水里是最惬意的享受，在那些长长排队的人羡慕的眼光下撩起一串串水珠，很是得意！

北大街靠近钟楼有个“人民剧院”，除非父母带着，我自己是去不了的。有一年夏天我爸爸不知道从哪弄来的票，让我妈妈带我去人民剧院看表演。离演出开始时间还很早，我们就到了。站在剧

摄于陶溪川美术馆

乡村一隅

院前抬头仰望剧院正门，大红柱子上装饰着复杂纹样高高的门头，两侧的墙上全爬满了碧绿的爬山虎，既鲜艳又好看。现在只记得候场时我在外面用手乱揪爬山虎的叶子，被里面藏着的壁虎吓得尖叫，又被妈妈训斥一顿，演出的内容反倒不记得了。

还有一年学校组织我们去骊山春游，第一次去华清池九龙汤。那时候啥都不懂，跟着讲解老师一路逛，山路曲折蜿蜒，山上的小亭子在绿树间若隐若现。走累了就在游廊里的美人靠上休息，还记得自己在那个海棠型的砖砌汤池前与女同学感叹："快看快看，杨贵妃的澡堂！"现在回忆起来真惭愧啊。

这次能跟随赵总到婺源去，走访洪青先生出生成长的地方，我感到万分荣幸！

我们到达那个傍山临水而建的小山村时，落雨纷纷。石桥流水，还有远处那一抹粉墙黛瓦在雨中风韵天成！优美的自然环境与徽派民居独有的韵味，像一幅水墨画徐徐展开在眼前，不禁使人一遍遍感叹它的美，更加确信这幅田园山水曾带给洪青先生对"美"的认知，这些在后来的设计作品处处体现。他的设计作品大屋檐红柱廊与欧式的装饰纹样结合，中西合璧的巧妙运用，都蕴含着从小耳濡目染的美感！

很想跟洪青先生说句"谢谢"，谢谢您让我小时候就看到这些美丽的建筑，感受到建筑带给我的快乐和美好，更希望作为建筑师的自己也能设计出给人带来美好感受的建筑！

乡村一隅

5次国际获奖及参展活动

高令奇　毛宇帆

一、2014年第25届世界建筑师大会在南非开幕

国际建筑师协会第25次世界建筑大会于2014年8月4日至7日在南非德班国际会议中心举行，来自100多个国家的4 200余名代表出席了会议。本次大会围绕主题“别样的建筑”，探究建筑师就解决社会不平等问题所发挥的举足轻重的作用。

联系融通、多样性、综合性、可持续性、可靠性和人性化是国际建协2014德班大会学术交流所秉承的原则，以此促进充满活力、挑战性和启发性的相互对话。大会主题“别样的建筑”，以呈现不同地域、不同背景、不同社会结构中的建筑和建筑师的状态。在德班这个多元化、多层次的城市背景下，来自世界各地的建筑师就各自共同关切的问题和利益，从非洲视角展开讨论。

在本次大会上，中国建筑学会组织中国设计单位统一在“中国馆”进行展览，国内近30家设计单

西安南门广场改造

西安南门广场改造

位、100余个项目参加了本次展览。

1.西安南门综合提升改造项目

本项目在提升区域环境品质、重塑古建历史风貌的前提下，补充和完善南门景区服务配套设施；整合南门广场景观系统，利用绿化限定空间、烘托气氛；梳理大南门地区城内外各方向车行、步行、轨道交通，合理组织地面、地下交通流线。

南门中心广场：旨在以简洁大方的设计语汇，通过一系列广场、御道、吊桥、绿化限定，以空间的起承转合，烘托出南门标志性的形象；地下新建停车、服务设施，合理利用地下空间。环城南路东西两侧地块（原松园、苗园）整治和拆除部分影响视觉通廊的临建并更新升级原有景观系统；地下设置公共停车场及少量配套商业设施。紧挨城墙南侧的东西两侧环城公园地块，拆除原环城公园管理处等临建建筑，以极简主义原则加建一至西处玻璃幕墙服务设施，在满足功能需要的同时，又不影响城墙古迹的整体风貌。南门里地块：将从既有南大街人行地下通道中央部位，新建人行地道向南门瓮城方向延伸，将人流与地面车流彻底分流。

改造后的南门广场，将依托于古城墙，凸显西安深厚的文化内涵，散发人文与自然的和谐气息，成为现代城市综合配套发展的重要载体，打造古都西安的城市客厅。

2.圣地河谷文化旅游项目

作为中国极具吸引力的城市之一，延安以丰富性、至高性、唯一性、成为新时期红色文化的聚集地，圣地河谷文化旅游项目区域位于延安北部，未来将是游客进入延安市的必经之处，同时项目区域也将是延安市未来的文化卫星城，在这里游客将会感受到延安不同的文化内涵，成为延安接待游客的新的会客厅，这里完善的旅游服务设施，鲜明的文化旅游主题，无论四季、夜晚均能满足游客的旅游休闲需求，最大限度地展现延安独特的城市文化魅力。金延安板块以圣地河谷文化旅游项目为核心，以弘扬红色文化、塑造城市特色、发展旅游产业为基本任务，集旅游集散服务、红色主题娱乐、休闲度假、人文居住等多种功能为一体，渗透立体城市

须弥山博物馆

须弥山博物馆

和智慧城市发展理念的高端综合型城市主题旅游新区，以老延安城为依托，打造陕北文化、黄土风情的现代新城。

3.须弥山博物馆

须弥山原是佛教世界中心的一座气势恢宏的大山，是传说中的诸山之王，须弥山和周围的四大洲、日与月等构成一个世界，其本义指的是无穷无尽的时间（世）和广袤无垠的空间（界）。

须弥山博物馆露于地面上的主体建筑为一大四小五座唐式楼阁，象征着须弥山和四大部洲构成的一个世界，小中见大，暗合一花一世界，一叶一如来的禅意，通过小体量建筑的群体布局，营造出永久、恒定的外部空间。正中体量较大的楼阁底层方形基座设计成须弥座的形式，须弥座之上倒伏的石质莲花瓣，象征千叶大莲花中所含藏之世界，系由千叶之大莲花所形成，每一叶为一世界，各有百亿之须弥山、百亿之四天下等。整体设计从佛教文化中汲取灵感，通过小体量建筑的群体布局，营造出空灵、隽永、具有禅意的外部空间，使博物馆露而不显。同时通过建筑形象的点题作用，彰显了须弥山风景区的佛教文化，使博物馆成为旅游区内重要的标志性建筑。

二、2020年第二十七届世界建筑大会建筑展——延安大剧院

由国际建筑师协会、里约热内卢政府主办，巴西建筑师协会承办的第二十七届世界建筑大会于2020年7月19日至26日在巴西里约热内卢举行。

本届UIA大会提出“All the Worlds. Just one World. Architecturc 21”的主题，鲜明地阐述了当今世界范围内、发展进程中，全球建筑师面临着共同的挑战与责任。中国建筑师在与世界面临共同挑战的同时，还面对中国自身发展的特色问题。大会同期举办的展览上，中国建筑学会将组织全国有关建筑设计机构举办“中国馆”展览，以统一设计、统一形象宣传中国的建筑成就、作品创新及设计团队。延安大剧院，以独特的地域性及文化性，入选城市建设主题展！

延安大剧院简介

设计时间：2014年8月

竣工时间：2016年7月

用地面积：43 330平方米

建筑面积：33 134平方米

延安大剧院位于北部新城的南端，与先期建成的两座建筑构成这一主轴的核心，也将为新城的风貌定下基调。行政及市民中心锚固在大地上，以群体取胜，大剧院则采用更为活泼、开放、飘逸的现代造型与之形成对比。我们认为大剧院是陕北文化的守望者，这里诞生了《黄河大合唱》，培养了新中国的文艺工作者，是中华民族血性精神的见证。建筑内外空间应一气呵成，浑然一体。

设计将延安传统建筑元素窑洞作为主要设计元素，充分赋予建筑地域特色；基部两侧各由11道拱门组成，21米的大悬挑空间自然形成主入口。

建筑具有内外统一的真实性，浓郁特色的地域性和艺术性，大剧院不只是流淌乐符的殿堂，当光线从屋顶射入拱形空间，那种与生俱来的古典气质，让人不禁为之动容。

艺术混凝土的使用，为建筑增添一种生动的风格，极大地丰富了建筑的表现力。具有自然肌理的建筑如从大地中生长出来，三段组合，衔接过渡自然，与延安大地融为一体。

三、2020年威尼斯国际建筑双年展

2020年威尼斯国际建筑双年展的主题为“我们将如何共同生活”（How will we live together?），是由麻省理工学院建筑与规划学院院长哈希姆·萨尔基斯（Hashim Sarkis）担任总策展人，举办日期为8月29日—11月29日

威尼斯双年展（La Biennale di Venezia）始于1895年，是一个拥有120年历史的艺术节，与德国卡塞尔文献展、巴西圣保罗双年展并称为世界三大艺术展，并且其实力在三大展览中排行第一，被喻为艺术界的嘉年华盛会。

中国馆的主题为“院儿——从最大到最小”，邀请在中国实践的建筑师代表，基于“院儿”这一中国传统居住建筑原型，从“最大”（故宫）到“最小”（单户民宅）的传统案例中汲取共同生活的智慧，并进一步通过自己的作品进行当代中国语汇的诠释。

赵元超作为中国当代建筑界具有杰出影响力的建筑师受邀参加本次展览。参展的代表作品为西安市行政中心。

行政中心位于西安“长安龙脉”的最北端，是这条轴线的起点和新的城市中心。项目设计以城市设计为先导，突出生态特色和人文关怀，追求建筑群体效果，注重建筑与城市、建筑与环境的共生与和谐，反映当代最新的设计理念和技术，传承中国最悠久灿烂的历史文化。规划采用水平渐次展开的庭院布置手法，以自然绿化环境为基础，形成院中有院，高低错落的空间，体现“四方城”的总体特色。作为中国现存最大的院子——紫禁城，凝聚了中国传统文化的理想之美，统一却不单调，规整却不呆板，院里院外错落有序，大街小巷纵横其中，它由一系列的小单元院子组成。行政中心的整体构思寻找了这种原型，其中形成了大小不同的20余个的院，通下沉广场与上升的平台构成了步移景异、情景交融的空间特色，这也是设计在传统与现代结合方面与继承古老的传统文化精神方面的一个非常重要的尝试。行政中心以延续城市文脉和肌理为己任，以重建城市秩序和空间为担当，体现出东方传统美学意匠。塑造新的城市精神，成为西安北大门的地标性建筑。西安行政中心，源于这片土地，源自这座城市。属于当代，属于人民。

四、意大利佛罗伦萨设计周建东方——中国建筑艺术展

意大利佛罗伦萨设计周开幕式于2017年6月14日8时在意大利佛罗伦萨Grande hotel Minerva酒店举行。本届意大利佛罗伦萨设计周以“文化变化”为主题，中国馆主题为——“建东方”。通过不同形式的酒会、小型沙龙、开放式的主题展来体现设计师的思想、追求和理想。通过设计来共同探讨建筑文化之变。中国馆亮相佛罗伦萨设计周，彰显中国东方大国的变化之彩。中国勘察设计大师赵元超先生总应邀前往佛罗伦萨双年展，携南门广场项目参展，并获得佛罗伦萨城市贡献奖。

Concluding, the project has been designed in a contemporary architectural and planning medium. ——瓦西利斯·斯古塔斯（Vassilis Sgoutas），希腊著名建筑师、国际建筑师协会UIA前任主席，梁思成奖评委。

会上，赵元超先生和中国建筑学会常务理事刘谞先生代表中国建筑师与总策展人Alessandro Pumpo先生互换了礼物。赵元超、刘谞、杨丝路、薄宏涛、戚积军、李雯、魏鹏、张露秋、杨琳等代表的22个获得佛罗伦萨设计周奖的项目颁奖。

五、2023年UIA第二十八届世界建筑大会

由国际建筑师协会主办、UIA北欧分部（瑞典、丹麦、法罗群岛、挪威、冰岛、芬兰）承办的第二十八届世界建筑大会于2023年7月2日至6日在丹麦哥本哈根举行。

“可持续的未来——不让任何一个人掉队”（“Sustainable Ftures-Leave No One Behind”）是2023年“世界建筑之都”丹麦哥

摄于佛罗伦萨

本哈根世界建筑师大会的主题，下设6个分主题“Design for Climate Adaptation”“Design For Rethinking Resources”“Design for Resilient Communities”“Design for Health”“Design for Inclusivity”和“Design for Partnerships for Change”。第28届UIA大会将建筑作为实现2030年联合国17项可持续发展目标的重要载体加以推广，并高度重视建筑在可持续城市规划中的作用。

在大会同期举办的展览上，中国建筑学会组织全国有关建筑设计机构举办“中国馆”展览，以统一设计、统一形象宣传中国的建筑成就、作品创新及设计团队。展览在丹麦哥本哈根贝拉会议中心(Bella Center Copenhagen)举办，其主题为“共享·共生·共栖——共同参与的中国建筑”

表达了建筑学如何对塑造社会发挥深远的作用，以及建筑学为所有人创造可持续、公平和包容的未来的潜力。中国建筑师在与世界面临共同挑战的同时，在高质量发展阶段还面临中国自身发展的特色问题，拥有属于本行业的使命与责任。

都市中心两项作品参展

1.西安火车站改扩建工程

西安火车站位于唐大明宫与明城墙之间，是一个典型的城市遗址中的大型铁路枢纽。

项目在既有车场北侧新建北站房，及连接二者的高架候车室，扩大车场规模，并新建8.5万平方米站台雨棚，对既有南站房进行适应性改造。另在北站房东侧新建东配楼，用于铁路综合开发。地下市政通道和地上景观天桥连接起原本被铁路分割的城市空间。立体式的通道将共同承担城市与铁路客流的集散功能。

建筑造型以恢复唐大明宫前“千步廊”的历史原型为理念，融入传统建筑的文化特征，并以更为现代简洁的造型体现新时代大西安的城市风貌。

规划重点重塑大雁塔-明城墙-火车站-大明宫这一历史文化轴线，为城市打开了一个新的出口，步行广场为市民提供了一个全新的城市开放空间，并与大明宫含元殿南广场一起构成了世界最大的遗址广场，提升城市活力，成为古城文化保护与可持续发展的重要实践。

2.长安乐——西安文化交流中心

方案以半坡出土的乐器“埙”为原型，取义“长安乐”，用一笔有力的弧线串联五个独立的形体，用建筑群落构成城市的台垣地貌；设计独具匠心，造型似花似帆，在灞水边千帆竞发，百舸争流；建筑形式明快沉稳，典雅豪迈，其蜿蜒奔放，有万马奔腾的之势，又如几缕丝带，舞动新长安；建筑与景观结合，如水畔含苞待放的花朵，以期重现昔日广运潭千帆竞发的繁荣景象；

诸多功能有机排列，形成连绵起伏、错落有致的文化艺术中心：建筑与地铁站一体化设计，通过一条活力内街，串接一系列的商业、餐厅、画廊、艺术展厅、艺术教育培训、影视中心、露天剧场等辅助功能；将文化艺术、休闲、商业、生态无缝融合。

建筑屋面形成层层叠落的城市露台，或自然形成室外露天剧场，犹如灞河旁白鹿塬、少陵塬等自然台塬地貌；漫步其中，如置身空中花园，观景远眺，也使建筑本身成为城市里一个璀璨的视觉焦点；本项目打造了西安前所未有的公共文化场所，将成为全市新的文化地地标。

都市中心成立15周年寄语

七律

杨筱平

都市中心成立十五周年志庆时逢吉日，遣词和韵，充以为诗，寄表庆贺，并搏元超大师与都市中心同人一笑尔。

长安兴替魂未销，大师再造领风骚。
天工开物出匠意，巧思营构显妙招。
空间无间抒缱绻，环境有境任逍遥。
乾坤大道归元泰，超乎其上创新高。

贺都市中心

孙西京

孙西京甲辰龙年夏署于长安

迟日江山丽，登楼逃盛夏。
十五年风雨，弹指一挥间。
深耕三秦地，筑梦在长安。
大道唯至简，大象亦形见。
如耳其经典，雅鱼初呈现。
生逢其有时，不负我盛世。
行至远矣，梦必达兮。

都市中心十五周年庆

蔡红

热烈庆祝都市与建筑设计研究中心成立十五周年！祝愿都市中心青春勃发，前程似锦，人才辈出，永续辉煌！

都市理想蓝图绘，中心聚英梦起航。
十五寒暑琢大器，传承创新铸辉煌。
长安永宁云追月，圣地宝塔为民忙。
古城新区交辉映，浐灞国礼乐未央。
风雨兼程荆棘路，披星戴月鬓染霜。
初心常在笔不辍，躬写春秋谱华章。

赵元超于十五周年庆典上对都市中心创作历程的回顾

十五周年庆典现场

生活花絮

都市中心不仅是我们工作的地方，更是我们共同成长和学习的地方。中心不仅致力于提升员工的专业技能，还注重培养员工的团队合作精神。每月一次的学术交流活动，促进知识分享和思维碰撞。不定期的院级文艺活动，展现了个人的才艺和团队的热情。体育运动和户外团建活动带给大家亲近大自然、锻炼体魄的机会，也让工作以外的生活更加精彩。点点滴滴，不仅激发了员工的创造力，也加深了同僚之情和团队之间的信任。

工作室活动

2021年全体员工合影于西北院大厅

2014年冬季运动会

2015年革命歌曲合唱比赛

2015年11月文安驿调研合影

2015年11月文安驿调研期间聚餐

2015年11月于文安驿、梁家河

2015年11月于文安驿

2015年于法国里昂

2015年夏季于金丝峡

2015年于意大利米兰

2016年于陕西宝鸡红河谷

2015年于瑞士

2016年赴延安梁家河学习

2016年院趣味运动会

2016年7月与TSK首席设计师座谈

2017年于太白山1

2017年于太白山2

2017年于太白山之巅

2017年于太白山河谷

2017年5月胡和平省长在省图书馆现场视察

2018年改革开放40周年合唱

2019年妇女节诵读分享活动

2019年合唱比赛

2019年3月北京“88工程”开工动员会现场

2019年第六届紫金奖·建筑及环境设计大赛

2019年幸福林带项目现场

2019年国庆

2019年12月组织生活会

2021年2月长安云施工现场

2021年党团学习——《长津湖》观影

2021年4月“88工程”参观

2021年9月长安书院屋顶现场

2022年1月浐灞丝路文化中心现场

中建西北院冬季运动会

2022年5月建院70周年成就展

赵元超大师和张锦秋院士亲切交谈

2022年6月都市中心作品展（西安建筑科技大学站）

2023年3月8日女神节健身操比赛

2023年4月崔彤、冯正功、任炳文大师来访交流

2023年8月“青春建功心向党，强企报国勇争先”主题团日活动

2023年都市中心每月生日会

2023年年会于西安

2024年六盘山长征精神基地

2023年7月港务区第七小学工地

2024年1月邱小勇大师来访交流

2024年妇女节健康跑活动

2024年7月中心成立15周年庆典1

2024年7月中心成立15周年庆典2

2024年足球赛于西安

2024年新年音乐会于长安乐

团队成员

赵元超

白正建

柴源

陈丹

陈寒

陈一辉

杜钊

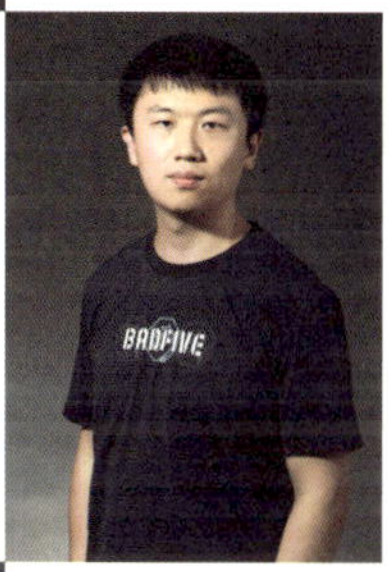

冯仕宏

高令奇

高萌

郜京峰

郭东

郝恺

户遥

惠倩楠

贾晨茜

蒋超

田金

李彬

李家翔

李玺

李媛

李照

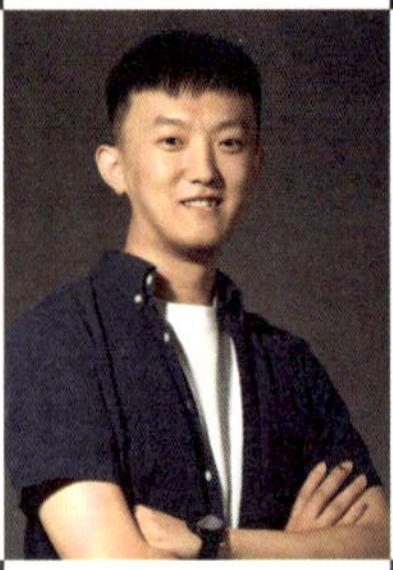

刘鹏

卢骥

卢颖

毛宇帆

毛宇婕

牛鹏飞

潘婷

祁松

秦皓宇

全玮

宋傲

田羽熙

汪思涵

王东

王泓博

王洪臣

王磊

王敏

王鹏超

王维

王康宇

韦孙印

武红姣

徐丹

徐晓捷

许彬彬

杨安杰

杨龙攀

马列

尹龙星

张博雅

张颢辰

张鹤

张佳璐

张晶

张涛

赵甜雨

周文兵

编后记

钦佩赵元超大师的"家园"设计

金磊

2014年11月，我曾为赵元超大师主编的《都市印迹——中建西北院都市与建筑设计研究中心作品档案（2009—2014）》撰写编后记，该书较全面地诠释了赵元超大师及其工作室的累累硕果。今天，我愿再为赵元超大师的新著《都市印迹2——中建西北院都市与建筑设计研究中心作品档案（2015—2024）》撰写编后记，源于对他创作不止的城市建筑"风景·文化·历史"的认知。我感受到一位建筑师面对拥有厚重历史积淀的城市，在城市建筑传承设计中，留下印迹，藏住"乡愁"。以下是我的三个感受。

其一，赵元超大师是中国文物学会20世纪建筑遗产委员会（以下简称"委员会"）的专家之一。自2014年，他不仅积极参加委员会学术研究、项目认定及遗产传播工作，还将对城市的人文情怀融入有历史责任感的创作及有使命感的项目历史"复盘"的温馨记忆中。2024年5月30日，中国科学家博物馆向公众开放，让我联想到如同国家为"老科学家学术成长资料采集工程"提供并挖掘人文资源一样，赵元超大师早在十年前就为其恩师——中建西北院张锦秋院士出版了《天地之间——张锦秋建筑思想集成研究》一书，并在张院士设计的陕西历史博物馆为其举办作品展。此外，他始终坚持传统与前沿、设计与人文相结合的创作理念，对新中国20世纪建筑遗产完成传承与创新共融的设计。如20世纪50年代洪青前辈设计的西安人民大厦，2005年，赵元超大师主持改扩建工程，不仅使旧建筑焕发新样态，并使其与改建工程共同书写西安城市的文化，展现出非凡的魅力。因此，洪青与赵元超双双因西安人民大厦成为为中国20世纪建筑遗产事业做出杰出贡献的建筑师。

其二，赵元超大师用作品及著述描绘"建筑师的家园"。2022年10月22日，《中国建筑文化遗产》《建筑评论》编辑部在三联书店联合举办"理想之城与家园设计——《建筑师的家园》新书分享会"。赵元超大师作为线上嘉宾，他的发言给人留下了深刻印象。他说："建筑师是充满激情的理想主义者，前辈建筑师童寯一直感动着我，他30年如一日坐在南京工学院（东南大学前身）的阅览室研读；马国馨院士在他的书房里如数家珍地道出每本藏书的来历，这些构成他们的精神家园。"《建筑师的家园》不仅让人们了解到建筑师的精神世界，而且让建筑师进一步敞开心扉，从而为人民设计出理想中的幸福"家园"。赵元超大师正是以这种建筑师的情怀，竭力组织相关人员挖掘中国20世纪建筑师前辈的贡献史，如20世纪50年代从上海来到中建西北院的董大酉即赵元超大师等人"挖掘"的建筑师前辈。在2023年10月8日举办的上海"新中国 20 世纪建筑遗产活化利用暨上海现当代优秀建筑传承创新研讨会"上，赵元超大师、刘景樑大师先后介绍了董大酉在西安、天津的创作历程。

其三，赵元超大师的《都市印迹2——中建西北院都市与建筑设计研究中心作品档案（2015—2024）》是极富城市哲思的工作室工作记录，该书从书名乃至内容都意义非凡，它是改革开放创新设计机构或称新型设计团队建设历程的写照。赵元超大师有自己的建筑时代观。那是穿梭于中西方经典建筑与人文历史的时空之旅，是他扎实设计作品、不贪求高大而追求品质的秩序之作。他是用作品及思想、文化的多样性，体现大国风范的建筑师。

也许我这篇夹叙夹议的编后记，尚不能充分概括赵元超大师主编的《都市印迹2——中建西北院都市与建筑设计研究中心作品档案（2015—2024）》的特点，但相信读者朋友会从中感受到，赵元超大师的设计之路是有时代感和人文关怀的，他的设计不仅有审慎及辩证的"言说"，更有恒久的文脉传承。《都市印迹2——中建西北院都市与建筑设计研究中心作品档案（2015—2024）》一定会带你步入感性与理性交融的建筑诗意空间。

金磊
中国建筑学会建筑评论学术委员会副理事长
《中国建筑文化遗产》《建筑评论》编辑部总编
2024年5月

2022年7月27日，笔者参观学习赵元超大师主持设计的中央礼品文物管理中心展馆

附录:项目全国分布

甘肃省

敦煌市博物馆2期及周边城市设计研究
白银国际铜城大酒店
黄河文化艺术中心

宁夏回族自治区

宁夏省委、中阿经贸论坛会址
石嘴山市行政中心
六盘山长征精神研学基地

陕西省

长安云——西安城市展示中心
长安乐——西安文化交流中心
长安谷——西安港务区中轴生态公园
西安火车站改扩建
陕西省图书馆(新馆)
长安书院
西安幸福林带项目
西安领事馆区丝路国际文化艺术中心
西安戏剧学院
西安市委党校(新校区)
T5航站楼站前综合商务区
杨凌行政文化中心
圣地河谷金延安项目
延安南泥湾劳模工匠学院
梁家河干部培训中心
陕煤铜川产业中心
西汉三遗址城市设计
梁家河干部培训中心
榆林市委党校
榆林补浪河治沙精神报告厅

山西省

潇河国际会议会展中心
大寨博物馆
新绛县人民医院

四川省

成都金熊猫文化艺术中心

重庆市

重庆交通大学双福校区西大门图书馆片区
重庆工业职业技术学院南川校区

贵州省 贵州综合保税区汉唐馆酒店

西藏自治区 拉萨检察院

湖北省 某部军事博物馆
武汉车谷会展中心
竹溪县山二黄大剧院
世界自然博物馆

内蒙古自治区 鄂尔多斯依克敖包周边城市设计
鄂尔多斯博物馆
呼伦贝尔历史博物馆

河北省 行唐博物馆
邯郸群山国际酒店
正定博物馆

北京市 中国版本图书馆新馆
中央礼品文物管理中心
崇礼太子城冰雪小镇国宾山庄
雄安城市风貌
首都师范大学良乡校区

山东省 莱州昶济医院项目
山东临沂金泰华城

河南省 夏商文明考古研究中心
郑州南站站房及站城融合设计

江苏省 西北工业大学太仓校区

浙江省 金华五百滩活力文化岛
临安区青山湖城市客厅

江西省 南昌市图书馆（新馆）

海南省 中石化海南自贸大厦

2023

- “一带一路”文化交流中心——长安乐项目获第 18 届金外滩奖
- “唐长安城历史文化传承与空间展示研究”获中国城市规划协会 2021 年度优秀城市规划设计奖一等奖
- 参加投标“某部博物馆建设工程勘察设计”，荣获第一名。
- 与崔彤大师共同投标“大运河艺术之城”天津音乐学院和天津美术学院扩建工程项目及周边地区规划概念设计方案
- 参加临安区青山湖城市客厅首发区块建设项目设计竞赛
- 与上海建筑设计研究院有限公司共同投标“新建郑州南站站房及站城融合设计项目”
- 与荷兰 BIG 事务所、中衡设计集团合作，参加金华五百滩活力文化岛的竞赛投标
- 西安火车站站房、雨棚及东配楼设计获 2021—2022 年度中国建筑集团有限公司中国建筑卓越项目奖
- 88 工程（中央礼品文物管理中心）获 2021—2022 年度中国建筑集团有限公司中国建筑卓越项目奖

2024

- 参加由武汉军山新城组织的武汉车谷会展中心项目获得第一名
- 参加“西安城市高质量发展示范区城市设计和详细规划竞赛”，获得奥体核心赛段第一名
- 参加首都规划展览馆和南中轴大红门地区博物馆群一期公共空间（共享序厅、文博合院）建设项目投标，中标候选人前三名
- 参加“某部博物馆基础设施建设全过程工程咨询（二次）项目”投标，荣获第三名
- 山西 · 潇河新城“潇河国际会议会展中心及配套 2 号酒店项目”获“中国钢结构金奖年度杰出工程大奖”
- 联合崔彤大师参与投标“华北电力大学雄安校区规划设计竞赛”
- 参加四川成都“金熊猫文化中心方案”征集
- 参加“812 工程”设计竞赛进入前三名

- 赵元超在“雄安设计讲坛”主讲《群体取胜——从地域建筑到文化城市》
- 赵元超受邀参加第七届武汉设计双年展，并作设计分享
- “国家级历史文化博物馆建筑高品质高效建造关键技术研究与应用”项目荣获中建集团科学技术奖科技进步三等奖
- “高性能钢板剪力墙、支撑结构体系技术创新与工程应用”项目荣获中国建筑金属结构协会科学技术奖特等奖
- “复杂非对称长大连体钢结构建造关键技术”项目荣获中国建筑金属结构协会科学技术奖特等奖
- 王洪臣、卢骥、张涛取得四项结构专业相关发明专利证书
- 西安市“增材建造和绿色建设工程技术研究中心”挂牌
- 赵元超受邀参加UIA第二十八届世界建筑大会，西安火车站改扩建工程，长安乐——西安文化交流中心项目参展
- “中国式现代建筑百年探索及发展”课题立项
- “超高层建筑结构复合减震(振)设计研究”课题立项
- “数字时代大型公共图书馆复合型功能空间设计策略研究”课题立项

- 赵元超受邀参加由深圳市建筑公务署人力资源处主办，设计中心和署建筑专业组承办的以“大地书写”为主题的作品展和讲座
- 承办中国演艺设备技术协会演艺场馆设计分会演艺场馆观摩研讨系列活动（西安站）
- 作为执笔单位参编国家标准《建筑门窗幕墙开关标志与符号代码》
- 组织参加“筑匠网”建筑与城市设计整体创新论坛（西安活动）
- 承办中国建筑学会建筑文化分会委员会学术年会
- 赵元超参加在北京首钢园区开展的由中建集团举办的“中建集团科技成果展”
- “中国传统建筑现代化的百年探索”课题立项

- 都市中心荣获陕西西咸新区城建投资集团有限公司2022年度“优秀合作单位”称号
- 《城市设计》杂志出版《都市与建筑设计研究中心工作室专辑》
- 组织策划“本土设计——城市更新巡展”西安站展览及学术论坛承办中国建筑学会城市设计分会年会
- “一带一路”文化交流中心（长安乐）入选第28届UIA世界建筑师大会哥本哈根2023中国馆
- 西安火车站入选第28届UIA世界建筑师大会哥本哈根2023中国馆

- 都市中心员工回访六盘山长征精神研学基地及红二十五军纪念馆
- 都市中心成立15周年庆典活动在西咸新区能源金贸区中心“云尚会客厅”举办
- 都市中心15周年作品巡回展在西安国际会展中心开展

- 在中国建筑首届青年设计师大赛中，高令奇、张晶荣获金奖，李家翔荣获银奖，王鹏超、李玺、郭东荣获铜奖
- 都市中心荣获西北院“工人先锋号”称号
- 高令奇、李家翔、李玺当选为陕西省土木建筑学会建筑师分会第八届理事会常务理事
- 张晶当选为陕西省土木建筑学会建筑师分会第八届理事会常务理事、副秘书长
- 杜钊荣获“陕西省青年技术能手”称号
- 2023年陕西省工程勘察设计行业三维正向设计大赛，杜钊、陈丹获得一等奖，杨龙攀获得二等奖。
- 张晶参加《建筑学报》2023年度“青年学者支持计划”培训，主题为“地方性改造”

- 都市中心高令奇、张晶、李家翔、王鹏超、李玺、郭东参加中建集团2024年青年设计师专题培训班
- 王维参加《建筑学报》与地方工作室、湖南大学设计研究院有限公司共同举办的以“设计研究”为主题的“2024青年学者支持计划”工作营
- 院调整都市与建筑设计研究中心领导班子成员：王敏、王洪臣、张晶

梁家河干部培训中心项目获中国建筑集团有限公司中国建筑卓越项
奖
西安市民中心（原张家堡广场）城市设计研究项目获中国建筑集团
限公司中国建筑卓越项目奖
西安幸福林带地下空间综合体低碳型开发利用关键技术获中建集团
学技术奖科技进步奖二等奖
中央礼品文物管理中心荣获2019—2020 年度“中国建筑大奖”
参加长安月——昆明池区域标志性建筑概念设计方案及地块概念城
设计竞赛，获得第一名
参加西汉三遗址历史文化街区项目概念规划设计竞赛，获得第一名
T5 航站楼前综合商务区获得重点建筑概念方案设计国际竞赛第一
中建西北院、Aedas、上海市政院联合体获得T5航站楼前商务区
点地块建筑概念方案国际竞赛第一名

赵元超赴香港参加“时代精神耀香江之大国建造主题展”，并在香
港中文大学做主题演讲
“共建 · 共享 · 共赢”新时代客运枢纽与城市高质量发展论坛，
赵元超受邀做主题演讲
开展课题：多杆件交会复杂节点受力性能及施工建造工艺关键技
术研究

都市中心十二周年作品展在中建西北院展出
西安行政中心入选 2021 年第十七届威尼斯国际建筑双年展
延安大剧院 2021 年入选巴西第二十七届世界建筑师大会中国展

南泥湾工匠学院设计团队荣获陕西省劳动竞赛委员会2021年度劳
动竞赛优秀项目奖
高令奇、李家翔被评为第二届陕西省优秀青年建筑师
王洪臣荣获第四届(2021年度)中西部地区“土木建筑杰出工程师”
荣誉称号
冯仕宏评为院“红色先锋 · 优秀党务工作者”
王洪臣、杜钊、郝恺荣获院“红色先锋 · 优秀共产党员”
王敏被聘为教授级高工
院调整都市与建筑设计研究中心领导班子成员：冯仕宏、王敏、韦孙
赵元超荣获第十七届光华贡献奖中国设计贡献奖
CCTV2《大国建造、筑梦未来》赵元超专访

■ 西咸丝路贸易中心及金融服务港获陕西省优秀工程勘察设计（建筑）一等奖
■ 正定博物馆获陕西省优秀工程勘察设计（建筑）一等奖
■ 西安火车站站房、雨棚及东配楼设计获陕西省优秀工程勘察设计（建筑）一等奖
■ 中央礼品文物管理中心项目获陕西省优秀工程勘察设计（建筑）一等奖
■ 西安市幸福林带建设工程获陕西省优秀工程勘察设计（建筑）一等奖
■ 西安高新区环普产业园A2幢\A3幢获陕西省优秀工程勘察设计（建筑）二等奖
■ 国际港务区奥体中央公园大轴线两侧区域——全运新城城市设计获陕西省优秀工程勘察设计奖——城市设计专项奖
■ T5航站楼前综合商务区重点地块城市设计获陕西省优秀工程勘察设计奖—城市设计专项奖
■ 西咸新区2A-2、2B-2、3A-3地块建筑工程设计1-A楼获陕西省优秀工程勘察设计奖——建筑结构及抗震专项奖
■ “高性能钢板剪力墙、支撑结构体系技术创新与工程应用”荣获中国建筑金属结构协会科学技术奖特等奖
■ “国家级历史文化博物馆建筑高品质高效建造关键技术研究与应用”项目荣获中建集团科学技术奖科技进步三等奖
■ 联合PES-Architects Ltd.，参加西咸新区空港新城顺陵博物馆建筑方案设计国际竞赛，获得第一名
■ 联合PES-Architects Ltd .深圳汤桦建筑设计事务所有限公司参加西咸新区秦创原 · 金湾科创区市民中心建筑方案设计国际竞赛
■ 参加“中国中医科学院大学项目整体方案设计”竞赛

■ 赵元超当选中国勘察设计协会城市设计分会第一届理事会副会长
■ 央视科教频道“人物 · 故事”栏目出品《用建筑记录历史 · 赵元超》
■ 赵元超当选中国建筑学会无障碍专业委员会副主任委员
■ 研究课题“城市更新背景下西安重要历史地段节点的研究与评估课题”立项
■ “基于城市设计视角的地下空间开发与综合设计研究”课题立项
■ “基于非线性建筑与数字建构下的建筑创作研究及实践”课题立项
■ “钢管混凝土柱与钢筋混凝土墙体复合式连接设计研究及应用”课题立项
■ 出版专著《建筑空间结构理论与实践》
■ 发明专利“一种滚子支承屈曲约束支撑”
■ 参编中国工程建设标准化协会标准《预应力铝合金结构技术规程》
■ 参编中国工程建设标准化协会标准《既有高层建筑运维安全技术规程》
■ 参编中国工程建设协会标准《雄安新区钢结构装配整体式快装建筑技术标准》

■ 都市中心十二周年作品展在西安建筑科技大学展出
■ 中建西北院建院 70 周年都市中心舞台剧《西北望》演出
■ 都市中心员工赴延安团建考察
■ 再现长安：新锐建筑师在地营建校园讲座

■ 张晶、职朴被评为陕西省首届优秀青年建筑师
■ 王洪臣被评为首届全国“建筑结构行业百位杰出青年”
■ 王洪臣被聘为教授级高工
■ 院聘任王洪臣为院副总工程师
■ 赵元超被评为中国土木工程学会成立110周年先进工作者
■ 赵元超同志任中国勘察设计协会城市设计分会副会长
■ 高令奇参加《建筑学报》2019年度“青年学者支持计划”培训，主题为“现代建筑理论研究”

■ 延安大剧院项目获中国勘察设计协会优秀（公共）建筑设计一等奖
■ 西安南门广场综合提升改造项目获中国勘察设计协会优秀（公共）建筑设计一等奖
■ 延安大剧院、西安行政中心项目获中国建筑学会（百项工程）建筑创作大奖2009—2019获奖作品
■ 西安行政中心获中华人民共和国建国70周年建筑创作大奖
■ 延安大剧院获中华人民共和国建国70周年建筑创作大奖
■ 宁夏自治区党委办公楼获中华人民共和国建国70周年建筑创作大奖
■ 延安干部学院获中华人民共和国建国70周年建筑创作大奖
■ 西安人民大厦改扩建工程获中华人民共和国建国70周年建筑创作大奖
■ 中国崇礼 · 太子城冰雪小镇国宾山庄16地块项目荣获陕西省首届青年建筑师优秀作品奖
■ 太子城冰雪小镇文创商街片区规划设计荣获2019年度陕西省优秀城乡规划设计奖优秀奖
■ 碑林博物馆北扩方案项目荣获陕西省首届青年建筑师优秀作品奖
■ 正定博物馆项目荣获陕西省首届青年建筑师优秀作品奖
■ 参加“西北工业大学太仓校区总体规划建筑设计”竞赛

■ 赵元超当选中国建筑学会建筑改造和城市更新专业委员会第一届理事会常务理事
■ 研究课题：西安城市更新研究——以西安市民中心为例

■ 藤本壮介来访，与都市中心建筑师座谈

■ 赵元超被评为陕西最美科技工作者
■ 赵元超同志任中国勘察设计协会城市设计分会副会长
■ 高令奇参加《建筑学报》2019 年度“青年学者支持计划”培训，培训主题为“现代建筑理论研究”
■ 院聘任王洪臣为院副总工程师
■ 王敏任都市与建筑设计研究中心主任助理、总建筑师；
■ 白正建、卢颖任都市与建筑设计研究中心总建筑师；
■ 高萌任都市与建筑设计研究中心副总建筑师；
■ 郭东任都市与建筑设计研究中心副总工程师：
■ 张晶、职朴被评为陕西省首届优秀青年建筑师
■ 王洪臣被评为首届全国“建筑结构行业百位杰出青年”
■ 王洪臣被聘为教授级高工

■ 梁家河干部培训中心项目获中国建筑集团股份有限公司优秀勘察（公共建筑）设计奖一等奖
■ 西安市民中心（原张家堡广场）城市设计研究项目获中国建筑集团股份有限公司优秀城乡规划项目一等奖
■ 山西转型综改示范区潇河产业园区中心区概念性城市设计项目获中国建筑集团有限公司优秀城乡规划项目二等奖
■ 翱翔小镇一期（核心区）城市设计项目获中国建筑集团有限公司优秀城乡规划项目三等奖
■ 参加由海南赛诺佩克有限公司组织的“中国石化自贸大厦概念性建筑国际设计竞赛”，获得优胜奖
■ “方城 · 方院——院子里的中国故事”参加“高质量发展背景下中国特色的雄安建筑设计竞赛”，获得综合办公类（专业组）二等奖
■ 参加西安国际港务区概念规划及重点建筑方案设计国际设计竞赛，中标实施
■ 参加多轮“22 工程（中国版本图书馆北京馆）”设计竞赛，进入前三名

■ 赵元超获评“全国劳动模范”，是西北院建院以来首位获此殊荣的建筑师
■ 赵元超受邀参加第二十七届世界建筑大会建筑展，延安大剧院项目参展
■ 赵元超受邀参加威尼斯建筑双年展，2020中国馆，西安行政中心项目参展

■ 都市中心部分员工赴成都独角兽项目考察，并与中建西南院交流

■ 赵元超、高令奇当选为中国建筑学会文化委员会委员
■ 赵元超当选为中国建筑学会乡土建筑分会副理事长
■ 张晶当选为中国建筑学会乡土建筑分会理事

2017

- 延安市市级行政中心及市民服务中心获中国勘察设计协会2017年度全国优秀工程勘察设计建筑工程公建类一等奖
- 延安大剧院获得威海国际大奖赛金奖
- 正定博物馆获得威海国际大奖赛优秀奖
- 延安大剧院获陕西省优秀工程设计（建筑类）一等奖
- 延安市市级行政中心及市民服务中心获陕西省优秀工程设计（建筑类）一等奖
- 西安风景御园四期写字楼工程获陕西省优秀工程设计（建筑类）二等奖
- 石嘴山市职工文化活动中心获陕西省优秀工程设计（建筑类）二等奖
- 石嘴山市科技信息中心（市民本服务中心）获陕西省优秀工程设计（建筑类）三等奖

2018

- 延安大剧院获中国建筑学会中国建筑设计奖之建筑创作奖（综合类）金奖
- 西安南门广场综合提升改造项目获中国建筑学会中国建筑设计奖之建筑创作奖（综合类）金奖
- 延安大剧院获中建总公司中国建筑勘察设计大奖金奖、建筑工程类一等奖
- 延安行政中心获中建总公司中国建筑勘察设计奖建筑工程类二等奖
- 圣地河谷金延安获中建总公司中国建筑勘察设计奖建筑工程类二等奖
- 西汉三遗址历史文化街区——大汉不夜城获中建总公司中国建筑勘察设计奖城市规划设计一等奖
- 大西安新中心能源金融贸易区起步区一期获中建总公司中国建筑勘察设计奖建筑方案二等奖
- 参加雄安新区建筑风貌导则专题研究工作，获设计方案优胜奖
- 参加“华为西安二期研发项目概念设计”竞赛
- 参加“中央礼品文物管理中心”项目设计，中标实施

- 赵元超受聘为陕西省室内装饰协会专家委员会主任委员
- 赵元超当选中国建筑学会寒地建筑学术委员会第二届理事会副理事长
- 赵元超受邀参加意大利佛罗伦萨设计周建东方——中国建筑艺术展，南门广场综合提升改造项目参展

- 赵元超荣获大西安新中心中央商务区建设“突出贡献奖”
- 赵元超荣获中建总公司“杰出人物”称号
- 开展基于西安幸福林带项目绿色建造关键技术研究与应用

- 中心员工赴陕西眉县太白山景区团建
- 参加中建西北院庆“三八”女职工礼仪 T 台秀，获得最佳表现力奖

- 组织策划——“重走洪青之路——婺源行”

- 张晶、高令奇被评为院第二届青年主创建筑师
- 都市中心荣获中建总公司“工人先锋号”称号
- 冯仕宏、白正建被聘为教授级高工

- 高萌获中国建筑学会 2017—2018 建筑设计奖——青年建筑师
- 王洪臣，中国勘察设计协会结构设计分会青年工程师工作组副主任委员，中国钢结构协会钢结构设计分会理事，2019 年被评为首届全国“建筑结构行业百位杰出青年”。
- 王泓博参加《建筑学报》2018 年度“青年学者支持计划”培训，主题为“建筑研究方向”

2015

- 西安浐灞生态区行政中心获第十四届全国优秀工程勘察设计银质奖
- 南门广场城市设计项目获陕西省优秀城乡规划设计二等奖
- 南门广场城市设计项目获第八届中国威海国际建筑设计大奖赛铜奖
- 西安高新区软件新城研发基地一期获陕西省第 18 次优秀工程设计一等奖、全国勘察设计行业奖三等奖

- 在《城市建筑》杂志上发表文章《十年一剑》
- 出版专著《天地之间——张锦秋建筑思想集成研究》
- 主编标准图集《陕西省 09 系列标准图》并获 2015 年陕西省优秀工程勘察标准设计一等奖
- 在《建筑知识》杂志上发表文章《九问赵元超：站在历史巨人的肩膀上，你将如何设计未来？》

- 南门广场综合提升改造项目入选“10x100——UED 十年百名建筑师展”
- 周恺大师来访，并作学术交流
- 新加坡大学建筑系咨询委员会主席、著名国际城市规划大师刘太格先生来访交流
- 美国 tvsdesign 总裁柳罗杰 (Roger Neuenschwander) 先生来中心交流
- 都市中心员工赴陕西商洛金丝峡景区团建
- 都市中心员工赴欧洲四国考察
- 都市中心员工赴延安工程回访并接受革命传统教育
- 在“纪念中国人民抗日战争胜利 70 周年 · 抗战歌曲大家唱”活动中获最具创意奖

- 都市中心获院 2015 年度“文明单位”称号
- 都市中心圣地河谷项目组荣获中国建筑“红旗班组”称号
- 李彬荣获“陕西省科技系统优秀团员”称号
- 赵元超受聘为西安交通大学人居学院兼职教授

2016

- 延安大剧院项目获中建总公司中国建筑优秀建筑方案设计专项一等奖
- 西安高新区软件新城研发基地一期获中建总公司中国建筑优秀勘察设计奖二等奖
- 圣地河谷金延安一期工程获中建总公司中国建筑优秀建筑方案设计专项一等奖
- 西安市曲江第二中学获陕西省建筑专项工程设计一等奖
- 延安新区第一中学获陕西省建筑专项工程设计二等奖
- 西安市曲江国际小学获陕西省建筑专项工程设计二等奖
- 西安市曲江第二小学获陕西省建筑专项工程设计三等奖

- 赵元超被评为第八批全国工程勘察设计大师，是21世纪西部地区首位建筑设计大师
- 赵元超被评为陕西省首届勘察设计大师
- 组织策划新年论坛：倾听西安与北京的“双城记”
- 参编《长安寻梦——张锦秋作品展实录》
- 参编《天地之间——张锦秋建筑思想集成研究》
- 编制《赵元超建筑作品》

- 与华东院、阿特金斯建筑设计公司、马达斯班建筑事务所、汉密顿建筑设计公司交流学习
- 组织策划并参加张锦秋院士建筑作品展
- 在中建西北院庆“三八”女职工趣味运动会活动中获最具体育风尚奖

- 王敏荣获2014—2015年度中建总公司“巾帼建功标兵”称号
- 都市中心支部荣获院2015年度“优秀党支部”称号
- 惠倩楠荣获2015年度“道德模范”称号
- 高萌、职朴被评为院第二届青年主创建筑师

都市中心大事记

2009—2014

项目获奖

■ 须弥山博物馆项目入选第25届世界建筑师大会优秀建筑作品展
■ 西安市行政中心项目获中建总公司中国建筑优秀勘察设计奖一等奖
■ 中阿经贸论坛配套设施建设工程项目获中建总公司中国建筑优秀勘察设计奖二等奖
■ 西安市民活动中心及城市规划展览馆项目获中建总公司中国建筑优秀勘察设计奖二等奖
■ 延安市市级行政中心及市民服务中心项目获中建总公司中国建筑建筑方案专项二等奖
■ 2010年参加中国国学中心方案征集

课题研究

■ 赵元超主持完成中建总公司“办公建筑集成化研究”科研课题
■《中国建筑文化遗产》杂志社在都市中心召开创作座谈会
■ 2014年出版《都市印迹——中建西北院都市与建筑设计研究中心作品档案（2009—2014）》，编制《都市中心五周年作品集》

团队建设

■ 2009年7月29日，为加强对城市建筑设计发展的研究，中建西北院决定成立院城市设计研究中心（简称“城市中心”）
■ 2010年3月，城市中心按院计划乔迁新办公楼
■ 2011年6月，城市中心员工赴德国深度考察
■ 2011年8月，城市中心新办公室装修竣工
■ 2011年10月，德国建筑学教授沃尔夫冈-迈森海姆博士考察浐灞行政中心
■ 2011年12月，北京张伟大师来访交流
■ 2012年9月，城市中心员工赴台湾考察
■ 2012年11月，城市设计研究中心更名为“都市与建筑设计研究中心”（简称“都市中心”）
■ 2012年12月，程泰宁院士来访交流
■ 2013年8月，都市中心员工赴少华山团建
■ 2014年1月，都市中心被评为院2013年度生产状元单位
■ 2014年11月，都市中心全体员工赴日本考察

人才培养

■ 2009年8月，城市中心员工在赵元超（总）的带领下，踏上征程，赴山东曲阜承接城市中心成立后的第一个设计任务。
■ 赵元超荣获中国勘察设计协会“科技创新带头人”荣誉称号
■ 赵元超荣获“APEC中国建筑师”荣誉称号
■ 张复昊、惠倩楠被评为院首届青年主创建筑师
■ 新一届都市中心班子成立：赵元超、冯仕宏、李强、韦孙印
■ 院聘任冯仕宏为都市中心主任，主持工作
■ 院任命李强为都市中心副主任
■ 院聘任韦孙印为都市中心总工程师，主持工作
■ 院聘王洪臣为都市中心总工程师，王敏、卢颖、白正建为都市中心副总建筑师
■ 都市中心团支部荣获“中建总公司五四红旗团支部”称号
■ 赵元超荣获“当代中国百名建筑师”称号